JN110666

Ps

Photoshop
レッスンブック
for PC & iPad

CC 完全対応
Mac & Windows 対応

ソシムデザイン編集部　著

はじめに

Photoshopは画像の補正・加工などを行うことができる便利なソフトで、グラフィックデザインでは定番のソフトです。写真の色を明るく鮮明にしたり、複数の画像を合成してコラージュしたり、イラストを描いたり、さまざまなことができます。

Photoshopはバージョンアップを繰り返して多くの機能を付加してきました。各分野向けの専用機能も追加されてきており、現在では動画や3Dにも対応しています。もちろん、基本の写真の補正・レタッチ作業においても、より使いやすく、高機能に進化してきています。

多機能・高機能になったPhotoshopですが、使いこなすためには基本操作の習得が欠かせません。本書では初めてPhotoshopを学ぶ方が楽しく学んでいけるように、基本機能の解説を充実させています。さらにダウンロードで入手できるサンプルデータを使って、実際に手を動かしながら学ぶことで、理解をより深められる実践的な内容になっています。

Photoshopの基本操作をマスターし、自分の思い描くとおりの結果が得られるようになると、Photoshopを操作することが楽しくなるとともに、実務ですぐに活かせるようになります。

本書が、Photoshopを仕事に趣味に、さまざまな目的で活用する手助けとなり、皆様がご活躍できることを願っています。

2022年4月

ソシムデザイン編集部

本書の構成

基本

発展

目次

基本 LESSON 04 写真の色を補正する

基本 LESSON 07 選択範囲の作り方 ……135

応用 LESSON 08 マスクと切り抜きとパスを理解する ……159

紙面の見方

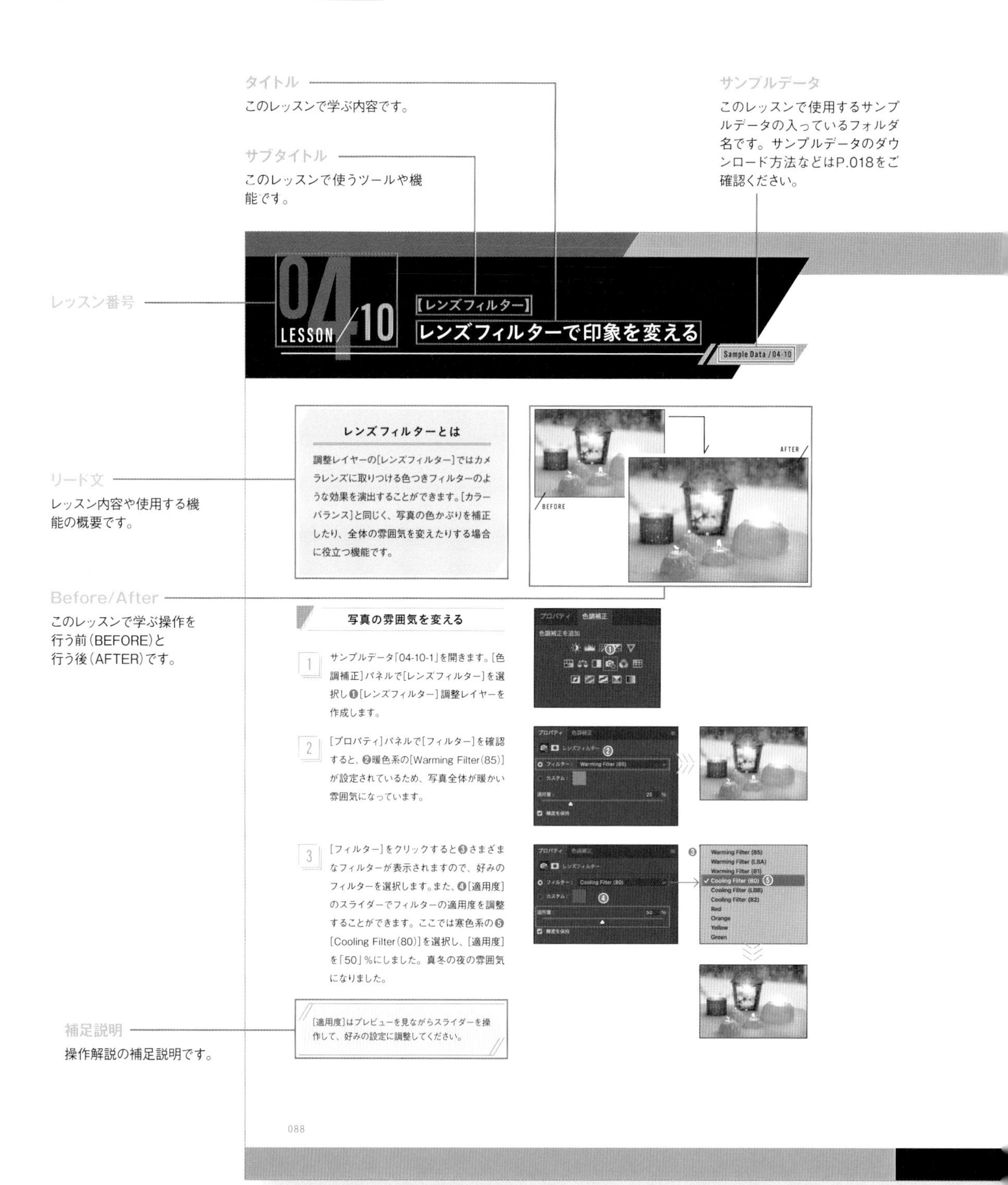

タイトル
このレッスンで学ぶ内容です。
サブタイトル
このレッスンで使うツールや機能です。
サンプルデータ
このレッスンで使用するサンプルデータの入っているフォルダ名です。サンプルデータのダウンロード方法などはP.018をご確認ください。
レッスン番号
リード文
レッスン内容や使用する機能の概要です。
Before/After
このレッスンで学ぶ操作を行う前（BEFORE）と行う後（AFTER）です。
補足説明
操作解説の補足説明です。
04
LESSON
10
【レンズフィルター】
レンズフィルターで印象を変える
Sample Data / 04-10
レンズフィルターとは
調整レイヤーの[レンズフィルター]ではカメラレンズに取りつける色つきフィルターのような効果を演出することができます。[カラーバランス]と同じく、写真の色かぶりを補正したり、全体の雰囲気を変えたりする場合に役立つ機能です。
BEFORE
AFTER
写真の雰囲気を変える
1 サンプルデータ「04-10-1」を開きます。[色調補正]パネルで[レンズフィルター]を選択し❶[レンズフィルター]調整レイヤーを作成します。
2 [プロパティ]パネルで[フィルター]を確認すると、❷暖色系の[Warming Filter(85)]が設定されているため、写真全体が暖かい雰囲気になっています。
3 [フィルター]をクリックすると❸さまざまなフィルターが表示されますので、好みのフィルターを選択します。また、❹[適用度]のスライダーでフィルターの適用度を調整することができます。ここでは寒色系の❺[Cooling Filter(80)]を選択し、[適用度]を「50」%にしました。真冬の夜の雰囲気になりました。
[適用度]はプレビューを見ながらスライダーを操作して、好みの設定に調整してください。
Warming Filter (85)
Warming Filter (LBA)
Warming Filter (81)
Cooling Filter (80)
Cooling Filter (LBB)
Cooling Filter (82)
Red
Orange
Yellow
Green
088

小見出し
学習する内容です。

色かぶりを補正する

サンプルデータ「04-10-2」は全体的に黄色かぶりした写真です。飲食店の店内など、白熱灯の下で撮影した写真は黄色かぶりすることがよくあります。この写真を適正な色に補正します。

LESSON 04 写真の色を補正する

章番号と章タイトル
本書は全14章のレッスンで構成されています。

1 [画像補正]パネルで[レンズフィルター]を選択し、❶[レンズフィルター]調整レイヤーを作成します。

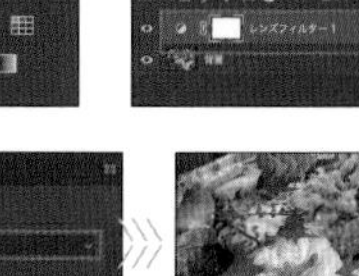

2 ❷[フィルター]で[Blue]を選択し、❸[適用度]を「40」%にします。自然な色に補正されました。

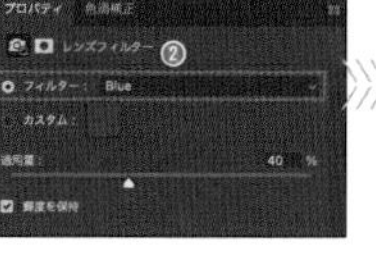

ここも CHECK!

色かぶり補正の色選び

色かぶりの補正をする場合、[フィルター]で選ぶ色は取り除きたい色の補色を選択するときれいに補正されます。たとえば、写真が黄色かぶりの場合は青系を、青かぶりの場合は赤・オレンジ系のフィルターを試してみるとよいでしょう。うまくいかないときは自分で色を設定することもできます。その場合は[カスタム]を選択し、右のカラー選択ボックスをクリックすると、自分で好みの色を設定することができます。

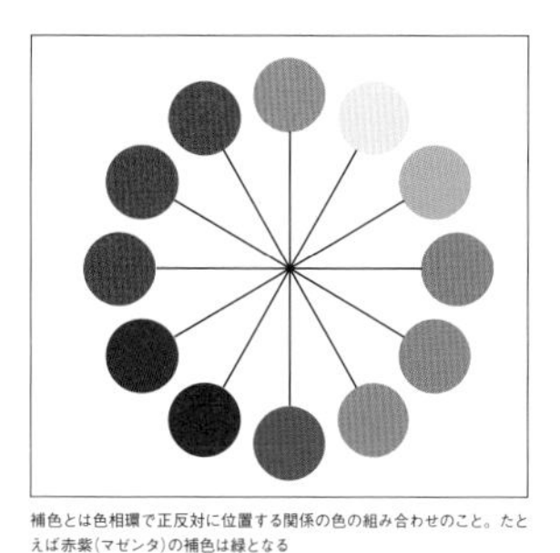

補色とは色相環で正反対に位置する関係の色の組み合わせのこと。たとえば赤紫(マゼンタ)の補色は緑となる

089

ここもcheck
さらにレベルアップするために知っておきたい知識です。

本書について

Photoshopのバージョンについて

本書はMac版、Windows版のPhotoshop 2022に対応しています。紙面での解説はMac版Photoshop 2022が基本となっています。Photoshopはバージョンアップが随時行われるため、他バージョンの場合はツール名・メニュー名などが異なる場合があります。また、一部の機能は古いバージョンでは使用できません。あらかじめご注意ください。

Windowsをお使いの方へ

本書ではキーを併用する操作やキーボードショートカットについて、Macのキーを基本に表記しています。Windowsでの操作の場合は、次のように読み替えてください。

option ➡ alt、 ⌘ ➡ ctrl、 右クリック ➡ control ＋クリック（右ボタンがないマウスの場合）

ダウンロードデータについて

本書のレッスンで使用しているサンプルデータは以下のWebサイトからダウンロードできます。

URL **https://www.socym.co.jp/book/1367**

[サンプルデータ使用の際の注意事項]

- サンプルデータはデータ容量が大きいため、ダウンロードに時間がかかる場合があります。低速または不安定なインターネット環境では正しくダウンロードできない場合もありますので、安定したインターネット環境でダウンロードを行ってください。
- サンプルデータをダウンロードする際、1.5GB以上の空き容量をパソコンに確保してください。空き容量が不足している場合はダウンロードできません。
- サンプルデータはZIP形式に圧縮していますので、ダウンロード後、展開してください。
- サンプルデータはPSD形式で保存されているため、Photoshopがインストールされていないパソコンでは開くことができません。
- サンプルデータを開く際にプロファイルを確認する画面が表示される場合があります。この場合は「作業用…」を選択して進めてください。

[サンプルデータで使用しているフォントについて]

一部のサンプルデータにはフォントを使用しています。使用しているフォントはAdobe Fontsで提供されているもの（2022年3月現在）ですので、アクティベートしてご使用ください。なお、Adobe Fontsで提供されるフォントは変更される場合があります。もしフォントが見つからない場合は、他のフォントに置き換えて作業を行ってください。

[サンプルデータの使用許諾について]

ダウンロードで提供しているサンプルデータは、本書をお買い上げくださった方がPhotoshopを学ぶためのものであり、フリーウェアではありません。Photoshopの学習以外の目的でのデータ使用、コピー、配布は固く禁じます。なお、サンプルデータの使用によって、いかなる損害が生じても、ソシム株式会社および著者は責任を負いかねます。あらかじめご了承ください。

Ps

LESSON 01

Photoshopと画像データの基礎知識

LESSON 01/01

【Photoshopでできること】

Photoshopってどんなソフト？

Sample Data /No Data

画像を修正・加工・作成するソフト

Photoshopは、デジカメやスマートフォンなどで撮影した画像を、撮影時の印象のように修正したい、もっと見栄え良く仕上げたい、メッセージを追加したい、手描き風に加工したい、といった目的で活用できる画像編集ソフトです。
さらに、文字、図形、描画といった機能を使って、デザインやイラストの作成にも活用できます。

画像編集（レタッチ）の活用例

画像の明るさ、色の鮮やかさ、コントラストなどを補正して、イメージを修正・強調します。詳細な補正ができるトーンカーブなどの機能のほかに、おまかせの自動補正、プロファイルの選択だけで補正できるフィルターなど、機能が充実しているので、詳細に、かんたんに補正できます。また、はじめからなかったかのように自然に不要物を消すこともできます。

画像加工の活用例

モノトーンにする、部分的に色を変える、背景をぼかす、ソフトフォーカスにするなど、画像を元にさまざまな作品へと加工できます。画像加工機能は多数あり、特にフィルターでは、ダイアログボックスの設定だけでアーティスティックな作品に仕上げることができます。

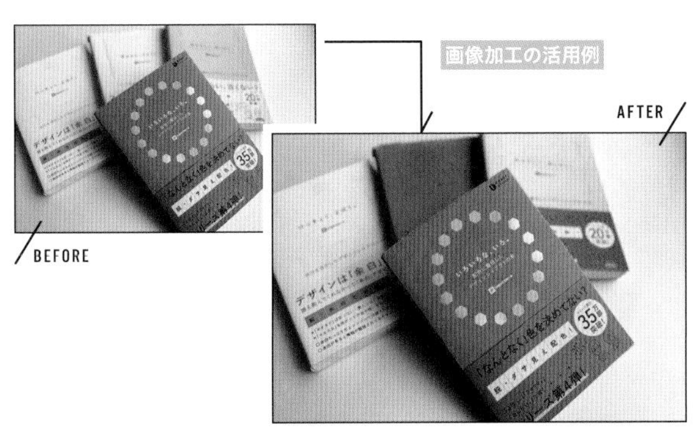

画像合成の活用例

複数の画像を組み合わせて作品作りに活用できます。画像の一部を切り抜き、別の画像に合成することもできます。
無地のTシャツにロゴを違和感なく合成することもできます。

＋

WHO
ARE
YOU?

文字を使った活用例

パソコンで使用できるフォントを使って自由に文字を入力できます。入力した文字は画像のように加工でき、変形やテクスチャなどを設定してロゴの作成に利用できます。さらに文字の形状で画像を切り抜くといったこともできます。

作品創りの活用例

コラージュのような写真や素材を組み合わせた作品、イラストの描画などにも利用できます。タブレットを使って直接描くほかに、写真をイラスト風に加工したり、手描きのイラストを取り込んで加工して素材として利用することもできます。レタッチ、画像加工・合成、文字、素材を組み合わせて、作品創りに活用できます。

iPad版やほかのユーザーとの連携

クラウドドキュメントを使うと、同じデータをPC版とiPad版でかんたんに共有できます。また、ほかのPhotoshopユーザーとデータ共有もできます。

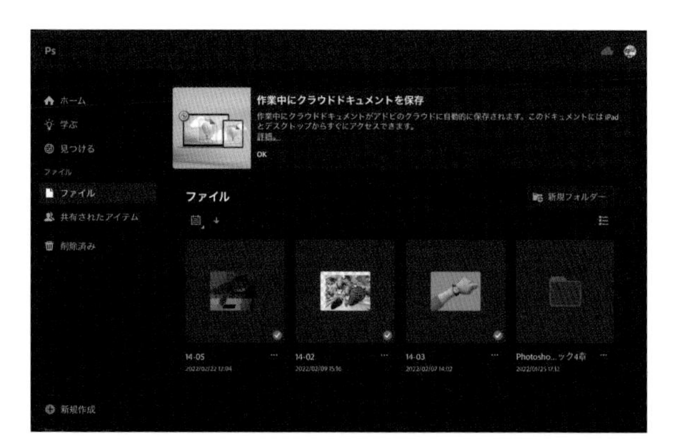

01 LESSON / 02

【デジタル画像の基礎知識】デジタル画像のしくみ

Sample Data / No Data

デジタル画像の種類

デジタル画像は「ビットマップ画像」と「ベクトル画像」に分けられます。Photoshopでは、主にビットマップ画像を扱います。

ビットマップ画像

ビットマップ画像は、「ピクセル（pixel）」と呼ばれる小さな正方形の集合で構成されています。それぞれのピクセルが色情報を持つことで、写真のような複雑な色を再現します。拡大していくとピクセルが目立ち、ピクセル数を変化させる変形を行うと画質が劣化します。デジカメで撮影した画像もビットマップ画像です。

ベクトル画像

Illustratorで主に扱う画像がベクトル画像です。ベクトル画像は点と点をつなげて線を作り、これらの線で囲んだ面で形状を作成します。線に色や太さ、面に塗り色を指定することで画像として表現します。
拡大しても線は滑らかなままですが、微妙に色が不規則に変化する写真のような画像を作成するのには向きません。

ビットマップ画像
拡大するとピクセルで構成されているのがわかる

ベクトル画像
拡大しても線は滑らかなまま

ビットマップ画像とベクトル画像の違い

デジタル画像の種類	特徴
ビットマップ画像 ラスター画像（ラスターイメージ）	●Photoshopで主に扱われる画像（デジカメで撮影したデータ） ●写真のような微妙に色が変化する画像に向く ➡ 写真に最適 ●拡大表示するとピクセルが目立つ ➡ 表示／プリントするサイズが同じ場合、一般的にピクセル数が多いほうが品質が高い ●変形で画質が劣化する ➡ 作成後にピクセル数を変化させると品質が落ちる
ベクトル画像 ベクター画像（ベクターイメージ）	●Illustratorで主に扱われる画像 ●微妙な色の変化に向かない ➡ 一定の太さの線、ベタ・パターンで塗りつぶす画像に向く ●拡大表示しても線は滑らかなまま ●変形を加えても画質は劣化しない ➡ 作成後のサイズ変更・変形でも品質に影響しない

ビットマップ画像の画質

Photoshopで補正・加工するビットマップ画像は、「色情報の持ち方」、「画像のピクセル数」が画質に大きく影響します。まずはこれを理解しておきましょう。

色情報の持ち方

パソコンで色を再現するためには色を「数値化」する必要があります。自然界の色は無限にありますが、これをどのパソコンで表示しても、基本的に同じ色として再現できなくてはなりません。このため色を数値化するルールがあり、このルールを「カラーモード」と呼びます。ビットマップ画像では、このルールに基づいて、各ピクセルごとに色情報を持っています。

一般的にPhotoshopやデジカメ等で使われる画像のカラーモードは、「RGBカラー」です。このため、「色情報の持ち方」による画質の違いを意識する必要はほとんどありませんが、基本を知っておくと色補正の際にも役立ちます。カラーモードの詳細は「カラーモードについて理解する」(P.024)を参照してください。

画質を左右するピクセル数

ビットマップ画像の画質を決める重要な要因のひとつが「ピクセル数」です。

デジカメなどでは「2,400万画素」のように画素数が必ず表示されています。「画素数≒そのデジカメで撮影できる画像の最大ピクセル数」です。

ピクセルを追加(分割)しても画質は向上しないため、とても重要です。

ピクセル数が多いほど画質がよいと考えてかまいませんが、ピクセル数だけが画質を決めるものではありません。ピクセル数と画質についての詳細は、「画像サイズと画像解像度」(P.026)を参照してください。

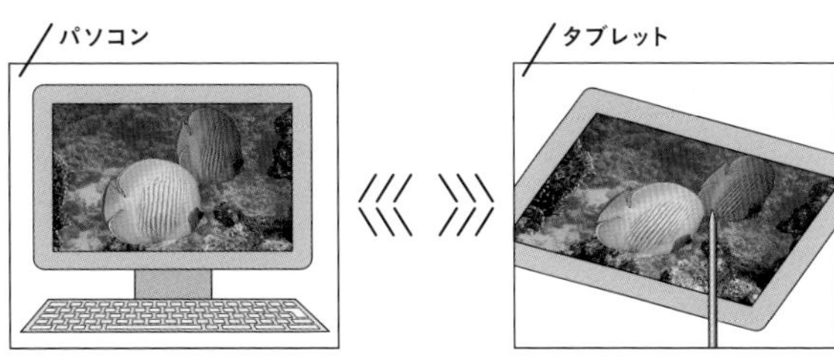

画像データは、パソコンやタブレット、スマートフォンなどのデジタルデータを扱うすべてのデバイスで、同じ色が再現できるようにデータ化されている。デジカメ画像などで広く一般に使われているカラーモード「RGBカラー」であれば、ほぼすべての画像処理ソフトが対応するため、どのパソコンで異なるソフトで開いても同じ色になる(保存するファイル形式により開けない場合がある)。ただし、実際には使用するパソコンやモニタの性能等の違いによる色の誤差は生じる

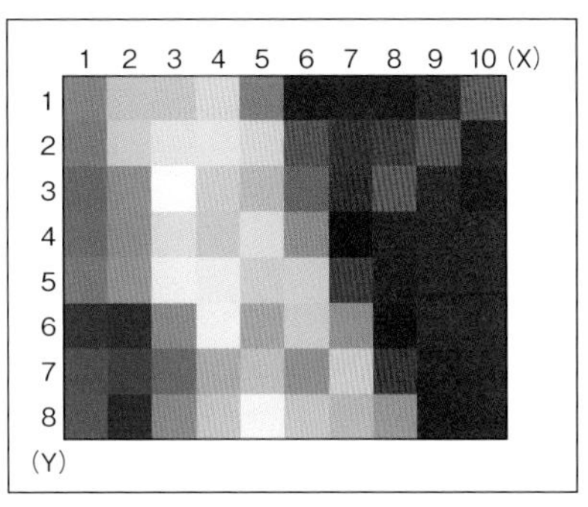

色情報の持ち方
前ページのトマトのビットマップ画像を、1つ1つのピクセルが見えるまで拡大した画像。横軸をX、縦軸をYとしたとき、「X1、Y1の色は＃6aa490」、「X9、Y5の色は＃d3191a」のように位置と色値の組み合わせになっている。「＃6aa490」のような色を数値化した値は、カラーモードによって異なる

一般的にPhotoshopやデジカメ等で使われる画像のカラーモードは「RGBカラー」(8bit／チャンネル)です。RGBカラーは色を約1,678万種類で再現します。これだけあれば無限にある自然界の色でもほぼ再現できます。

画質を左右するピクセル数
左の画像は、横496ピクセル×縦661ピクセル(縦横の積=約32.8万ピクセル)。
右の画像は、横142ピクセル×縦189ピクセル(縦横の積=約2.7万ピクセル)。
左の画像は細部まで表現されているが、右の画像はピクセル不足で精細さに欠ける

01 LESSON / 03

【カラーモード】

カラーモードについて理解する

Sample Data / No Data

カラーモードとは

「カラーモード」は、色や階調の情報を持つ方法のことです。カラーモードにはいくつか種類がありますが、通常使われるのが「RGBカラー」です。また、商業印刷を目的とした場合は「CMYKカラー」を使います。Photoshopではこのほかに、「モノクロ2階調」「グレースケール」「ダブルトーン」「インデックスカラー」「Labカラー」に対応しています。

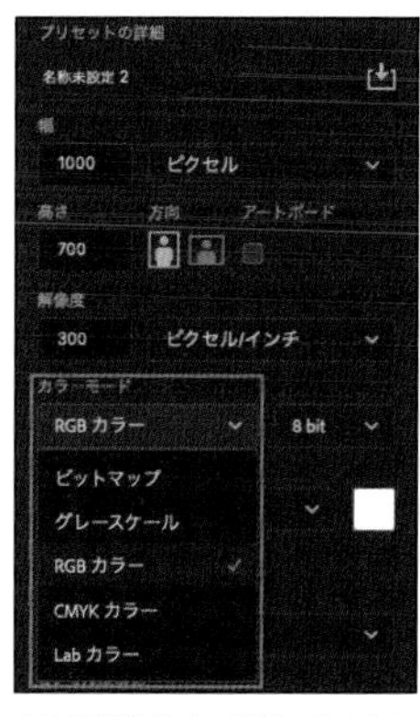

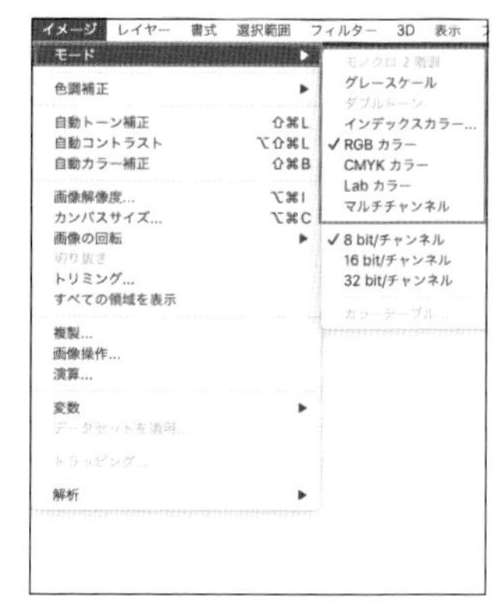

左は新規作成時に選択できるカラーモード（[新規ドキュメント]ダイアログボックスの設定。「ビットマップ」は「モノクロ2階調」のこと。右はカラーモードを変換するときに使うメニュー機能（[イメージ]メニューの[モード]のサブメニュー）

RGBカラーとは

「RGBカラー」は一般的にデジタル画像で使われるカラーモードです。デジカメで撮影した画像もRGBカラーであり、特殊な目的を除き、RGBカラー以外を使用する必要はありません。

テレビやパソコンのモニターは、R（レッド）、G（グリーン）、B（ブルー）の光の三原色を使い、それぞれの明るさを混合してさまざまな色を表現します。

「RGBカラー」も同様で、1ピクセルごとにR、G、Bのそれぞれの明るさの情報を持っています。PhotoshopではR、G、Bそれぞれを「チャンネル」として管理し、各チャンネルの内容は、[チャンネル]パネルで確認できます。

Photoshopで画像編集をする場合、RGBカラーで編集するのが一般的です。商業印刷を目的とする場合は、すべての編集後にCMYKカラーに変換します。

❶のピクセルが持つ色情報
R 205
G 238
B 39

❷のピクセルが持つ色情報
R 182
G 52
B 49

❸のピクセルが持つ色情報
R 179
G 35
B 29

画像の一部をピクセルが見えるようになるまで拡大した画像

1ピクセルごとに、R、G、Bそれぞれ256階調（0～255）の明るさ情報を持っています。

色の例

RGB値			色	説明
R	G	B		
0	0	0	黒	すべての光がない＝もっとも濃い
255	255	255	白	すべての光が最高＝もっとも明るい
255	0	0	赤	R（赤）が最高でほかの光はない
255	128	128	薄赤	R（赤）が強くてほかは弱い＝明るい赤
128	0	0	濃赤	弱いR（赤）でほかはない＝暗い赤

ここも CHECK!

RGBカラーと光の三原色の仕組み

RGBカラーは「光の三原色」で色を表現します。この光の三原色を表す際によく使われるのがAの図です。この図はRGBそれぞれの明るさが最大のときのイメージで、❶はR(レッド)だけが最大でG(グリーン)とB(ブルー)がない場合、円が重なる部分では、❷はRGが最大でBがない場合、❸はRGBすべてが最大の場合を表します。

Bは、光の三原色のイメージ図の❶から❷への変化を横軸にし、縦軸に光の強さの変化を加えたものです。CはBの縦軸の光の強さの変化をRだけに限定(Gは縦軸では一定)したものです。Dは光の三原色のイメージ図の❹から❺への変化を横軸にし、縦軸にGの光の強さの変化を加えています。

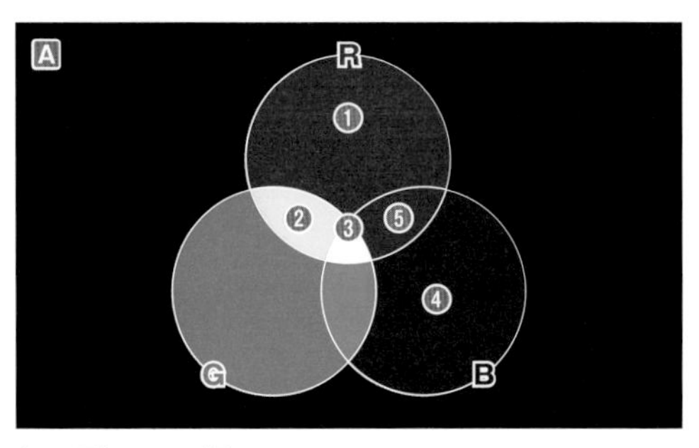

光の三原色のイメージ図
3色の光から1色または2色あるいは3色が混ざり合って、さまざまな色を再現することを表す。上図のイメージは3色の光それぞれ最大の場合で、実際には、3色それぞれ光の強さが変化することで無限にある自然の色になる

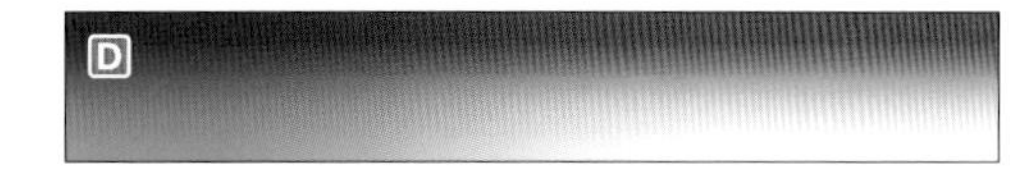

色が変化していくイメージの図
光の三原色のイメージ図では原色しかないが、ここに光の強さの変化を加えるとさまざまな色が再現できることがわかる(A、B、C、Dの図の光の変化は印刷用データに置き換えたもので、実際の色や変化とは異なります)。

CMYKカラーとは

「CMYKカラー」は商業印刷を目的とする画像で使われます。C(シアン)、M(マゼンタ)、Y(イエロー)の色の三原色に加え、CMYの混色では表現できない色を補うための、K(ブラック)を加えて、4色でさまざま色を再現する方法です。Photoshopでは、1ピクセルごとにC、M、Y、Kのそれぞれの濃度情報を持っています。

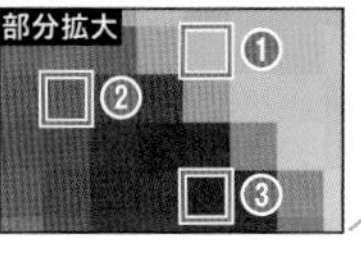

画像の一部をピクセルが見えるようになるまで拡大した画像

❶のピクセルが持つ色情報
C 46%
M 0%
Y 96%
K 0%

❷のピクセルが持つ色情報
C 30%
M 80%
Y 69%
K 0%

❸のピクセルが持つ色情報
C 33%
M 95%
Y 93%
K 0%

Photoshopではこのほかに、白と黒だけで表現する「モノクロ2階調」、白から黒までの256段階の無彩色で表現する「グレースケール」などにも対応しています。カラーモードの変更については(P.064)を参照してください。

1ピクセルごとに、C、M、Y、Kそれぞれ0〜100%の明るさ情報を持っています。

色の例

CMYK値(%)				色	説明
C	M	Y	K		
0	0	0	100	黒	CMYの値に関係なくKが100の場合は黒(※1)
0	0	0	0	白	すべての色がない
0	100	100	0	赤	MとYを足した混色で赤となる

※1　実際の印刷ではK100だけでは黒を再現できないため、CMYの値を少し加えて黒を出すことがあります。

LESSON 01/04

【画像サイズ、画像解像度】

画像サイズと画像解像度

Sample Data / No Data

画像の大きさの単位

画像の大きさには、ピクセルの数で表す「画像サイズ」と、プリントするときの大きさを表す「プリントサイズ」があります。

たとえば2,400万画素のデジカメ画像をプリントするとき、A4やハガキサイズなど自由な大きさでプリントできます。A4でもハガキでも2,400万ピクセルのままプリントされます。このためピクセルの密度は、小さいハガキサイズでプリントしたときのほうが高くなります。

画像サイズ

画像サイズ（ドキュメントサイズとも呼ぶ）とは画像のピクセル数のことで、「6,000×4,000ピクセル（pixel）」のように、「横のピクセル数×縦のピクセル数」で表します。

デジカメでは横と縦の画素数の積、6,000×4,000では「2,400万画素」というように画素数で表す場合があります（ここでは画素＝ピクセルと考えてかまいません）。

画像解像度

画像解像度はピクセルの密度のことで、「300 pixel／inch」のように表します。これは、1インチ幅に300ピクセルあることを表しています。画像解像度は、大きい（密度が高い）ほど高品質な画像になり、小さい（密度が低い）と粗い画像になります。

画像解像度は、一定の幅内にあるピクセル数を表しますが、一定の幅として1インチを使うことが一般的です。

プリントサイズの違い（大きいプリントサイズを小さくする）
左：幅600ピクセル×高さ450ピクセル、300 pixel／inch
右：幅600ピクセル×高さ450ピクセル、782 pixel／inch
どちらの画像も画像サイズ（ピクセル数）は同じだが、プリントサイズが異なるため印刷時の画像解像度が異なってくる。左の画像の大きさで印刷向けの画質として十分な画像解像度なので、右の小さいプリントサイズでも十分な画質の印刷ができる

プリントサイズの違い（小さいプリントサイズを大きくする）
左：幅200ピクセル×高さ150ピクセル、300 pixel／inch
右：幅200ピクセル×高さ150ピクセル、96 pixel／inch
どちらの画像も画像サイズ（ピクセル数）は同じだが、プリントサイズが異なるため印刷時の画像解像度が異なってくる。左の画像では印刷向けの画質として十分な画像解像度だが、右の大きさで印刷すると画像が粗いと感じるようになる

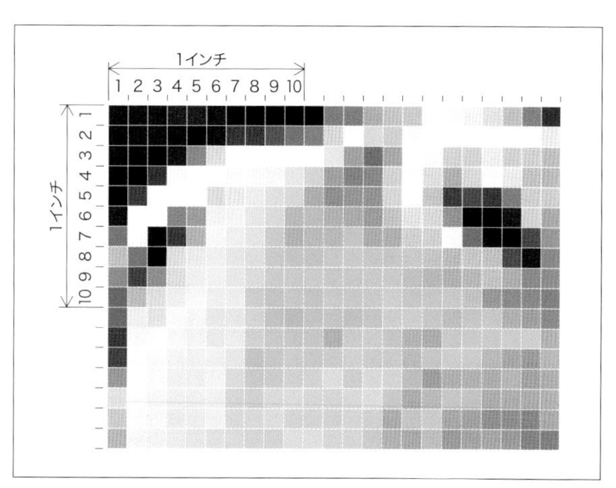

画像解像度（ピクセル密度）とは
上図では「1インチ幅に10ピクセル」あるので「10 pixel／inch」となる

高品質でプリントするには

高品質なプリントを目的とするのであれば、一定以上のピクセル密度（画像解像度）が必要です。
一般的に商業印刷は「300 pixel／inch」、家庭用プリンターでは「200 pixel／inch」以上の解像度が必要とされています。

画像サイズと画像解像度とプリントサイズは次のような関係を持っています。

Ⓐ **画像サイズ÷画像解像度＝プリントサイズ**
Ⓑ **画像サイズ÷プリントサイズ＝画像解像度**
Ⓒ **プリントサイズ×画像解像度＝画像サイズ**

画像サイズ「6,000×4,000」ピクセルの画像を、画像解像度「200 pixel／inch」以上でプリントしたい場合、Ⓐの式より、
横 6,000÷200＝30（インチ）＝76.2mm
縦 4,000÷200＝20（インチ）＝50.8mm
（1インチ＝25.4mm）
となり、「76.2×50.8 mm」以下であれば、画像解像度「200 pixel／inch」以上でプリントできることがわかります。
デジカメの記録画素数から、どのくらいまで引き延ばしても高品質にプリントできるかの目安を計算で出せます。

画面表示の場合は、画面で表示できるピクセル数と同じ、またはそれ以上の画像サイズがあれば、画質に問題はなく、画像解像度は関係ありません。

画像解像度・画像サイズ・プリントサイズの変更については、「画像解像度を変更する」（P.066）、「画像サイズを変更する」（P.067）を参照してください。

画像解像度による印刷品質の違い
A 画像解像度が大きい画像は、毛並みやひげの細部までくっきりと表現できるが、B、C と画像解像度が小さくなる（ピクセル密度が低くなる）にしたがい、画像は粗くなり毛並みやひげなど細部の精細さがなくなる

高品質なプリントに必要なピクセル数の目安

目的	プリントサイズ	画像解像度（pixel／inch）	画像サイズ（ピクセル数）
家庭用プリンターでプリント	A4（210×297mm）	200	1,654×2,339
	ハガキ（100×148mm）	200	787×1,165
商業印刷で使用	A4（210×297mm）	350	2,894×4,093
	ハガキ（100×148mm）	350	1,378×2,039

上記は目安としてご利用ください。

LESSON 01/05

【ホーム画面、画面の名称】

作業中に表示される画面の見方

Sample Data / No Data

はじめに表示される画面

Photoshopを起動するとはじめに「ホーム画面」が表示されます。ホーム画面では、チュートリアルへのアクセスや、最近使用したファイルなどが表示されます。

「ホーム画面」は実際に画像に対して編集操作する画面ではありません。

ホーム画面の[ホーム]タブ。画面左の❶[新規ファイル]をクリックすると新規画像作成できる。❷[開く]をクリックして画像を指定すると画像編集するための画面に移る。❸[最近使用したもの]では、最近使用したファイルのサムネールが表示され、サムネールのクリックで、対象のファイルを開ける。❺[学ぶ]タブをクリックするとさまざまなチュートリアルを表示する。❹[ホーム]タブをクリックすると[最近使用したもの]の表示に戻る

作業中の操作画面

ホーム画面左上にある❻ Ps をクリックするか画像を開くと、次ページの図のような画像編集のための画面に移ります。この画面の各部の名称を覚えましょう。

❶メニューバー

メニューごとに機能がまとめられています。メニュー名をクリックするとメニューが表示されます。メニューの使い方はP.030を参照してください。

❷ツールバー

画像を操作するためのツールがまとめられています。アイコンをクリックするとツールが選択状態となります。ツールバーの使い方はP.032を参照してください。

❸オプションバー

[ツールバー]で選択しているツールの詳細な設定項目が表示されます。表示される項目は選択しているツールごとに異なります。

❹ドキュメントウィンドウ

開いている画像が表示されます。ウィンドウ上部には開いている画像の❼タブが表示され、複数の画像を開いている場合は、タブで操作対象の画像を切り替えられます。ウィンドウ下部には、❽現在の画像の情報が表示されます。初期設定ではモニタサイズによって、❺パネルエリアに大きくとられてしまい、画像を表示させるドキュメントウィンドウが小さく思えますが、パネルの表示状態をカスタマイズすると使いやすくなります。

❺パネルエリア（ドック）

情報の表示、レイヤーなどの画像編集を効率的に行うための機能、ツールのより詳細な設定項目など、多様な機能が、各パネルにまとめられています。パネルの表示状態はカスタマイズできます。パネルの使い方はP.036を参照してください。

❻[最小化]・[最大化]・[閉じる]ボタン

3つのボタンは、左から[閉じる]（赤）、[最小化]（黄）、[最大化]（緑）の各ボタンです（Windows版は右上にあり、左から[最小化][最大化][閉じる]です）。

❼表示画像を切り替えるタブ

複数の画像を開いている場合は、タブで操作対象の画像を切り替えられます。タブには「ファイル名@表示倍率(レイヤー名，カラーモード)」が表示されます。レイヤー名は現在選択されているレイヤー名で、選択されているレイヤーがない場合、または画像に背景レイヤー以外ない場合は表示されません。各ファイルのタブ左端(Windows版は右端)には[×]ボタンがあり、[×]ボタンをクリックするとその画像が閉じられます。

❽現在の画像の情報

現在表示している画像の情報が表示されます。初期設定では、ドキュメントサイズ(画像サイズ)「横×縦のピクセル数(画像解像度)」が表示されています。表示されている部分をマウスボタンで押している間はさらに詳しい情報が表示されます。右にある[›]ボタンをクリックすると表示内容を切り替えられます。左にある数値(%)は表示倍率で、ここに直接数値を入力して表示倍率を変更できます。

本書では、macOS版では[アプリケーションフレーム]を使用しいる状態で説明しています([ウィンドウ]メニューの[アプリケーションフレーム]にチェックが入っている状態)。[アプリケーションフレーム]を使用しない場合は、操作画面内の各機能の配置など異なる部分があります。

ツールバーやオプションバー、各パネルの配置設定を「ワークスペース」と呼びます。ここで紹介したのは初期設定のワークスペースです。ワークスペースは、使いやすい位置に使用頻度の高いパネルを配置するなど、カスタマイズすることができます。ワークスペースをカスタマイズしたら、わかりやすい名前をつけて保存しておきましょう。保存しておくと何らかの理由で変更してしまったパネル配置を保存状態にかんたんに戻せます。ワークスペースの保存については、P.042を参照してください。

LESSON 01/06

【メニューの操作】

メニューの使い方

Sample Data / No Data

メニューとは

[メニューバー]は画面一番上(Windows版では作業画面一番上)に表示され、「メニュー」として似た機能ごとにグループにまとまっています。たとえば[表示]メニューには、画像の表示に関する設定・機能がまとまっています。

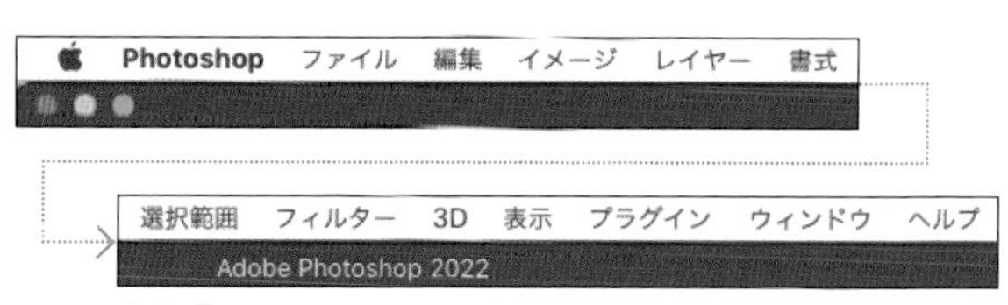

画面一番上(macOSの場合)に表示されている[メニューバー]。[ファイル][編集]などのメニューが並んでいる

メニューの使い方

1 使用したいメニュー名をクリックします。たとえば❶[ファイル]をクリックします。

2 表示されたプルダウンメニューから、使用する機能をクリックします。たとえば❷[新規]をクリックします。

これでメニューの機能が実行されます。機能によってはダイアログボックスが表示され、ダイアログボックスで詳細を設定して実行します。本書では上記の1→2の操作を『[ファイル]メニューの[新規]をクリックします』と表記します。

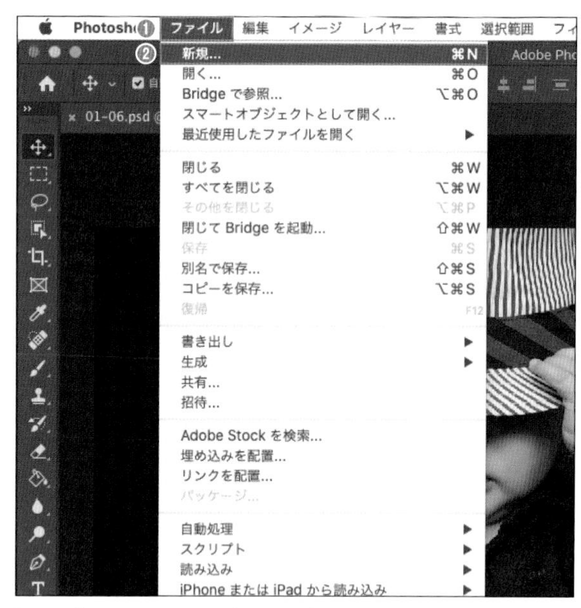

[ファイル]メニューをクリックして表示されるプルダウンメニュー。[ファイル]メニューの[新規]をクリックすると、[新規ドキュメント]ダイアログボックスが表示される

ここも CHECK!

新規ドキュメントを作成する

[ファイル]メニューの[新規]をクリックすると、[新規ドキュメント]ダイアログボックスが表示されます。[幅][高さ][解像度][カラーモード][カンバスカラー]を設定します。[幅][高さ]は、[ミリメートル][センチ](センチメートル)[ピクセル]などの単位を設定できます。[解像度]は、[幅][高さ]で[ピクセル]以外を設定した場合は、必ず設定してください。[作成]をクリックすると新規ドキュメントが作成されます。
[閉じる]をクリックするとドキュメントは作成されずにダイアログボックスが閉じます。

【キーボードショートカット】

キーボードショートカットの使い方

Sample Data / No Data

キーボードショートカットとは

キーボードショートカットは、メニューの機能やツールを実行または選択するとき、マウスで該当箇所をクリックしないでも、**キーボードのキーを押すことで実行または選択できる機能**です。
キーボードショートカットには、複数のキーを組み合わせて実行するものと、1つのキーを押すだけで実行できるものがあります。

キーボードショートカットの使い方

1 キーボードの ⌘ + N（Windows版は ctrl + N）キーを押します。

これで[ファイル]メニューの[新規]をクリックしないでも、同じ機能を実行でき、[新規ドキュメント]ダイアログボックスが表示されます。

選択範囲　フィルター　3D　表示　プラグ
すべてを選択 ⌘A
選択を解除 ⌘D
再選択 ⇧⌘D
選択範囲を反転 ⇧⌘I
すべてのレイヤー ⌥⌘A
レイヤーの選択を解除
レイヤーを検索 ⌥⇧⌘F
レイヤーを分離
色域指定...
焦点領域...
被写体を選択
空を選択
選択とマスク... ⌥⌘R
選択範囲を変更 ▶
選択範囲を拡張
近似色を選択
選択範囲を変形
クイックマスクモードで編集
選択範囲を読み込む...
選択範囲を保存...
新規 3D 押し出し

[選択範囲]メニューをクリックして表示されるプルダウンメニュー。各機能右側にある文字がキーボードショートカット。macOSではメニューに記号でキーボードショートカットが表示される（⇧= shift キー、⌥= option キー）

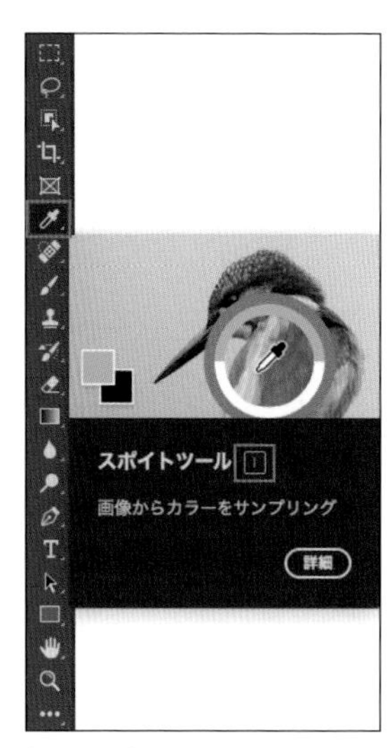

[ツールバー]のツールのキーボードショートカットは、アイコンにマウスポインタを重ねると表示されるツールチップのツール名の後ろに表示される。[スポイトツール]は I（英文字アイ）キー

キーボードショートカットの一部、たとえばツールの切り替えに使用する1文字のキーボードショートカットなどでは、入力モードが全角（ひらがな）だと使用できないことがあります。英字（半角英数字）に切り替えてからキーボードショートカットを入力してください。

Windows版をお使いの方は、⌘ キーを ctrl キーに置き換えてお読みください。詳しくは「Windows版をお使いの方へ」（P.017）を参照してください。macOS版と違い、Windows版では、右図のようにメニューにキーボードショートカットが直接表示されます。

すべてを選択(A) Ctrl+A
選択を解除(D) Ctrl+D
再選択(E) Shift+Ctrl+D
選択範囲を反転(I) Shift+Ctrl+I
すべてのレイヤー(L) Alt+Ctrl+A
レイヤーの選択を解除(S)
レイヤーを検索 Alt+Shift+Ctrl+F
レイヤーを分離

キーボードショートカットで ⌘ キーと組み合わせて使用するキーには、多くのソフトウェアで共通のものと、Photoshop独自のものがあります。共通のキーボードショートカットはほかのソフトウェアでも利用できます。そのなかでも[保存][コピー][ペースト][取り消し][やり直し]の5つはぜひ覚えておきましょう。
使用するキーは英語版機能名の頭文字の場合が多く、覚えていなくても思い出しやすいようになっています。また、比較的キーボード左側のキーが多く使われています。

多くのソフトウェアと共通のキーボードショートカット

機能名	キーボードショートカット	備考
開く	⌘ + O	OはOpenの頭文字
新規	⌘ + N	NはNewの頭文字
保存	⌘ + S	SはSaveの頭文字
別名で保存	⌘ + shift + S	保存＋ shift
閉じる	⌘ + W	Wの意味は不明（SやQに近いから？）
プリント	⌘ + P	PはPrintの頭文字
コピー	⌘ + C	CはCopyの頭文字
ペースト	⌘ + V	VはCキーの右となりのキー
取り消し	⌘ + Z	Zは ⌘ に最も近いキー
やり直し	⌘ + shift + Z	⌘ + Yのソフトウェアもある

LESSON 01/08

【ツールバーの操作方法、ツール一覧】

ツールバーの使い方とツール一覧

Sample Data / No Data

ツールバーとは

画面左側に縦一列で並んでいる(初期設定の場合)のが[ツールバー]です。[ツールバー]には多数のツールが用意されています。Photoshopを使う上でツールによる操作は必須です。ここではツールの選択方法と種類を覚えます。

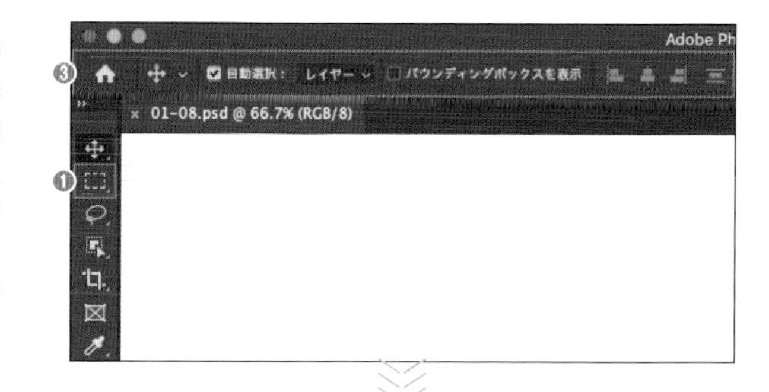

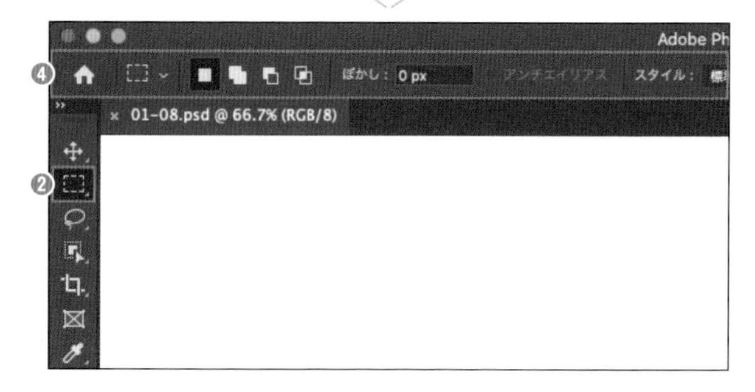

ツールの使い方

1 使用したいツールアイコンをクリックします。たとえば❶[長方形選択ツール]をクリックします。

❷アイコンの地色が濃くなることで、現在選択しているツールを確認できます。このとき❸❹[オプションバー]が変化することも確認しましょう。[オプションバー]の内容はツールごとに変わります。

本書では、[ツールバー]にあるツールをクリックして選択して使用できる状態にすることを、『[○○ツール]をクリックします』のように表記します。このように表記されている場合は、[ツールバー]から該当するツールをクリックして選択してください。

2 次にツールアイコンをクリックではなく長押しします。たとえば❺[長方形選択ツール]を長押しします。

❻4つのツールが表示されました。ここでいずれかのツールをクリックすれば、そのツールが選択状態になります。

このように[ツールバー]では、似た機能のツールをグループにしてまとめています。❼アイコンの右下に小さな三角形[◢]が表示されているツールには、複数のツールがまとめられています。

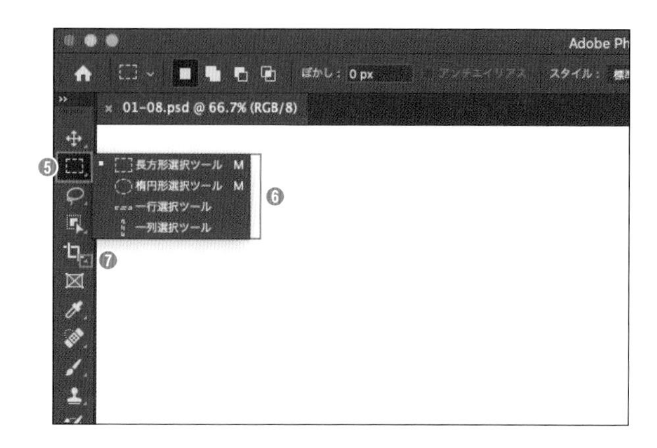

長押しとは、マウス左ボタンを押したままにする状態のことです。複数のツール名が表示されたら、マウス左ボタンは放してかまいません。

[ツールバー]の一番下のほうにはツール以外に、[描画色/背景色](P.184)、[クイックマスクモード](P.156)、[スクリーンモード]に関連する機能が含まれています。

ツールバーのツール一覧

アイコン	ツール名	説明	ショートカットキー
A	移動ツール	レイヤー画像(テキストレイヤー、シェイプレイヤーなども含む)、選択範囲がある場合はその範囲内の画像、またはガイドを移動できます。	V
A	アートボードツール	アートボードを作成できます。	V
B	長方形選択ツール	ドラッグして、長方形の選択範囲を作成できます。	M
B	楕円形選択ツール	ドラッグして、円形(楕円または正円)の選択範囲を作成できます。	M
B	一行選択ツール	高さ1ピクセル、幅はカンバスいっぱいの選択範囲を作成できます。	
B	一列選択ツール	幅1ピクセル、高さはカンバスいっぱいの選択範囲を作成できます。	
C	なげなわツール	ドラッグした軌跡を境界線とする選択範囲を作成できます。	L
C	多角形選択ツール	クリックした位置を頂点とする多角形の選択範囲を作成できます。	L
C	マグネット選択ツール	ドラッグした軌跡付近の画像のエッジを自動で検出して、選択範囲を作成できます。	L
D	オブジェクト選択ツール	画像からオブジェクトを自動で認識して選択範囲を作成できます。	W
D	クイック選択ツール	指定した大きさのブラシ先端でドラッグし、その範囲外にある画像のエッジを自動で検出して、選択範囲を作成できます。	W
D	自動選択ツール	クリックした部分と近似する色の部分を選択範囲として作成できます。	W
E	切り抜きツール	指定したサイズで画像を切り抜きできます。	C
E	遠近法の切り抜きツール	台形のようにパースのついた画像を、切り抜くと同時に矩形に修正できます。	C
E	スライスツール	Web用画像として分割保存するための分割位置を指定できます。	C
E	スライス選択ツール	スライスツールで指定した分割位置やオプションを修正できます。	C
F	フレームツール	画像をマスクするフレームを作成できます。	K
G	スポイトツール	クリックした位置の色を、描画色・背景色に設定できます。	I
G	3Dマテリアルスポイトツール	3D形状のマテリアルを抽出します。	I
G	カラーサンプラーツール	クリックした位置の色を、情報パレットに表示できます。	I
G	ものさしツール	ドラッグした始点と終点間の、距離、角度、始点の座標を表示できます。	I
G	注釈ツール	クリックした位置に注釈を追加できます。内容は注釈パネルで入力します。	I
G	カウントツール	画像内をクリックして、オブジェクトをカウントします。	I
H	スポット修復ブラシツール	ドラッグやクリックした部分を、周辺の画像をもとに自動で修正できます。	J
H	修復ブラシツール	指定した位置の画像をもとに、ドラッグした部分の画像を修正できます。	J
H	パッチツール	選択範囲を移動させて、移動元または移動先の画像を修正できます。	J
H	コンテンツに応じた移動ツール	選択範囲内の画像を移動させるとき、移動元は周辺の画像をもとに、なかったかのように修正し、移動先は周辺になじむように修正できます。	J
H	赤目修正ツール	ストロボを使って撮影したときに現れる赤目を修正できます。	J

	アイコン	ツール名	説明	ショートカットキー
I		ブラシツール	筆で描くような線を、ブラシの形状・太さ、色などを指定して、ドラッグで描けます。	B
I		鉛筆ツール	鉛筆で描くような線を、太さ、色などを指定して、ドラッグで描けます。	B
I		色の置き換えツール	ドラッグした部分の色を、指定した色に置き換えられます。	B
I		混合ブラシツール	ドラッグした部分を、もとの色に指定した色を加えてにじませられます。	B
J		コピースタンプツール	指定した部分の画像を、ドラッグした部分にコピーできます。	S
J		パターンスタンプツール	ドラッグした部分を、パターンでペイントできます。	S
K		ヒストリーブラシツール	ドラッグした部分だけ、指定したスナップショット、またはヒストリーの画像でペイントできます。	Y
K		アートヒストリーブラシツール	ヒストリーブラシの機能に、ペイントスタイルを設定できます。	Y
L		消しゴムツール	ドラッグした部分を、透明(背景レイヤーは背景色でペイント)にできます。	E
L		背景消しゴムツール	ドラッグした部分を透明にできます。	E
L		マジック消しゴムツール	クリックした位置と近似色部分を透明にできます。	E
M		グラデーションツール	選択範囲またはレイヤーをグラデーションで塗りつぶしできます。	G
M		塗りつぶしツール	クリックした位置と近似色部分を、描画色で塗りつぶしできます。	G
M		3Dマテリアルドロップツール	3D形状に設定したマテリアルを割り当てます。	G
N		ぼかしツール	ドラッグした部分だけ、ぼかすことができます。	
N		シャープツール	ドラッグした部分のエッジを、シャープにできます。	
N		指先ツール	指先でこすったように、色をにじませます。	
O		覆い焼きツール	写真の覆い焼きのように、ドラッグした部分を明るくできます。	O
O		焼き込みツール	写真の焼き込みのように、ドラッグした部分を暗くできます。	O
O		スポンジツール	ドラッグした部分の彩度を、上げるまたは下げられます。	O
P		ペンツール	クリックまたはドラッグでアンカーポイントを作成しながら、パスを作成できます。	P
P		フリーフォームペンツール	ドラッグした軌跡をもとに、パスを作成できます。	P
P		曲線ペンツール	クリック、クリックで指定したアンカーポイントをスムーズな線で結ぶ曲線のパスが描けます。	P
P		アンカーポイントの追加ツール	既存のパスに、アンカーポイントをクリックまたはドラッグで追加できます。	
P		アンカーポイントの削除ツール	既存のパスのアンカーポイントを、クリックで削除できます。	
P		アンカーポイントの切り替えツール	スムーズポイントをクリックしてコーナーポイントに、コーナーポイントをドラッグしてスムーズポイントに切り替えできます。	

アイコン	ツール名	説明	ショートカットキー
Q	横書き文字ツール	横書き文字を入力(テキストレイヤーが自動で作成される)できます。または既存のテキストレイヤーの修正に使います。	T
	縦書き文字ツール	横書き文字ツールと同様の機能で、縦書き用です。	T
	縦書き文字マスクツール	縦書き文字を入力して、文字のアウトラインの選択範囲を作成できます。	T
	横書き文字マスクツール	横書き文字を入力して、文字のアウトラインの選択範囲を作成できます。	T
R	パスコンポーネント選択ツール	ひとつながりのパスを、まとめて選択、移動できます。	A
	パス選択ツール	パスのアンカーポイント、またはセグメント単位で選択、移動、修正できます。	A
S	長方形ツール	ドラッグして、長方形のシェイプ・パスの作成、またはその範囲を塗りつぶせます。角丸のついた長方形も作成できます。	U
	楕円形ツール	長方形ツールと同様の機能で、楕円または正円を作成できます。	U
	三角形ツール	長方形ツールと同様の機能で、2等辺三角形または正三角形を作成できます。角丸のついた三角形も作成できます。	U
	多角形ツール	長方形ツールと同様の機能で、多角形(正多角形を含む)を、角数を指定して作成できます。角丸のついた多角形も作成できます。	U
	ラインツール	長方形ツールと同様の機能で、直線(細長い長方形)を作成できます。	U
	カスタムシェイプツール	長方形ツールと同様の機能で、登録されている形状の図形を作成できます。	U
T	手のひらツール	ドラッグして画面をスクロールできます。	H
	回転ビューツール	カンバスをドラッグで回転できます。回転しても画質は劣化しません。	R
U	ズームツール	画面表示サイズをクリック、ドラッグで変更できます。	Z
V	予備ツールの表示(アイコンは[ツールバーを編集])	予備ツールを長押しで表示します。[ツールバーを編集]は、[ツールバーをカスタマイズ]ダイアログボックスを表示します。このダイアログボックスで[ツールバー]をカスタマイズすると、優先度の低いツールを予備ツールとしてまとめられます。	
W	描画色と背景色を初期設定に戻す	ボタンのクリックで、描画色を黒、背景色を白に変更できます。	D
	描画色と背景色を入れ替え	ボタンのクリックで、現在の描画色を背景色に、現在の背景色を描画色に設定できます。	X
X	描画色を設定	クリックで[カラーピッカー]を表示させ、描画色を設定できます。	
	背景色を設定	クリックで[カラーピッカー]を表示させ、背景色を設定できます。	
Y	クイックマスクモードで編集	クリックで、選択範囲の表示を[クイックマスクモード]に変更できます。もとに戻すには、再度クリックします。	Q
Z	スクリーンモードを切り替えボタン	表示画面を、[標準]、[メニュー付きフルスクリーン]、[メニューなしフルスクリーン]で切り替えられます。	F

表のショートカットキー欄に表示されているキーボードのキーを押すと、該当するツールに切り替えられます。たとえば U キーを押すと[長方形ツール]のあるグループで、現在[ツールバー]に表示されているツールに切り替えられます。U キーに割り当てられているほかのツールに切り替えるには、目的のツールになるまで shift キーを押しながら U キーを繰り返し押します。

LESSON 01 / 09 【パネルの操作方法、ワークスペースの設定】パネルとワークスペースの使い方

Sample Data /No Data

パネルとは

レイヤーなどの画像編集を効率的に行うための機能、ツールのより詳細な設定項目、情報の表示などの多様な機能を、目的や種類ごとの「パネル」としてまとめられています。Photoshopには33種類のパネルがあり、必要なときにパネルを表示させて使用します。特に使用頻度が高いパネルは、常時表示しておきましょう。

パネルの種類と表示

[ウィンドウ]メニューを表示すると❶パネル名の一覧を確認できます。❷チェックがついているパネルが現在表示されています。
[ウィンドウ]メニューで表示させたいパネル名をクリックすると、パネルが表示されます。

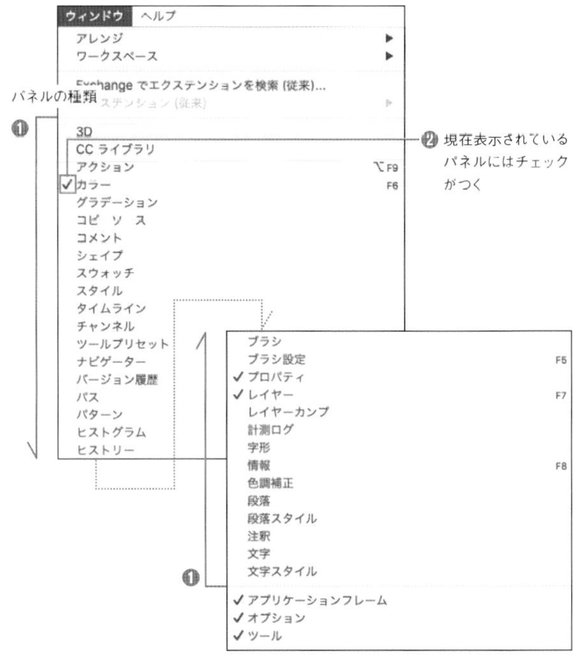

[ウィンドウ]メニューのプルダウンメニュー

現在表示されているパネルを非表示にする(閉じる)場合は、[ウィンドウ]メニューで非表示にしたいパネル名をクリックするか、パネルメニューにある[閉じる]をクリックします。

パネル共通の操作

機能はパネルごとに異なりますが、すべてのパネルにはパネルに関連した機能をまとめた❶パネルメニューと、この中から使用頻度の高い機能をまとめた❷パネル下部のアイコンがあります(パネル下部のアイコンがないパネルもあります)。

パネルメニュー

ワークスペースとは

頻繁に使用するパネルだけを表示させる、使いやすい位置にパネルを配置するなど、パネル表示を自由にカスタマイズできます。このパネル表示状態などの画面構成のことを「ワークスペース」と呼びます。

ワークスペースでは、パネルの表示と配置のほかに、キーボードショートカット、メニュー、ツールバーのカスタマイズも保存できます。

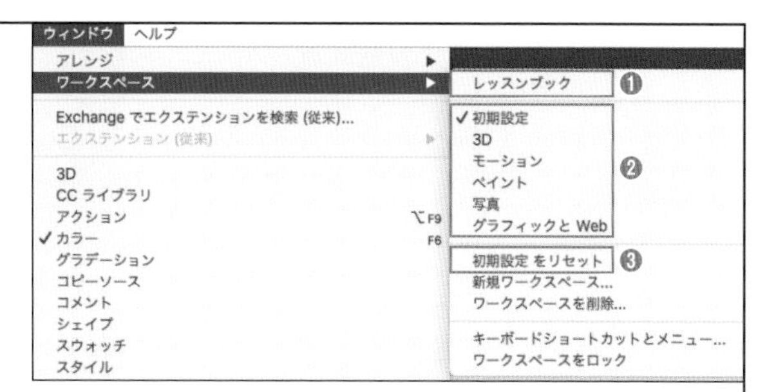

[ウィンドウ]メニューの[ワークスペース]のサブメニュー。
❶はオリジナルとして保存したワークスペース(保存していない場合は表示されない)。❷は既存のワークスペース。❶と❷のなかから選択するとそのワークスペースに変化する。[初期設定]に戻すには、❷にある[初期設定]をクリックする。すでに[初期設定]になっている場合は、❸[初期設定をリセット]をクリックする

カスタマイズしたワークスペースは保存できます。P.042の「ここもCHECK」を参照してください。

初期設定のワークスペース

初期設定のワークスペースは、❶右側に比較的使用頻度の高いパネルがまとめられています。❷の縦に細長い部分もパネルの表示部分です。アイコンをクリックするとパネルが表示されます。はじめはこの設定で操作し、ある程度慣れてきたら好みのワークスペースに変更しましょう。

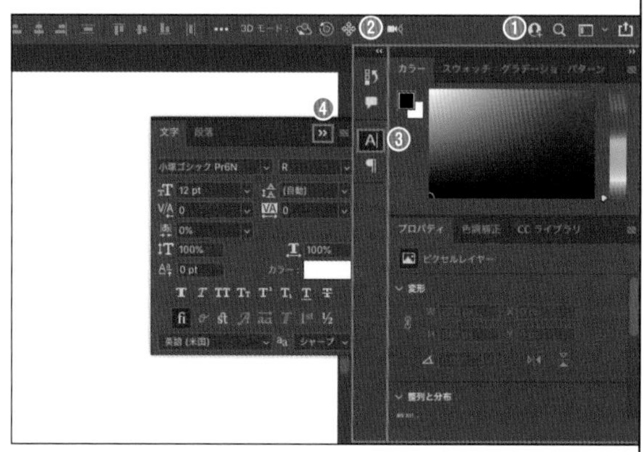

初期設定のワークスペースのパネルエリア。
画面右端に使用頻度の高いパネルがまとめらている。表示されていないパネルを[ウィンドウ]メニューから選択して開くと、❷に❸アイコンが表示されてパネルが開く。上図は[ウィンドウ]メニューの[文字]をクリックして[文字]パネルを開いた状態。[文字]パネルを❹で閉じると❸のアイコンが残り、次からはこのアイコンのクリックで[文字]パネルを開ける

パネルの配置を変える

初期設定のワークスペースでは、パネルはドックにグループのようにまとめられています。右図では[プロパティ]と[色調補正]で1つ、[レイヤー]と[チャンネル]で1つのグループになっています。このグループに含めるパネルの種類、グループやパネルの配置は自由にカスタマイズできます。ドックから外すこともでき、さらにパネルをアイコン化して小さくたたむこともできます。

パネルのドック内での位置や配置を変え、ドックからパネルを切り離した例

表示パネルを切り替える

パネルはグループとしてまとめられています。グループ内で表示されているパネルを切り替えるには、パネル名(タブ)をクリックします。

パネルはパネルごとに必要最低高があります。現在表示されているパネル高さが、切り替わったパネルの必要最低高に満たない場合は、パネル高さが自動で変化します。この変化によって、ドックで下にあるパネル、たとえば[レイヤー]のグループなどで必要最低高を満たせなくなると、そのグループはタブだけが表示されます。

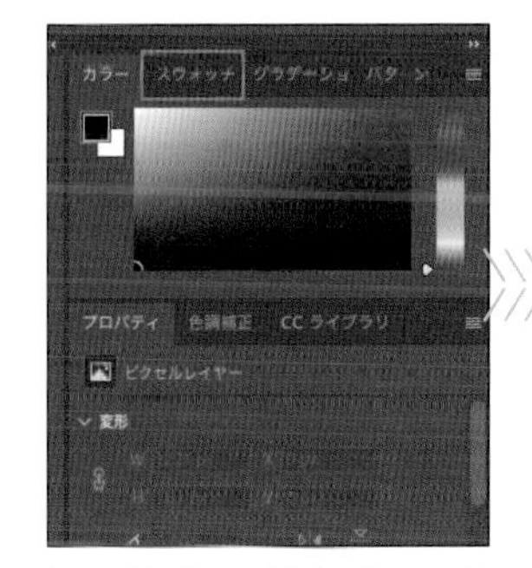

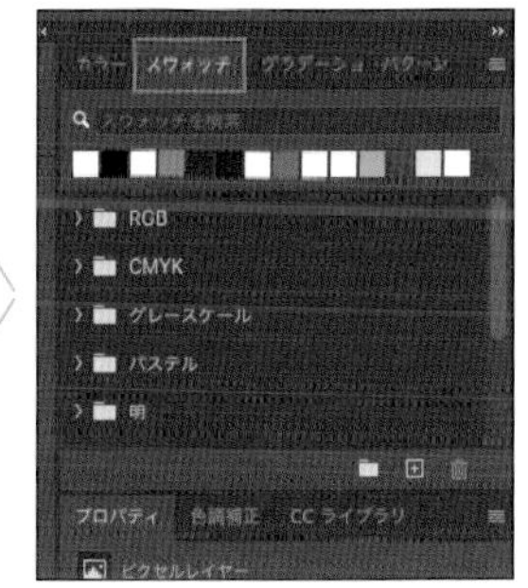

[カラー][スウォッチ][グラデーション][パターン]の4つが1つのグループになっている。パネル名の[スウォッチ]をクリックすると、[カラー]パネルに代わって[スウォッチ]パネルが表示される。このとき[スウォッチ]パネルの最低高に合わせてパネルの表示高さも変化する

パネルをアイコン化する

パネル右上の❶[▶▶]をクリックするとアイコン化されます。❷[◀◀]をクリックすると元に戻ります。パネルをアイコン化することで、画像の表示エリア(ドキュメントウィンドウ)を大きくできます。

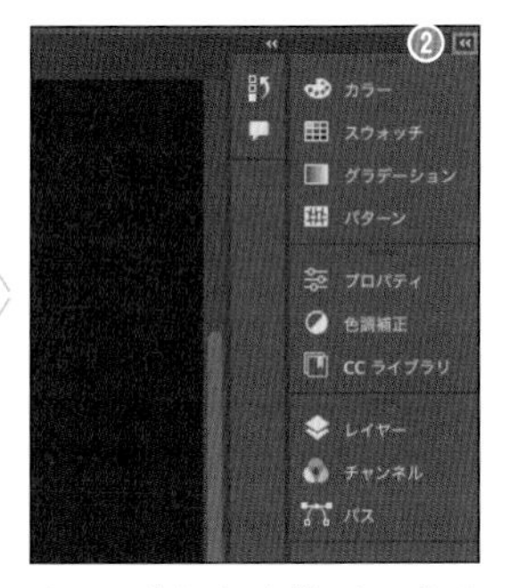

パネル右上の❶[▶▶]をクリックすると、パネルがアイコン化(パネル名付)になる。「パネル幅を変更する」と同様の方法でさらに幅を狭めると、アイコンだけとなる

パネル幅を変更する

❶パネル左端にマウスポインタを重ねるとポインタが↔に変わります。この状態で左右にドラッグすると[カラー]パネルや[プロパティ]パネルなどのグループの幅を変更できます。
❷アイコン化された状態で幅を縮めると、パネルはアイコンだけで表示されます。
パネル幅は、ドックに入っている状態でも、フローティング状態でも変更できます。

パネルはパネルごとに必要最低幅があります。グループやドック内のパネルでは、同じグループまたは上下にドッキングされたパネルのなかで、必要最低幅が一番広いパネル幅よりも狭い幅にはできません。

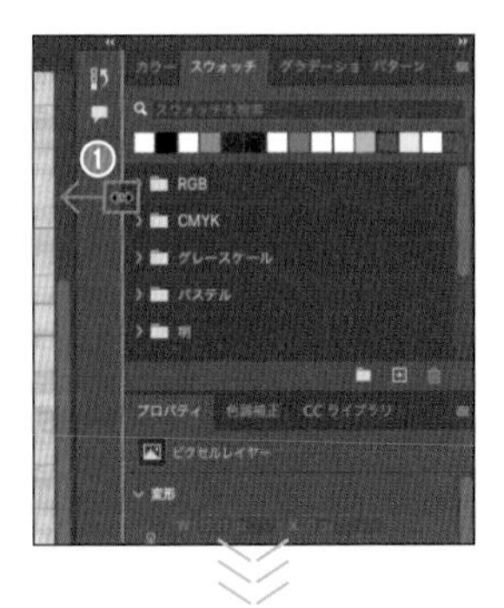

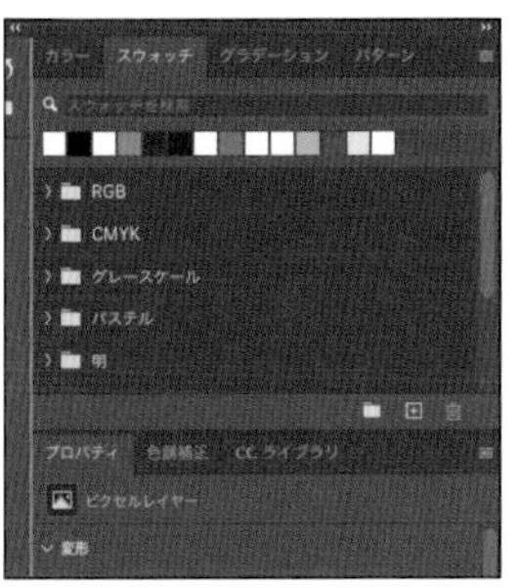

パネルの幅を広げる

アイコン化されたパネルの幅をさらに狭める

パネルの高さを変更する

パネル下端にマウスポインタを重ねると❶ポインタが↕に変わります。この状態で上下にドラッグするとパネルの高さを変更できます。パネルの高さは、ドックに入っている状態でも、フローティング状態でも変更できます。

> パネルはパネルごとに必要最低高があります。その高さよりも低く（短く）することはできません。

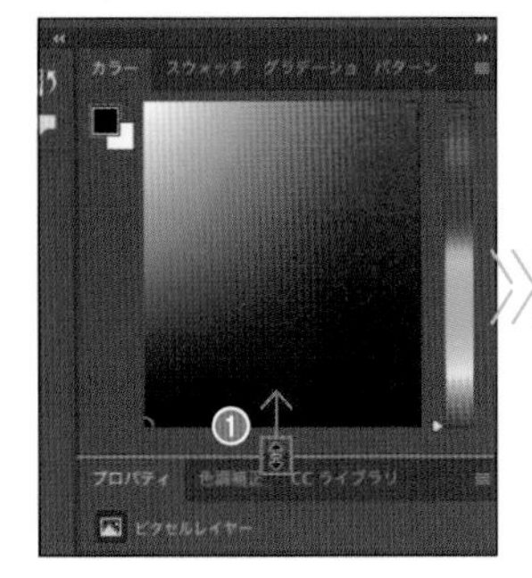

パネルの高さを変更する

パネルをグループから切り離す

まとめられているパネルをグループから切り離すには、❶パネル名をドラッグします。グループごとドックから切り離すには、❷パネル名横のグレー部分をドラッグします。

> パネルをドックから切り離した状態を「フローティング状態」と呼びます。

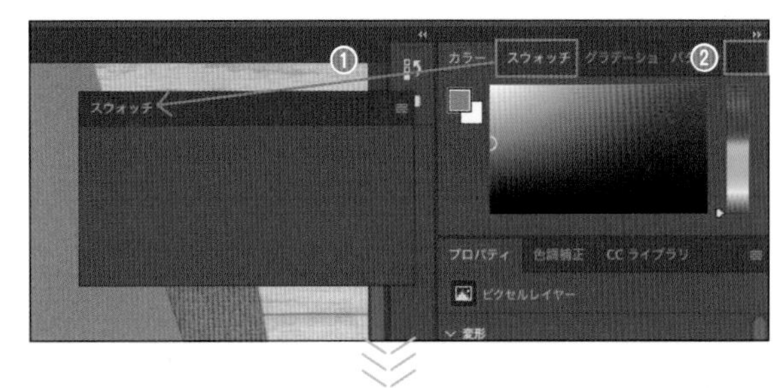
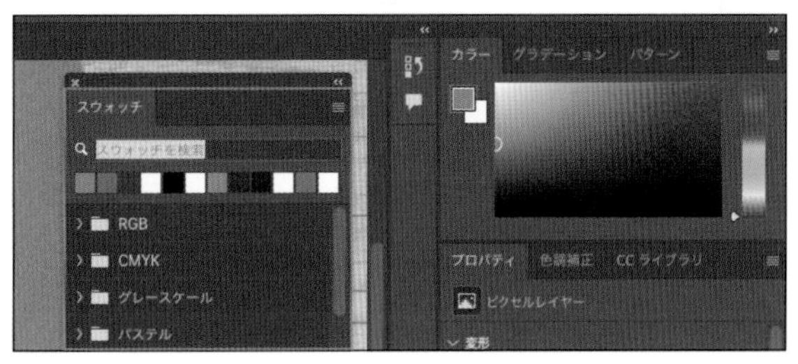

［スウォッチ］パネルを切り離してフローティング状態にした

切り離されたパネルをグループにする

切り離されたパネルをグループに戻すには、❶パネル名をドラッグして、ほかのパネルに重ねます。❷パネル周囲が青くなったらドロップします。グループごとドックに戻すには、パネル名横のグレー部分をドラッグします。

パネルをドラッグしてドックに戻すとき、❸パネルとパネルの間（縦または横の間）にドラッグすると、縦または横の線で青く表示されます。この場合は、別の新しいグループとしてドッキングされます。

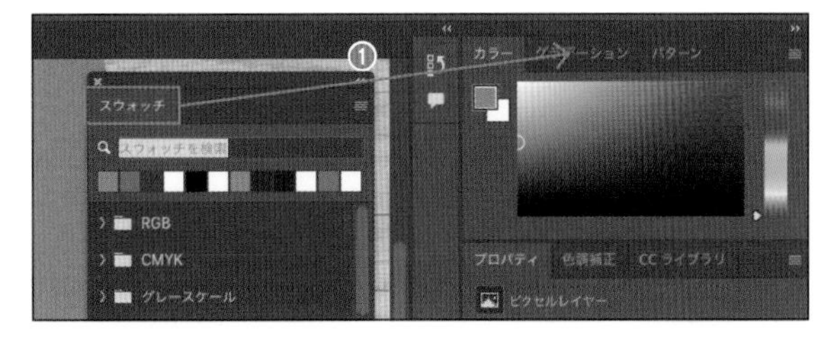
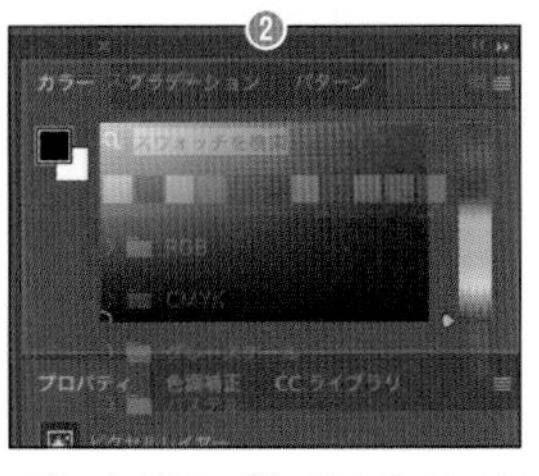

パネル名をドラッグしてほかのパネルに重ねると、パネル周囲が青くなる。この状態でドロップする

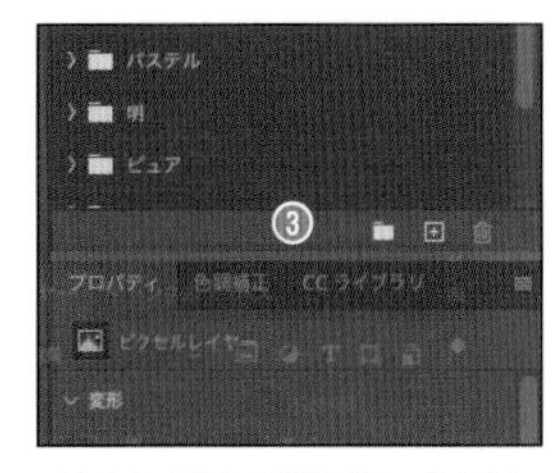

パネルとパネルの間にドラッグすると、線で青く表示される。この状態でドロップすると、別のグループになる

主なパネル一覧

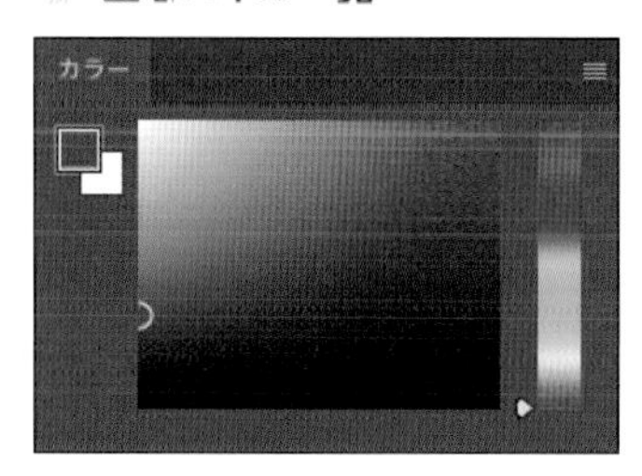

[カラー]パネル
描画系ツールや一部のフィルタなどで使用する描画色と背景色を、自由な色に設定します。
✣[カラー]パネル ⇒ P.185

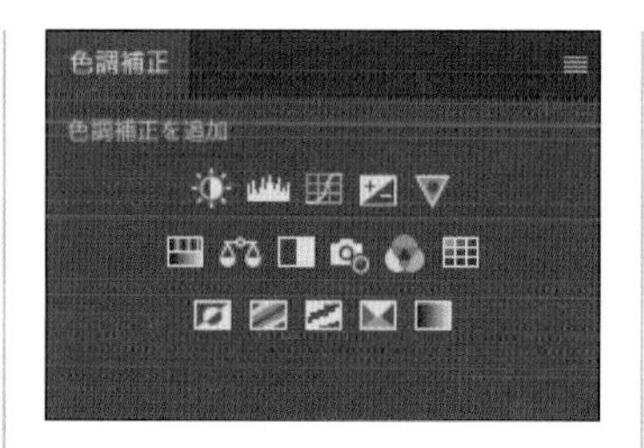

[色調補正]パネル
調整レイヤーを作成するためのアイコンが並んできます。クリックで調整レイヤーを作成できます。

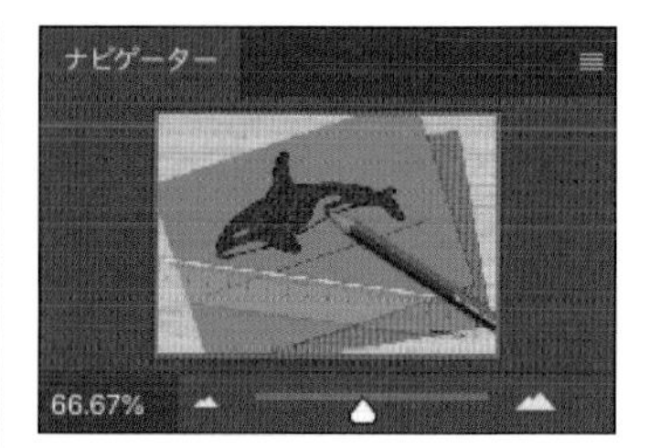

[ナビゲーター]パネル
現在の画像表示範囲を確認、表示範囲を変更、表示を拡大・縮小できます。
✣[ナビゲーター]パネル ⇒ P.060

[スウォッチ]パネル
描画色、背景色をあらかじめ登録されている色から選択して設定します。
✣[スウォッチ]パネル ⇒ P.186

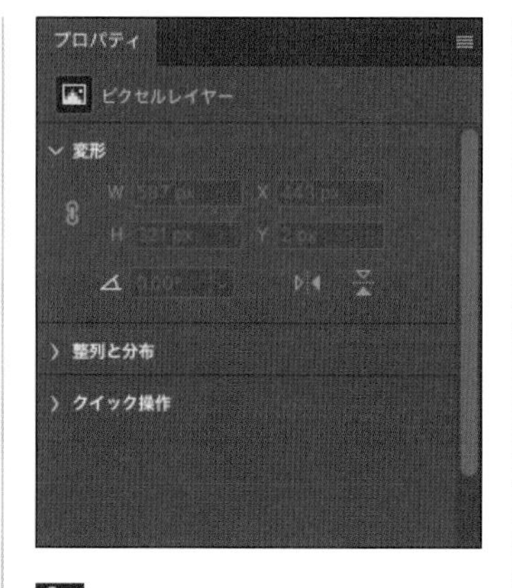

[プロパティ]パネル
現在選択している機能や状態に合わせた項目を表示します。主に調整レイヤー、シェイプ、レイヤーマスクの調整時に使用します。

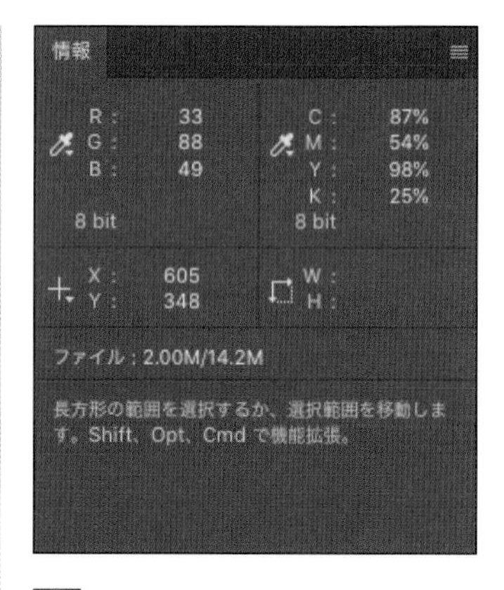

[情報]パネル
画像内でのマウスポインタの位置、その位置の色情報、選択範囲のサイズを表示します。

[レイヤー]パネル
Photoshopを使いこなす上で欠かせないレイヤーを管理します。使用頻度の高いパネルです。
✣[レイヤー]パネル ⇒ P.112

[チャンネル]パネル
カラーチャンネルと、選択範囲の保存などで活用するアルファチャンネルを管理します。
✣[チャンネル]パネル ⇒ P.154

[パス]パネル
[ペンツール]などで作成できるパスを管理します。
✣パス ⇒ P.176

[バージョン履歴]パネル

クラウドドキュメントとして保存されている画像の保存履歴を表示します。

クラウドドキュメント ⇨ P.047

[文字]パネル

文字サイズ、行送り、字間、文字色など文字に関する設定ができます。

[文字]パネル ⇨ P.208

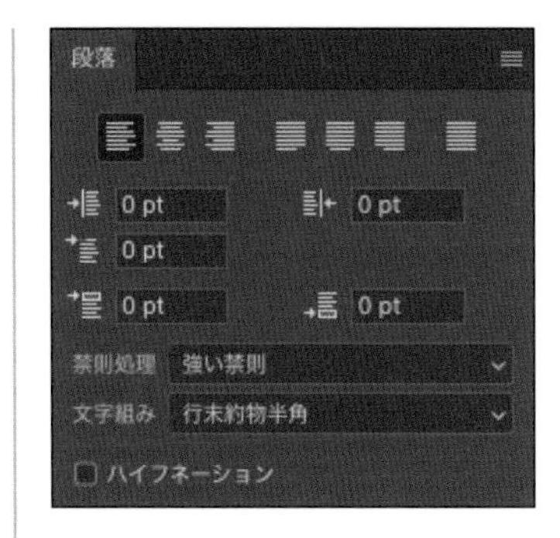

[段落]パネル

文字揃えや禁則処理など、段落に関する設定ができます。

[段落]パネル ⇨ P.208

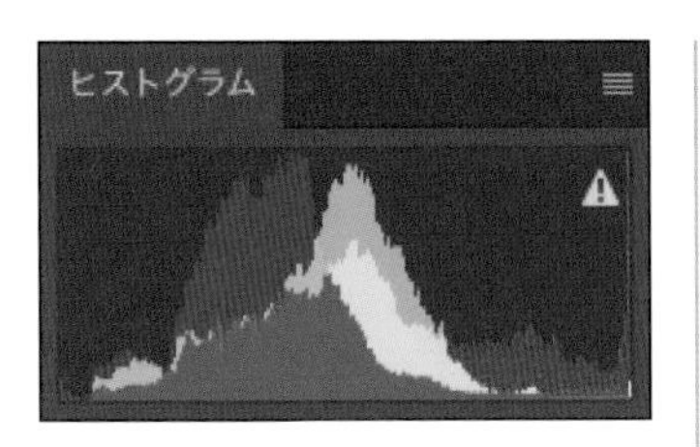

[ヒストグラム]パネル

画像の色・濃度の分布を表示します。

ヒストグラム ⇨ P.078

[ヒストリー]パネル

現在までの作業工程を表示します。過去の工程に戻る場合に利用します。

[ヒストリー]パネル ⇨ P.061

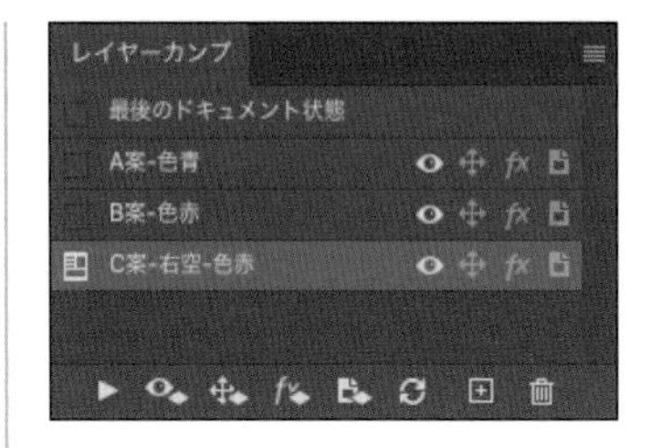

[レイヤーカンプ]パネル

現在のレイヤーの表示状態などを保存し、クリックで切り替えられます。

[グラデーション]パネル

登録されているグラデーションを管理します。新規グラデーションの作成、読み込み、グループ化による整理に利用します。

グラデーション ⇨ P.196

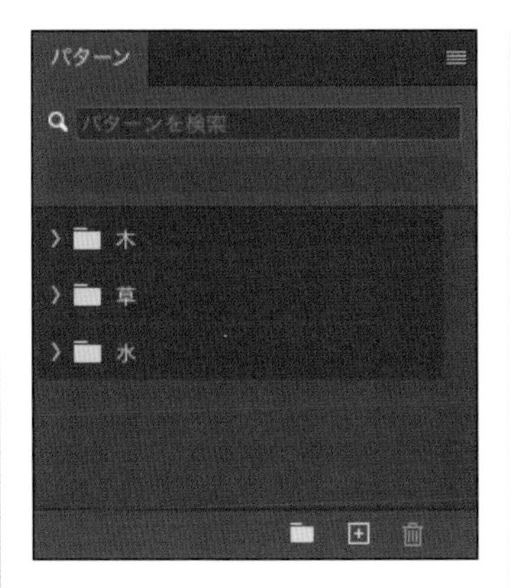

[パターン]パネル

登録されているパターンを管理します。新規パターンの作成、読み込み、グループ化による整理に利用します。

パターン ⇨ P.194

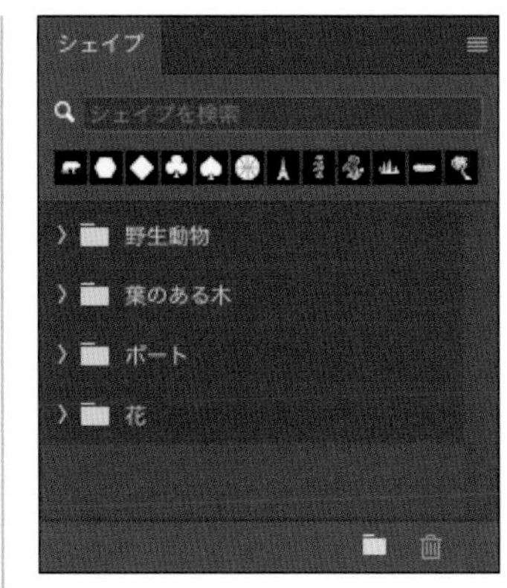

[シェイプ]パネル

登録されているシェイプを管理します。シェイプの読み込み、グループ化による整理に利用します。

シェイプ ⇨ P.210

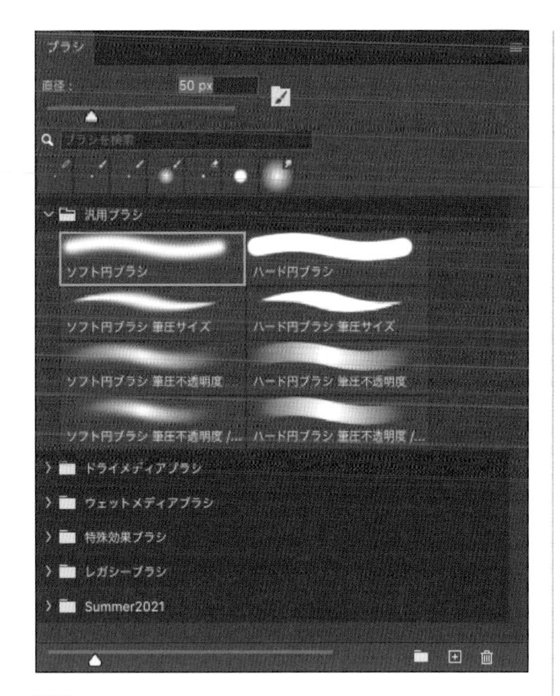

[ブラシ]パネル

描画系ツールと[消しゴムツール]の先端形状を、あらかじめ用意されているブラシの種類から選択できます。

ブラシで描く → P.187

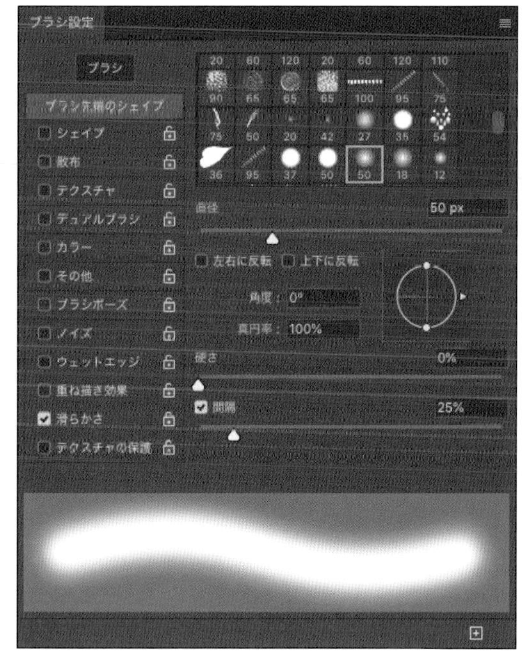

[ブラシ設定]パネル

描画系ツールと[消しゴムツール]の先端形状など詳細に設定できます。

ここも CHECK!

ワークスペースを保存する

Photoshopを使っていると、頻繁に使うパネルとあまり使わないパネルがあることに気づきます。慣れるにしたがい、あまり使わないパネルを非表示にし、パネルの位置を調整します。使用頻度によってはアイコン化したり、位置を変えたりして、使いやすいワークスペースを作っていきます。

ワークスペースを保存するには、❶[ウィンドウ]メニューの[ワークスペース]→[新規ワークスペース]をクリックすると、[新規ワークスペース]ダイアログボックスが表示されます。ここで❷[名前]にわかりやすい名前をつけて[保存]をクリックすると、現在のパネル表示状態を保存できます。パネル配置を一時的に変更した場合は、❸[ウィンドウ]メニューの[ワークスペース]→[(保存したワークスペース名)をリセット]、下図では[レッスンブックをリセット]をクリックすると保存状態に戻せます。一時的にほかのワークスペースに変更した場合は、❹[ウィンドウ]メニューの[ワークスペース]→[(保存したワークスペース名)]をクリックで戻せます。

ワークスペースでは、パネルの表示と配置のほかに、キーボードショートカットの設定、メニュー表示の設定、ツールバーの表示ツールの設定もできます。この場合は、[新規ワークスペース]ダイアログボックスで❺該当する項目にチェックを入れてから保存してください。

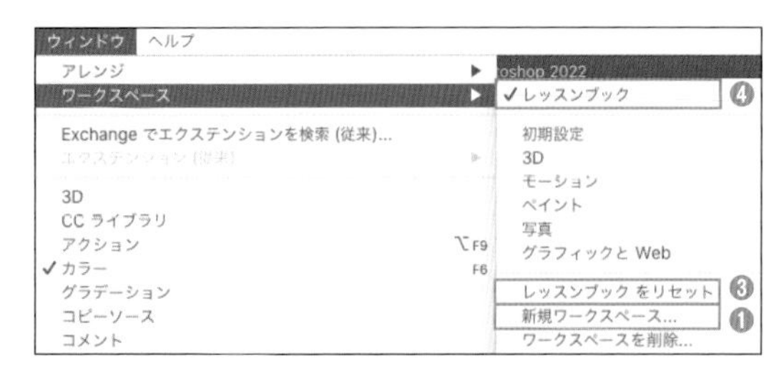

[ウィンドウ]メニューの[ワークスペース]のサブメニュー

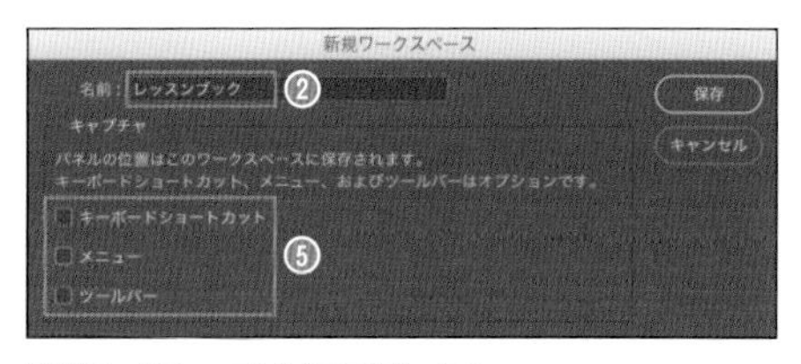

[新規ワークスペース]ダイアログボックス

Ps

LESSON 02

Creative Cloudを活用する

LESSON 02/01 【CCのアプリケーション】Creative Cloudのアプリケーション

Sample Data / No Data

Creative Cloudとは

「Adobe Creative Cloud」(以下CC)とは、Photoshopやllustratorなどのクリエイティブツールを利用することができるサブスクリプションです。CCにはいくつかのプランがありますが、ここでは「コンプリートプラン」で提供されているサービスについて解説します。

Photoshopを使いたい場合は「コンプリートプラン」「フォトプラン」「単体プラン」のいずれかの契約が必要になります。なお、各プランの詳細や価格につきましては、Adobe社のWebサイトでご確認ください。

Creative Cloud Desktop(CCアプリ)を起動したところ。CCで利用できるサービスは、主に[アプリケーション]と[ファイル]。[アプリケーション]で多数のアプリをダウンロードして使用でき、常に最新のバージョンで利用できる。たとえばコンプリートプランで写真関連アプリは、Photoshop、Lightroom(ともにパソコン(デスクトップ)とモバイル(タブレットなど)で利用可能)など

CCコンプリートプランで使用できるアプリケーション

すでにサブスク契約をしてPhotoshopをインストールしている場合、CCのサービスはデスクトップ右上に表示されている[Creative Cloud]アイコンから確認できます。

1. デスクトップ右上に表示されている❶[Creative Cloud]アイコンをクリックして、CCアプリを起動します。

2. ❷[アプリケーション]タブになっていない場合は、[アプリケーション]をクリックします。

3. ❸[すべてのアプリ]をクリックすると、インストール済みのアプリと利用可能なアプリがすべて表示されます(次ページ図)。

4. ❹[アップデート]をクリックすると、インストール済のアプリで新しいアップデートがあるアプリが表示されます。

❶[Creative Cloud]アイコンをクリックする(Windows版ではタスクバーにある[Creative Cloud]アイコンをクリックする)。

この黒い線が表示されているか確認する

❷[アプリケーション]タブになっていない場合とは、[アプリケーション]以外のたとえば[ファイル]などの下に黒い線が表示されている場合のこと。この場合は、❷[アプリケーション]をクリックしてウィンドウを切り替えて、❸[すべてのアプリ]をクリックする

❹[アップデート]をクリックするとインストール済のアプリで新しいアップデートがあるアプリが表示される。アップデートがある場合はここでアップデートを行う

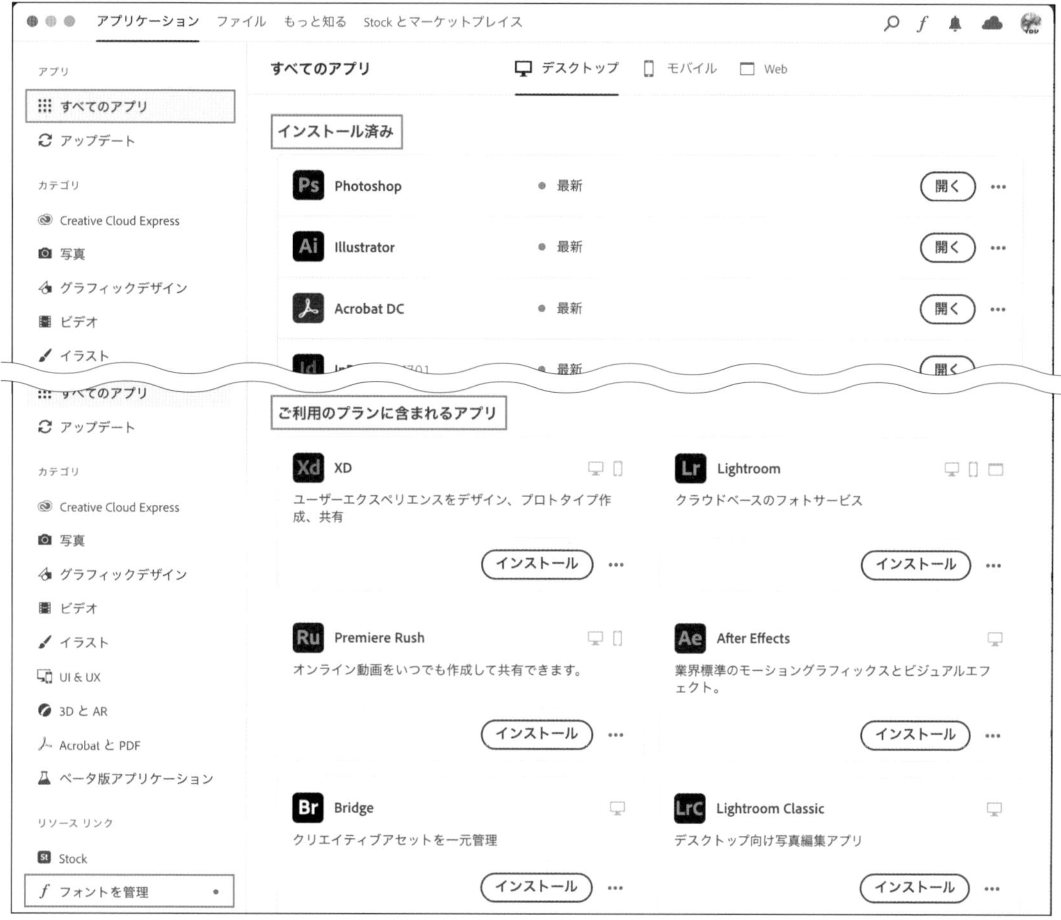

[すべてのアプリ]をクリックして表示された画面。[インストール済み]では、インストールしているアプリが最新のものか確認できる。[ご利用のプランに含まれるアプリ]でインストールしてはいないが、利用可能なアプリが表示される。[フォントを管理]をクリックすると、現在アクティブ(同期中)なAdobe fontsを確認できる

[すべてのアプリ]では、[デスクトップ][モバイル][Web]のタブを切り替えて、それぞれで利用可能なアプリを確認することもできる

LESSON 02/02

【クラウドドキュメント】
クラウドドキュメントの管理と共有

Sample Data /No Data

CCのクラウドサービス

CCを契約すると、「クラウドストレージ」(P.048)を利用することができます。この「クラウドストレージ」を使って、異なるデバイス間やほかのCCユーザーとのファイルやライブラリの共有など、さまざまなクラウドサービスを利用できます。そのなかでここでは、リモートワークや共同作業に便利な「クラウドドキュメント」について解説します。

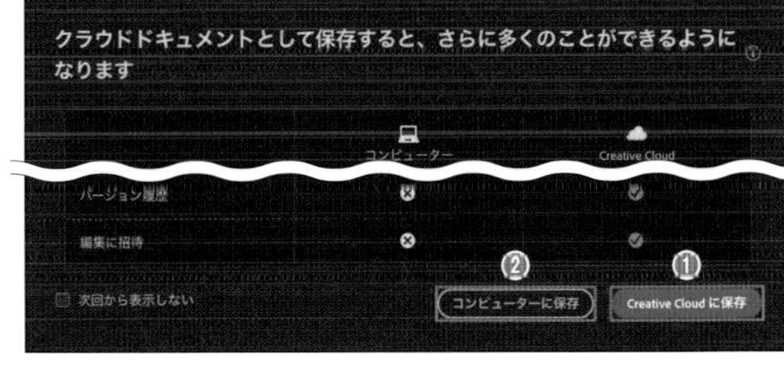

保存先を[Creative Cloudに保存]か[コンピューターに保存]を選択する画面
Photoshopで編集したファイルを新規(または別名)保存しようとすると、保存先を❶[クラウドドキュメント]または❷[コンピューターに保存]のどちらか選択する画面が表示される。ここで❶[Creative Cloudに保存]を選ぶと、CCのクラウドストレージ上に保存するための画面へと移動する。なお、❷[コンピューターに保存]を選ぶと、自分のパソコンに保存するための画面へと移動する

クラウドドキュメントとは

「クラウドドキュメント」は、Photoshop(または互換性のあるアプリ)を使えば、パソコン、iPad(タブレット)、スマートフォンなどのデバイスからアクセスして閲覧や編集ができる専用ファイルです。個人で複数のデバイスを使用するだけでなく、複数人での共同作業にも活用できます。

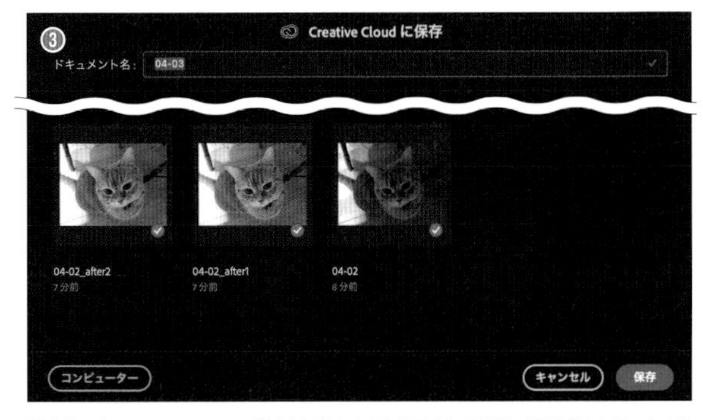

保存先で[Creative Cloudに保存]を指定すると表示される画面。[保存]のクリックで保存できる。Creative Cloudに保存されてる画像も含め画像の開き方はP.054参照

ここも CHECK!

クラウドドキュメントのメリット

クラウドドキュメントとして保存されたファイルはクラウドストレージ内に保存されています。そのため、互換性のあるアプリを入れたパソコンやiPadなどからアクセスして作業することが可能です。複数のデバイスを使っている人やリモートワークの際には便利な機能です。作業中は自動的にクラウドに保存されるので、リアルタイムで複数人で共同作業も可能です。また、デバイスでファイルを開いた後、オフラインで作業しても、再接続すればオフラインバージョンが自動的に同期されます。
クラウドドキュメントは自動で最新の作業状態が保存(閉じる前の保存も必要はない)されます。作業途中の画像を別名で保存しておきたい場合のために、バージョン(保存)履歴が残っているので、以前の保存状態の画像に戻すことができます(次ページの「以前のバージョンに戻す」を参照)。

クラウドドキュメントの管理

クラウドドキュメントの管理は[Creative Cloud]画面からできます。

1 ❶[Creative Cloud]アイコンをクリックして、CCアプリを起動します。

2 ❷[ファイル]タブ→❸[自分のファイル]をクリックすると、保存されているクラウドドキュメントを確認できます。

3 ❹ファイルを選択すると、画面右に❺アイコンが表示され、移動・削除・ダウンロード等の作業ができます。

❶[Creative Cloud]アイコンをクリックする(Windows版ではタスクバーにある[Creative Cloud]アイコンをクリックする)

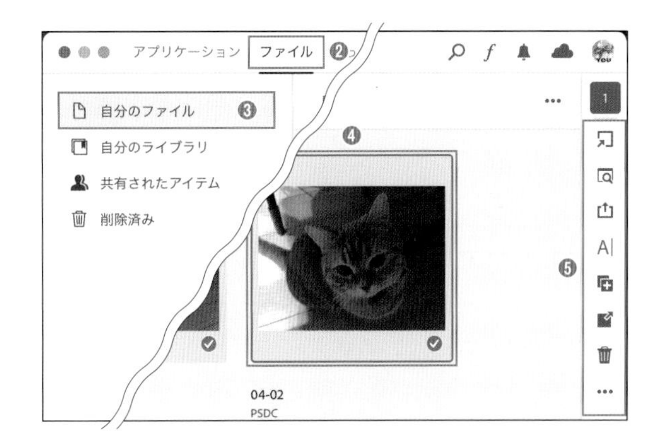

クラウドドキュメントの共有

クラウドドキュメントは、ほかのCCユーザーと共有することができます。

1 ファイルを選択し、❶[共有]ボタンをクリックします。

2 ❷[編集ユーザーを招待]に共有したい人のメールアドレスを入力して招待すると、ドキュメントを共有することができます。

共有したクラウドドキュメントは、作成者以外でも、共有者全員で画像を直接Photoshopで開いて編集作業できるようになります。

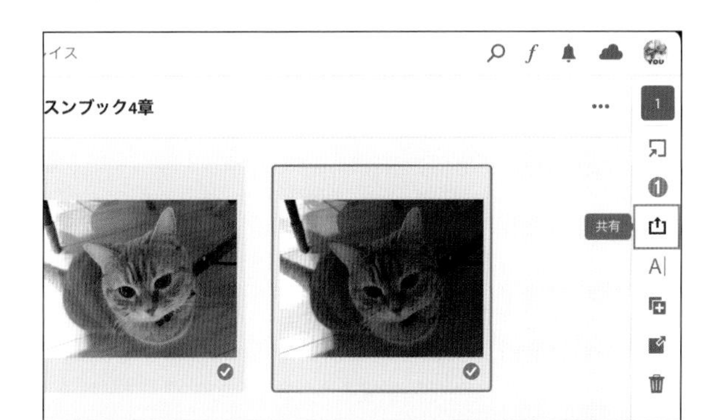

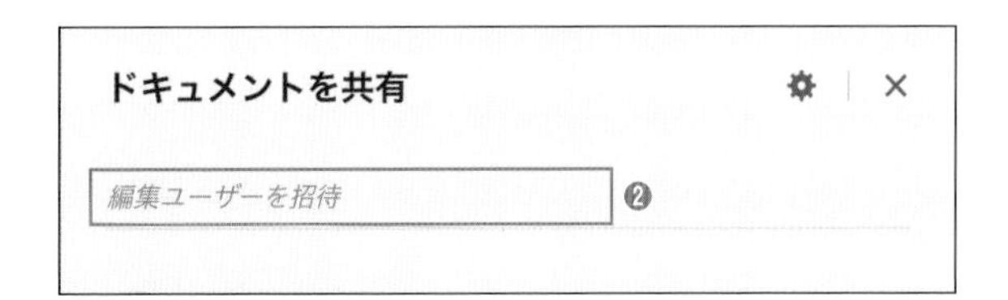

以前のバージョンに戻す

自動保存されたクラウドドキュメントを以前のバージョンに戻す方法を紹介します。

1 クラウドドキュメントを開き、[ウインドウ]メニューの[バージョン履歴]をクリックします。

2 [バージョン履歴]パネルが表示されるので、戻りたい日時をクリックします。❶サムネールで内容を確認し、❷[…]をクリックして、❸[このバージョンを復帰]をクリックします。

LESSON 02/03

【クラウドストレージと同期済みファイル】

クラウドストレージの使い方

Sample Data / No Data

クラウドストレージとは

「クラウドストレージ」とは、データを格納するためにインターネット上に設置された場所のことでオンラインストレージとも呼ばれます。CCユーザーはAdobe社が提供しているクラウドストレージを利用することができます。ここではクラウドストレージの管理と「同期済みファイル」について紹介します。同期済みファイルは、一般的なデータ共有のための外部ストレージとほぼ同じ機能です。

利用できるストレージ容量はプランによって異なります。

❶[Creative Cloud]アイコンをクリックする(Windows版ではタスクバーにある[Creative Cloud]アイコンをクリックする)。

ここに表示されるストレージ使用量は、クラウドドキュメント、同期済みファイル、CCライブラリなどすべての使用量となる

ストレージ空き容量とステータスの確認

1 ❶[Creative Cloud]アイコンをクリックして、CCアプリを起動します。❷[ファイル]タブをクリックします。

2 CCアプリ画面右上の❸クラウドアイコンをクリックすると、❹ストレージの空き容量とCreative Cloudの同期ステータスが表示されます。

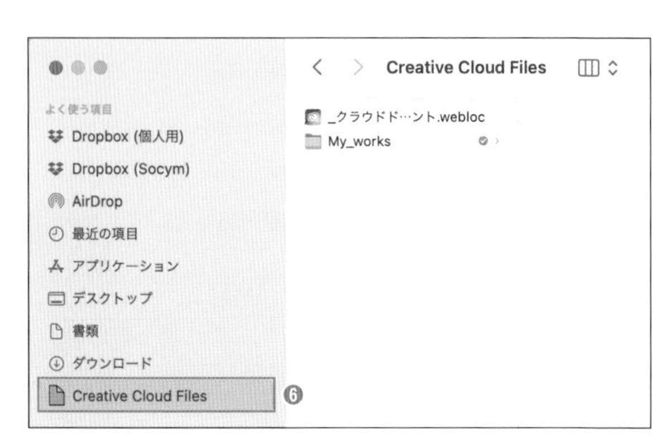

同期ファイルの使い方

1 CCアプリの[ファイル]タブで❺[同期フォルダーを開く]をクリックします。

2 ❻[Creative Cloud Files]が開きます。ここにファイルやフォルダーなどをドラッグ&ドロップすることで、データを保存しておくことができます。

CCアプリで[ファイル]メニューの[Creative Cloud Webにアクセス]をクリックすると、同期ファイル用画面が表示されます。ここでフォルダーを選択し、フォルダー名の右にある[…]をクリックすると[共有]→[共有者を招待]が選択でき、共有できます。

【CCライブラリ】
CCライブラリの活用方法

Sample Data /No Data

Creative Cloudライブラリとは

Creative Cloudライブラリ(以下、CCライブラリ)とは、オブジェクトやカラーなどをクラウドに登録しておけるライブラリ機能です。よく使う素材をライブラリに登録しておけば、どのアプリケーションからも簡単にアクセスして使うことができます。

1人で使う場合も!

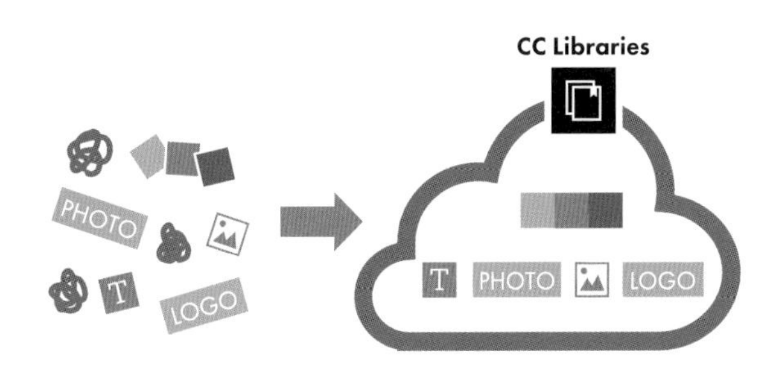

CCライブラリのメリット

デザインワークを行う際、Photoshopで作成した画像をIllustratorで使うなど、複数のアプリで同じ素材を使うことがあります。通常であれば、Photoshopでデータを書き出し保存し、それをIllustratorで読み込むという作業が必要ですが、ライブラリにデータを保存しておけば、異なるAdobeアプリ間でもデータにアクセスして使うことができます。もちろん、同じアカウントを使っているほかのデバイスからもアクセスすることができます。
また、作成したライブラリはほかのCCユーザーと共有することもできます。複数人で共同作業するときには、あらかじめ素材データをライブラリにまとめておけば、効率よく作業を進めることができます。

どのアプリケーションでも!

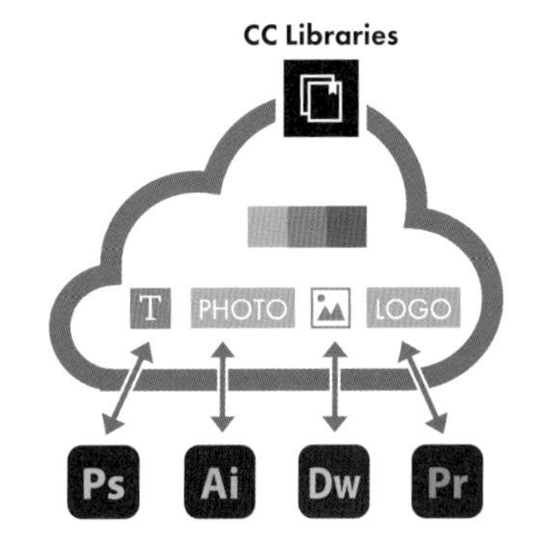

みんなと共有してグループ作業!

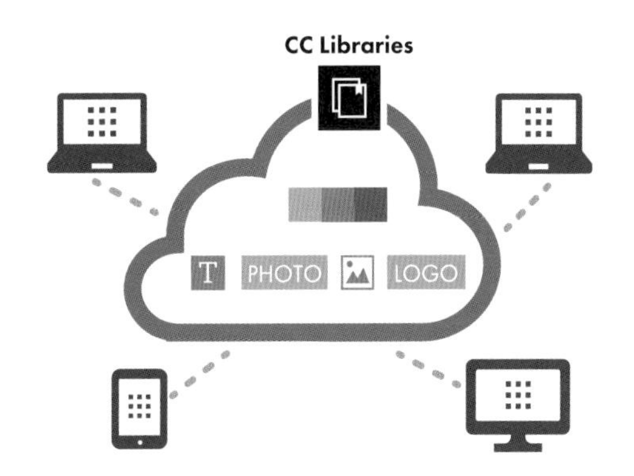

Illustratorで作成したロゴをCCライブラリに登録する

Illustratorで作成したロゴを[CCライブラリ]に登録する方法を紹介します。なお、Photoshopなど、ほかのアプリの場合も操作は同じです。

1 ❶Illustratorでロゴを作成します。[CCライブラリ]パネルを開き、❷登録するライブラリを選択します。

新しいライブラリを作成する場合は、❸[＋新規ライブラリを作成]をクリックします。

2 ❷登録したいオブジェクトをドラッグ&ドロップします。❸ロゴが[CCライブラリ]に登録されました。

確認画面が表示されたら、内容を確認し[OK]をクリックしてください。

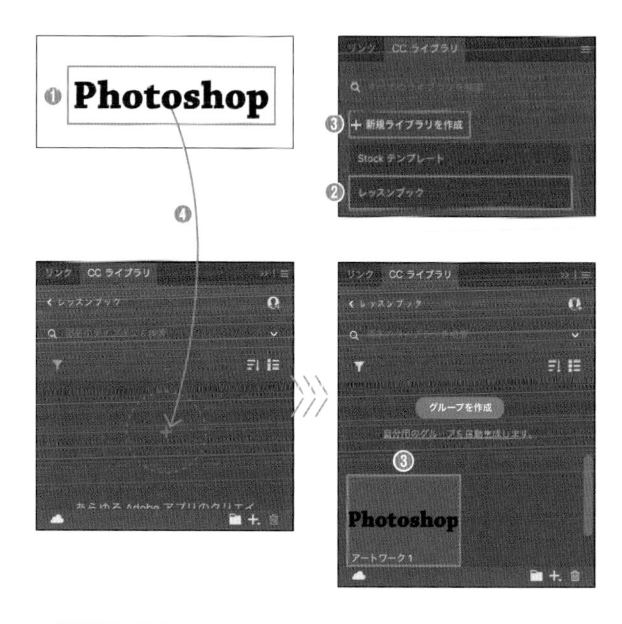

Photoshopからドラッグ&ドロップで登録できるのは、レイヤー画像、スウォッチ、グラデーション、ブラシ、スタイルなどです。

CCライブラリに登録された素材をPhotoshopで使う

Illustratorから[CCライブラリ]に登録したロゴをPhotoshopで使う方法を紹介します。なお、Illustratorなど、ほかのアプリで使用する場合も操作は同じです。

1 Photoshopを起動し、新規画像を作成します。[CCライブラリ]パネルで、登録したライブラリをクリックします。ライブラリに登録した画像やイラストが表示されます。先ほど登録したロゴも表示されています。

2 ❶ロゴをアートワーク上にドラッグ&ドロップします。❷確認画面が表示されたら内容を確認して[OK]をクリックします。

3 ❸アートワーク上にロゴが配置されました。

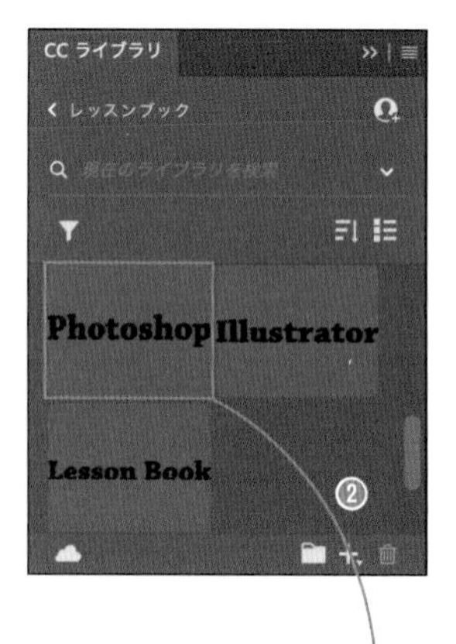

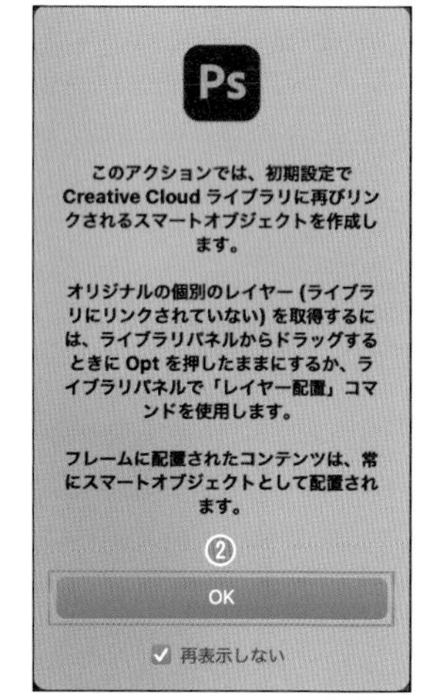

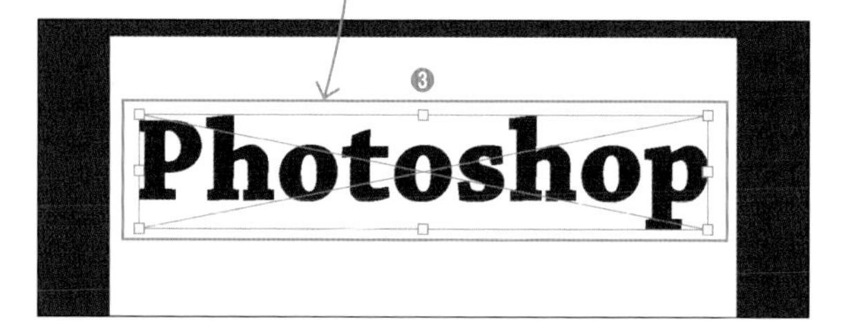

CCアプリから素材を登録する

たくさんの素材を使用するデザインワークの場合は、CCアプリからまとめてライブラリに素材データを登録しておくと、作業をスムーズに進めることができます。

1. [Creative Cloud]アイコンをクリックしてCCアプリを起動し、❶[ファイル]タブ→❷[自分のライブラリ]をクリックします。

2. ❸素材を保存しておきたいライブラリをクリックします。または❹[新規ライブラリ]をクリックして、新しいライブラリを作成します。

3. ❹デスクトップ等から素材データをドラッグ&ドロップして、ファイルを追加します。

4. ❺[グループを作成]をクリックすると、ライブラリ内にグループを作成してデータを仕分けすることができます。

ライブラリの編集と共有

ライブラリはほかのユーザーと共有することができます。チームで作業する場合はライブラリを共有しておくと作業効率化につながります。

1. ライブラリ上にマウスホバーする(マウスポインタを重ねる)と❶が表示されます。ここをクリックすると❷メニューが表示され、ライブラリの編集を行ったり、ほかのユーザーと共有したりすることができます。

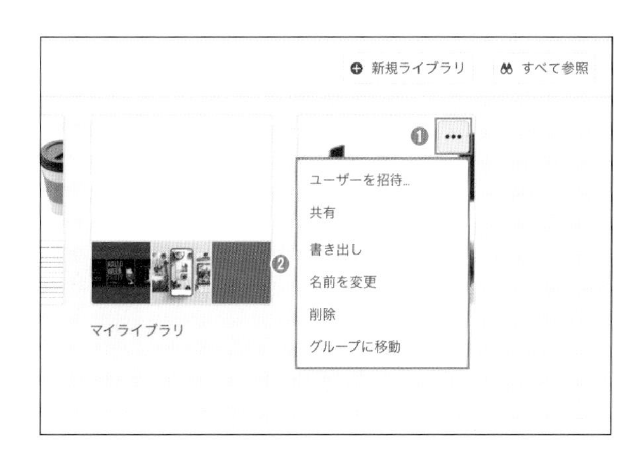

【Adobe Stock、Adobe Fonts】
Adobe StockとAdobe Fonts

Sample Data /No Data

Adobe Stockとは

Adobe Stockとは、Adobe社が提供するストック素材サービスのことです。写真やイラスト、ビデオ、3D素材、テンプレートなど、クリエイティブに役立つさまざまなデータが提供されています。

Adobe Stock
URL https://stock.adobe.com/jp

提供されている素材は有料・無料さまざまです。

https://stock.adobe.com/jp

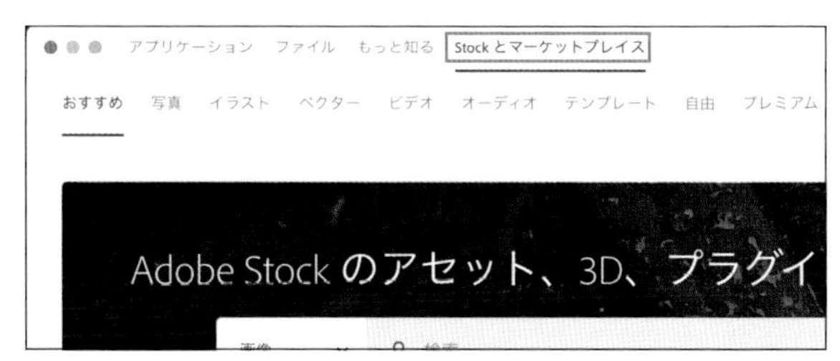

CCアプリの[Stockとマーケットプレイス]からもアクセスできる

Adobe Fontsとは

Adobe Fontsとは、Adobe社が提供するフォントサービスのことで、CCユーザーであれば追加料金なしで利用できるサービスです。使いたいフォントを選んで、アクティベートすると使うことができるようになります。

Adobe Fonts
URL https://fonts.adobe.com/

Adobe Fontsのフォントは商業利用を含めて利用できます。

https://fonts.adobe.com/

使用したいフォントを見つけて、アクティベートするとPhotoshopなどで利用できる

Ps

03

LESSON

はじめての Photoshop

LESSON 03/01

【画像を開く、保存する、閉じる】

画像を開いて、保存する

Sample Data /03-01

画像を開く／閉じる

画像補正や加工をするにあたり、対象の画像ファイルをPhotoshopで作業できるように表示します。これを「開く」と呼びます。開いた画像に補正や加工をし、作業後の状態を再び画像ファイルに記録することを「保存」と呼び、作業が終わった画像をPhotoshopで表示しなくすることを「閉じる」と呼びます。

画像を開く

はじめに使用しているコンピューターに保存されている画像を開きます。

1 ❶[ファイル]メニューの[開く]をクリックします。

ホーム画面の❷[開く]をクリックしても開けます。[ファイル]メニューの[開く]のキーボードショートカット(P.031)は《⌘＋O(オー)》キーです。

2 ❸[ファイルを開く]ダイアログボックスが開きます。❹[Creative Cloudから開く]ダイアログボックスが表示されている場合は、❺[コンピューター]をクリックします。

3 ❸[ファイルを開く]ダイアログボックスで目的の画像が入っているフォルダを開き、❻画像をクリックして選択します。❼[開く]をクリックすると画像が開きます。ここでは(右図では)2つの画像ファイルを選択して開いています。

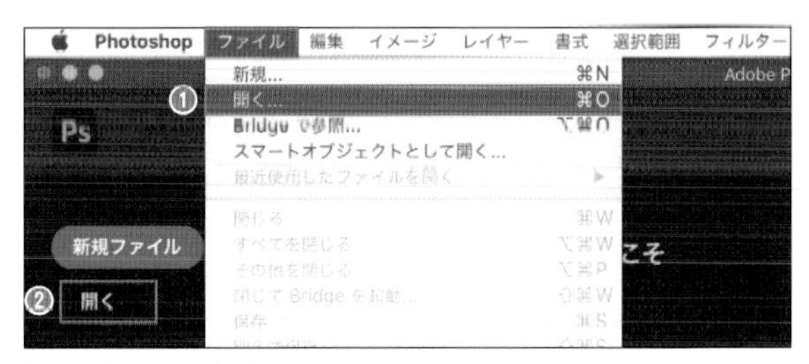

[ファイル]メニューの[開く]をクリックする

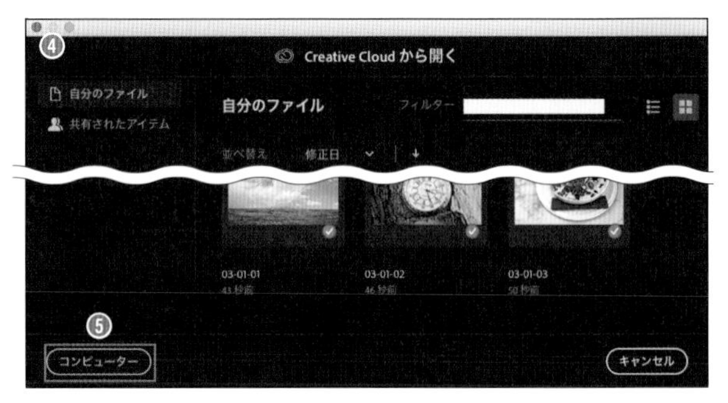

[Creative Cloudから開く]ダイアログボックスが表示されている場合は、[コンピューター]をクリックして[ファイルを開く]ダイアログボックスを開く

[ファイルを開く]ダイアログボックス。目的の画像を選択して[開く]をクリックする。このダイアログボックスの操作は使用するOSなどの環境や設定に依存し、同じ環境で使用するほかの一般的なアプリで共通する操作

最近使用した画像などによって、[Creative Cloudから開く]ダイアログボックスまたは[ファイルを開く]ダイアログボックスのどちらかが表示されます。

複数の画像を同時に開くには、[ファイルを開く]ダイアログボックスで、1つ目の画像をクリックして選択したあと、⌘キーを押しながら別の画像をクリックします。目的の画像がすべて選択できたら、[開く]をクリックします。

クラウドドキュメントを開く

クラウドドキュメントを開きます。

1 ［ファイル］メニューの［開く］をクリックします。

2 ❶［ファイルを開く］ダイアログボックスが開いた場合は、❷［クラウドドキュメントを開く］をクリックします。❸［Creative Cloudから開く］ダイアログボックスで開く画像を探し、❹サムネール画像をクリックします。

クラウドドキュメントとして保存されていないと画像は表示されません。初めての場合は、「画像を保存する」（P.056）でクラウドドキュメントとして保存してから試してください。

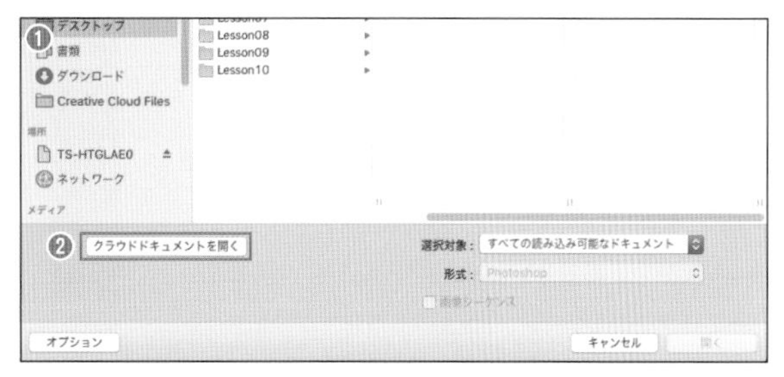

［ファイルを開く］ダイアログボックスが表示されたら［クラウドドキュメントを開く］をクリックすると、［Creative Cloudから開く］ダイアログボックスが表示される

表示画像を切り替える

複数の画像を同時に開くと、ドキュメントウィンドウに重ねて表示され、1つの画像だけが表示されます。

1 目的の画像を表示させるには、ドキュメントウィンドウ上部の❶タブで、表示させたい画像ファイル名のタブをクリックします。

［ウィンドウ］メニューから目的の画像のファイル名をクリックしても切り替えできます。また、画像のファイル名のタブをドラッグしてタブから離すと、フローティング状態にできます。
複数の画像を開いている場合は、［ウィンドウ］メニューの［アレンジ］のサブメニューにある、［並べて表示］、［すべてを水平に並べる］などをクリックすると、ドキュメントウィンドウに複数の画像を並べて表示できます。

Photoshopで画像を開いた状態。開くとドキュメントウィンドウに表示されるが、表示されるのは開いた画像のなかの1つ。タブが2つあることから、2つの画像が開かれていることがわかる

タブをクリックして表示されている画像を切り替えたところ

画像を閉じる

作業に必要のない画像を閉じます。

1 [ファイル]メニューの[閉じる]をクリックします。またはドキュメントウィンドウ上部のタブにある❶[×]ボタンをクリックします。

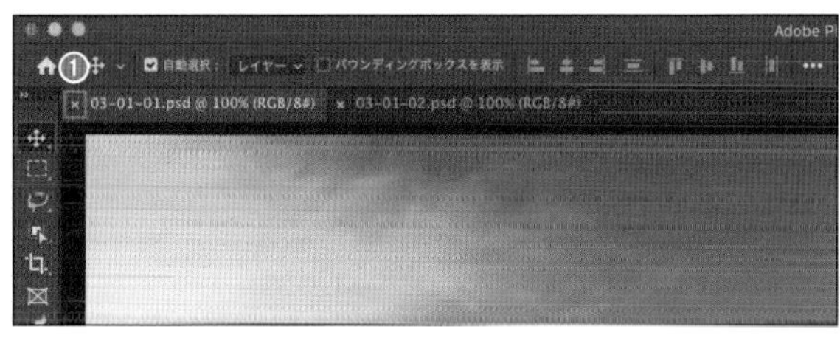
閉じたい画像のタブにある[×]ボタン(Windows版はタブの右端にある)をクリックする

現在開いている画像すべてを閉じるには、[ファイル]メニューの[すべてを閉じる]をクリックします。ドキュメントウィンドウ上部のタブにある[×]ボタンを option (Windows版は shift)キーを押しながらクリックしても、すべての画像を閉じることができます。

[閉じる]を実行すると、保存するかを確認するダイアログボックスが表示されることがあります。これは編集作業後に保存していない場合に表示されます。[保存]([はい])をクリックすると上書き保存して画像を閉じます(保存に関しては次項参照)。[保存しない]([いいえ])は、行った作業を破棄して画像を閉じます。[キャンセル]は、閉じるをキャンセルします。

画像を保存する

何らかの作業をした画像を保存しましょう。保存には[保存]と[別名で保存]があります。[保存]は作業前の開いた画像に上書き保存します。作業前の画像は残りません。[別名で保存]は開いた画像とは別の画像として保存します。開いた画像はそのまま残ります。

[ファイル]メニューの[保存]と[別名で保存]

1 画像を開いた状態で❶[ファイル]メニューの[保存]をクリックします。ダイアログボックスは表示されず、上書き保存されます。

[ファイル]メニューの[保存]のキーボードショートカット(P.031)は《 ⌘ + S 》キーです。

開いた画像で画像に対して何の操作もしていない場合や[保存]を実行した直後は、[保存]を実行できません。新規作成した画像ではじめての保存の場合、[ファイル]メニューの[保存]をクリックすると、[別名で保存]を実行時と同様のダイアログボックスが表示されます。

2 次に[ファイル]メニューの[別名で保存]をクリックします。[比較表]が表示されます。❷[Creative Cloudに保存]か❸[コンピューターに保存]をクリックします。

環境設定によっては、[比較表]が表示されずに、[Creative Cloudに保存]または[別名で保存]ダイアログボックスが表示されることがあります。

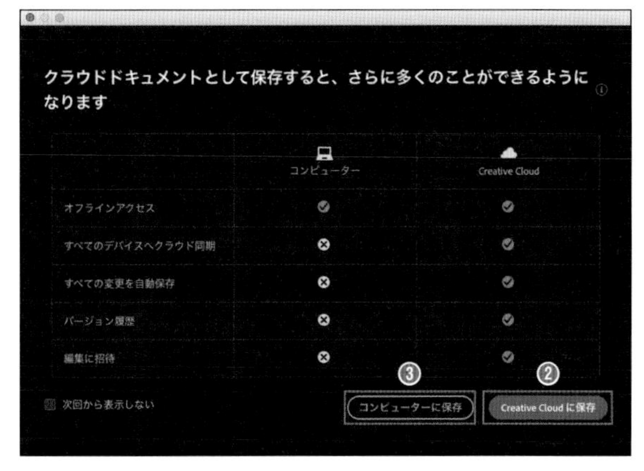

コンピューターに保存とクラウドドキュメントの違いを表したダイアログボックス。違いを確認し、❷[Creative Cloudに保存]か❸[コンピューターに保存]をクリックして進める

3 [比較表]で❷[Creative Cloudに保存]をクリックすると、[Creative Cloudに保存]ダイアログボックスが表示されます。ここではクラウドドキュメントとして保存できます。フォルダーで整理している場合は、フォルダーを選択してから❹ファイル名を入力し、❺[保存]をクリックします。

使用中のコンピューターに保存したい場合は、❻[コンピューター]をクリックします。

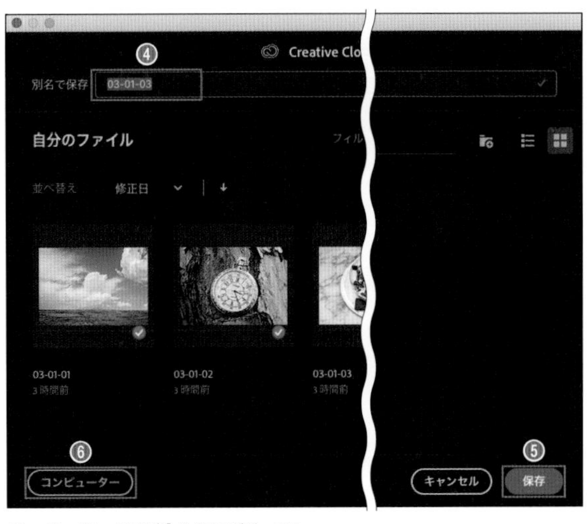

[Creative Cloudに保存]ダイアログボックス

5 [比較表]で❸[コンピューターに保存]をクリックすると、[別名で保存]ダイアログボックスが表示されます。ここではコンピューター内に保存できます。❼任意の[名前]([ファイル名])を入力し、❽保存先を指定します。❾[フォーマット](ファイルの種類)を選択して、❿[保存]をクリックします。

クラウドドキュメントとして保存したい場合は、⓫[クラウドドキュメントに保存]をクリックします。

❾[フォーマット]は、目的が決まっている場合を除き[Photoshop]形式を指定してください。

[別名で保存]ダイアログボックス

ここも CHECK!

フォーマット(ファイルの種類)とは

[別名で保存]ダイアログボックスにある「フォーマット」(ファイルの種類)は、「ファイル形式」とも呼ばれ、コンピューターなどで扱う、画像、イラスト、動画、音声、文書などをメディアに保存しておく規格のことです。Photoshopで扱う画像ファイル形式にもさまざまな種類があります。画像関連の多くのアプリやOSで利用できる共通のファイル形式、アプリごとの独自のファイル形式などです。Photoshop独自の形式は「Photoshop形式」です。Photoshopで開いて作業した場合は、必ずこの形式で保存するようにしましょう。

Webに公開したり、閲覧用として送るなどする場合は、Photoshopを使っていない人でも開ける形式(JPG、PNG、PDFなど)に保存しなおしてから送るようにしましょう。なお、Photoshop形式以外で保存する場合、Photoshop形式の元データは残しておくことをおすすめします。

LESSON 03/02

【ズームツール、ナビゲーターパネル、手のひらツールほか】

画像を拡大・縮小表示する

Sample Data /03-02

拡大・縮小表示

画像の細部を確認する場合は拡大表示、全体の雰囲気を確認する場合を縮小表示します。拡大・縮小表示にはいくつか方法がありますので、自分にとって操作しやすい方法を覚えましょう。

拡大表示（右上）と縮小表示（左下）。補正や加工では、一部だけを拡大表示させたり、画像全体を画面内に入るよう縮小表示したりしながら、作業を進めていく

ズームツールで拡大・縮小表示

基本の操作となる［ズームツール］を使って拡大・縮小表示します。

1. 画像を開いた状態で❶［ズームツール］をクリックします。［オプションバー］で❷［ズームイン］になっていることを確認します。

2. ❸画像の拡大表示したい場所でクリックすると、クリックした部分を中心に表示が拡大します。さらにクリックするともう一段拡大します。

3. ❹縮小表示したい場合は、キーボードの option （Windows版は alt ）キーを押しながらクリックすると、クリックした部分を中心に表示が縮小します。

［ズームツール］は、［オプションバー］の［ズームイン］の状態で表示を拡大、［ズームアウト］の状態で表示を縮小するツールですが、基本的に［ズームツール］は［ズームイン］に設定しておき、クリックで表示を拡人、 option ＋クリックで表示を縮小のほうが、効率よく作業できます。

［ズームツール］で画像内をクリックすると表示が拡大する。このとき、マウスポインタの虫眼鏡のなかが「＋」か「－」かで、［ズームイン］か［ズームアウト］かを確認できる。「＋」の🔍が［ズームイン］

option キーを押している間はマウスポインタの虫眼鏡のなかが「－」になり［ズームアウト］と同じ機能になる

4 次に、[ズームツール]で[オプションバー]は[ズームイン]のまま、❺画面内を左右にドラッグします。ドラッグに合わせて表示が拡大や縮小します。

[ズームツール]の[オプションバー]で[スクラブズーム]のチェックを入れておく必要があります(初期設定はチェックが入っています)。

[ズームツール]で左右にドラッグすると、右方向のドラッグで拡大表示、左方向のドラッグで縮小表示になる

ズームツール以外のツールを実行中に拡大・縮小表示

ほかのツールを使用している状態でキーを押すと、[ズームツール]を使うのと同じ機能になります。

1 [ズームツール]以外のツールを選択している状態で、⌘+スペース(Windows版はctrl+スペース)キーを押します。❶キーを押している間は、マウスポインタが[ズームツール]と同じ表示になります。キーを押したままクリックすると、拡大表示されます。❷縮小表示は、option+スペース(Windows版はalt+スペース)キーです。

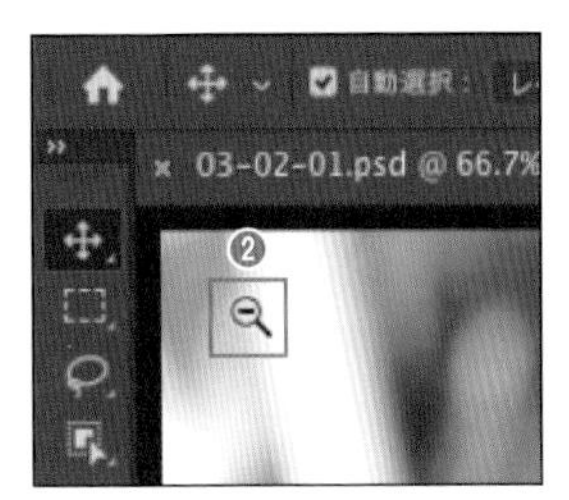

選択中ツールがどのツール(図では[移動ツール]になっている)でも、⌘+スペースキーを押している間は[ズームツール]の[ズームイン]、option+スペースキーを押している間は[ズームツール]の[ズームアウト]と同じ機能になる。[スクラブズーム]のドラッグによる拡大表示もできる

キー操作による一時的な[ズームツール]で拡大・縮小する方法は、覚えると効率のよい方法です。スペースキーを押しながらoptionまたは⌘を押して、マウスポインタで確認してから拡大・縮小するとよいでしょう。

表示範囲を移動する

拡大表示して画面に画像を表示しきれない場合があります。このようなときは[手のひらツール]を使って表示範囲を移動させます。

1 ❶[手のひらツール]をクリックします。❷画像をドラッグして移動します。

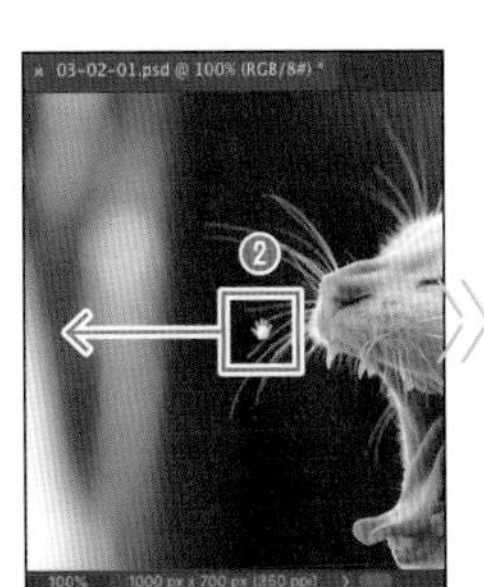

[手のひらツール]でドラッグすると、ドラッグに合わせて表示範囲が移動する

ほかのツールを選択していても、スペースキーを押している間、一時的に[手のひらツール]に切り替えることができます。ドラッグしはじめたら、キーは放してかまいません。ツールを切り替えるよりもスペースキーを併用する方法のほうがおすすめです。

ナビゲーターパネルを利用する

画像全体のなかで現在の表示範囲を確認できるのが[ナビゲーター]パネルです。パネル内で表示の拡大・縮小、表示範囲も移動ができます。

1 [ウィンドウ]メニューの[ナビゲーター]をクリックして、[ナビゲーター]パネルを表示します。

2 [ナビゲーター]パネル下部にある❶スライダーを左右にドラッグすると拡大・縮小表示になります。

3 [ナビゲーター]パネルの❷赤枠が現在の表示範囲です。❸赤枠の内側をドラッグすると表示範囲が移動します。

❶スライダーを左右にドラッグして表示を拡大・縮小する。スライダー左右にある山型のアイコンをクリックしても変更できる

[ナビゲーター]パネルのサムネール内で、赤枠の外側をクリックするとクリックした位置を中心に表示範囲が移動します、[⌘]キーを押しながら表示させたい範囲を囲むようにドラッグして赤い矩形を作成すると、その範囲が表示範囲になります。

メニューの機能で表示を変更する

[表示]メニューには画像表示サイズを変更する機能があります。特に❶と❷は覚えておくと便利です。

覚えておきたい機能

メニューの機能	説明	キーボードショートカット ツールアイコンのダブルクリック
画面サイズに合わせる	画像全体が表示できる最大サイズ	[⌘]+[0](ゼロ) [手のひらツール]
100%	画像の1ピクセルをモニター1ピクセルで表示	[⌘]+[1] [ズームツール]

ここも CHECK!

そのほかの表示変更方法

マウスにホイールがある場合は、[option]キーを押しながら、マウスホイールを回すと拡大・縮小表示ができます。[Photoshop](Windows版は[編集])メニューの[環境設定]→[ツール]をクリックし、表示される[環境設定]ダイアログボックス右側にある[スクロールホイールでズーム]にチェックを入れると、マウスホイールによる拡大・縮小にキーを押す必要がなくなります。

ドキュメントウィンドウ下の画像情報(P.028)左にある、[画像の拡大率]では、直接数値入力できます(100%にしたい場合は「100」と入力する)。特定の倍率にしたい場合に便利です。同様に[ナビゲーター]パネルの左下にある拡大率を表示する部分でも数値入力できます。

画像表示の拡大・縮小は、さまざまな方法があります。使いやすさ、効率のよさを考えて、どの方法を使うかを選択してください。

LESSON 03/03 【取り消し、やり直し、ヒストリー】作業を取り消す

Sample Data /03-03

作業を取り消す

作業を続けていると、直前の作業や、さらにいくつかさかのぼって操作を取り消したいときがあります。このようなとき、[取り消し]機能や[ヒストリー]パネルを使います。

直前の作業を取り消す

直前の作業を取り消す[取り消し]を紹介します。

1. [編集]メニューの[○○の取り消し]をクリックします《⌘+Z(Windows版はctrl+Z)》。これで直前の作業前に戻ります。
2. さらに前に戻りたいときは、再度《⌘+Z》(または[編集]メニューの[○○の取り消し]をクリック)を繰り返します。
3. 《⌘+Z》を繰り返すうちに戻り過ぎてしまった場合は、❷[編集]メニューの[○○のやり直し]をクリックします。

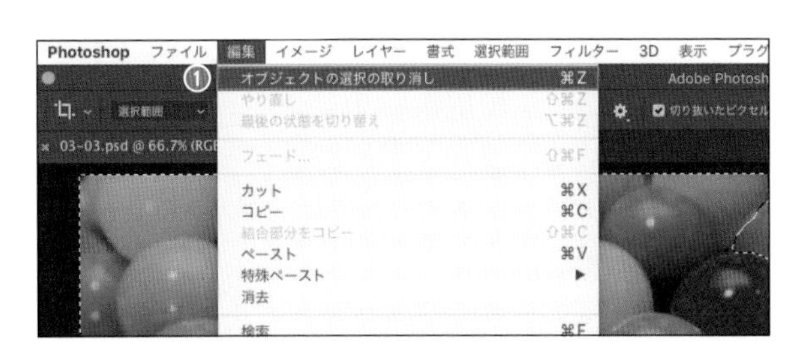

[○○の取り消し][○○のやり直し]の「○○」には、取り消す(やり直す)内容(ツール名やメニューの機能名)が入る

覚えておきたい取り消し関連のキーボードショートカット

機能	説明	キーボードショートカット
取り消し	直前の作業を取り消して作業前に戻る	⌘+Z
やり直し	[取り消し]で取り消した作業をやり直す	⌘+shift+Z
最後の状態を切り替え	作業前と作業後を繰り返して切り替える。補正前後の比較などに使う	⌘+option+Z

ヒストリーパネルを利用する

一度に何段階も戻りたいとき、過去の作業内容を確認したいときは、作業手順を一覧できる[ヒストリー]パネルを使います。

1. [ウィンドウ]メニューの[ヒストリー]をクリックして、[ヒストリー]パネルを表示します。
2. [ヒストリー]パネルでさかのぼりたい作業名をクリックします。ここでは❶[近似色を選択]までさかのぼりました。

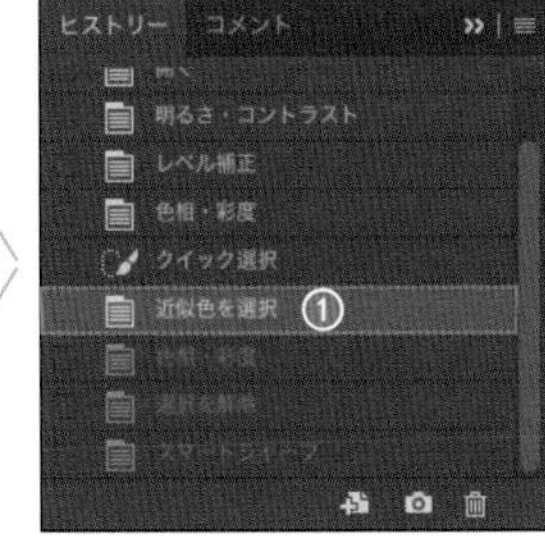

初期設定では[ヒストリー]パネルでさかのぼれるヒストリー数は50までです。また、ヒストリーはファイルに保存されません。ファイルを閉じるとヒストリーは削除されます。[ヒストリー]パネルで途中の作業を選択して新たに編集作業すると、選択している作業以降のヒストリーは削除されます。

LESSON 03/04

【グリッド、定規、ガイド、スナップ】
正確なサイズ・位置でデザインする

Sample Data / 03-04

グリッドと定規とガイド

「グリッド」「定規」「ガイド」は、正確なサイズで正確な位置に文字、画像などを配置するのに役立つ機能です。

グリッドは、画像を等間隔で分割する線で、グリッド間隔を設定でき、さらにグリッド間隔を分割する補助線も設定できます。

定規は、ドキュメントウィンドウ上部と左側に表示される目盛りで、単位を変更できます。

ガイドは、水平または垂直の線で表示され、自由な位置に配置できます。

グリッドやガイドにスナップさせると、レイヤー画像を正確な位置に配置、正確なサイズの選択範囲の作成ができます。

定規
グリッド線
グリッド（補助線）
グリッド間隔「100」pixelに設定
分割数「4」に設定

グリッドと定規
上図では定規の単位を「pixel」。グリッドには、指定した一定間隔で縦横に表示される実線（グリッド線）と、その間隔を指定した分割数で分ける点線（補助線）がある

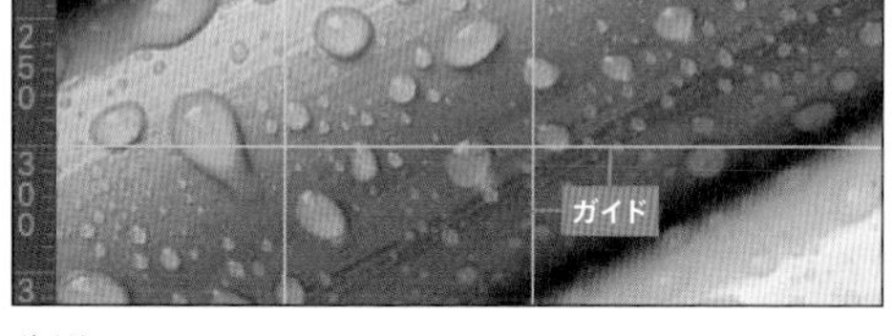

ガイド
ガイドは、水平または垂直に水色（初期設定の場合）で表示される線

グリッドを表示・設定する

グリッドは必要に応じて表示・非表示を切り替えられ、グリッド間隔と分割数も自由に変更できます。

1. ❶［表示］メニューの［表示・非表示］→［グリッド］をクリックします。チェックがある場合は表示、ない場合は非表示となります。

2. ［Photoshop］（Windows版は［編集］）メニューの［環境設定］→［ガイド・グリッド・スライス］をクリックします。［グリッド］欄の❷［グリッド線］で間隔とその単位、❸［分割数］を設定して［OK］をクリックします。

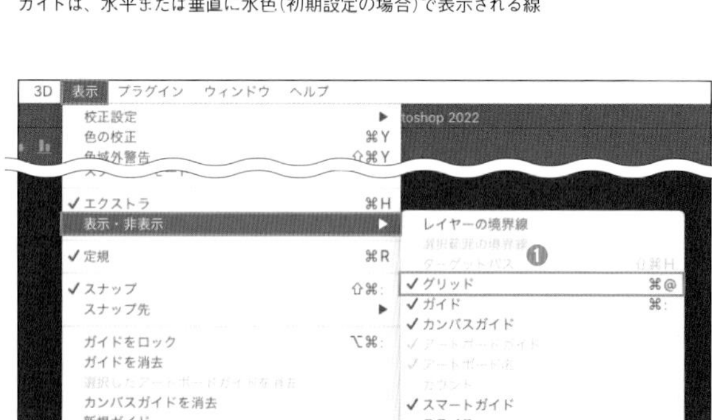

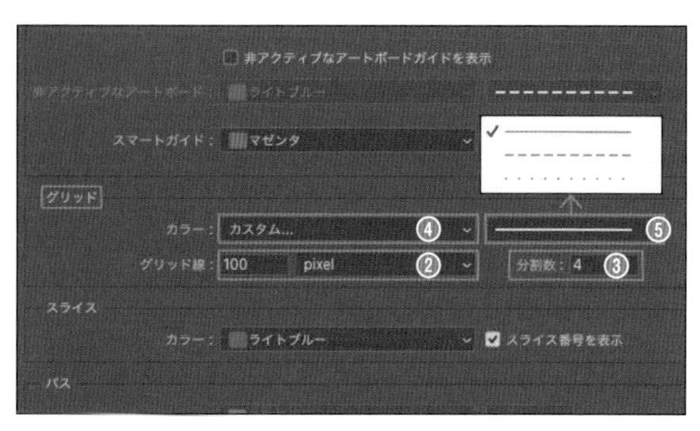

［環境設定］→［ガイド・グリッド・スライス］で表示される［環境設定］ダイアログボックスの［グリッド］欄。❹でグリッドの色を変更できる（初期設定はグレー）。❺はグリッドの表示方法を「実線」、「点線」（実線より弱い表示）、「点」（交点と分割点）から選択できる

定規を表示・設定する

定規は必要に応じて表示・非表示を切り替えられます。

1 [表示]メニューの[定規]をクリックします。非表示状態では表示に、表示状態では非表示に切り替えられます。

2 定規が表示された状態で、❶定規上で右クリック(control +クリック)します。表示されたメニューで単位を選択します。

定規の単位を変更する。[Photoshop](Windows版は[編集])メニューの[環境設定]→[単位・定規]にある[単位]の[定規]でも変更できる

ガイドを作成・表示する

ガイドは、水平または垂直の線で自由な位置に配置できます。ガイドの作成方法は2つあります。1つ目は定規からドラッグする方法、もう1つはダイアログボックスの数値指定で作成する方法です。

1 定規が表示された状態で、❶定規上から画像に向かってドラッグします。

2 [表示]メニューの[新規ガイド]をクリックします。[新規ガイド]ダイアログボックスで❷[水平方向][垂直方向]を指定し、❸[位置]を入力します。ここでは、「100」と入力し、[OK]をクリックします。

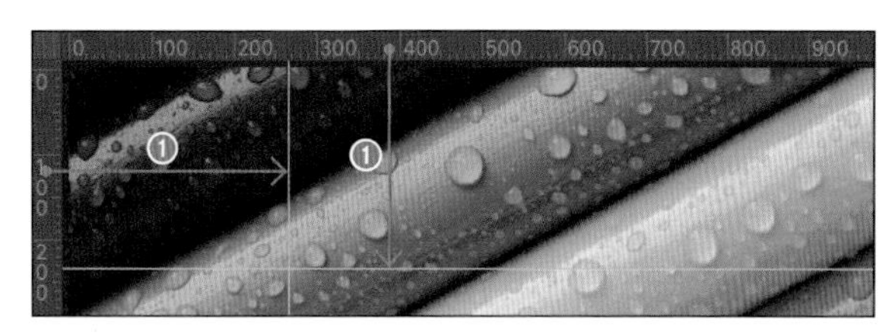

ドキュメントウィンドウ上部の定規からドラッグすると水平のガイド、左側の定規からドラッグすると垂直のガイドが作成できる

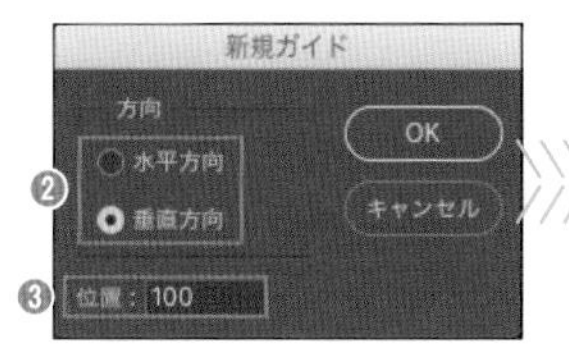

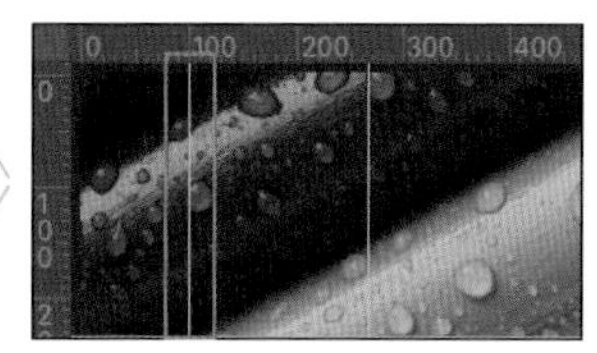

[新規ガイド]ダイアログボックスの[位置]で入力する数値は定規の「0」からの距離で指定する。初期設定では画像左上が「0」なので左上からの距離となる。単位を入力しない場合は定規の単位となり、定規と異なる単位「cm」や「%」などを入力しても作成できる

作成済みのガイドは、[移動ツール]をクリックし、作成したガイドをドラッグすると移動できます。ガイドを[移動ツール]で定規に重なるまでドラッグすると削除できます。[表示]メニューの[ガイドを消去]ですべてのガイドをまとめて削除できます。

スナップを使う

Photoshopの初期設定では、表示させているガイド・グリッドにスナップします。スナップするのは、選択範囲の作成関連ツールやシェイプの作成ツールでの操作、レイヤーの画像の境界などです。また、[表示]メニューの[表示・非表示]→[スマートガイド]を表示させていると、ほかのレイヤーの画像の境界や中心などにもスナップします。

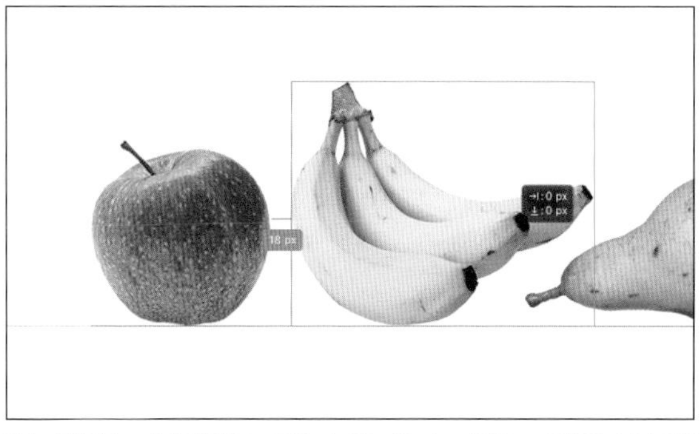

スナップや[スマートガイド]については、レイヤーや、シェイプについて学習したあとで再度試してください。ここでは、このような機能があると覚えておきましょう。

LESSON 03/05

【画像解像度、プリントサイズ】

画像のサイズを確認する

Sample Data / 03-05

画像のサイズとカラーモードの確認

Lesson 01で「画像サイズ」(ドキュメントサイズ)と「画像解像度」(P.026)、「カラーモード」(P.024)について紹介しています。
ここでは、現在開いている画像のサイズ(ピクセル数とプリントサイズ)と画像解像度、カラーモードの確認方法を紹介します。

ドキュメントウィンドウで確認する

まずは画像を開いてみましょう。サンプルデータ「03-05-01」を開きます。❶カラーモードはタブに表示されます。❷ドキュメントのピクセル数と画像解像度は、ドキュメントウィンドウ下部に表示されます(初期設定の場合)。ただしプリントサイズは表示されません。
プリントサイズはダイアログボックスを表示させて確認しましょう。

1 [イメージ]メニューの[画像解像度]をクリックします。[画像解像度]ダイアログボックスが表示されます。

2 ❸[幅]と[高さ]で確認します。❹をクリックすると[mm][cm]などの単位を設定できます。確認したら[キャンセル]をクリックします。

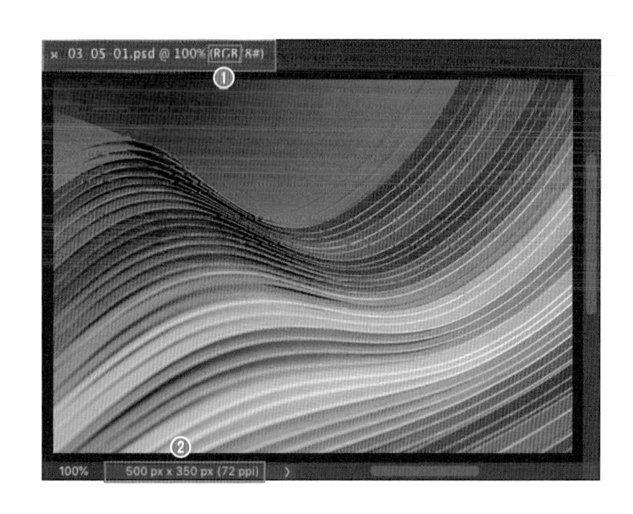

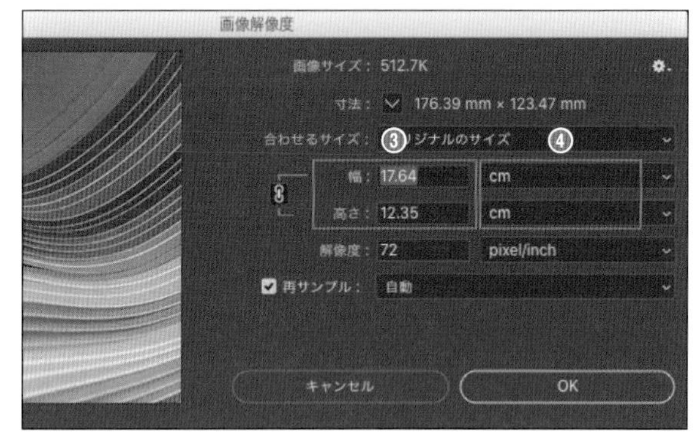

ここも CHECK!

プリントサイズを擬似的に表示する

[表示]メニューにある[100%表示]は擬似的にプリントサイズを再現する機能です(誤差があります)。サンプルデータ「03-05-01」、「03-05-02」、「03-05-03」は同じピクセル数ですが、画像解像度が異なり、したがってプリントサイズも異なることになります。この3つの画像を開き、それぞれ[表示]メニューの[100%]で表示させると同じ大きさで表示されます。次にそれぞれを[表示]メニューの[100%表示]で表示させると、プリントサイズが異なっていることがわかります。
ちなみに3つの画像を開くと多少の色味の変化はありますが、ほぼ同じように表示されます。しかしカラーモードを確認すると異なっていることがわかります。

LESSON 03 / 06 【カラーモード】カラーモードを変換する

Sample Data / 03-06

カラーモード

「カラーモード」(P.024)は目的によって変換することがあります。たとえば印刷目的として「CMYKモード」や「グレースケール」への変換、作品制作過程での「グレースケール」やディザを使った「モノクロ2階調化」などです。

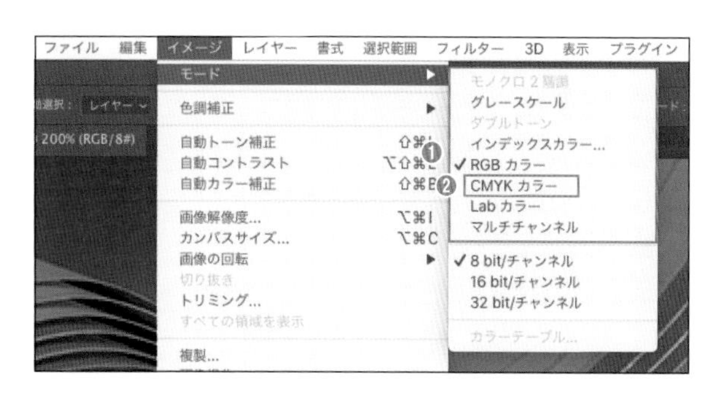

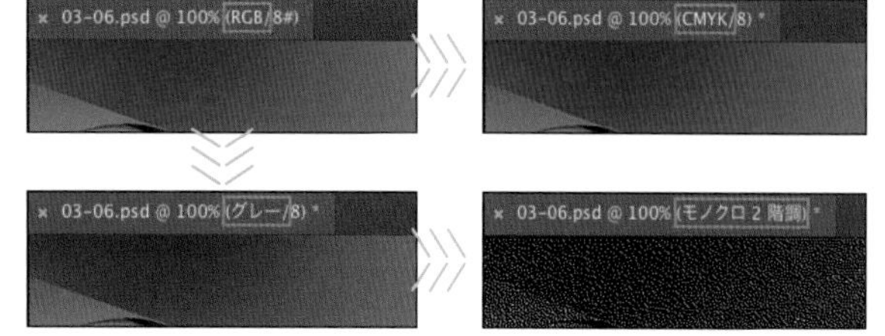

ドキュメントウィンドウのタブでカラーモードを確認する。CMYKカラーのほか、グレースケールとモノクロ2階調に変換した例

カラーモードを変換する

カラーモードを変更する方法はかんたんです。[イメージ]メニューの[モード]をクリックし、❶サブメニューから変更したいカラーモードをクリックします。

1. サンプルデータ「03-06」を開き、[イメージ]メニューの[モード]をクリックします。表示されたサブメニューの❷[CMYKカラー]をクリックします。プロファイルに関する警告のダイアログボックスが表示されたら、[OK]をクリックします。

見た目には多少色が変化した程度の違いしかありません。ドキュメントウィンドウのタブでカラーモードが変化したことを確認します。

カラーモードの特徴

変換後のカラーモード	注意点	画像見本
モノクロ2階調	白と黒だけで階調を表現する画像。「RGBカラー」からは直接変換できないので「グレースケール」に変換してから行う。	×10
グレースケール	白から黒へのモノトーン画像。	×10
CMYKカラー	「RGBカラー」より「CMYKカラー」のほうが色再現できる領域が狭い。このため彩度の高い青や緑などは再現できない。	×10

いずれのカラーモード変換も、変換すると[取り消し]機能以外ではもとに戻せない。たとえば「RGBカラー」→「CMYKカラー」→「RGBカラー」とカラーモード変換すると、もとのRGBカラーと完全に同じ色には戻らない

ここも CHECK!

カラー設定

[カラー設定]の設定により、カラーモード変換後の色が微妙に変わります。一般的に[カラー設定]を初期設定から変更する必要はありませんが、「印刷のためにCMYK変換する必要がある」といった場合は注意が必要です。

[編集]メニューの[カラー設定]で表示される[カラー設定]ダイアログボックスが表示されます。印刷を目的とする場合は、通常は、[設定]で[プリプレス用-日本2]を選択します。印刷会社より指定がある場合はその設定に変更します。

LESSON 03/07

【画像解像度】

プリントサイズと画像解像度を変更する

Sample Data /03-07

プリントサイズを変更する

プリントサイズと画像サイズ（ピクセル数）、画像解像度の3つの関係をP.020で説明しています。画像に変化を加えない（ピクセル数を変えない）でプリントするときは、プリントサイズを指定して画像解像度は成り行きとします。画像解像度を優先するのであれば、プリントサイズを成り行きとします。

上の2つの画像は同じ画像を印刷したもので、プリントサイズが異なる（結果、画像解像度が異なる）。プリントサイズを指定すると画像解像度は自動で決まり、逆に画像解像度を指定するとプリントサイズは自動で決まる

プリントサイズを変更・確認する

はじめにプリントサイズを指定し画像解像度を成り行きとした変更をします。

1 サンプルデータ「03-07」を開きます。［イメージ］メニューの［画像解像度］をクリックします。［画像解像度］ダイアログボックスが表示されます。

2 ❶［再サンプル］のチェックを外します。［幅］の❷単位を［mm］にします。［高さ］の単位も自動で変更されます。［幅］に❸「291」と入力します。［高さ］と［画像解像度］が自動で変更されます。［OK］をクリックします。

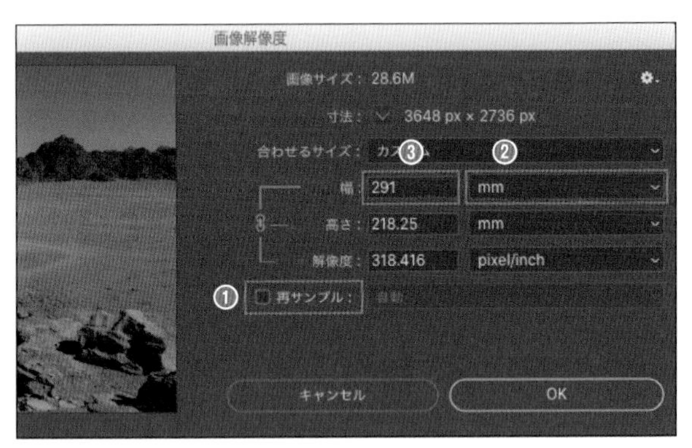

［画像解像度］ダイアログボックス。プリントサイズをA4長辺297mmに白縁3mmをつけると想定して［幅］を「291」mmとした。［高さ］と［画像解像度］は、画像のピクセル数（画像サイズ）を変更しないように［幅］に合わせて変更される。画像のピクセル数に変化がないので、［OK］をクリックしても画像表示は変化しない

続けて画像解像度を指定して、最大どのくらいまで高画質でプリントできるか確認してみましょう。

3 再び［イメージ］メニューの［画像解像度］をクリックします。［画像解像度］ダイアログボックスで❹［再サンプル］のチェックが外れていることを確認し、［画像解像度］に❺「200」と入力します。❻［幅］と［高さ］が自動で変更されるので値を確認します。確認したら［キャンセル］をクリックします。

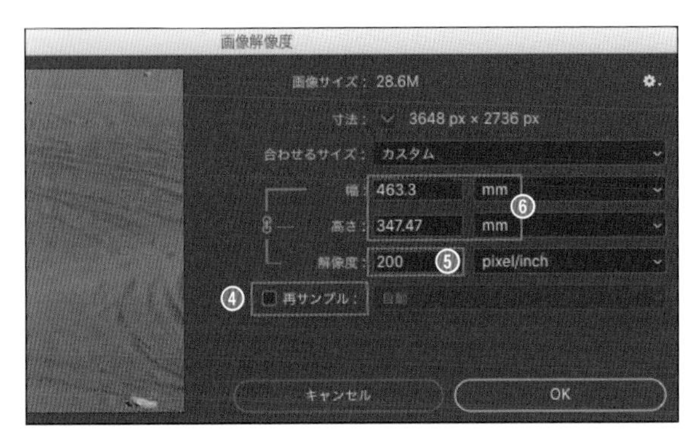

［画像解像度］ダイアログボックス。高品質でプリントできる解像度を「200」pixel/inchと想定して［画像解像度］に「200」と入力した。［幅］と［高さ］は画像のピクセル数をもとに［画像解像度］に合わせて自動で変更される。成り行きの［幅］が「463.3」mmのため、この画像は長辺463mm程度以下であれば家庭用プリンターでプリントするに十分なピクセル数がある

LESSON 03/08 【画像サイズ、再サンプル】画像サイズを変更する

Sample Data / 03-08

画像サイズを変更する

Web用などに使うため画像のピクセル数を調整したい場合に画像サイズ（ドキュメントサイズ）を変更します。増やす減らすに関係なくピクセル数を変える加工をすると、程度の違いはありますが画像は劣化します。このため画像サイズの変更は実行回数を最小限にします。すべての編集作業が終わり、元データを残した上でサイズ変更を行ってください。

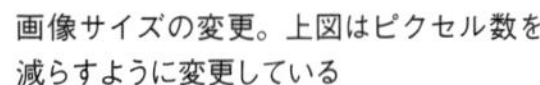

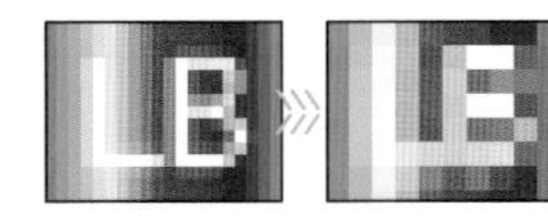

画像サイズの変更。上図はピクセル数を減らすように変更している

画像解像度またはプリントサイズの変更（P.066）。ピクセル数は変わらない

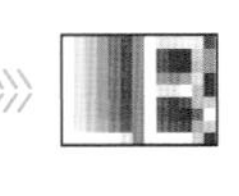

トリミング（P.102）。結果的に画像のピクセル数が変わるが、画像サイズの変更とは異なる

カンバスサイズの変更（P.068）。結果的に画像全体のピクセル数が変わるが、画像サイズの変更とは異なる

画像サイズを変更する

画像サイズの変更には画像解像度の変更と同じ機能を使います。

1. サンプルデータ「03-08」を開きます。［イメージ］メニューの［画像解像度］をクリックします。［画像解像度］ダイアログボックスが表示されます。

2. ❶［再サンプル］にチェックを入れます。［幅］の❷単位を［pixel］にします。［高さ］の単位も自動で変更されます。［幅］に❸「450」と入力します。［高さ］が自動で変更されます。［OK］をクリックします。

［画像解像度］ダイアログボックス。ピクセル数を変更する場合は、［再サンプル］にチェックを入れる。［OK］をクリックすると画像のピクセル数が変更されたので、画像表示も変わり、小さく表示される

ここも CHECK!

再サンプルとは

再サンプルにチェックを入れると、画像サイズ（ピクセル数）を変更できます。前ページのように、画像解像度またはプリントサイズを変更し、ピクセル数を変更しない場合は、［再サンプル］のチェックを外してください。
［再サンプル］にチェックを入れるとピクセルを補完する方法を選択できますが、基本的に［自動］を選択しておきましょう。

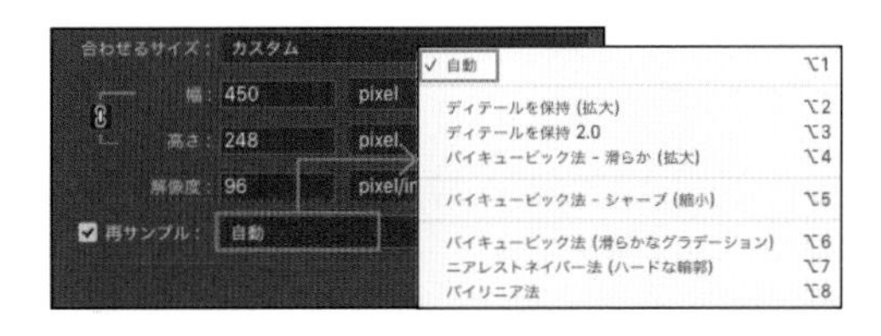

LESSON 03/09

【カンバスサイズ】

カンバスサイズを変更する

Sample Data /03-09

カンバスサイズを変更する

ここでは、カンバスサイズを変更する方法を紹介します。カンバスサイズの変更は、画像自体のピクセル数を変更しないで、画像の外に余白をつける場合に行います。

カンバスサイズを拡張すると余白が作成される。風景の写真部分のピクセル数は変更されないので、画質に影響はないが、結果的に画像サイズは大きくなる

カンバスサイズを拡張する

カンバスサイズを拡張して、画像の周りに余白をつけてみましょう。

1 サンプルデータ「03-09-01」を開き、[イメージ]メニューの[カンバスサイズ]をクリックします。[カンバスサイズ]ダイアログボックスが表示されるので、❶[幅]の単位を[mm]にします。❷[幅]と[高さ]に表示されている値が現在のカンバスサイズです。

2 ❸[幅]に「148」、[高さ]に「100」と入力します。❹[基準位置]は中央とし、❺[カンバス拡張カラー]を設定します。[OK]をクリックすると、カンバスが広がり画像周辺に余白ができます。

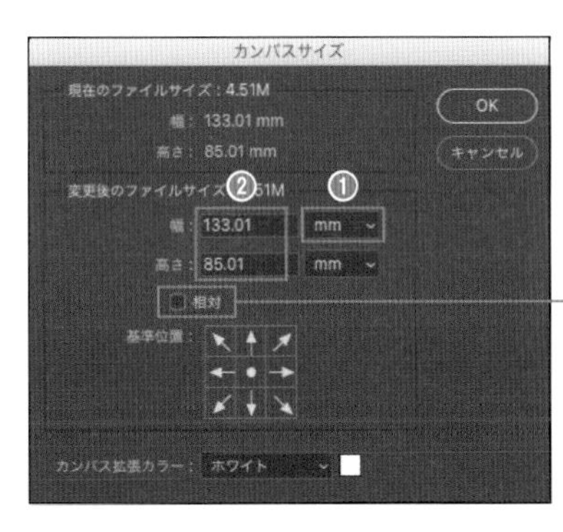

[相対]にチェックが入っている場合は外す
[相対]にチェックを入れた場合は、[幅][高さ]に現在のサイズとの差を入力する

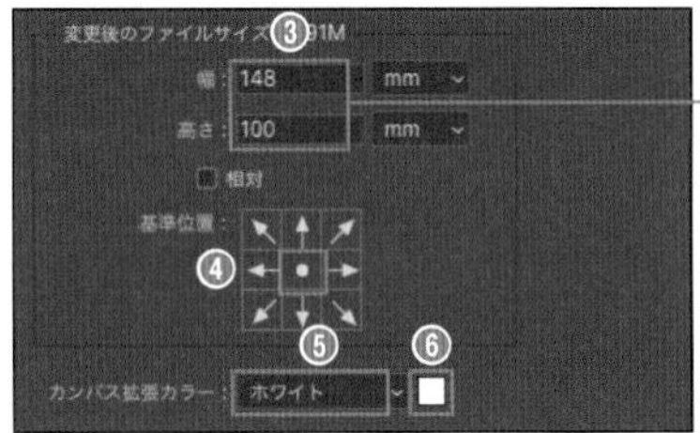

もとのサイズより小さい値を入力するとトリミングされる（下記「ここもCHECK」参照）

[カンバス拡張カラー]は、[描画色]や[背景色]などを指定できる。ここでは[ホワイト]とした。❻をクリックすると[カラーピッカー]が表示され、自由な色を指定できる。

ここも CHECK!

カンバスサイズの拡張・縮小とは

「カンバスサイズ」とは画像の表示や作業ができる範囲（背景レイヤーがある場合は背景レイヤーのサイズ）です。
カンバスサイズの拡張・縮小で、背景レイヤーとそれ以外のレイヤーでは結果が異なります。背景レイヤーはカンバスサイズを拡張すると拡張した部分は[カンバス拡張カラー]で指定した色で塗りつぶされます。カンバスサイズを縮小するとトリミングされ、はみ出た部分の画像は削除されます。
背景レイヤー以外のレイヤーは、カンバスサイズを拡張すると拡張した部分は透明になります。カンバスサイズを縮小するとカンバス範囲外となった部分の画像は隠れます。隠れるだけでなくなりません。そのレイヤーの画像を移動したり、縮小したりすると隠れていた部分が表示されます。
ここの「ここもCHECK」の内容は、Lesson 06でレイヤーについて学んだあとで、サンプルデータ「03-09-02」を開いて確認してください。レイヤー画像の移動などで隠れている部分が表示されることや、カンバスサイズを拡張して背景レイヤーの変化なども確認しみましょう。
レイヤー画像の隠れている部分をすべて表示できる大きさにカンバスサイズを変更するには、[イメージ]メニューの[すべての領域を表示]をクリックします。

【カラープリンター、商業印刷】プリントする

Sample Data /03-10

プリント（印刷）とは

プリント（印刷）する方法として、家庭用プリンターでプリント、プリントサービス、商業印刷などがあります。ここでは家庭用のプリンターでプリントする場合と、印刷会社に入稿して印刷する場合を分けて、注意点を紹介します。プリントサービスは、各社の注意事項を確認してください。

カラープリンターでプリントする

プリントサイズ、用紙サイズ、画像解像度を確認・指定します。［ファイル］メニューの［プリント］をクリックし、［Photoshopプリント設定］ダイアログボックスを表示します。❶［プリンタセットアップ］で［プリンター］を指定し、［プリント設定］をクリックして用紙のサイズなど、［レイアウト］で向きを指定します。ダイアログボックス左側の❷［プレビュー］で用紙とプリントサイズの関係を確認します。すべて設定したら［プリント］をクリックします。これでプリントされます。

［Photoshopプリント設定］ダイアログボックス。ダイアログボックス右側の❸のエリアをスクロールさせると［位置とサイズ］が表示される。［位置とサイズ］では、❹で［比率］［高さ］［幅］のいずれかを入力してプリントサイズを調整できる。❺［メディアサイズに合わせて拡大・縮小］にチェックを入れると、指定した用紙の最大印刷サイズになる。❹❺でサイズを調整すると❻［プリント解像度］が変化するので、印刷時の解像度を確認できる。画像解像度、高品質でプリントできる目安などについてはP.027を参照

カラープリンターでプリントするときの注意点

- Photoshopで直接印刷する場合はカラーモードは意識しなくてよい。
- プリントサイズと用紙サイズを決め画像解像度は成り行き。
- 高品質にプリントしたい場合は、200 pixel/inch程度以上は確保したい。

印刷会社に入稿して印刷する

印刷会社に入稿して印刷する場合は家庭用プリンターで印刷するときとデータの仕様が異なる場合があります。印刷トラブルを避けるため、印刷会社に対して事前に入稿データについての注意点を確認しておきましょう。
主に注意すべき点は右記のようになります。

印刷会社に入稿して印刷するときの注意点

- カラー印刷を目的とする場合は、カラーモードは「CMYK」である場合が多い。
- 仕上がりサイズよりも外側に3mmずつのヌリタシが必要である場合が多い。
- 複数レイヤーはNG。画像を統合してから入稿する必要がある場合がある。
- 画像解像度は300 pixel/inch程度以上必要な場合が多い。
- 入稿ファイル形式を指定される場合が多い。

LESSON 03/11

【コピー、ペースト】

コピー・アンド・ペースト

Sample Data /03-11

コピー・アンド・ペーストとは

「コピー・アンド・ペースト」とは、画像や文書、ファイルなどの複製を作成することです。対象をパソコンに記憶させ([コピー])、別の場所に貼りつけ([ペースト])する一連の作業から、「コピー・アンド・ペースト」や「コピーペースト」、略して「コピペ」などと呼ばれます。コピーの対象はさまざまですが、ここでは画像を「コピー・アンド・ペースト」してみましょう。

コピー・アンド・ペーストする

コピー・アンド・ペーストで、ほかのドキュメント(画像ファイル)にペーストしてみましょう。

1 サンプルデータ「03-11-01」を開きます。コピー対象を指定しますが、ここでは❶[選択範囲]メニューの[すべてを選択]をクリックで画像全体を対象にします《⌘+A(Windows版はctrl+A)》。

[選択範囲]メニューの[すべてを選択]を実行すると、現在の画像全体が選択範囲になります。選択範囲についてはP.136〜を参照してください。

2 ❷[編集]メニューの[コピー]をクリックします《⌘+C(Windows版はctrl+C)》。

3 サンプルデータ「03-11-02」を開きます。[編集]メニューの❸[ペースト]をクリックします《⌘+V(Windows版はctrl+V)》。

コピー・アンド・ペーストは頻繁に使用する連続操作です。キーボードショートカットを使って効率よく作業しましょう。

コピー対象として、ここでは[選択範囲]メニューの[すべてを選択]で画像全体を選択した

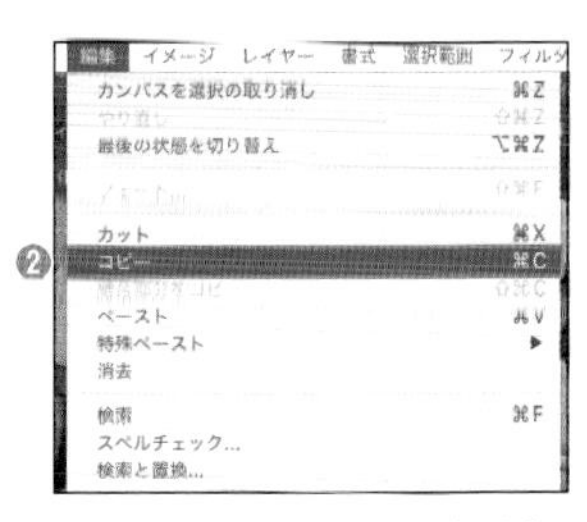

コピー対象として、ここでは[編集]メニューの[コピー]でコピーする

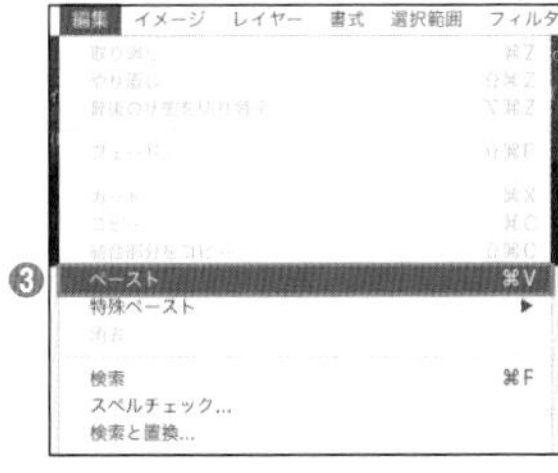

ペースト先の画像ファイルで、[編集]メニューの[ペースト]を実行する

サンプルデータ「03-11-02」に画像がペーストされた

画像をコピー・アンド・ペーストすると、元の画像とは別のレイヤーとして作成されます。「コピー・アンド・ペーストしても、もとの画像は残る」、「別レイヤーにペーストされる」ことを覚えておいてください。

ここも CHECK!

ほかアプリからでもコピー・アンド・ペーストできる

Photoshopでコピーした画像は、IndesignやIllustratorといったほかのAdobeソフトウェア、WordやExcelといったアプリにペーストできます。また、WordやExcelで入力したテキスト、Illustratorで作成したイラストなどをそれぞれのアプリでコピーし、Photoshopにペーストすることもできます。

Ps

LESSON 04

写真の色を補正する

LESSON 04/01 色調補正を行う前に知っておきたいこと

Sample Data /No Data

色調補正とは

「色調補正」とは、画像の色を補正することです。Photoshopでは明るさ、コントラスト、鮮やかさ(彩度)などを自由に調整して、画像を好みの色に変えることができます。暗い写真を明るくしたり、ぼんやりとした色調の写真のコントラストを高めてメリハリをつけたりすることができます。

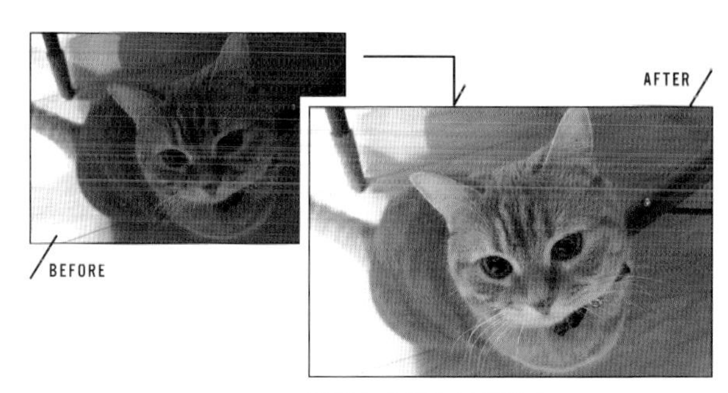

明るさとコントラストを補正した

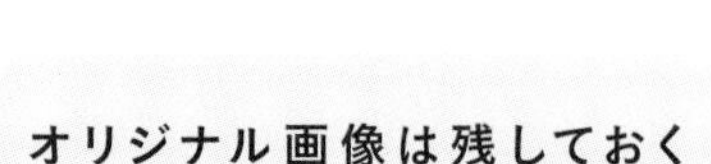

オリジナル画像は残しておく

写真などの色調補正を行う場合、元画像は必ず残しておきましょう。もし、あとからやり直したくなった場合でも、元画像が残っていれば何度でもやり直すことができます。補正後、最初に保存する際は必ず[別名で保存]するようにしましょう。

明るくふんわりとしたイメージに補正した

目的に合わせた補正を心がける

Photoshopではさまざまな色調補正を行うことができます。たとえば、撮影時のイメージ通りにする、明るくふんわりとしたイメージにする、現実の色とは異なるアーティスティックなイメージに加工するなどの補正ができます。画像補正の正解は1つではありません。作業内容や手順も目的によって変わるので、どのような画像にしたいのか、補正前にしっかりと目的を決めてから作業するようにしましょう。

トーンカーブで明るさとコントラストを補正した

背景の色はそのままにレンズの色だけを変化させた

画像補正の基礎用語

画像補正でよく使われる用語を覚えておくとPhotoshopの機能を理解しやすくなります。以下はよく使われる用語なのできちんと意味を理解しておきましょう。

機能	機能説明	例
レタッチ	目的に合わせて画像補正すること。明るさ・コントラスト、色合いの補正、汚れの除去など	
明度	色の明るさのこと。輝度とも呼ばれる。	明 ← → 暗
彩度	色の鮮やかさのこと。原色に近いほど彩度が高い	低 ← → 高
コントラスト	明るさ(明度)や色相の対比のこと。画像補正では特に明るさの対比を指す	低 ← → 高
色相	色合いのこと。赤→オレンジ→黄色→緑→青→緑→青→紫→赤と変化する。 右図(スペクトル)の左右の変化を覚えておくと色相をずらす際に変化がイメージできる	↔
色かぶり	画像の色に偏りがあり、全体に特定の色がかぶっているような状態のこと。色かぶりは、人工光源下、早朝、夕日、日中の日陰などでの撮影で起きやすい	← →
トリミング	画像を部分的に切り抜くこと	

さまざまな色調補正機能

Photoshopにはさまざまな色調補正機能があります。明るさ・コントラスト、色相・彩度などを好みの色味に調整することはもちろん、ワンクリックで自動補正する機能もあります。ここではその一例を紹介します。

カラーバランスを変化させて写真全体の雰囲気を変えた

トーンカーブで白色点を設定して補正した

レンズフィルター機能を使って夜の雰囲気に変更した

LESSON 04/02

【イメージメニュー、調整レイヤー】
色調補正を行う2つの方法

Sample Data /04-02

2種類の色調補正機能

Photoshopで色調補正を行うには大きく2種類の方法があります。[イメージ]メニューの[色調補正]から行う方法と、[色調補正]パネルの調整レイヤーを使って行う方法です。見た目の結果としては、どちらの方法でも同じように仕上げることができますが、両者には大きな違いがありますので、それぞれの特徴をしっかり理解しておきましょう。

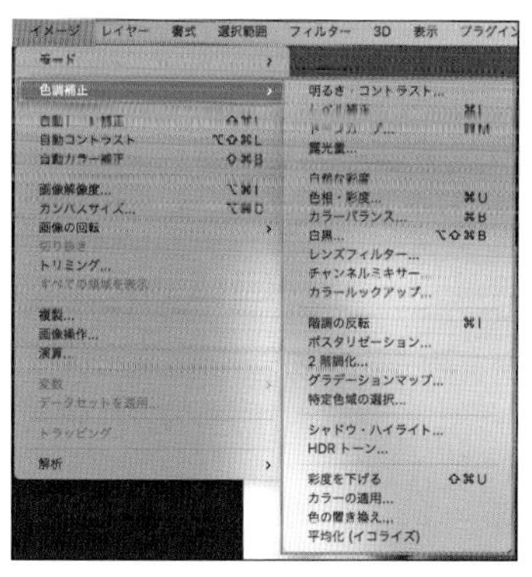

[イメージ]メニューの[色調補正]から実行できる色補正機能

[色調補正]パネルの調整レイヤー機能

イメージメニューの色調補正

[イメージ]メニューの[色調補正]では画像そのものの色を直接変更します。このため、もし加工後に上書き保存をしてしまうと、もとの状態に戻せなくなります。あとで修正したくなったときに元画像がないと困るので、この方法で加工するときは**あらかじめコピーしたファイルで作業するか、レイヤーを複製したもので作業する**ようにしましょう。ここではレイヤーを複製してから加工する手順を紹介します(レイヤーについてはP.112〜を参照)。

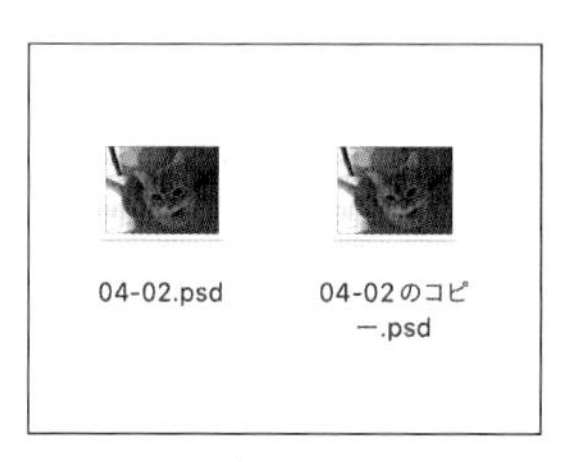

画像そのものの直接変更する場合は、オリジナル画像を残しておくために、画像ファイルをコピーしてからはじめるか、手順にあるように、画像内でレイヤーを複製してからはじめるようにしよう

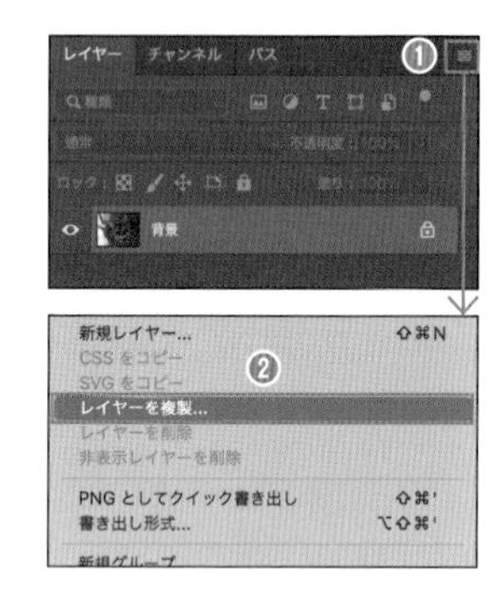

1 サンプルデータ「04-02」を開きます。❶[レイヤー]パネルのメニューボタンをクリックして❷[レイヤーを複製]をクリックします。[レイヤーを複製]ダイアログボックスが表示されたら、❸複製するレイヤーの名称を確認し、[OK]をクリックします。❹レイヤーが複製されました。

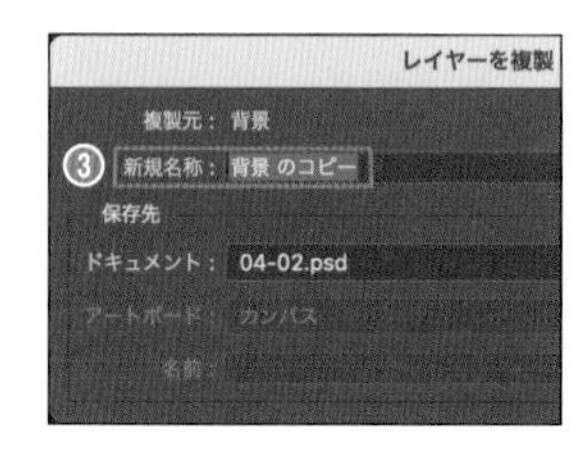

2 ❺[イメージ]メニューの[色調補正]→[明るさ・コントラスト]をクリックします。

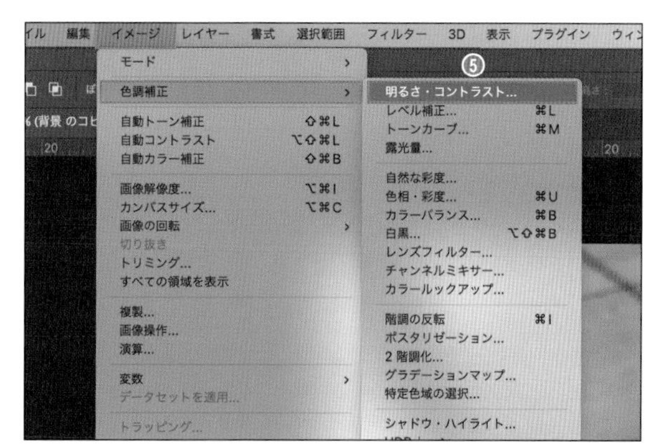

3 [明るさ・コントラスト]ダイアログボックスが表示されるので、❻スライダーを動かして好みの設定をし、[OK]をクリックします。

4 再調整したい場合は、❼[ヒストリー]パネルを表示し、さかのぼりたい手順を選択して再度調整します。

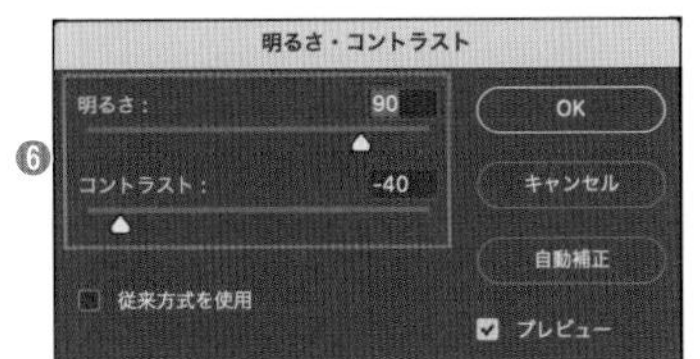

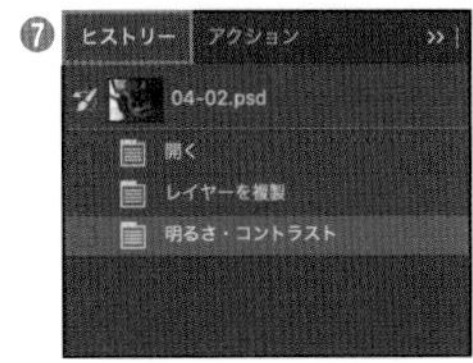

調整レイヤーの色調補正

調整レイヤーの色調補正は[色調補正]パネルで好みの補正方法を選択して行います。この方法は元画像を加工しないまま補正できる(非破壊編集)ので、もとに戻したり調整しなおしたりすることがかんたんにできます。このため(特別な事情がある場合を除き)基本的にはこちらの方法で補正することをおすすめします。

1 サンプルデータ「04-02」を開きます。[色調補正]パネルの❶[明るさ・コントラスト]ボタンをクリックします。

2 [レイヤー]パネルに❷[明るさ・コントラスト]調整レイヤーが作成されます。同時に、❸[プロパティ]パネルに[明るさ]と[コントラスト]のバーが表示されるので、好みの設定をします。

3 再調整したい場合は[レイヤー]パネルの❹レイヤーサムネールをクリックし、[プロパティ]パネルに[明るさ]と[コントラスト]のバーを表示させて、再度調整します。

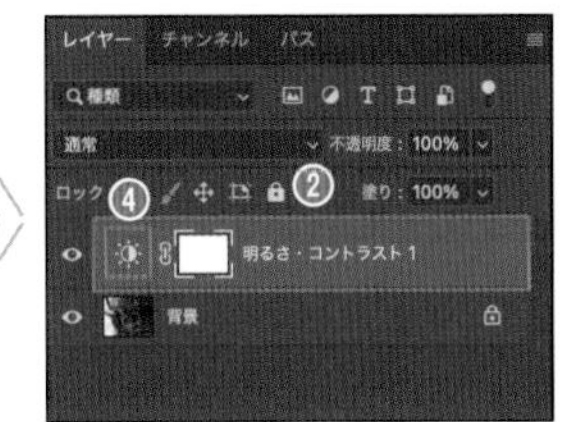

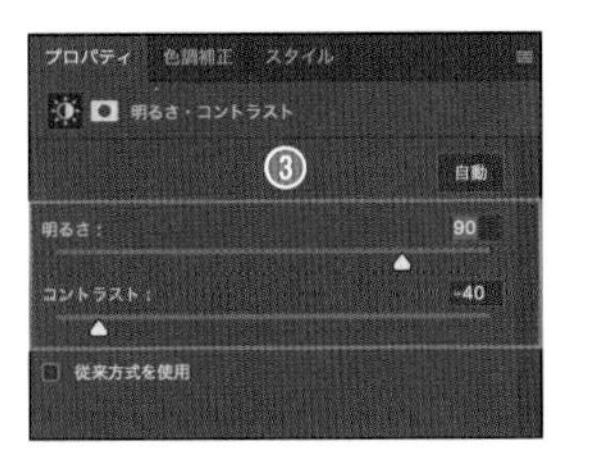

❶の代わりに[レイヤー]パネル下部にある[塗りつぶしまたは調整レイヤーを新規作成]ボタンをクリックして表示されるメニューから選択しても、調整レイヤーの色調補正を行うことができます。

[イメージ]メニューの[色調補正]から行う方法と調整レイヤーを使って行う方法の違いは、**[イメージ]メニューの[色調補正]は元の画像を直接補正する**こと、**調整レイヤーは画像自体には変更を加えない**ことです。このため**補正を再調整する方法が異なります**。[イメージ]メニューの[色調補正]は操作をさかのぼるか、オリジナル画像からやり直します。「調整レイヤーは[プロパティ]パネルでかんたんに再調整できます。

LESSON 04/03

【明るさ・コントラスト】

暗い写真を明るくする

Sample Data / 04-03

直感的な操作で明るさを調整する

調整レイヤーの[明るさ・コントラスト]を使って、暗い写真を明るく補正してみましょう。画面を見ながら直感的に操作できますので、かんたんに好みの明るさに調整することができます。

明るさ・コントラストで補正する

1 サンプルデータ「04-03」を開きます。[色調補正]パネルの❶[明るさ・コントラスト]ボタンをクリックします。

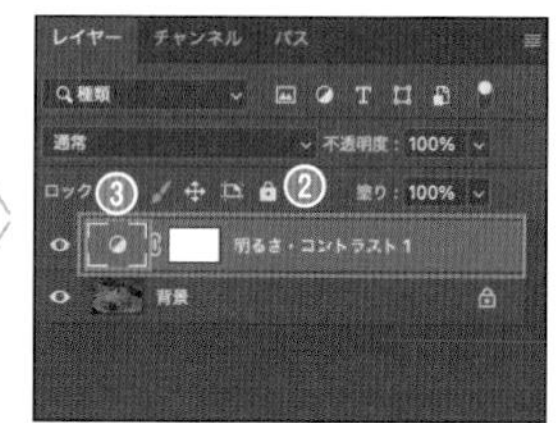

2 [レイヤー]パネルに❷[明るさ・コントラスト]調整レイヤーが作成されます。❸レイヤーサムネールをクリックします。

[色調補正]パネルで目的の機能がどのボタンか迷ったときは、ボタンにマウスポインタを重ねると❻に表示されている文字が機能名に変わります。これを確認してからボタンをクリックします。

3 [プロパティ]パネルで❹[自動]をクリックすると、自動的に補正されます。

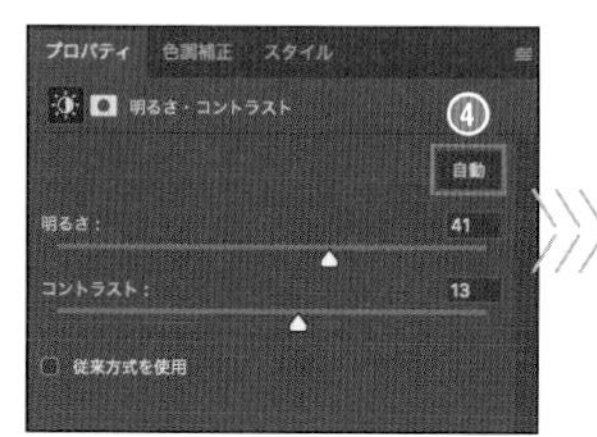

[自動]をクリックして補正した

4 自動補正の結果がイマイチのときは、[明るさ]と[コントラスト]のスライダーをドラッグして手動で補正しましょう。スライダーを右に動かすと効果が強まり、左に動かすと弱まります。ここでは❺[明るさ]を「70」、[コントラスト]を「30」にしました。

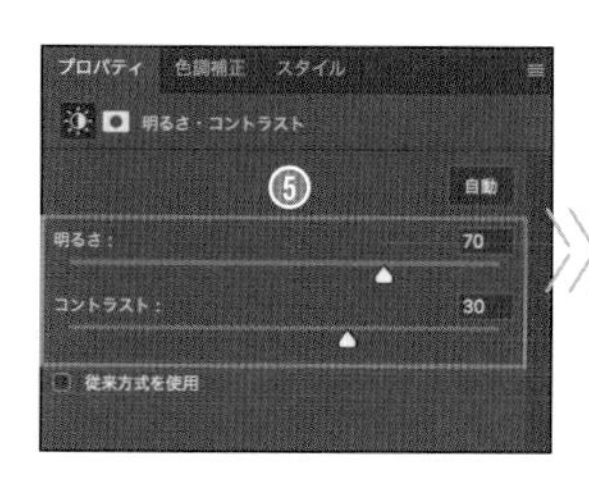

[明るさ][コントラスト]の数値欄に直接数値を入力しても調整することができます。

LESSON 04/04

【露光量】

陰影を強めて荘厳な雰囲気にする

Sample Data /04-04

露光とは

撮影時に取り込まれる光の量のことです。露光が少ないときは暗く、多いときは明るく撮影されます。Photoshopの[露光量]を使うと陰影のバランスを調整することができます。

露光量で陰影を強める

1 サンプルデータ「04-04」を開きます。[色調補正]パネルの❶[露光量]ボタンをクリックします。

2 [レイヤー]パネルに❷[露光量]調整レイヤーが作成されます。❸レイヤーサムネールをクリックします。

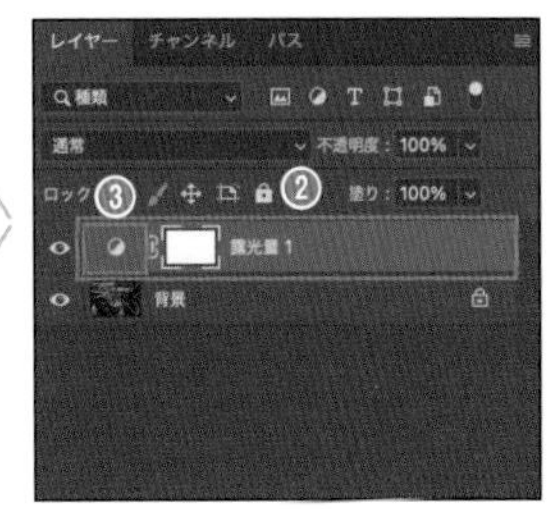

3 [プロパティ]パネルには❹[露光量][オフセット][ガンマ]のスライダーが表示されています。

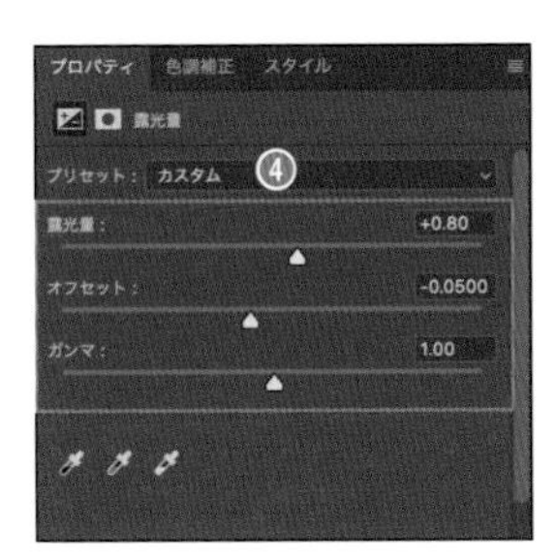

[露光量]でハイライト部、[オフセット]で影と中間調、[ガンマ]で全体の明るさを調整することができます。

4 ここでは陰影のコントラストを強めに仕上げたいので[露光量]を「0.8」、[オフセット]を「−0.05」、[ガンマ]を「1.0」に設定しました。陰影が強まったおかげで全体が引き締まり、荘厳な雰囲気になりました。

LESSON 04/05

【レベル補正】

薄暗い写真をふんわりとした印象にする

Sample Data / 04-05

レベル補正とは

［レベル補正］は「ヒストグラム」と呼ばれる明るさの分布を表したグラフを見ながら明るさを調整します。

ヒストグラムの見方

画像を開き、［色調補正］パネルの［レベル補正］をクリックすると、［プロパティ］パネルにヒストグラムが表示されます。

ヒストグラムの横軸は「0〜255」までの値で明るさのレベルを、縦軸はその明るさに対してどのくらいのピクセルが使用されているかを表します。山が高いほど、その階調で多くのピクセルが使用されていることになります。たとえば、❶明るい画像では右側の山が高くなり、❷暗い画像では左側の山が高くなります。❸平均的な明るさの画像ではピクセルの山に偏りはなく、平均的に分布しています

レベル補正の使い方

［レベル補正］で画像を補正するには、横軸の下にある3つのスライダー（左＝シャドウ、中央＝中間調、右＝ハイライト）を左右に動かして調整します。

ハイライトのスライダーを左に動かして補正した場合、スライダーより右の領域にあるピクセルはすべて白になります。またシャドウのスライダーの左の領域はすべて黒に補正されます。

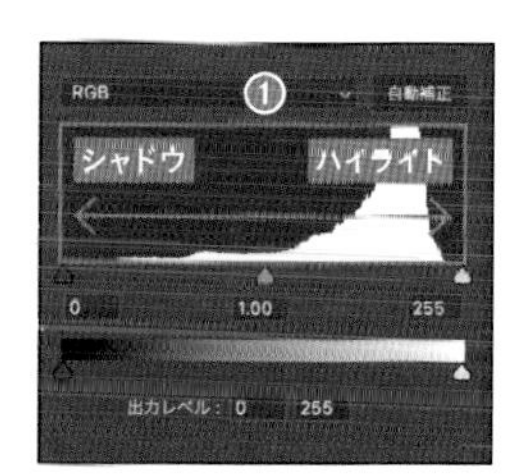

明るい画像（左）とそのヒストグラム（右）。ハイライト側に寄っている

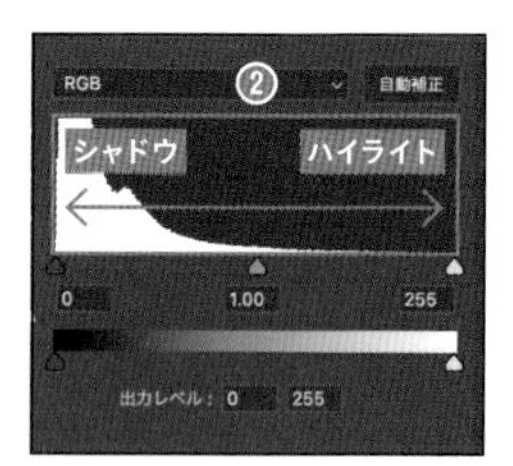

暗い画像（左）とそのヒストグラム（右）。シャドウ側に寄っている

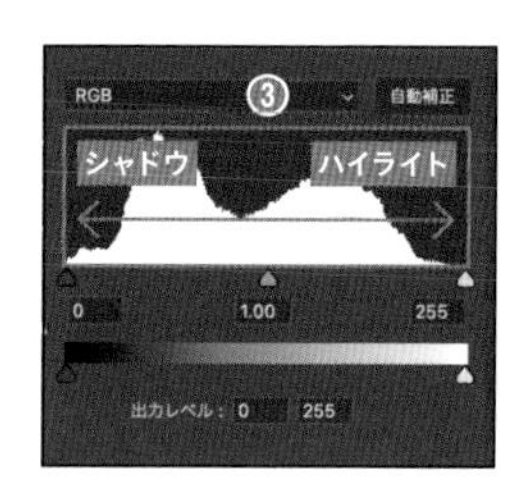

平均的な明るさ画像（左）とそのヒストグラム（右）。ハイライトからシャドウまで偏りが少ない

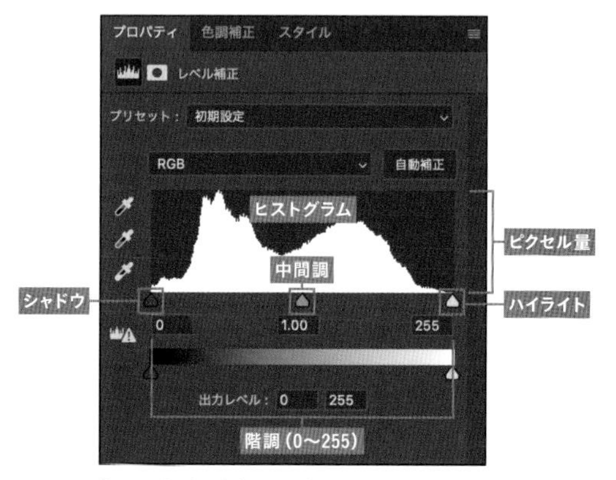

［レベル補正］の［プロパティ］パネル

出力レベル（黒から白のグラデーションとその下のスライダー、出力レベルの数値欄）は、一般的な階調の調整には使用しません。ハイライト側、シャドウ側または中間だけに階調の幅を寄せるなどの目的で使用します。

レベル補正で明るさを調整する

[レベル補正] 調整レイヤーを使って、手動で色調補正する方法を紹介します。

1 サンプルデータ「04-05-4」を開きます。[色調補正]パネルの❶[レベル補正]をクリックします。

2 [プロパティ]パネルに❷ヒストグラムが表示されます。ヒストグラムを見ると中央やや左に大きな山があることから、この画像は「全体的に薄暗い」印象であることがわかります。

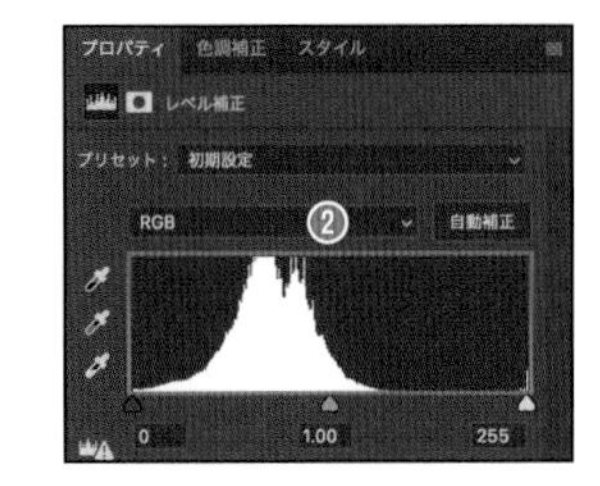

3 この画像をふんわりとした明るい印象に補正します。❸ハイライトのスライダーを山のふもと付近（ここでは「162」）まで動かすと、全体が明るくなりました。

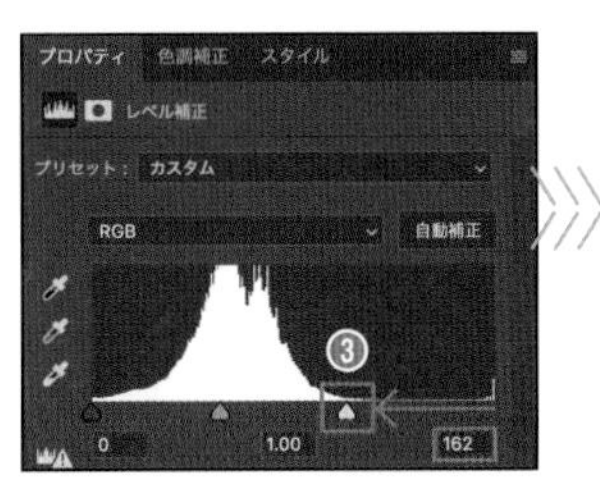

4 さらに調整したい場合は中間調のスライダーを動かしてみます。❹右に動かすと暗く、❺左に動かすと明るくなります。ここではふんわりとした印象に仕上げたいので、少し左（「1.52」）に動かしてみました。

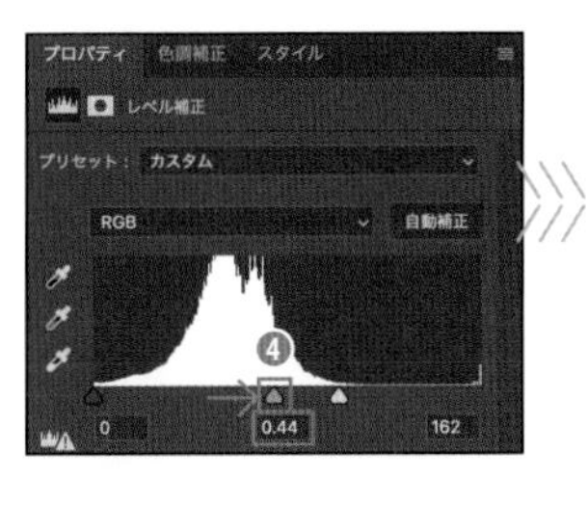

画像によってはシャドウのスライダーも調整します。ハイライト、中間調、シャドウいずれもスライダー下にある数値欄に直接入力してもて調整できます。

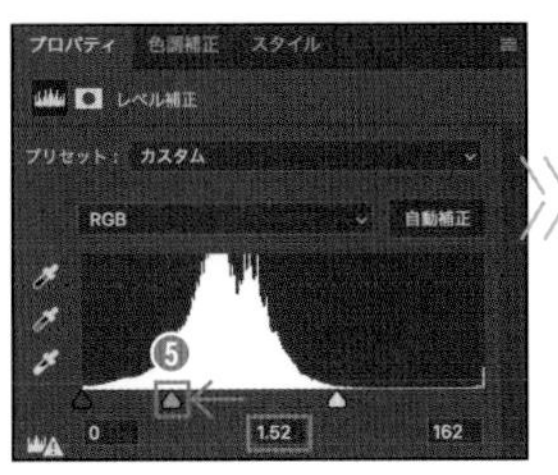

【トーンカーブ】

トーンカーブで色味を調整する

Sample Data /04-06

トーンカーブとは

「トーンカーブ」とは写真の明るさやコントラストを調節するためのものです。[トーンカーブ] 調整レイヤーを使うと、トーンカーブのグラフを見ながら画像の色や明るさを調整します。[明るさ・コントラスト]や[レベル補正]と比べるとやや複雑ですが、その分、細やかな調整ができます。

トーンカーブで色調補正する

[トーンカーブ] 調整レイヤーを適用すると[プロパティ]パネルにグラフと対角線が表示されます。この対角線がトーンカーブです。これを操作することで画像補正を行います。ここでは手動で補正する方法を紹介します。

1 サンプルデータ「04-06」を開きます。[色調補正] パネルの❶[トーンカーブ] ボタンをクリックします。[レイヤー] パネルに❷[トーンカーブ] 調整レイヤーが作成されます。[プロパティ] パネルに、❸トーンカーブのグラフが表示されます。

2 トーンカーブの線上をクリックすると❹ポイントが追加されます。

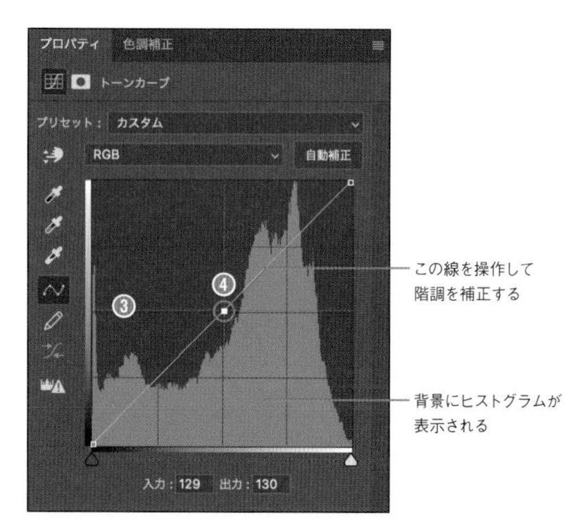

3 ❺ポイントを上にドラッグすると、トーンカーブの形状が曲線に変化し画像は明るくなります。

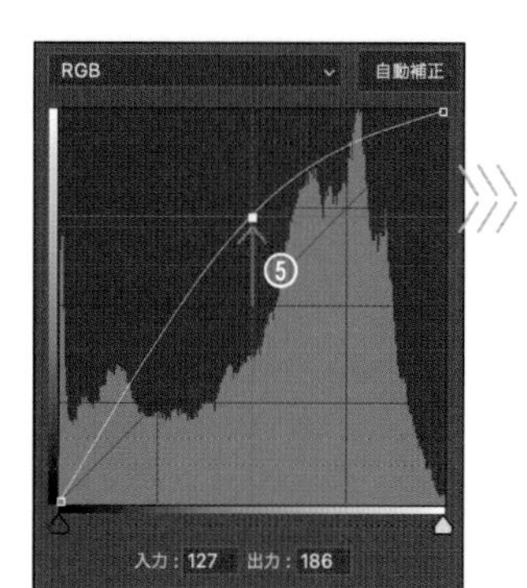

4 ❻ポイントを下にドラッグすると、画像は暗くなります。

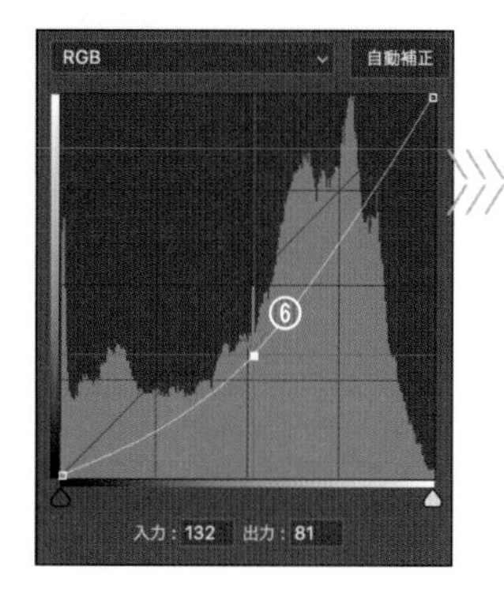

トーンカーブは初期設定では直線ですが、ポイントを操作することでさまざまな曲線に変化します。初期設定の右上がり斜め45°の線が「変化なし」状態で、この線よりポイントを上に移動すると明るく、下に移動すると暗くなります。

5 トーンカーブ上の別の場所をクリックするとポイントが追加されます。2つのポイントを操作して、❼トーンカーブを逆S字形にしてみます。全体のコントラストが弱まり、ソフトな印象になりました。

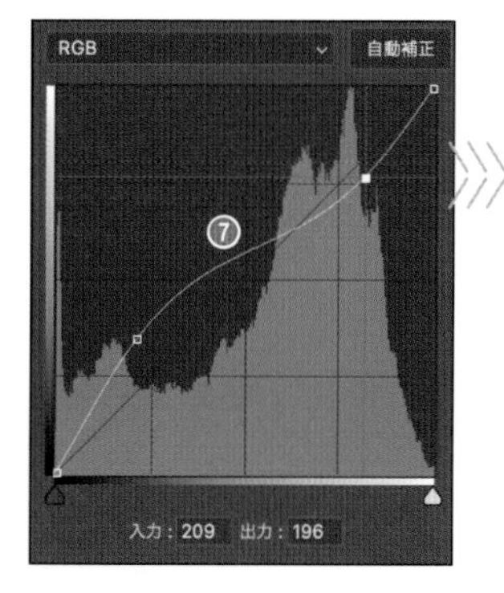

6 2つのポイントを操作して、❽トーンカーブをS字形にしてみます。陰影が強調され、メリハリのある鮮やかな画像になりました。

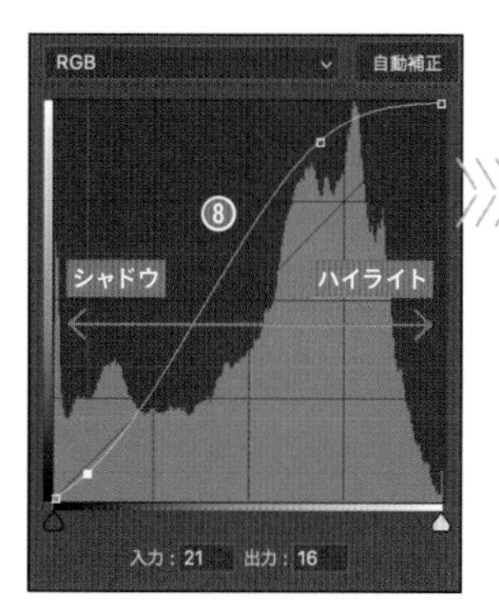

トーンカーブでは、初期設定の右上がり斜め45°の線より急な角度の部分がコントラストが高く、緩い角度の部分がコントラストが低くなります。たとえば右図のS字型の場合、ハイライトとシャドウに近い部分の角度は緩く、中間調部分の角度が急になっています。したがってヒストグラムで分布が多い部分のトーンカーブの角度が急にすることでコントラストが高く見えるようになります。

LESSON 04/07

【レベル補正の自動補正、トーンカーブの自動補正】写真の色を自動で補正する

Sample Data / 04-07

自動補正機能とは

Photoshopにはワンクリックで自動的に画像の色を補正してくれる機能があります。とても便利な機能なので、素早く作業をしたいときは、まず試してみましょう。ただし、必ずしも意図したとおりの結果になるわけではないので、自動補正後に手動で微調整するとよいでしょう。

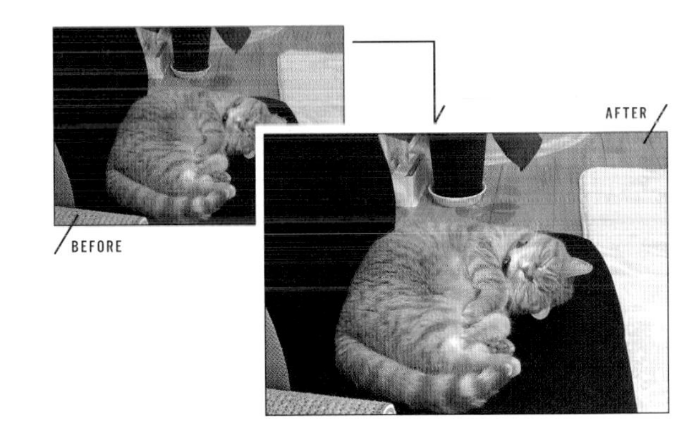

レベル補正の自動補正

[レベル補正]は黒が締まり、白が映えることによるコントラストの補正、中間調の明るさの補正ができる機能です。

1. サンプルデータ「04-07-1」を開きます。[色調補正]パネルで❶[レベル補正]ボタンをクリックして調整レイヤーを作成します。

2. [プロパティ]パネルの❷[自動補正]をクリックすると、自動的に補正されます。

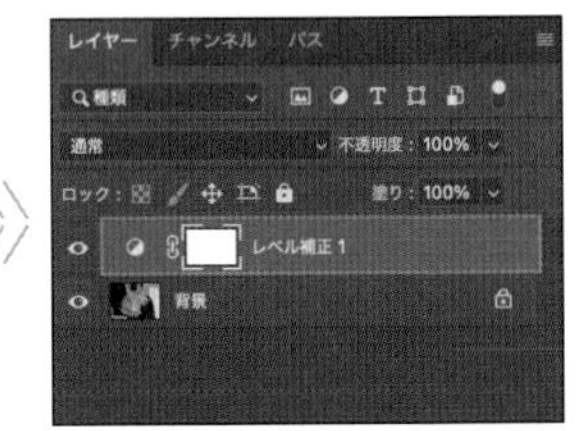

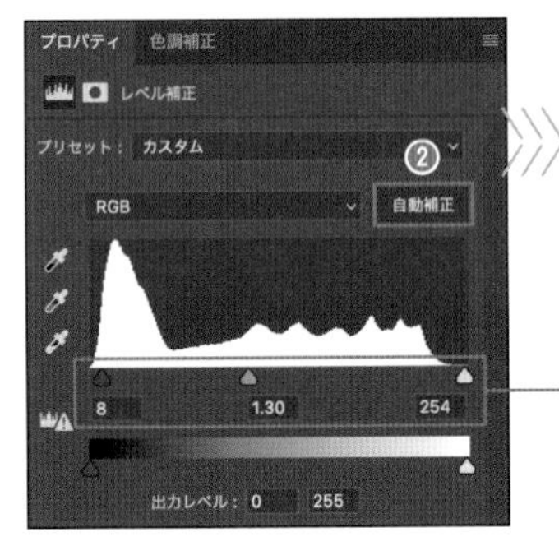

[自動補正]をクリックすると、シャドウ、ハイライト、中間調が補正されているのがわかる

レベル補正のプリセット

[自動補正]でうまくいかない場合は[プリセット]を使ってみましょう。

1. [プロパティ]パネルの❶[プリセット]をクリックすると、目的別のプリセットが表示されます。ここでは❷[明るく]を選択します。

2. 先ほどより少し明るくなりました。

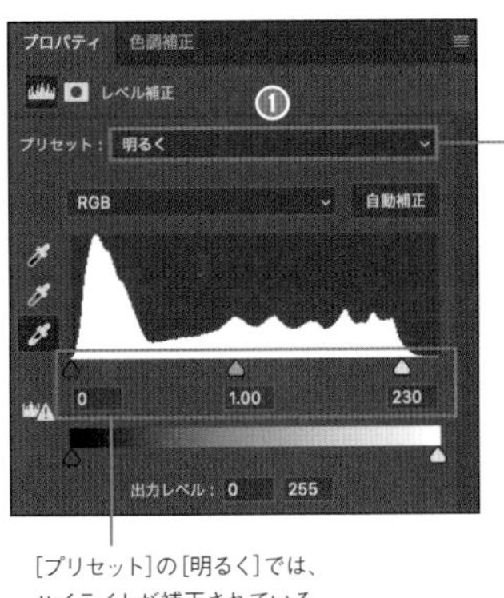

[プリセット]の[明るく]では、ハイライトが補正されている

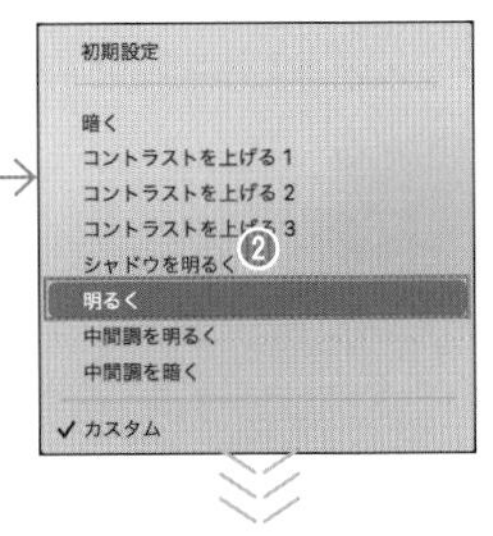

トーンカーブの自動補正

[トーンカーブ]でも[自動補正]や[プリセット]による補正を行うことができます。[レベル補正]と同様の操作ですので試してみてください。ここでは[自動補正]や[プリセット]とは別の方法の「白色点」を指定する方法で補正を行ってみます。

1 サンプルデータ「04-07-2」を開きます。[色調補正]パネルで❶[トーンカーブ]ボタンをクリックして調整レイヤーを作成します。

2 [プロパティ]パネルで❷[白色点を設定]をクリックします。

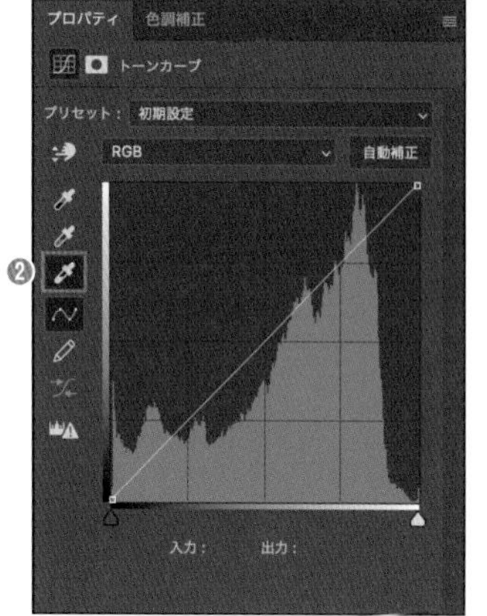

3 ❸画像の中で白にしたい部分をクリックすると、そこが白になるように自動的に補正されます。

4 ❹[トーンカーブ]グラフにはR(レッド)G(グリーン)B(ブルー)のトーンカーブが作成されています。

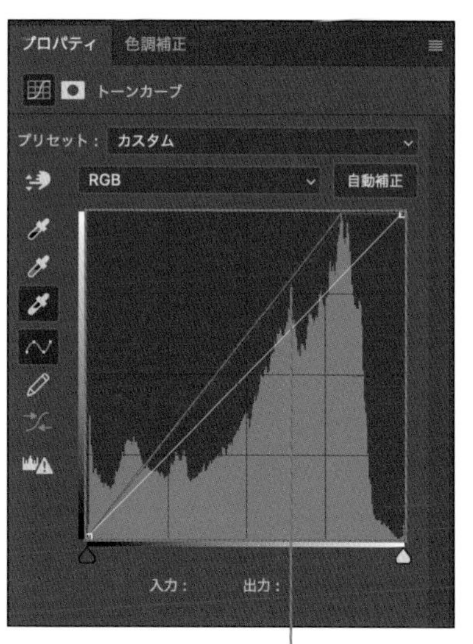

[白色点を設定]は、クリックした位置のRGBそれぞれの値が「255」になるよう変化する。このため、RGBそれぞれ異なるトーンカーブとなる。たとえば作例でクリックした位置のG値をみると、補正前が「205」なので、ここが「255」になるようトーンカーブで補正している

ここでは[白色点を設定]を選択していますが、他にも[黒点を設定][グレー点を設定]もあります。[黒点]の場合は黒にしたい部分、[グレー点]の場合はグレーにしたい部分を画像上でクリックすると、自動的に補正されます。
[レベル補正]にも[白色点を設定][黒点を設定][グレー点を設定]がありますので、同様の操作で補正できます。

LESSON 04/08

【色相・彩度】

写真の色を自在に変える

Sample Data / 04-08

色相・彩度とは

[色調補正]パネルの[色相・彩度]ボタンをクリックすると、[色相・彩度]調整レイヤーが作成されます。[プロパティ]パネルでは色相・彩度・明度を調整することができます。

色相とは

色相とは、赤・緑・青といった色味の違いのことです。[色相・彩度]調整レイヤーの[色相]には虹色のバーが表示されていて、その下にある❶スライダーを左右に動かすこと(－180～＋180)で色味を変化させることができます。

彩度とは

彩度とは色の鮮やかさのことです。❷[彩度]のスライダー(－100～＋100)を右に動かすと鮮やかに、左に動かすと地味な色になります。❸彩度を「－100」にするとモノクロになります。

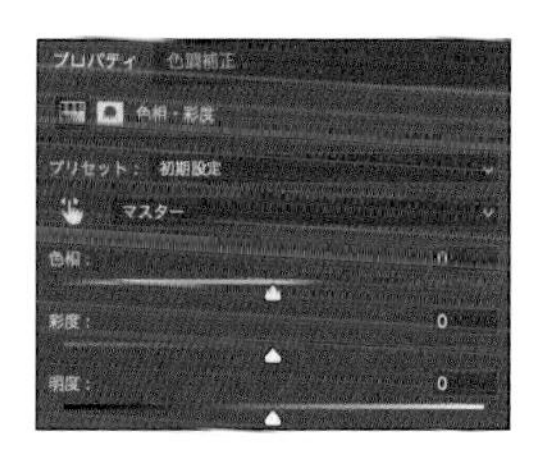

BEFORE

[色相]:「＋50」

[色相]:「－50」

[彩度]:「＋50」

[彩度]:「－50」

[彩度]:「－100」

明度とは

明度とは色の明るさ度合いのことです。明度が高くなると白に近づき、低くなると黒に近づきます。❹明度のスライダー(−100〜＋100)を「＋100」にすると真っ白に、「−100」にすると真っ黒になります

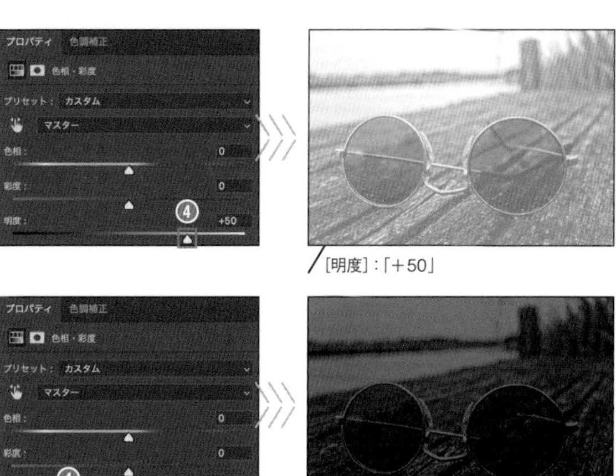

[明度]:「＋50」

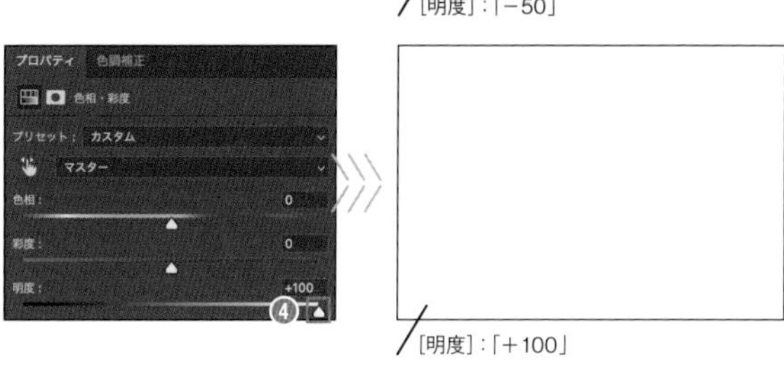

[明度]:「−50」

[明度]:「＋100」

一部の色だけを変化させる

[色相・彩度]調整レイヤーの初期設定では画像全体の色を変化させてしまいます。たとえばサンプルデータ「04-08」の画像の[色相]を変更すると、レンズと背景の草むらの色が大きく変化します(前ページ参照)。しかし[色相・彩度]調整レイヤーでは、変更したい色を指定することができ、目的の色だけを変化させることができます。ここではレンズの色だけを変更してみましょう。

1 サンプルデータ「04-08」を開きます。[色調補正]パネルの[色相・彩度]ボタンをクリックします。

2 [プロパティ]パネルの❷をクリックして❸[レッド系]を選択します。❹[色相]を「−140」に設定します。草むらの緑はそのままに、レンズの色だけが青に変化しました。

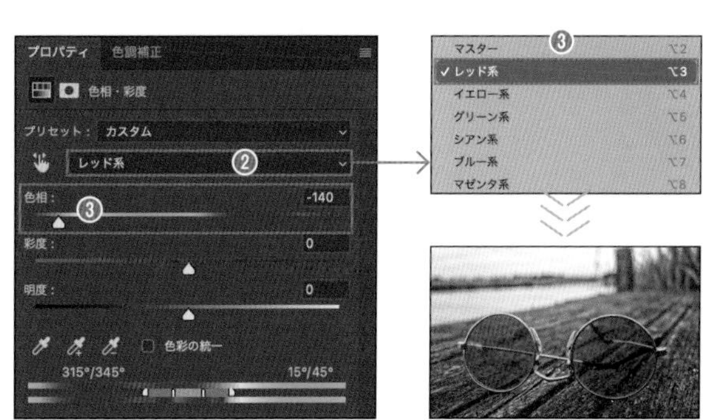

LESSON 04/09

【カラーバランス】

写真全体の雰囲気を変える

Sample Data /04-09

カラーバランスとは

[カラーバランス]調整レイヤーでは画像全体の色合いを調整することができます。この機能を使うと、「色かぶり」と呼ばれる特定の色が全体にかぶってしまったような写真をナチュラルな色に補正することができます。また、あえて特定の色を強めて被写体の印象を強くしたり、写真全体の雰囲気を変えたりすることもできます。

色かぶりを自然な色に補正する

サンプルデータ「04-09-1」は、黄色かぶりした猫の写真です。この写真を自然な色に補正します。

1 サンプルデータ「04-09-1」を開きます。[色調補正]パネルで❶[カラーバランス]ボタンをクリックして調整レイヤーを作成します。

2 [プロパティ]パネルでのスライダーを操作して❷のとおり設定します。❸[輝度を保持]にはチェックを入れておきます。黄色かぶりした写真が自然な色に補正されました。

輝度とは画像の明るさのことです。[輝度を保持]にチェックを入れておくと画像の明るさを保持したまま補正を行うことができます。チェックを外すと画像の明るさが変わることもありますので、基本的にはチェックを入れておきましょう。
[階調]では[シャドウ][ハイライト][中間調]から調整したい階調を選択することができます。

暖色を強めて料理を美味しそうに見せる

料理写真はあえて暖色を強めることで、あたたかい雰囲気になったり、料理を美味しそうに見せたりすることができます。サンプルデータ「04-09-2」は本来の色に近い写真ですが、あえて赤を強めて肉のシズル感を強調してみましょう。

ここでは赤(レッド)を強めるために「シアン↔レッド」のスライダーを[レッド]側に動かしています。このことは[シアン]を弱めていることと同じことになります。また、「マゼンタ↔グリーン」のスライダーを[マゼンタ]側に動かしています。これは[グリーン]を弱めていると同じことになります。

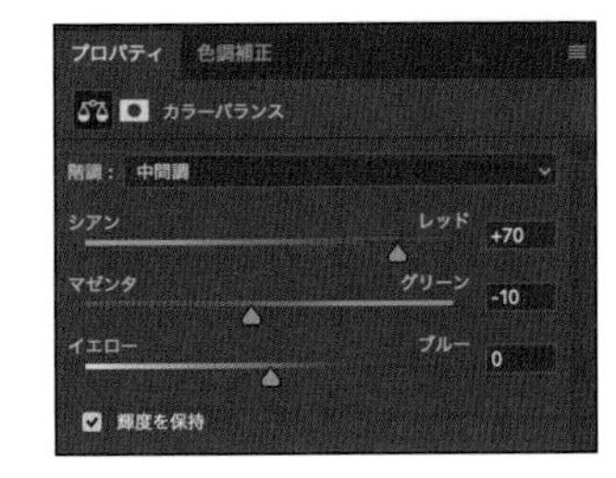

レッドとマゼンタを強めて
肉を美味しそうに見せた

寒色を強めて清々しい雰囲気にする

サンプルデータ「04-09-3」は、夕方のオレンジっぽい光に照らされた女性の写真です。この光をグリーンに変えて、清々しい朝のような雰囲気に変えてみましょう。ただし、人物写真のカラーバランスを調整するときは、肌がおかしな色にならないよう十分注意しながら行ってください。

ここではオレンジ系の光の色をグリーン系に変える操作を行っています。
おおまかな手順は、まずオレンジ色は[レッド]と[イエロー]の間の色なので、[レッド]と[イエロー]を弱めるために、それぞれのスライダーを[レッド]と[イエロー]とは逆、つまり[シアン]と、[ブルー]側に動かしてオレンジを消します。次に[グリーン]を強めるためにスライダーを[グリーン]側に動かしてグリーンを強めています。最後にそれぞれのスライダーを微調整して仕上げます。
元画像自体が色かぶりしている場合は、いきなり「グリーン系にしたいからグリーンを追加する」とせず、色かぶりを消してから必要色を強めると、目的の色に近づけやすくなります。

プロパティ　色調補正
カラーバランス
階調：中間調
シアン　レッド　-80
マゼンタ　グリーン　+40
イエロー　ブルー　+100
輝度を保持

LESSON 04/10

【レンズフィルター】

レンズフィルターで印象を変える

Sample Data /04-10

レンズフィルターとは

調整レイヤーの[レンズフィルター]ではカメラレンズに取りつける色つきフィルターのような効果を演出することができます。[カラーバランス]と同じく、写真の色かぶりを補正したり、全体の雰囲気を変えたりする場合に役立つ機能です。

写真の雰囲気を変える

1 サンプルデータ「04-10-1」を開きます。[色調補正]パネルで[レンズフィルター]を選択し❶[レンズフィルター]調整レイヤーを作成します。

2 [プロパティ]パネルで[フィルター]を確認すると、❷暖色系の[Warming Filter(85)]が設定されているため、写真全体が暖かい雰囲気になっています。

3 [フィルター]をクリックすると❸さまざまなフィルターが表示されますので、好みのフィルターを選択します。また、❹[適用度]のスライダーでフィルターの適用度を調整することができます。ここでは寒色系の❺[Cooling Filter(80)]を選択し、[適用度]を「50」%にしました。真冬の夜の雰囲気になりました。

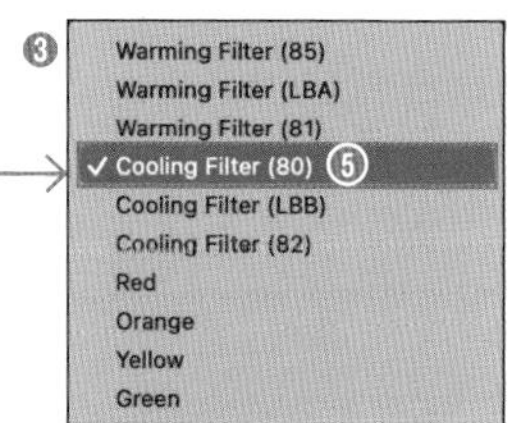

[適用度]はプレビューを見ながらスライダーを操作して、好みの設定に調整してください。

色かぶりを補正する

サンプルデータ「04-10-2」は全体的に黄色かぶりした写真です。飲食店の店内など、白熱灯の下で撮影した写真は黄色かぶりすることがよくあります。この写真を適正な色に補正します。

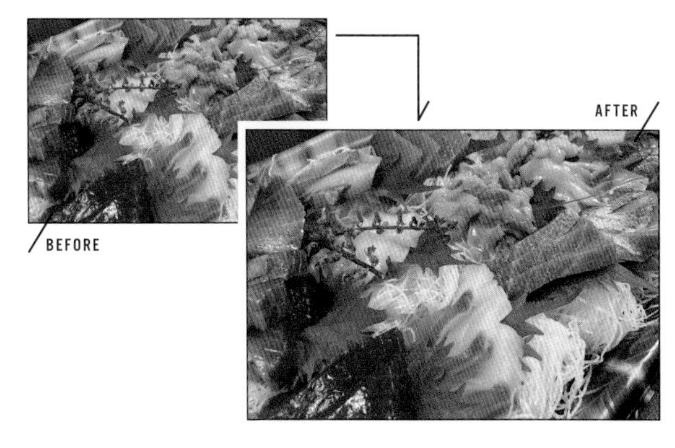

1 [画像補正]パネルで[レンズフィルター]を選択し、❶[レンズフィルター]調整レイヤーを作成します。

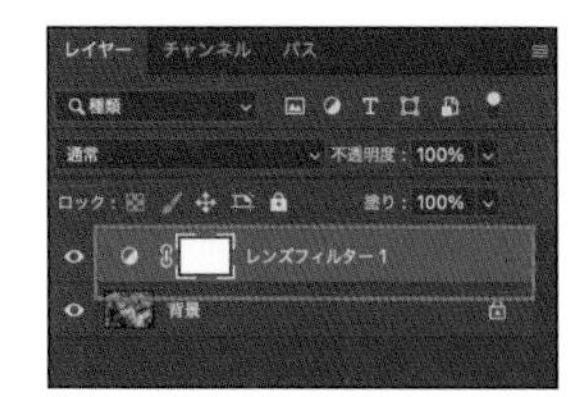

2 ❷[フィルター]で[Blue]を選択し、❸[適用度]を「40」%にします。自然な色に補正されました。

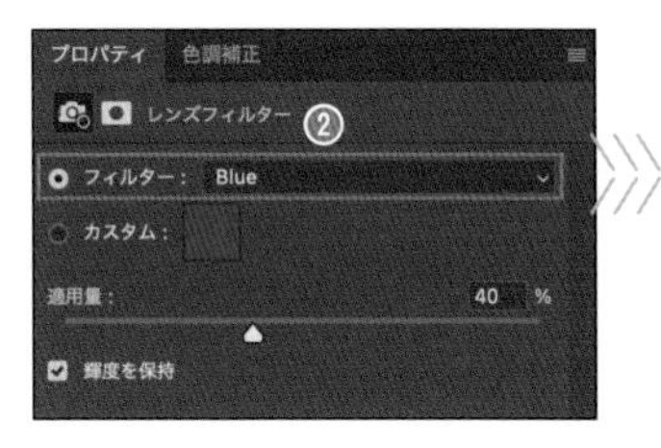

ここも CHECK!

色かぶり補正の色選び

色かぶりの補正をする場合、[フィルター]で選ぶ色は取り除きたい色の補色を選択するときれいに補正されます。たとえば、写真が黄色かぶりの場合は青系を、青かぶりの場合は赤・オレンジ系のフィルターを試してみるとよいでしょう。うまくいかないときは自分で色を設定することもできます。その場合は[カスタム]を選択し、右のカラー選択ボックスをクリックすると、自分で好みの色を設定することができます。

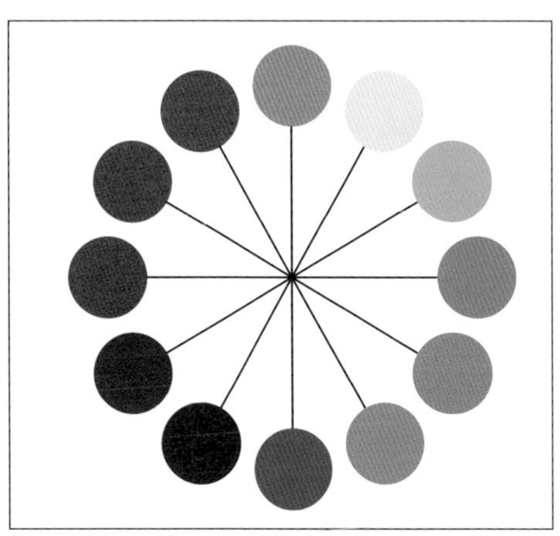

補色とは色相環で正反対に位置する関係の色の組み合わせのこと。たとえば赤紫（マゼンタ）の補色は緑となる

LESSON 04/11

【補正を組み合わせる】

画像補正の流れ

Sample Data / No Data

画像補正の流れ

Lesson 04では、明るさ、コントラスト、色などの補正方法をそれぞれ紹介しています。ただし実際の画像の補正では、1つの補正だけではなく、いくつもの補正を組み合わせて最適な画像を作成します。

もとに戻れない機能を適用する場合、必ずオリジナルは残しておきましょう。STEP 2では、元画像のファイルを残し、STEP 3～5では、レイヤーをコピー、STEP 7以降は[別名で保存]し、必要に応じて、もとに戻れるようにしておきます。

Step 1 方向性の検討

作業内容

どのように補正するか方向を決めます。各作業ごとにどの機能を使うかなどをざっくりとで検討しておきましょう。目的に合わせて画像サイズが十分かも確認します。

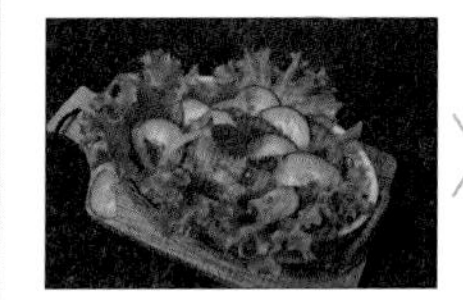

参照先

LESSON 01-04
画像サイズと画像解像度 ➡P.026

LESSON 04-01
色調補正を行う前に知っておきたいこと ➡P.072

Step 2 角度補正とトリミング

作業内容

画像の傾きやパースを補正し、画像の必要な部分だけトリミングします。大きくトリミングする場合は、ここで再度、画像サイズを確認しておきましょう。

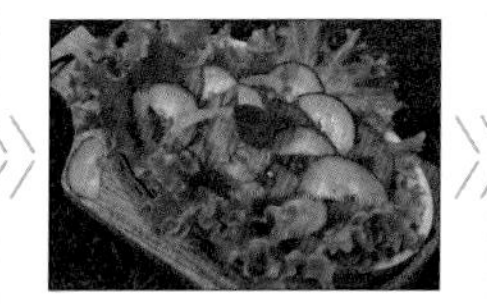

使用する機能

傾きの補正
- [編集]メニューの[変形]など

パースの補正
- [Camera Raw]フィルターなど

トリミング
- [切り抜きツール](トリミングと同時に角度補正もできる)
- [遠近法の切り抜きツール](トリミングと同時にパース補正もできる)

参照先

LESSON 05-05
写真をトリミングする ➡P.102

LESSON 05-07
傾いた写真を水平にする ➡P.104

LESSON 12-08
建物の歪みを補正する ➡P.240

Step 3 不要なものの消去

作業内容

必要に応じて不要なものの消去、肌などの修正、手ぶれ補正など行います。特に修正したい箇所がない場合は、このステップは飛ばしてください。

使用する機能

- [スポット修復ブラシツール]
- [修復ブラシツール]
- [パッチツール]
- [コンテンツに応じた移動ツール]
- 選択範囲関連機能

参照先

LESSON 05-01
小さな不要物をワンタッチで消す ➡P.094

LESSON 05-02
周囲の色をコピーして不要物を消す ➡P.096

LESSON 05-03
大きめの不要物を消す ➡P.098

Step 4 明るさとコントラスト

作業内容

明るさとコントラストを補正します。複数の機能を使ってもかまいません。[調整レイヤー]を使えば、再調整も簡単です。Step 5と合わせて好みになるよう調整しましょう。

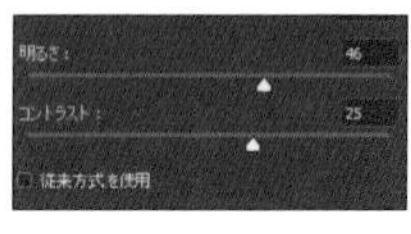

使用する機能

調整レイヤーにある機能
- [明るさ・コントラスト]
- [レベル補正]
- [トーンカーブ]など

調整レイヤーにない機能
- [シャドウ・ハイライト]
- [HDRトーン]など

そのほか
- レイヤー[描画モード]

参照先

LESSON 04-03
暗い写真を明るくする ➡P.076

LESSON 04-04
薄暗い写真をふんわりとした印象にする ➡P.078

LESSON 04-05
トーンカーブで色味を調整する ➡P.080

Step 5 色調整

色を補正します。補正方法はいくつもあります。[調整レイヤー]を使えば、再調整も簡単です。必要に応じてStep 4に戻りながら、好みになるよう調整しましょう。

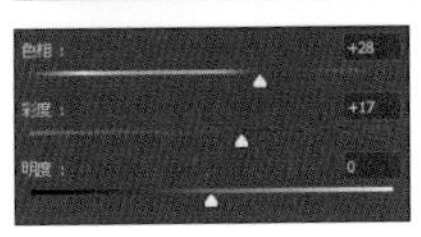

調整レイヤーにある機能

- [自然な彩度]
- [色相・彩度]
- [カラーバランス]
- [白黒]
- [レンズフィルター]

そのほか

- レイヤー[描画モード]

LESSON 04-08
写真の色を自在に変える ➡P.084

LESSON 04-09
写真全体の雰囲気を変える ➡P.086

LESSON 04-10
レンズフィルターで印象を変える ➡P.088

Step 6 画像サイズの変更

目的に合わせて画像サイズ・解像度を変更します。プリントの場合は、画像サイズは変更せず、プリントサイズだけを変更して、解像度は成り行きとします。

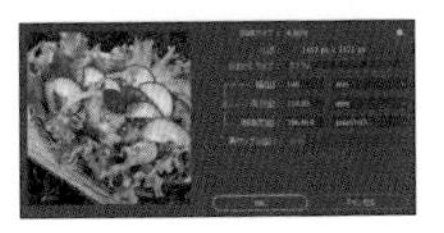

- [イメージ]メニューの[画像解像度]

LESSON 03-07
プリントサイズと画像解像度を変更する ➡P.066

LESSON 03-08
画像サイズを変更する ➡P.068

Step 7 シャープネス

画像をよりくっきり見せたい場合は、シャープネスを補正します。目的(Web、プリント、商業印刷)や解像度によって、シャープを適用する強さを調整してください。

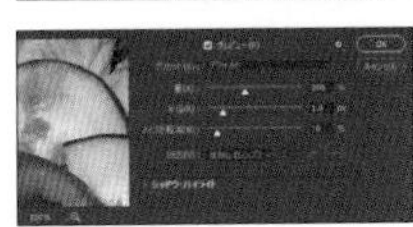

- [フィルター]メニューの[シャープ]のサブメニュー

LESSON 05-10
輪郭をシャープにする ➡P.109

Step 8 カラーモード変換

商業印刷を目的とする場合は、すべての補正後にカラーモードをCMYKモードに変換します。

- [イメージ]メニューの[モード]
- [編集]メニューの[カラー設定]

LESSON 03-06
カラーモードを変換する ➡P.065

LESSON 04/Ex

【演習問題】

目的通りに写真の色を補正しましょう

Sample Data / 04-Ex

Q1 甘く可愛らしい印象の写真を大人っぽい印象に変更しましょう

BEFORE

AFTER

Hint! 全体的にピンク系の写真の色相をブルー系に変更しています。

Q2 黄色かぶりをなくして、ナチュラルな色味に補正しましょう

BEFORE

AFTER

Hint! 黄色かぶりをおさえるために補色のフィルターを適用しています。

Ps

05

LESSON

写真のレタッチ方法

LESSON 05/01

【スポット修復ブラシツール】

小さな不要物をワンタッチで消す

Sample Data / 05-01

スポット修復ブラシツールとは

被写体にゴミがついていたり、写真に不要物が写り込んでいたりする場合があります。そんなときは[スポット修復ブラシツール]を使ってワンタッチで除去しましょう。不要物をなぞるだけで、違和感なく消すことができます。果物の傷や汚れ、空の写真に写り込んだ電線、人物写真の小さなシミ・しわの除去など、活用範囲の広い便利なツールです。

スポット修復ブラシツールで汚れやキズを消す

サンプルデータ「05-01」はみかんの写真です。みかんの表面についているキズと汚れを違和感なく除去します。

1. サンプルデータ「05-01」を開きます。[レイヤー]パネルの❶[新規レイヤーを作成]ボタンをクリックし、❷[新規レイヤー]を作成します。

2. ❸レイヤー名をダブルクリックするとレイヤー名を変更できます。❹ここでは「修正」とします。この「修正」レイヤー上でレタッチ作業を行います。

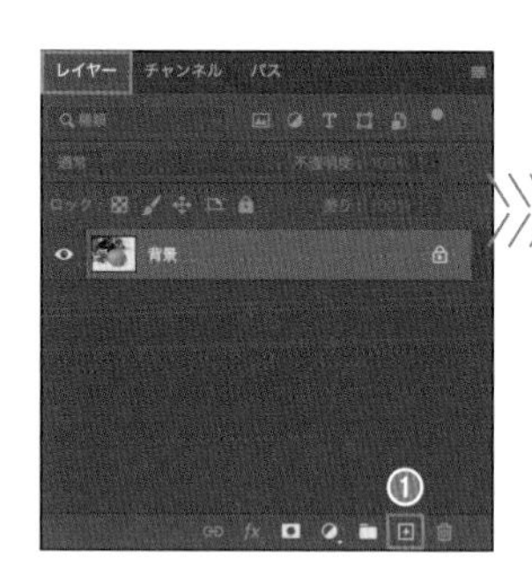

[レイヤー]パネル。表示されていない場合は、[ウィンドウ]メニューの[レイヤー]をクリックすると表示される

レイヤーは、写真の上に透明のシートを重ねていくようなものです。ここでは「修正」レイヤー上に修正画像を作成します。「修正」レイヤーを非表示にすれば元画像が表示されます。レイヤーの詳細はLesson 06(P.112～)で解説しますので、ここでは新規レイヤーの作成方法を覚えてください。

3 ❺[スポット修復ブラシツール]をクリックします。

4 [オプションバー]の❻をクリックして❼[直径]を「40」px、[硬さ]を「70」%に設定します。さらに[モード]は[通常]、❽[種類]は[コンテンツに応じる]を選択し、❾[全レイヤーを対象]にチェックを入れます。

ブラシの直径は、消したい部分より一回り大きいサイズにすると、きれいに消すことができます。

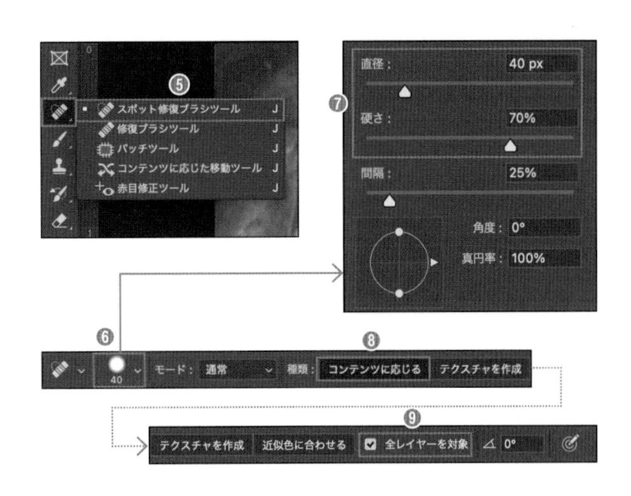

5 ❿みかんのキズの上をドラッグします。マウスボタンを放すと周囲になじんだ状態でキズが消えています。ほかのキズや汚れも同様の操作で消します。

細かい部分は[ズームツール]で表示を拡大して、ていねいに作業しましょう。

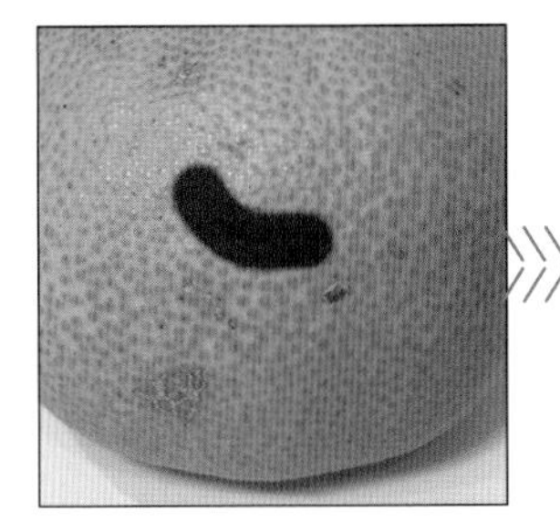
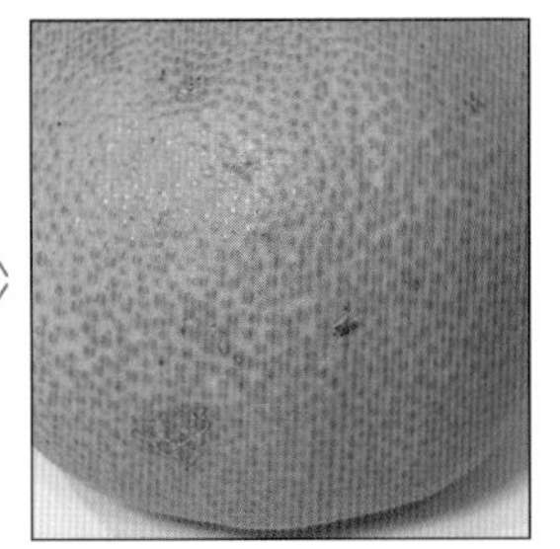

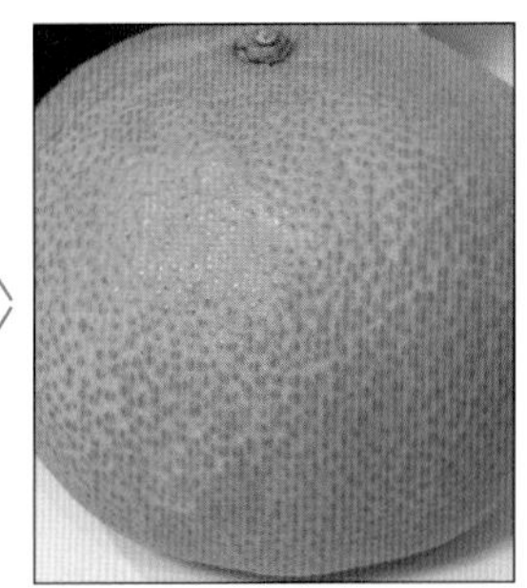

ここも CHECK!

人物写真のレタッチにも有効

[スポット修復ブラシツール]は人物写真のレタッチにも有効です。小さなシミやしわ、そばかすなどをワンタッチでかんたんに消すことができます。

ただし人物写真の場合、やりすぎると不自然になりますので、全体のバランスを見ながら作業しましょう。くれぐれもやりすぎは禁物です。

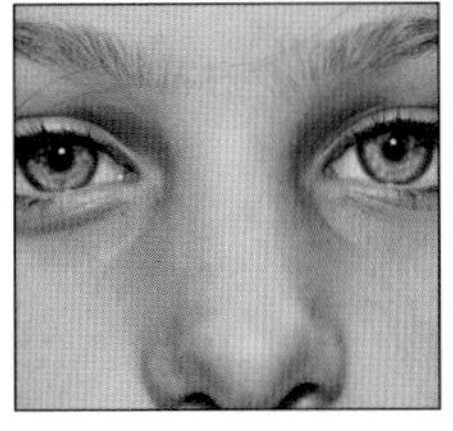

やりすぎると別人のようになってしまうことがあるので、人物写真のレタッチは注意しながら作業しよう

LESSON 05/02

【コピースタンプツール】周囲の色をコピーして不要物を消す

Sample Data / 05-02

コピースタンプツールとは

[コピースタンプツール]は、消したい部分を周囲の似た画像部分を使って塗りつぶすツールです。不要物がなければあるであろう画像を、スタンプのようにペタペタと貼りつけていくイメージで使用します。[スポット修復ブラシツール]でうまく消せない場合は、[コピースタンプツール]を試してみましょう。

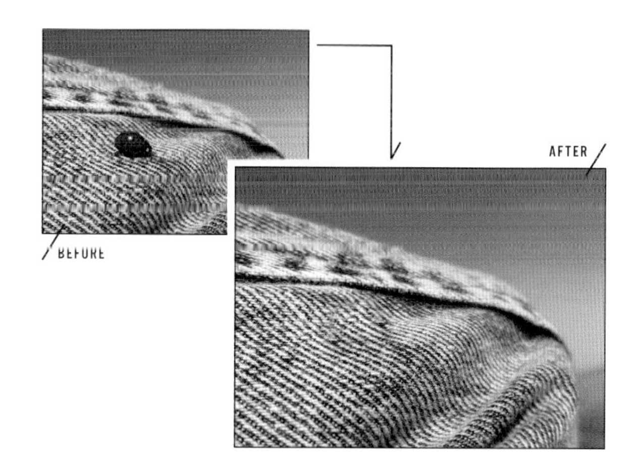

コピースタンプツールで不要物を消す

サンプルデータ「05-02」はデニム生地の上にてんとう虫が止まっている写真です。このてんとう虫を消します。実は[スポット修復ブラシツール]を試してみたところ、デニム生地に違和感が残ってしまいました。こういうときに役立つのが[コピースタンプツール]です。

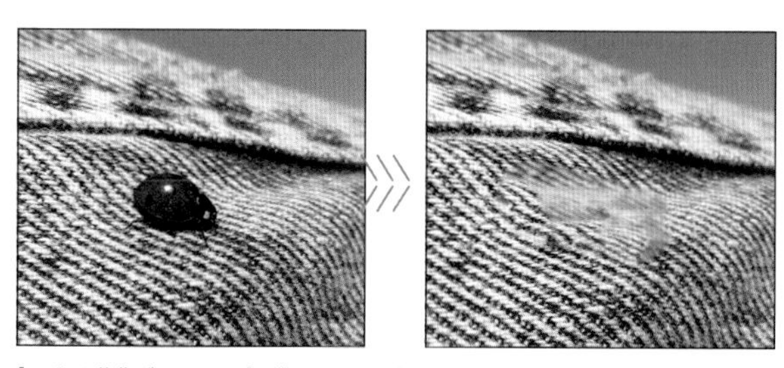

[スポット修復ブラシツール]で修正してみた結果。てんとう虫を消すことはできたが、デニムの目地に違和感がある

1 サンプルデータ「05-02」を開きます。❶[レイヤー名]を「修正」とした新規レイヤーを作成します。この「修正」レイヤー上でレタッチ作業を行います。新規レイヤーの作成方法はP.094を参照してください。

2 ❷[コピースタンプツール]をクリックします。

3 [オプションバー]の❸をクリックして❹[直径]を「50」px、[硬さ]を「0」%に設定します。さらに[モード]は[通常]、[不透明度]と[流量]は「100」%、❺[サンプル]で[すべてのレイヤー]を選択します。

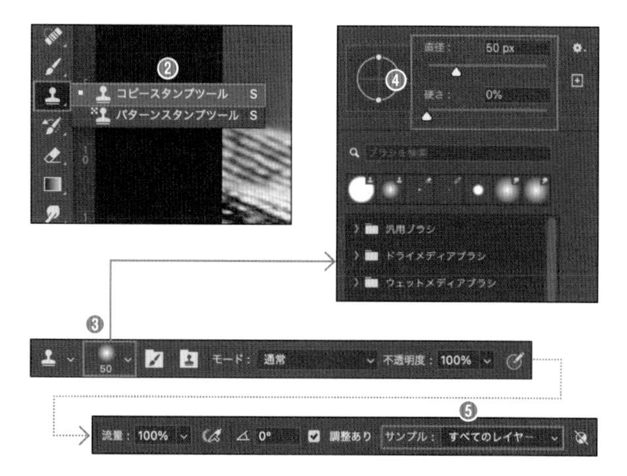

4 ❻消したい部分と似ている絵柄の上にマウスを合わせ option （Windows版は alt ）キーを押しながらクリックします。ここがコピー元となります。

5 ❼消したい部分にマウスを合わせてドラッグするとコピー元の絵柄で塗りつぶされます。この作業を繰り返します。

絵柄がうまくつながらない場合は、コピー元を変更したり、ブラシサイズを変更したりしながら、ていねいに塗りつぶしてください。やり直したいときは ⌘ ＋ Z キーを押して、1つ前の作業に戻してやり直しましょう。

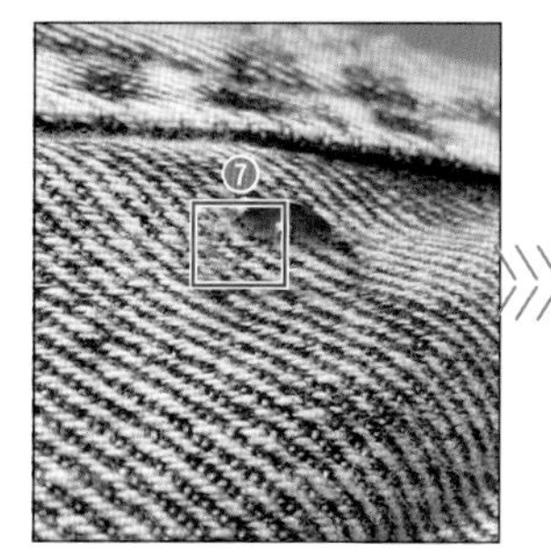

ここも CHECK!

レイヤーを非表示にして修正箇所を確認する

修正後に元画像を確認したいときは、レイヤーの表示／非表示の切り替えを行います。レイヤー左に表示されている目のアイコン をクリックすると、レイヤーの表示／非表示を切り替えることができます。

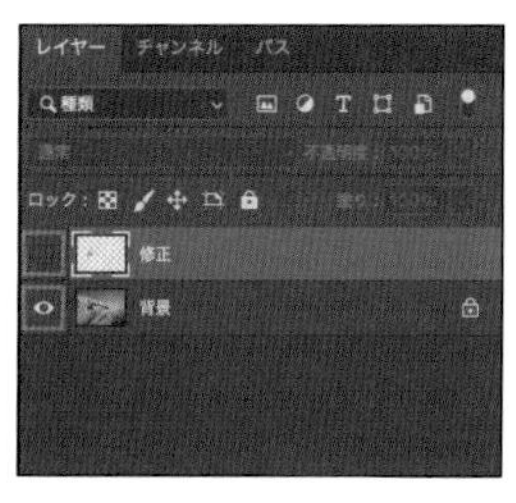

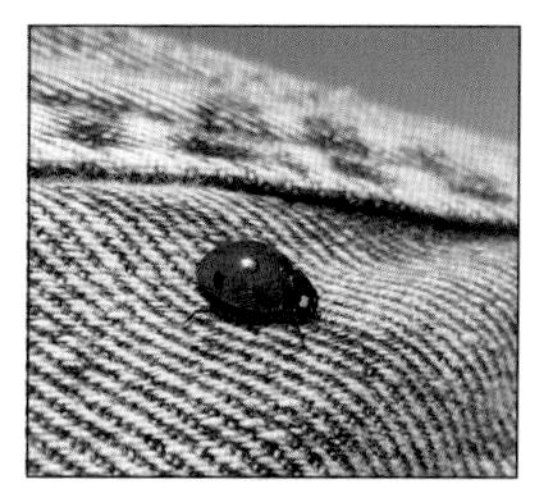

「修正」レイヤーを非表示にした状態。修正前の画像を確認することができる

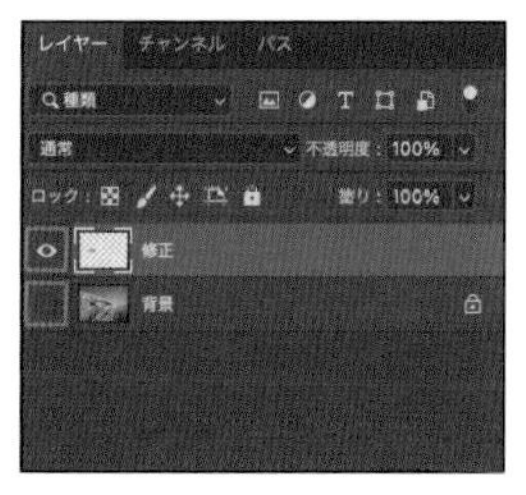

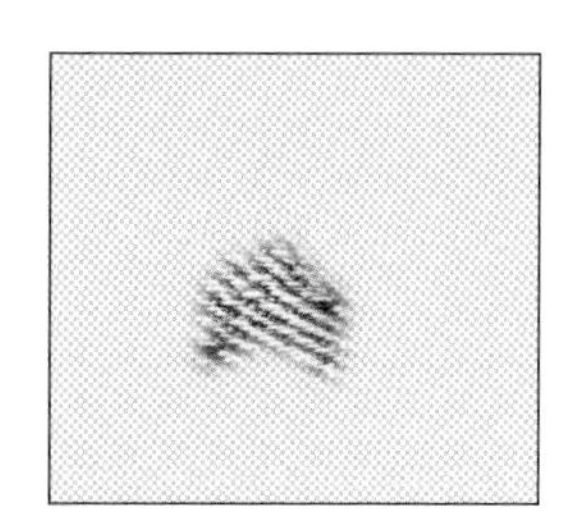

背景レイヤーを非表示にした状態。どこをどのように修正したのかを確認することができる

【コンテンツに応じた塗りつぶし】

LESSON 05/03 大きめの不要物を消す

Sample Data /05-03

コンテンツに応じた塗りつぶしとは

[コンテンツに応じた塗りつぶし]を使うとドラッグして囲んだ範囲の不要物を違和感なく消すことができます。美しく仕上げるには、背景が水面や空、芝生など、比較的単純な場合に限られますが、大きめの不要物もきれいに消すことができます。

コンテンツに応じた塗りつぶしで不要物を消す

サンプルデータ「05-03」は、城の遠景写真です。手前に写り込んでいる3人の人物をすべて消してみましょう。なお[コピースタンプツール]でも同じように仕上げることはできますが、きれいに仕上げるには手間がかかります。そこで、スピーディーかつ美しく仕上げることができる[コンテンツに応じた塗りつぶし]を使って作業します。

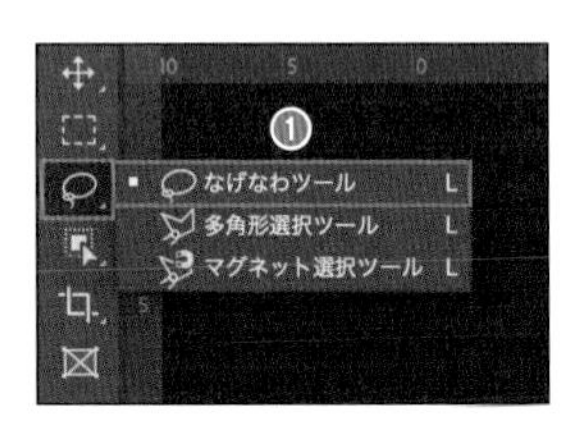

1 サンプルデータ「05-03」を開きます。❶[なげなわツール]をクリックします。

2 ❷3人の人物を囲むように画像上をドラッグします。マウスボタンを放すと選択範囲が作成されます。

3人の人物を囲むように画像上をドラッグする。1周回ってドラッグの開始点付近まで戻ったらマウスボタンを放すと選択範囲が作成される

3 ❸[編集]メニューの[コンテンツに応じた塗りつぶし]をクリックします。

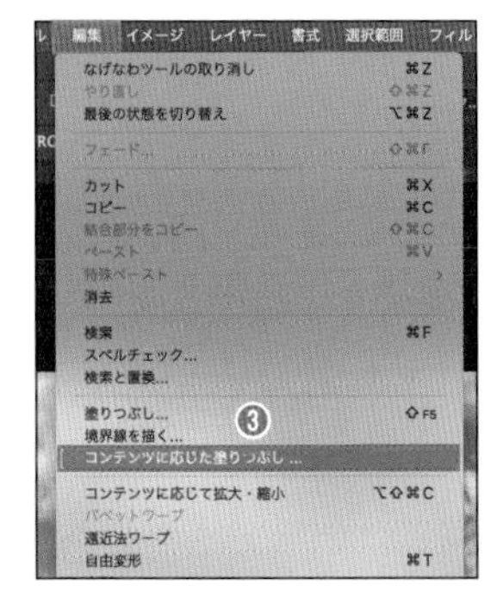

4 ❹[コンテンツに応じた塗りつぶし]ワークスペースに画面が切り替わります。❺[プレビュー]で補正後の画像を確認します。

[コンテンツに応じた塗りつぶし]ワークスペース。プレビューは補正後の画像を表示する

5 [コンテンツに応じた塗りつぶし]パネルの❻[出力設定]で[新規レイヤー]を選択し[OK]をクリックします。

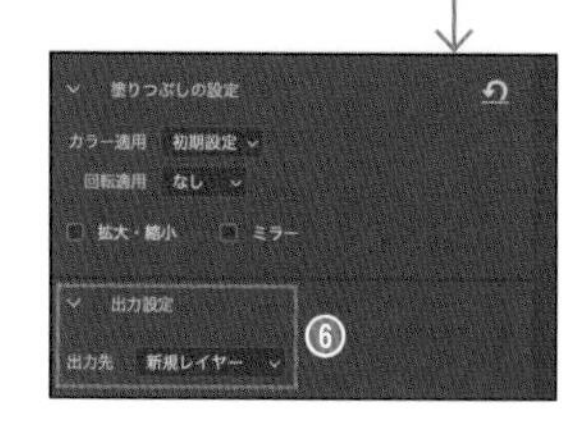

6 ❼3人の人物がきれいに消えました。画像上の選択範囲外をクリックして選択範囲を解除します。

7 [レイヤー]パネルを確認すると、❽「背景のコピー」レイヤーが作成されていて、このレイヤー上に修正画像が描かれています。

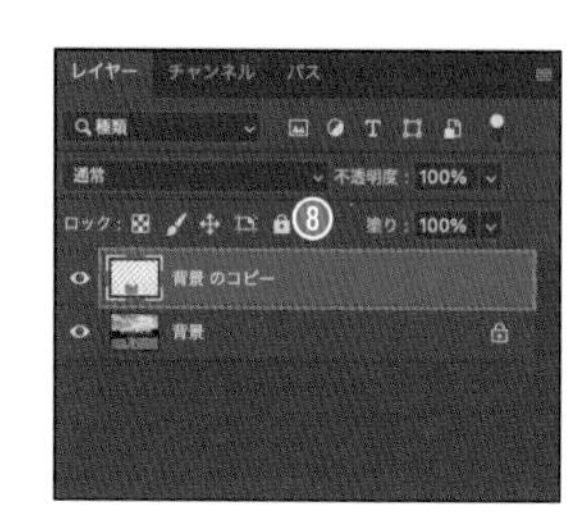

ここも CHECK!

ワークスペースで修正する

[コンテンツに応じた塗りつぶし]ワークスペースでも修正できることがあります。1つ目は「修正する範囲」、つまり[なげなわツール]で事前に作成した選択範囲です。ワークスペースの❷[なげなわツール]を使うと、事前に作成した選択範囲の作成しなおし、選択範囲の追加や一部削除ができます。[なげなわツール]はP.142、選択範囲の追加や一部削除はP.140を参照してください。

2つ目は「修正範囲を塗りつぶす画像としてどこを参照するか」です。[コンテンツに応じた塗りつぶし]は選択範囲内を「周辺の画像」で塗りつぶす機能で、周辺の画像を「サンプリング領域」として指定します。画像に緑色（初期設定の場合）がオーバーレイで表示されている範囲がサンプリング領域です。通常は[サンプリング領域のオプション]で[自動]に設定しておきます。必要に応じて❶[サンプリングブラシツール]で緑色の部分やその周辺をドラッグして、サンプリング領域の追加や削除ができます。

[プレビュー]を確認して結果が納得できない場合は、ワークスペースで修正してみましょう。

[コンテンツに応じた塗りつぶし]ワークスペースにある修正に使う2つのツール。❶が[サンプリングブラシツール]、❷が[なげなわツール]

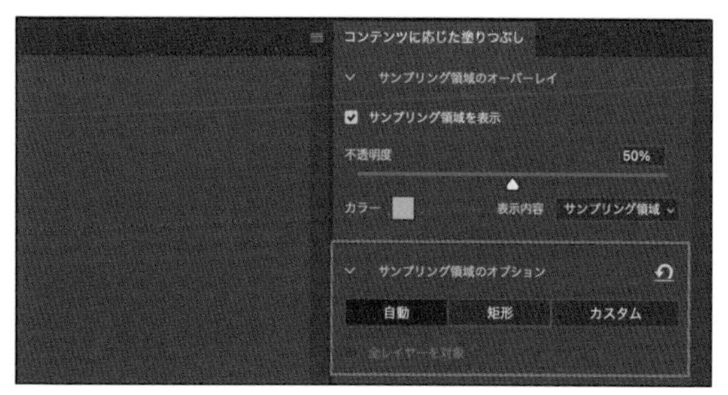

[コンテンツに応じた塗りつぶし]ワークスペースの[サンプリング領域のオプション]

【コンテンツに応じた移動ツール】
被写体の位置を動かす

Sample Data / 05-04

コンテンツに応じた移動ツールとは

[コンテンツに応じた移動ツール]を使うと被写体の位置を移動することができます。もともと被写体があったところは周囲の背景になじむように自動的に補正されます。ただし美しく仕上げるには、背景が水面や空、芝生など、比較的単純な場合に限られます。

コンテンツに応じた移動ツールで被写体を移動する

サンプルデータ「05-04」は、青空に浮かぶ気球の写真です。中央に大きく写っている気球の位置を右上に移動します。

1. サンプルデータ「05-04」を開きます。❶新規レイヤーを作成し、レイヤー名を「修正」とします。この「修正」レイヤー上でレタッチ作業を行います。新規レイヤーの作成方法はP.094を参照してください。

2. ❷[コンテンツに応じた移動ツール]をクリックします。

3. [オプションバー]で❸[新規選択]を選択し、❹[モード]は[移動]、❺[構造]は[4]、❻[カラー]は[0]に設定、❼[全レイヤーを対象]と❽[ドロップ時に変形]にチェックを入れておきます。

4. ❾写真中央の気球をドラッグして囲みます。❿気球を1周してドラッグ開始点近くでマウスボタンを放すと、選択範囲が作成されます。

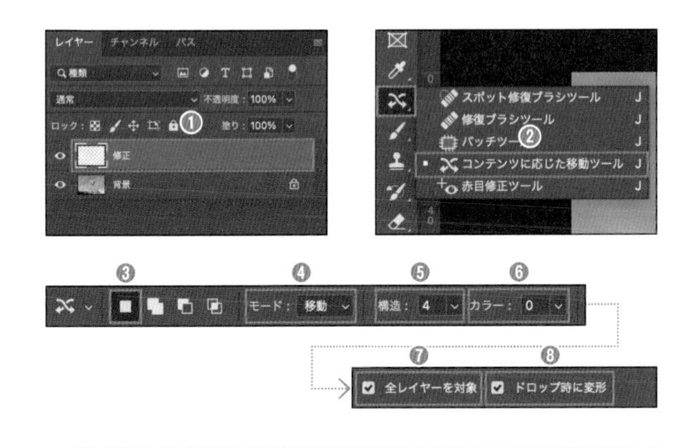

[モード]を[拡張]に設定するとコピー（選択範囲によっては延長）になります。[構造]や[カラー]は既存の画像のパターン（[構造]）、色（[カラー]）の反映の度合いを設定します。どの程度がよいかは画像により異なります。

5 ⑪選択範囲を右上にドラッグします。マウスボタンを放すと、⑫バウンディングボックスが表示されます。位置を変更したい場合は再度ドラッグして調整します。

［オプションバー］の［ドロップ時に変形］にチェックを入れておいたので、移動後にバウンディングボックスが表示されます。四隅の□（ハンドル）をドラッグすることで、被写体を拡大縮小させたり、回転させたりすることができます。

バウンディングボックスの四隅に表示されている□をドラッグすると、拡大縮小や回転などを行うことができる

6 位置が決まったら return （Windows版は enter ）キーを押して確定します。⑬もともと気球があったところは自動的に補正されて空になっています。画像上の選択範囲外をクリックして、選択範囲を解除します。

7 ⑭しかし、よく見ると移動した気球の周囲の空に少々違和感があります。この部分は［コピースタンプツール］や［スポットブラシ修復ツール］、［消しゴムツール］などを使ってていねいに補正しましょう。

移動しただけでは被写体の周囲の背景が不自然になっていることもある

LESSON 05/05

【切り抜きツール】写真をトリミングする

Sample Data /05-05

トリミングとは

トリミングとは写真の不要な部分を切り取ることです。周囲の不要な部分をカットしたり、メインの被写体をクローズアップしたりしてより印象的に見せる効果があります。

切り抜きツールでトリミングする

猫の写真の縦横比率を「2：3」にして、猫をクローズアップした写真にトリミングします。

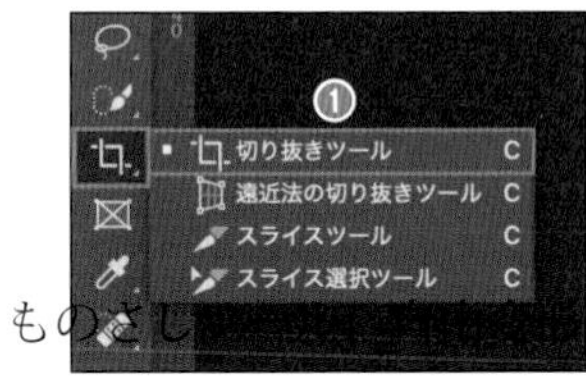

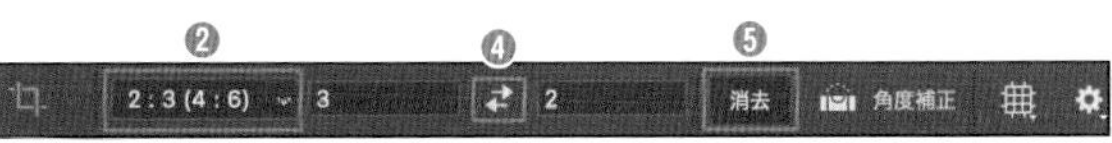

1 サンプルデータ「05-05」を開きます。❶[切り抜きツール]をクリックします。

2 [オプションバー]の❷でトリミング後の縦横比率を選択します。ここでは[2:3(4:6)]を選択します。❸のように縦横比が縦と横で逆になっている場合は、❹をクリックして入れ替えます。

特に比率を指定しない場合は❺[消去]をクリックします。❷が[比率]に変わり、その後ろの比率の数値が消去されます。

3 ❻四隅のハンドルをドラッグしてトリミングする範囲を指定します。❼画像の角度も補正したい場合は、マウスポインタをバウンディングボックス外側に移動し、⤵の形になったらドラッグして回転します。return(Windows版は enter)キーを押して確定します。

[オプションバー]の[角度補正]をクリックすると、ドラッグで水平にしたい直線を描いて角度補正できます。切り抜く範囲の指定で元画像の外側に余白が生じる場合、[コンテンツに応じる]にチェックを入れるとその部分が自動で塗りつぶされます。

LESSON 05/06

【画像の回転】

写真を回転・反転する

Sample Data /05-06

画像の回転とは

撮影した写真を後から見てみると、縦横が逆になっている場合があります。そんなときは画像を回転して正しい見た目に修正しましょう。また、デザインの都合上、左右を逆にして画像を使用したい場合は画像を反転することもできます。

画像を回転・反転する

サンプルデータ「05-06」は縦横が逆になっている写真です。これを時計回りに90°回転して正しい見た目に修正します。また、合わせて反転する方法も覚えておきましょう。

1 サンプルデータ「05-06」を開きます。[イメージ]メニューの[画像の回転]→[90°(時計回り)]をクリックします。画像が時計回りに90°回転しました。

2 続いて[イメージ]メニューの[画像の回転]→[カンバスを左右に反転]をクリックします。画像が左右に反転されました。

画像を反転したときは、反転後に違和感がないか、必ず確認しましょう。

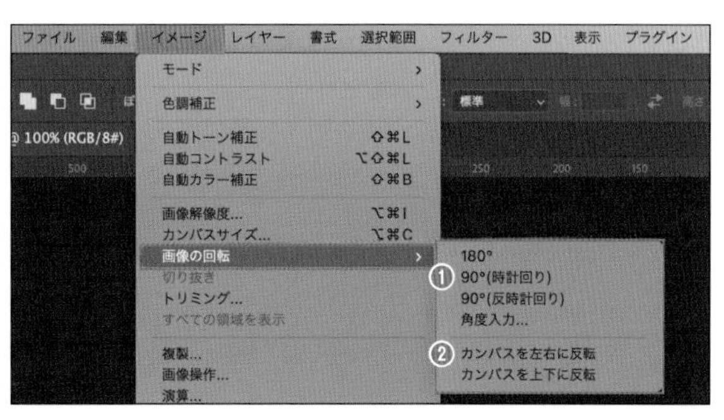

[イメージ]メニューの[画像の回転]には、[90°(時計回り)]のほかにもメニュー機能があるので、目的に合わせて使用できる。[角度入力]では、ダイアログボックスで回転角度を指定できる

LESSON 05/07

【ものさしツール、自由変形】

傾いた写真を水平にする

Sample Data / 05-07

傾いた写真を水平・垂直にする

水平線や地平線、建物などの写真が傾いていると、見る人に違和感や不安感を与えてしまいます。そのような傾いた写真は水平または垂直に補正しましょう。画像の角度を補正する方法は複数ありますが、ここでは[ものさしツール]を使う方法と、[自由変形]の2種類を紹介します。

ものさしツールで角度を補正する

サンプルデータ「05-07」は水平線が右上がりに傾いています。この写真の角度を補正します。

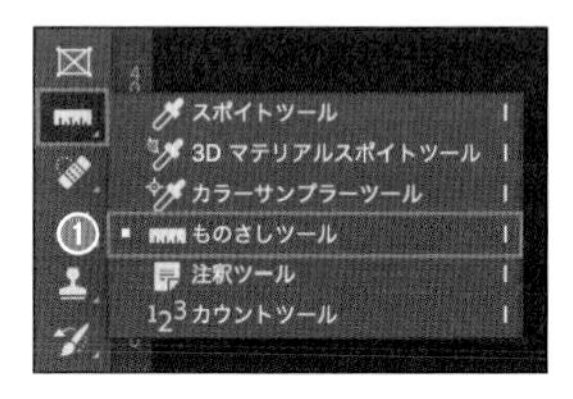

1 サンプルデータ「05-07」を開きます。❶[ものさしツール]をクリックします。

[ものさしツール]は[スポイトツール]のグループに入っています。

2 ❷水平線に沿ってドラッグします。

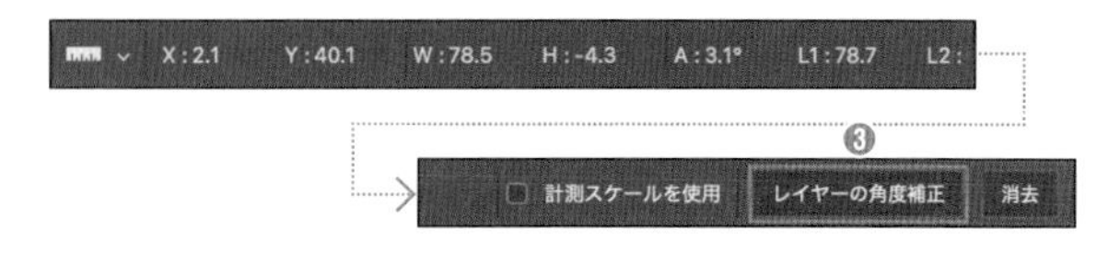

3 [オプションバー]の❸[レイヤーの角度補正]をクリックします。

4 写真の角度が補正されます。一部周辺に透明の余白ができます。

5 [切り抜きツール]でトリミングして、周囲の余白を消します。

自由変形で角度を補正する

[編集]メニューの[自由変形]でも同様の補正ができます。

1 サンプルデータ「05-07」を開きます。[レイヤー]パネルで❶鍵マークをクリックして、❷背景レイヤーを通常のレイヤーに変換します。

2 [編集]メニューの[自由変形]をクリックします。

3 ❸四隅のハンドルをドラッグして角度を補正し、return(Windows版は enter)キーを押して確定します。

4 [切り抜きツール]でトリミングして、周囲の余白を消します。

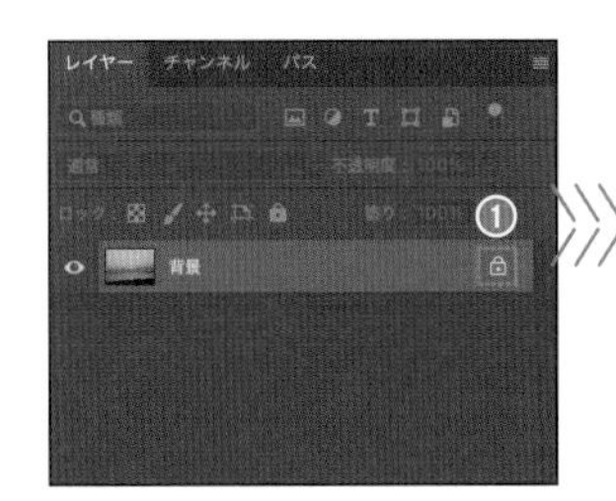

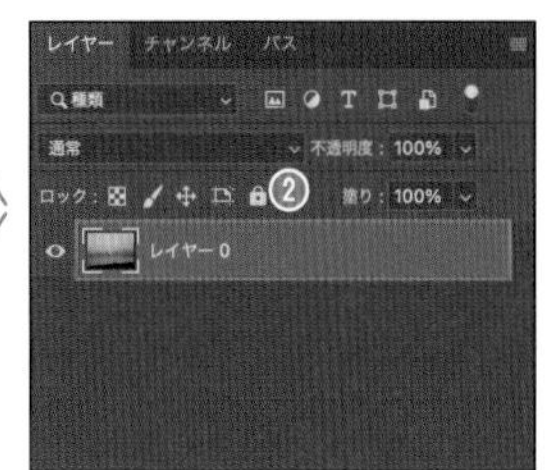

回転させるときグリッドまたはガイド(P.062)を表示させると、回転の目安になります。[自由変形]を実行中でも、[表示]メニューの[表示・非表示]→[グリッド]でグリッドを表示、またはルーラーから引き出す方法でガイドを作成できます。

LESSON 05/08

【コンテンツに応じて拡大・縮小】

背景を引き伸ばす

Sample Data / 05-08

コンテンツに応じて拡大・縮小とは

レイアウトデザインをしているとき「この写真の背景がもう少しあればいいのに」と思うことがあります。そんなときは[コンテンツに応じて拡大・縮小]を使って背景を引き伸ばしましょう。通常の「拡大」をすると、背景以外の部分も一律に引き伸ばされてしまいますが、[コンテンツに応じて拡大・縮小]だと、被写体はそのままで、背景だけを違和感なく引き延ばすことができます。

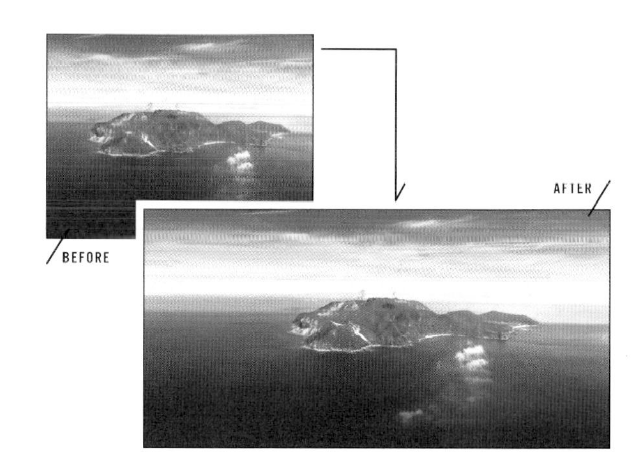

カンバスサイズを変更する

サンプルデータ「05-08」は海に浮かぶ島の写真です。この画像の背景（海）を引き伸ばすのですが、そのためにまずカンバスサイズを横に大きくしておきます。

1. サンプルデータ「05-08-1」を開きます。[レイヤー]パネルの背景レイヤー右端にある❶鍵アイコンをクリックして❷「レイヤー0」レイヤーに変換します。

2. [レイヤー]パネルの❸パネルメニューボタンをクリックし、❹メニューの[レイヤーを複製]をクリックします。

3. ❺[レイヤーを複製]ダイアログボックスで[新規名称]を「修正」とし、[OK]をクリックします。❻「修正」レイヤーが作成されます。

4. [イメージ]メニューの[カンバスサイズ]をクリックします。[カンバスサイズ]ダイアログボックスが表示されるので、❼[幅]の単位を[pixel]に変更して❽「1500」pixelとし、❾[基準位置]は中央を選択して、[OK]をクリックします。

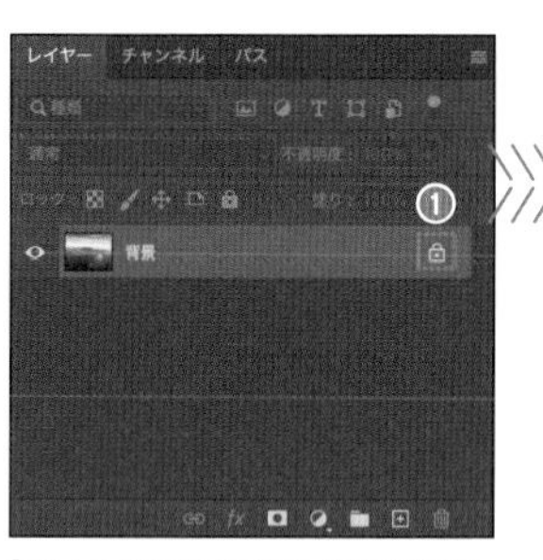

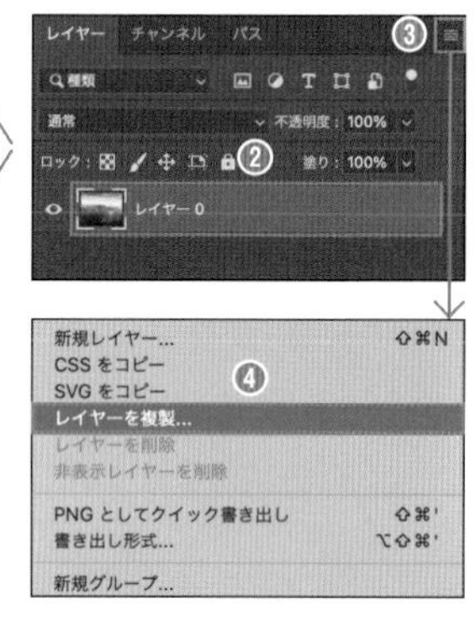

[コンテンツに応じて拡大・縮小]は背景レイヤーに使用できないため、通常のレイヤーに変換する

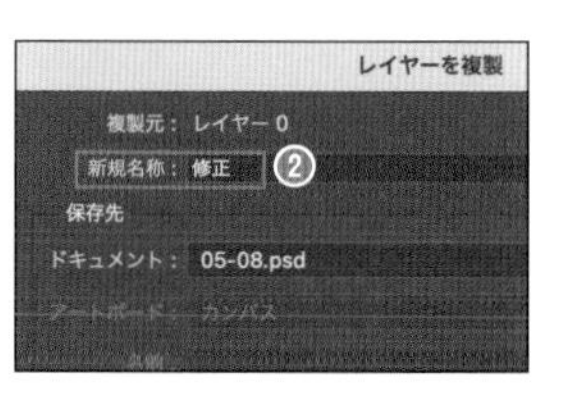

[レイヤーを複製]ダイアログボックスで[新規名称]に「修正」と入力する

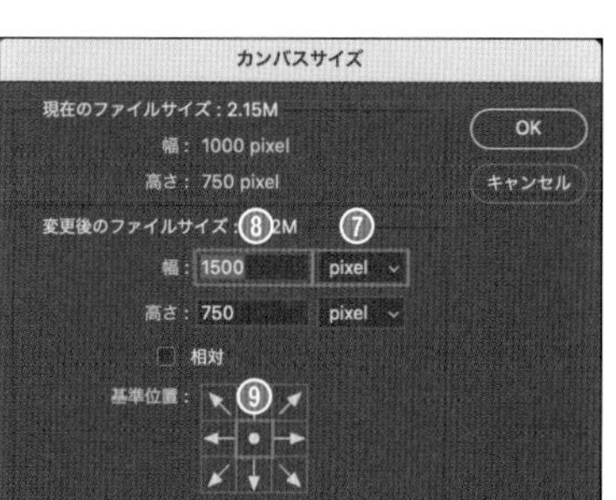

[カンバスサイズ]ダイアログボックスで[幅]を「1500」pixelとし、[基準位置]で中央を選択する

被写体を保護してから背景を引き伸ばす

あらかじめ引き伸ばしたくない被写体(島)の範囲を指定しておきます。[コンテンツに応じて拡大・縮小]では、指定した範囲を保護して引き伸ばします。

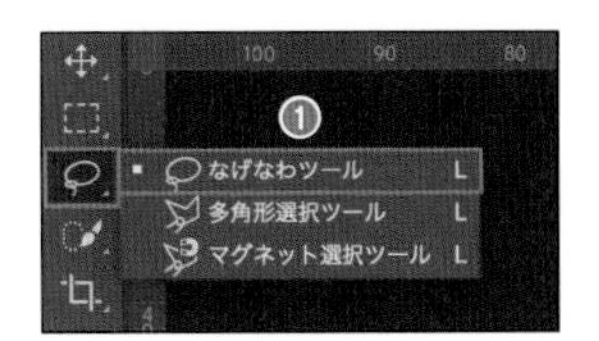

1 ❶[なげなわツール]をクリックします。❷画像上をドラッグして島(変形させたくない範囲)を囲みます。❸ドラッグした軌跡が境界となる選択範囲が作成されます。

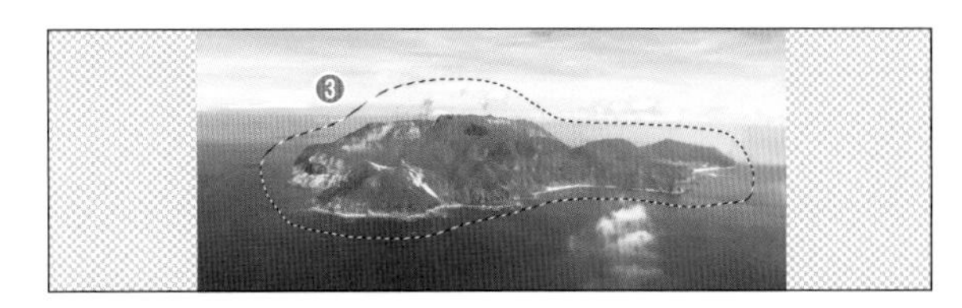

2 [チャンネル]パネルで❹[選択範囲をチャンネルとして保存]ボタンをクリックします。❺「アルファチャンネル1」が作成されます。

3 画像上の選択範囲外をクリックして、選択範囲を解除します。

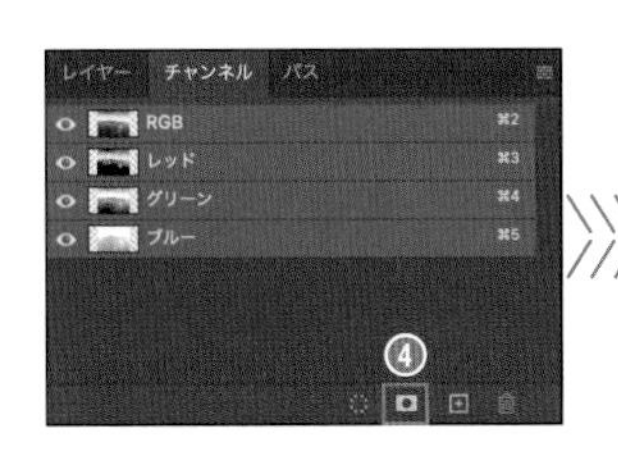

4 [編集]メニューの[コンテンツに応じて拡大・縮小]を選択します。[オプションバー]の❻[保護]で先ほど保存した選択範囲の[アルファチャンネル1]を指定します。

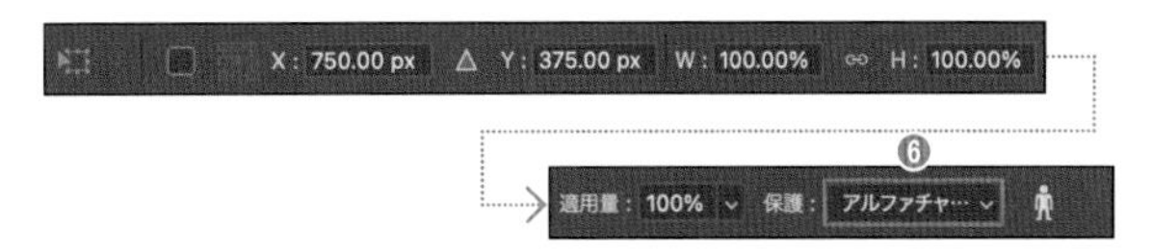

5 ❼右の□(ハンドル)を shift キーを押しながらドラッグして端まで引き伸ばします。❽左も同様に引き伸ばします。return (Windows版は enter)キーを押して確定します。島はほぼそのままで背景の海だけ引き伸ばされます。

ここでは水平方向だけ画像を引き伸ばしています。shift キーを押しながらハンドルをドラッグすると、垂直方向も拡大する場合は、shift キーを押さずにドラッグしてください。

ここも CHECK!

拡大・縮小とコンテンツに応じて拡大・縮小を見比べる

[編集]メニューの[変形]→[拡大・縮小]で画像を引き伸ばすと島の部分も横に引き伸ばされてしまいます。しかし、[コンテンツに応じて拡大・縮小]を使うと、島はほぼそのままで背景のみ違和感なく引き伸ばされています。

[拡大・縮小]で引き伸ばした結果

[コンテンツに応じて拡大・縮小]で引き伸ばした結果

LESSON 05/09

【シャドウ・ハイライト】

逆光で暗くなった被写体を明るくする

Sample Data / 05-09

シャドウ・ハイライトとは

「色調補正」メニューの[シャドウ・ハイフイト]は、暗い部分だけを明るくしたいとき、または明るい部分だけを暗くしたいときに役立つ機能です。サンプルデータ「05-09」のように背景は明るいのに人物の顔が暗くなってしまった写真や、逆に背景が明るくなりすぎてしまった写真の補正に有効です。

逆光写真を明るく補正する

サンプルデータ「05-09」の背景はそのままに、人物だけを明るく補正します。

1 リンプルデータ「05-09」を開きます。背景レイヤーを複製し、「背景のコピー」レイヤーを作成します(レイヤーの複製方法はP.106を参照)。

背景レイヤーを複製して「背景のコピー」レイヤーを作成した

2 [イメージ]メニューの[色調補正]→[シャドウ・ハイライト]を選択します。❷[シャドウ・ハイライト]ダイアログボックスが表示され、自動的に調整されます。

詳細が表示されていない場合は、[詳細オプションを表示]にチェックを入れてください。

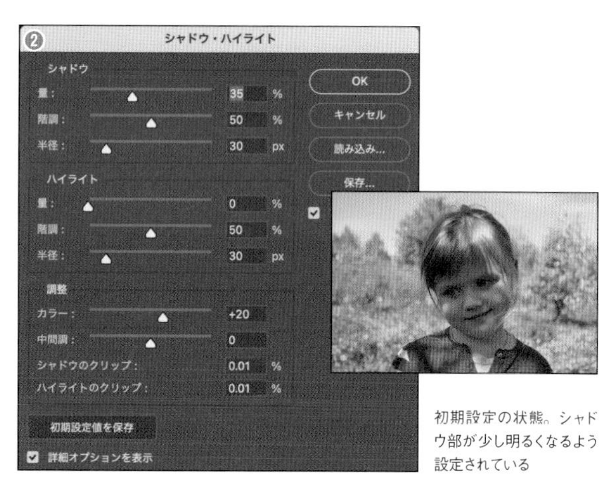

初期設定の状態。シャドウ部が少し明るくなるよう設定されている

3 調整したい場合はスライダーを操作します。❸顔をもう少し明るくしたいので[シャドウ]の[量]を「60」%にしました。[OK]をクリックして確定します。

[シャドウ]の[量]を大きくすると暗い部分(人物の顔)がさらに明るくなります。[ハイライト]の[量]を大きくすると明るい部分(背景)が暗くなります。

[シャドウ]の[量]を「60」%にした

【スマートシャープ】輪郭をシャープにする

Sample Data /05-10

スマートシャープとは

[スマートシャープ]は被写体の輪郭をシャープにする機能です。金属のメタル感や宝石の輝きを際立てたり、被写体の輪郭を引き締めて精巧に見せたりすることができます。手ブレ写真の補正もできます。

腕時計の輪郭をシャープにする

サンプルデータ「05-10」は腕時計の写真です。これに[スマートシャープ]をかけて、文字盤やロゴの輪郭を引き締めます。

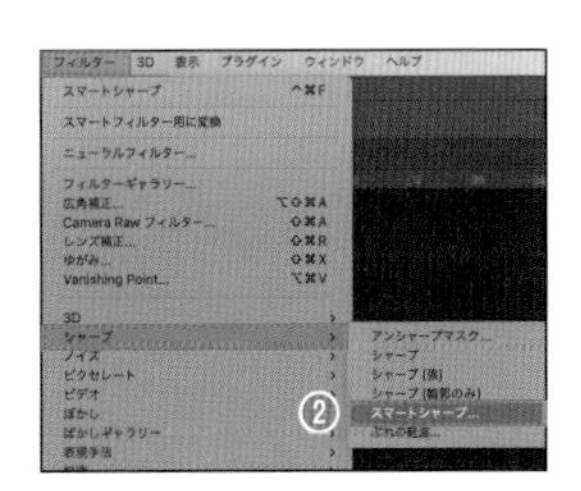

1. サンプルデータ「05-10」を開きます。背景レイヤーを複製し、❶「背景のコピー」レイヤーを作成します。

2. ❷[フィルター]メニューの[シャープ]→[スマートシャープ]を選択します。❸[スマートシャープ]ダイアログボックスが表示され、自動的に補正されています。❹[プレビュー]を確認して[OK]をクリックします。

ここも CHECK!

スマートシャープの調整方法

[スマートシャープ]ダイアログボックスでは、[量]でシャープの強さ、[半径]でシャープの影響を及ぼす範囲、[ノイズを軽減]でノイズ軽減を設定します。
[除去]では[ぼかし(ガウス)][ぼかし(レンズ)][ぼかし(移動)]の3種類がありますが、もっとも高性能な[ぼかし(レンズ)]を選んでおけば問題ありません。
また[シャドウ][ハイライト]欄では、画像のシャドウ領域またはハイライト領域に適用するシャープを調整することができます。シャドウでは暗い部分のみに、ハイライトでは明るい部分のみに適用するシャープの強弱を調整できます。

LESSON 05/11

【空を置き換え】

青空を夕焼けに変える

Sample Data /05-11

空を置き換えとは

[空を置き換え]を使うと、くもり空を青空に変えたり、昼間の写真を夕方の雰囲気に変えたりすることができます。空以外の部分も空の雰囲気に合った色に自動的に変更してくれます。

昼空を夕焼けに変える

サンプルデータ「05-11」は昼間に撮られた写真です。これを夕焼けの雰囲気に変えます。

1. サンプルデータ「05-11」を開きます。[編集]メニューの[空を置き換え]を選択します。

2. [空を置き換え]ダイアログボックスが表示されます。❶[空]をクリックして好みの空を選びます。ここでは[壮観]グループの❷[spectacular]を選択しました。

3. プレビューを確認し、必要であればスライダーを使って調整します。❸[出力先]を[新規レイヤー]にして[OK]をクリックします。

4. 空が迫力のある夕焼けになりました。❹[レイヤー]パネルを見ると、空の画像や[調整レイヤー]など複数のレイヤーが自動的に作成されています。

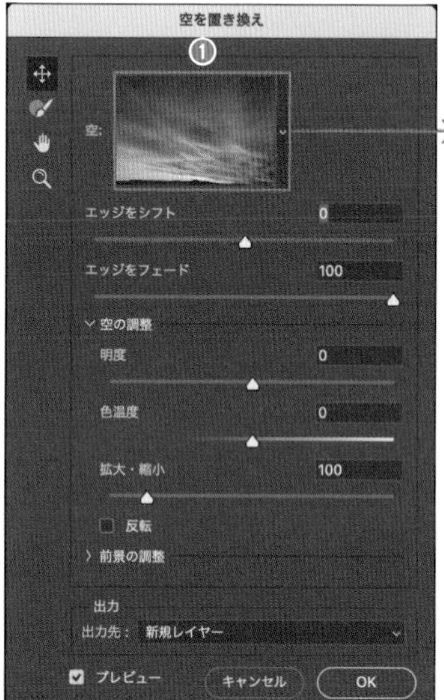

[空]をクリックして空の画像を選ぶ

[空を置き換え]は、単に空を入れ替えるだけでなく、「描画の照明」レイヤーで明るさを調整し、「描画色」レイヤーでは夕陽に合わせて画像の色調を補正している

Ps

LESSON 06

レイヤーについて理解する

LESSON 06/01

【レイヤーの基礎知識】

レイヤーの概念と活用方法

Sample Data / 06-01

レイヤーとは

レイヤーは、画像などを「層」として重ねる機能です。
一番上の層となるレイヤーが表示され、そのレイヤーに透明部分があるとその下の層となるレイヤーが見えて表示されます。
レイヤーには、画像、文字、図形(シェイプ)などさまざまな種類があります。また、透明度や下のレイヤーとの重ねる方法などを設定できます。これらレイヤーは[レイヤー]パネルで管理されます。

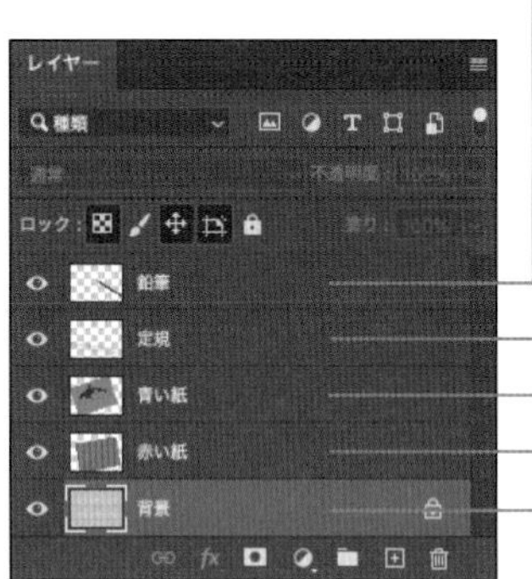

複数のレイヤーを持つサンプルデータ「06-01」を開いたときの[レイヤー]パネル。5つのレイヤーがあることがわかる

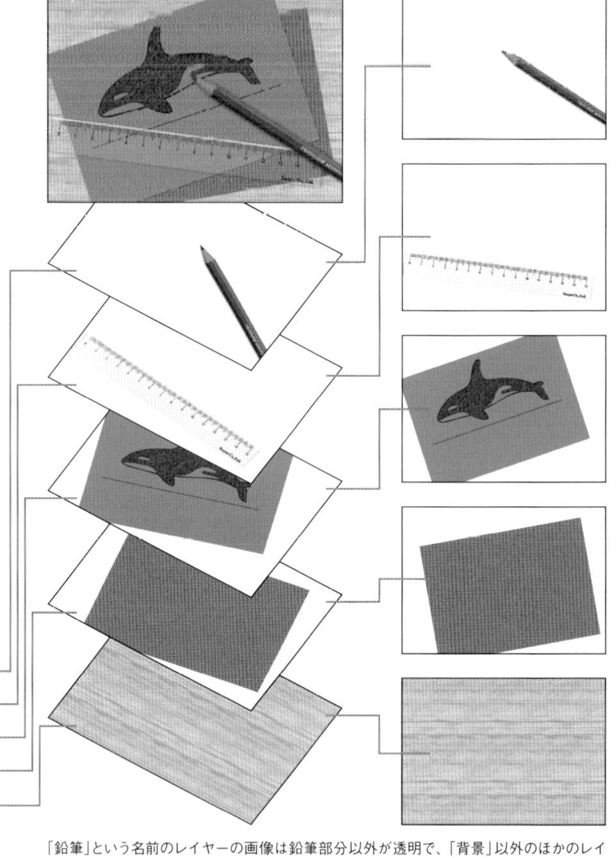

「鉛筆」という名前のレイヤーの画像は鉛筆部分以外が透明で、「背景」以外のほかのレイヤーの画像も定規、青い紙、赤い紙の部分以外は透明になっている。このため、これらのレイヤーで透明な部分は、それらより下にあるレイヤーの画像部分が表示される。また、「定規」のレイヤーの画像は一部半透明な部分があり、定規が透けているように見える

レイヤーを分けるとできること

レイヤーを分けるのはメリットがあるからです。

◆ レイヤーの画像だけ簡単に移動できる
◆ レイヤーの画像だけ補正・加工できる
◆ レイヤーの重ね順を変更できる

さらにレイヤー特有機能として、[不透明度]の設定、重ね方の設定([描画モード])ができます。また、レイヤーにはレイヤースタイルも設定でき、レイヤーに影や縁をつけるような加工もできます。

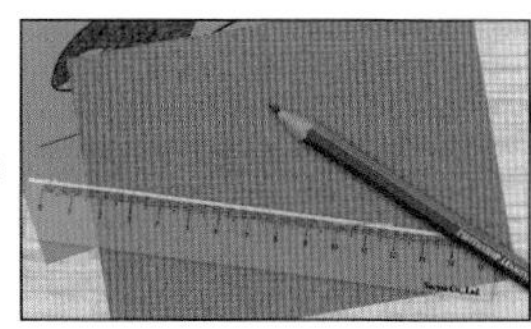

「青い紙」と「赤い紙」レイヤーの順序を入れ替えた

「青い紙」レイヤーの画像の色を変更した

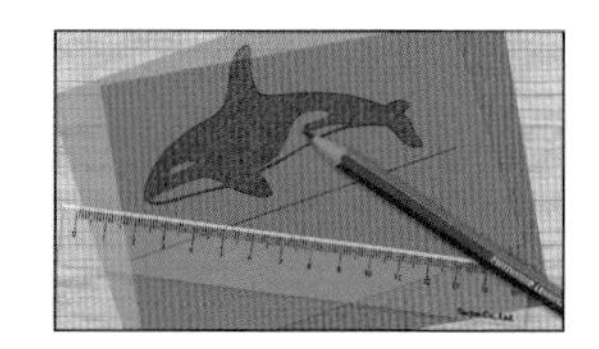

「青い紙」レイヤーに[不透明度]を設定し、半透明な用紙のように変更した

LESSON 06/02 【レイヤーパネルの機能】

レイヤーパネルの機能

Sample Data / 06-02

レイヤーパネルの機能

[レイヤー]パネルは、画像に含まれるすべてのレイヤーを管理・表示し、レイヤーごとにさまざまなコントロールができるパネルです。

[レイヤー]パネルは、[ウィンドウ]メニューの[レイヤー]を選んで表示します。[レイヤー]パネルは頻繁に使用しますので、常に表示させるか、アイコン化などしてすぐに表示させられるようにしましょう。F7 キーでも表示／非表示を切り替えられます。

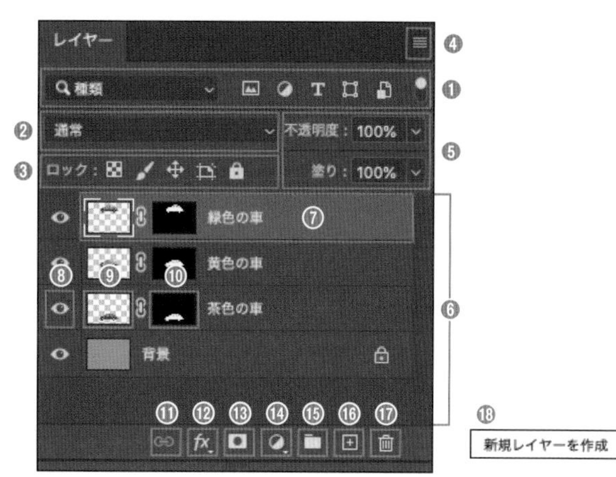

サンプルデータ「06-02」を開いたときの[レイヤー]パネル。各機能に1秒程度マウスポインタを重ねたままにすると、各機能名などが「ツールヒント」として表示される。どんな機能か迷った場合は、ツールヒントを参考にするとよい

レイヤーパネルの機能一覧

機能名	機能
❶ [フィルターレイヤー]オプション	❻のレイヤーの一覧で表示するレイヤー名をフィルタリングする
❷ [描画モード]	レイヤーの重なり方法を設定する
❸ [ロック]オプション	レイヤーのロックを設定する
❹ パネルメニューを表示	クリックすると[レイヤー]パネルのパネルメニューを表示する
❺ [不透明度]と[塗り]	[不透明度]または[塗り]を設定する
❻ レイヤーの一覧	画像に含まれるレイヤーを一覧表示する
❼ 選択レイヤー	現在選択されているレイヤー。地色がほかと異なることでわかる
❽ レイヤーの表示・非表示	レイヤーの表示・非表示を切り替える
❾ レイヤーサムネール	レイヤーのサムネールが表示される
❿ レイヤーマスクサムネール	レイヤーマスクを使用しているレイヤーにだけ表示される
⓫ [レイヤーをリンク]ボタン	複数のレイヤーをリンクすることで、移動などを同時に行える
⓬ [レイヤースタイルを追加]ボタン	クリックでメニューが表示され、メニューで選択すると、[レイヤースタイル]ダイアログボックスを表示する
⓭ [レイヤーマスクを追加]ボタン	レイヤーにレイヤーマスクを追加する
⓮ [塗りつぶしまたは調整レイヤーを新規作成]ボタン	クリックでメニューが表示され、メニューから選択すると、「塗りつぶしレイヤー」、または「調整レイヤー」を作成する
⓯ [新規グループを作成]ボタン	選択したレイヤーをグループにする
⓰ [新規レイヤーを作成]ボタン	透明のレイヤーを新規に作成する
⓱ [レイヤーを削除]ボタン	選択したレイヤーを削除する
⓲ ツールヒント	各機能に1秒程度マウスポインタを重ねたままにすると表示される(初期設定の場合)

【レイヤーの操作】

レイヤーパネルの基本操作

レイヤーパネルでできる基本操作

[レイヤー]パネルでは、レイヤーに関するさまざまなコントロールができますが、ここでは知っておきたい基本となる次の操作方法を解説します。

- ◆ 編集対象とするレイヤーの選択
- ◆ 新規作成レイヤーの作成、既存レイヤーの複製、不要レイヤーの削除
- ◆ レイヤー名の変更
- ◆ 重ね順の変更
- ◆ 表示・非表示の切り替え
- ◆ 不透明度の設定

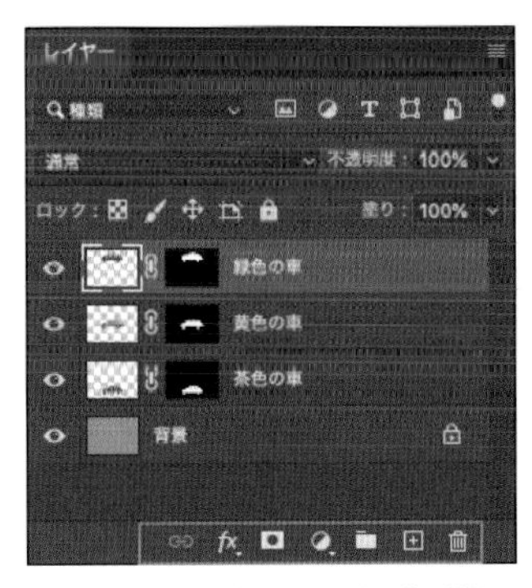

[レイヤー]パネル下部には、頻繁に使う機能の7つのボタンが用意されている。本書で解説するレイヤー関連操作で[レイヤー]パネル下部にボタンがある機能は、ボタン使った操作方法を解説している。これらの機能は、[レイヤー]メニューや[レイヤーパネル]メニューからも操作できるようになっている

レイヤーを選択する

レイヤーが複数ある場合は、**操作する機能は現在選択されているレイヤーに対して適用されます**。このため先に、[レイヤー]パネルで目的のレイヤーを選択します。

1 サンプルデータ「06-03-01」を開きます。[レイヤー]パネルで❶辺りをクリックします。❷クリックしたレイヤーの地色が変わることで、選択されているレイヤーが変わったことがわかります。

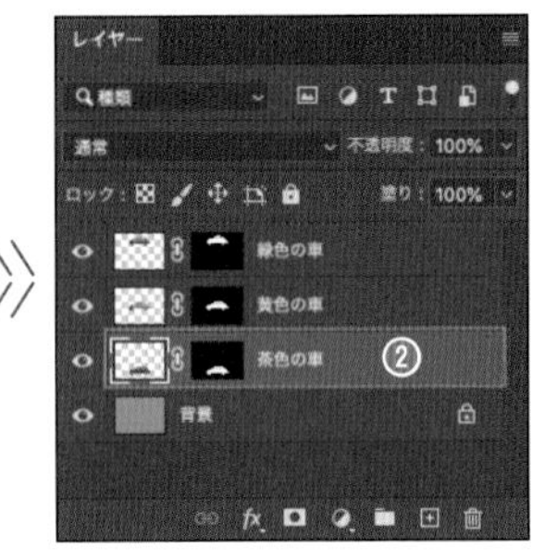

選択しているレイヤーだけ地色が変わる

変形や移動など複数のレイヤーに同時に実行できる機能があります。複数のレイヤーを選択するときは、⌘キーを押しながらクリックしてください。

レイヤーのサムネール部分のクリックでもレイヤーを選択できますが、レイヤーマスクサムネールをクリックすると、編集対象が、レイヤーマスクになってしまいます。間違いを防ぐためにもレイヤーを選択するときは、レイヤーの名前とその後ろの空き部分をクリックするようにしましょう。

新規レイヤーを作成する

新規に画像レイヤーを作成します。作成したレイヤーは透明で、画像は含まれません。

1 サンプルデータ「06-03-02」を開きます。[レイヤー]パネルで❶[新規レイヤーを作成]ボタンをクリックします。❷「レイヤー1」が作成されます。

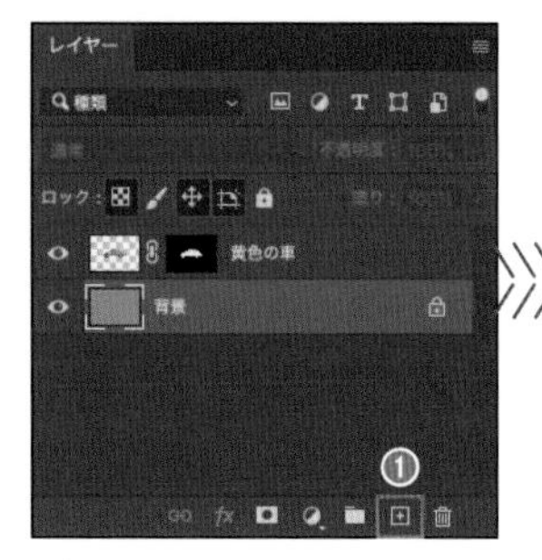

新規レイヤーは、選択しているレイヤーの直上（レイヤーが選択されていないときは一番上）に作成される

レイヤーを複製する

レイヤーを複製します。複製されたレイヤーは、内容と各種設定がすべて同じで作成されます。

1 サンプルデータ「06-03-02」を開きます。[レイヤー]パネルで❶複製したいレイヤーを❷[新規レイヤーを作成]ボタンまでドラッグします。❸複製したレイヤーが作成されます。

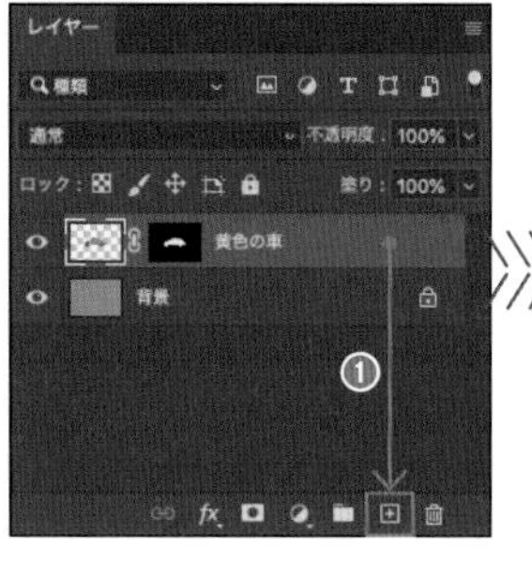

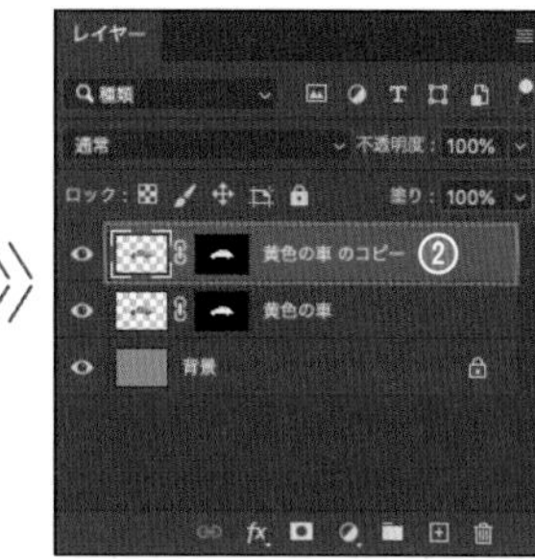

複製したレイヤーの名前には、もとのレイヤー名の後ろに、「のコピー」がつく（初期設定の場合）

レイヤーを削除する

複数のレイヤーがある場合、不要なレイヤーを削除できます。

1 サンプルデータ「06-03-02」を開きます。[レイヤー]パネルで❶削除したいレイヤーを選択し、❷[レイヤーを削除]ボタンをクリックします。レイヤーを削除してよいか確認するダイアログボックスが表示されるので、❸[はい]をクリックします。

[レイヤーを削除]ボタンをクリックすると警告のダイアログボックスが表示される

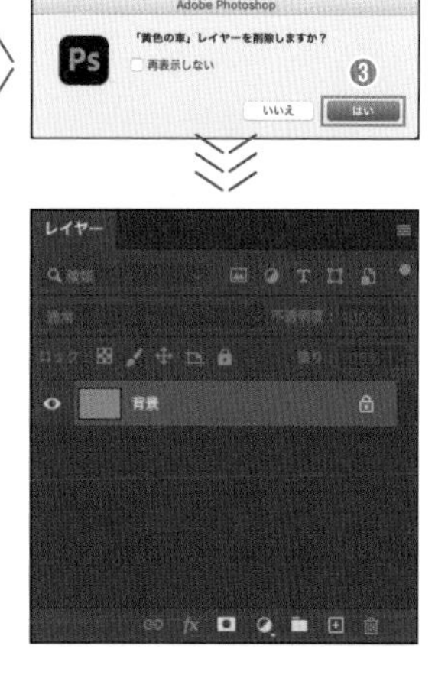

> レイヤーを削除すると、直後の[取り消し]やヒストリー機能で遡って操作の取り消しを行う方法でしかもとに戻せなくなります。レイヤーを削除せず、いったん非表示にしておき、すべての作業が終わってから削除してもよいでしょう。

> 新規作成、複製、削除ともに、[レイヤー]メニュー、[レイヤー]パネルメニューでも実行できます。メニューから実行すると、[新規レイヤー]、[レイヤーを複製]では、ダイアログボックスで作成するレイヤー名を入力できます。

レイヤーの表示／非表示を切り替える

レイヤーは、個別に表示／非表示を切り替えられます。

1 サンプルデータ「06-03-03」を開きます。[レイヤー]パネルで非表示にしたいレイヤーの❶目のアイコンをクリックします。❷目のアイコンが消えそのレイヤーだけが非表示になります。

2 非表示のレイヤーを表示するには、❷をクリックします。目のアイコンが表示されそのレイヤーが表示されます。

目のアイコンを option キーを押しながらクリックすると、クリックしたレイヤーだけを表示、再度 option ＋クリックでもとの表示状態に戻ります。表示されているレイヤーの目のアイコンを右クリックでメニューからも実行できます。

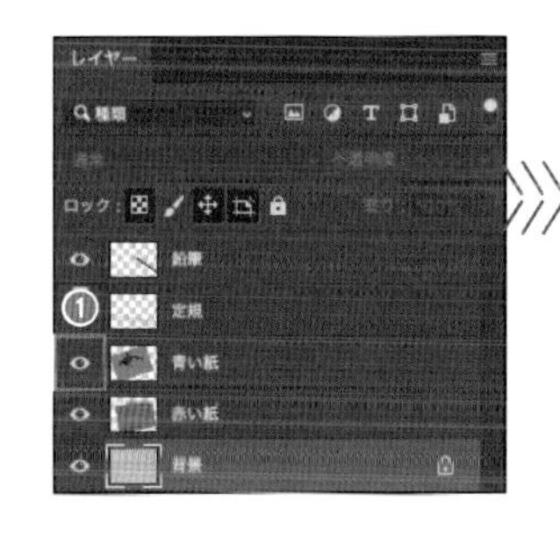

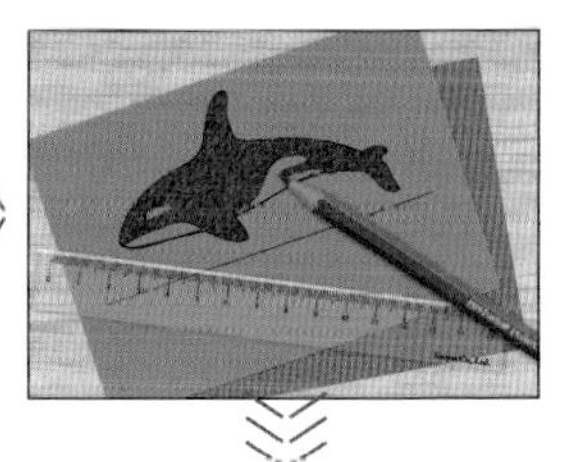

「青い紙」レイヤーが非表示になった

レイヤーの表示／非表示は、可視か不可視かを切り替えるもので、そのレイヤーを含め、画像自体に変更を加えるものではありません。不要なレイヤーの場合は、レイヤーを削除します。

レイヤーの重ね順を変更する

背景レイヤーを除き、レイヤーの重ね順([レイヤー]パネルでの上下)を自由に入れ替えられます。

1 サンプルデータ「06-03-03」を開きます。[レイヤー]パネルで❶「青い紙」レイヤーを下方向にドラッグします。レイヤーとレイヤーの間まで移動するとレイヤー間に線が表示され、❷ドロップするとその位置に移動します。

2 ❷「青い紙」レイヤーを上方向の「鉛筆」レイヤーの上に線が表示される位置までドラッグします。❸ドロップするとその位置に移動します。

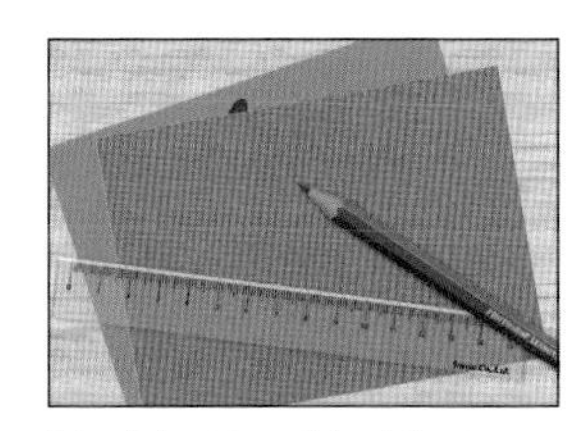

「青い紙」レイヤーが「赤い紙」レイヤーの下になった

「青い紙」レイヤーがすべてレイヤーの上にになった

レイヤーの不透明度を調整する

背景レイヤーを除き、レイヤーの[不透明度]を調整すると、画像を半透明にできます。

1 サンプルデータ「06-03-03」を開きます。[レイヤー]パネルで❶「青い紙」レイヤーをクリックして選択します。❷[不透明度]を調整します。「青い紙」レイヤーの画像が半透明になりました。

[不透明度]は❷をクリックして数値(半角入力)入力します。「%」は入力しないでかまいません。右にある❸[∨]をクリックして❹スライダーを表示し、スライダーをドラッグしても設定できます。

[不透明度]に似た機能に[塗り]があります。レイヤーを半透明にする効果は同じですが、レイヤースタイルを設定している場合に違いが出ます。P.127を参照してください。

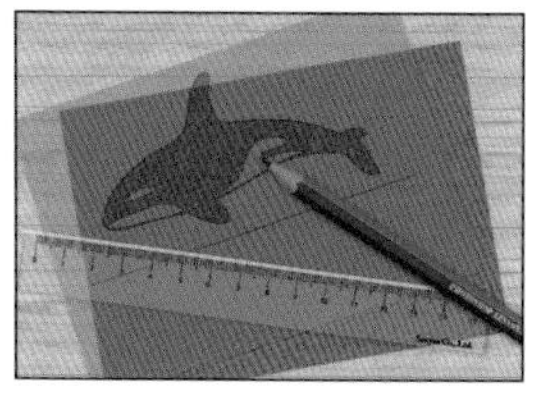

「青い紙」レイヤーの[不透明度]を「50」%にした

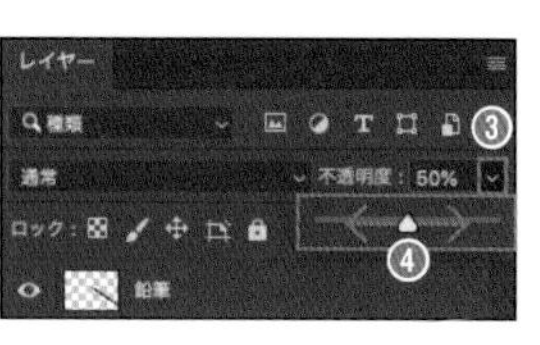

[不透明度]はスライダーをドラッグしても設定できる

「青い紙」レイヤーと「赤い紙」レイヤーのの「不透明度」を「50」%にした

ここも CHECK!

背景レイヤーとは

「背景レイヤー」は、[レイヤー]パネルですべてのレイヤーの最下層にある、「背景」と名前のつけられた特別なレイヤーです。背景レイヤーは、通常の画像レイヤーに変換することができ、逆に、背景レイヤー以外の画像レイヤーを背景レイヤーに変換することもできます。背景レイヤーに変換するとレイヤー名が「背景」となり、最下層に移動して、画像以外のレイヤーやレイヤーに設定されたスタイルはラスタライズされてビットマップ画像へと変化します。
通常の画像のレイヤーと比べて次の点が異なります。

- ◆ [レイヤー]パネルでレイヤーの最下層にある(画像ファイルによってはない場合もある)。
- ◆ 画像を透明にできない。[不透明度]や[塗り]の設定ができず、画像の一部を透明にすることもできない。
- ◆ 部分的に透明にできないことから、加工後に透明部分が生じる可能性がある、[変形]や一部の[フィルター]など適用できない機能がある。
- ◆ レイヤーマスク、レイヤースタイル、レイヤーグループなど一部適用できないレイヤー関連機能がある。

ここも CHECK!

レイヤーの透明部分の表示

画像レイヤーなどはレイヤーの一部を透明にでき、透明部分は何もないため下層にあるレイヤー画像が見えますが、下層のレイヤーもすべて透明だった場合は、白とグレーの市松模様が表示されます。下層のレイヤーがすべて透明で現在の画像が半透明な部分には、画像に市松模様が重なって表示されます。

サンプルデータ「06-03-03」の背景レイヤーを非表示にしたときの画面表示

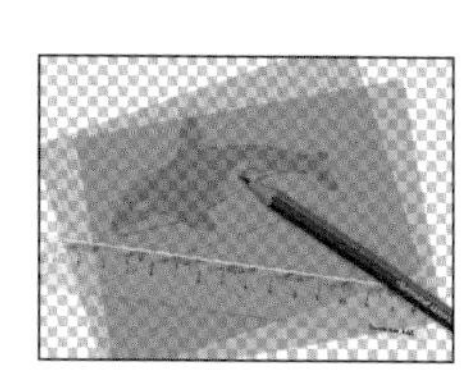

さらに「青い紙」レイヤーと「赤い紙」レイヤーの[不透明度]を「50」%にしたときの画面表示

レイヤー名を変更する

背景レイヤーを除き、レイヤー名を変更できます。

1 サンプルデータ「06-03-03」を開きます。[レイヤー]パネルの❶レイヤー名部分をダブルクリックします。❷新しいレイヤー名を入力し、❸レイヤー名のないグレーの部分をクリックして確定します（return（Windows版はenter）キーを押しても確定できます）。

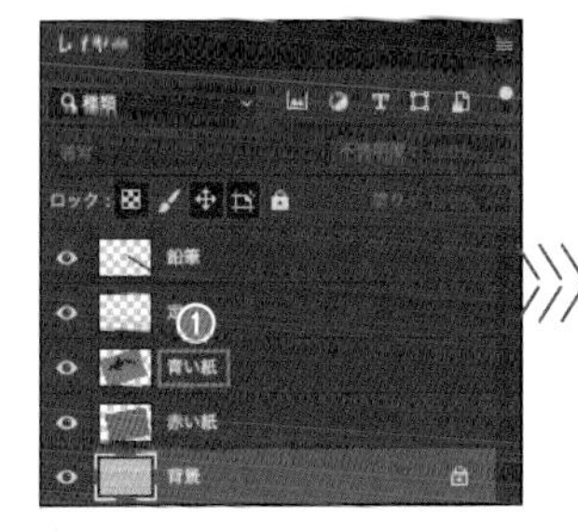

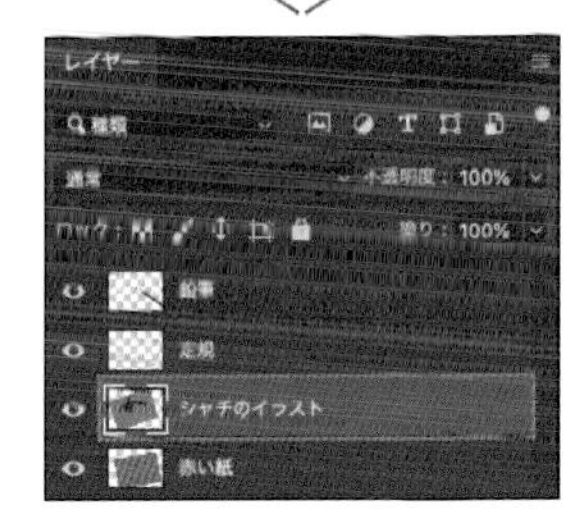

ここも CHECK!

レイヤーの種類について

レイヤーにはいくつかの種類があります。レイヤーサムネールを見ると、レイヤーの種類がわかります。
「06-03 レイヤーパネルの基本操作」で解説している操作は、一部の機能で背景レイヤーに対する制限があるほかは、すべてのレイヤーで実行できます。
ただし、本項以降で解説する機能には、レイヤーの種類によって一部使えない機能がありますので注意しましょう。

レイヤーの種類一覧

主なレイヤーの種類	特徴	レイヤーサムネール
画像レイヤー	通常のビットマップ画像のレイヤー。画像の一部を透明にでき、レイヤーマスク、レイヤースタイルを設定できる	画像を縮小して表示。透明部分は市松模様になる
背景レイヤー ✣参照⇨P.117	ビットマップ画像のレイヤー。[レイヤー]パネルですべてのレイヤーの最下層にあり、部分的に透明にできない。一部適用できない機能がある	画像を縮小して表示
調整レイヤー ✣参照⇨P.074	色補正機能を持ったレイヤー。[レイヤー]パネルで自身のレイヤーより下にあるレイヤーすべてに色補正の効果がある。レイヤーマスクを設定できる	調整レイヤーのマークを表示（※1）
塗りつぶしレイヤー ✣参照⇨P.129	ベタ塗り（単色の塗りつぶし）、パターン、グラデーションのいずれかで塗りつぶされたレイヤー。レイヤーマスク、レイヤースタイルを設定できる	ベタ塗り、パターン、グラデーションで異なる。右図はベタ塗りの場合（※2）
テキストレイヤー ✣参照⇨P.200	[横書き文字ツール]などでテキストを入力すると作成されるレイヤー。このレイヤーの文字は文字属性を持っている。文字以外の部分は透明。レイヤーマスク、レイヤースタイルを設定できる	[T]マークを表示
シェイプレイヤー ✣参照⇨P.210	[長方形ツール]などのシェイプツールでシェイプを描画すると作成されるレイヤー。レイヤーマスク、レイヤースタイルを設定できる	画像を縮小して表示し、右下にパス図形のようなマークを表示
スマートオブジェクト ✣参照⇨P.130	オリジナルを別画像として管理し、さらに[スマートオブジェクト]に適用したフィルターや色調補正の設定、変形なども情報として管理されるレイヤー。レイヤーマスク、レイヤースタイルを設定できる	画像を縮小して表示し、右下にファイルをイメージしたようなマークを表示
フレームレイヤー ✣参照⇨P.262	画像をフレームでマスクするレイヤー。[フレームツール]かほかのレイヤーを変換して作成する。フレームには線の設定ができる。マスクされた画像は、[スマートオブジェクト]のように別画像で管理される	画像を縮小して表示し、右下に[フレームツール]アイコンを表示

※1　Windows版では調整レイヤーの種類によって異なるマークが表示されます。
※2　Windows版ではフレームのような枠が表示され、その内側に画像を縮小して表示します。

レイヤーをロックする

レイヤー画像に対し移動や変形、描画などを行えなくすることを「レイヤーのロック」といいます。ロックには禁止操作別に4種類用意されています（すべてロックを含めると5種類）。
[レイヤー]パネルには、5種類のロックボタンが用意されています。

1 サンプルデータ「06-03-03」を開きます。[レイヤー]パネルで❶ロックしたいレイヤーを選択します。❷ロックしたい禁止操作のボタンをクリックします。

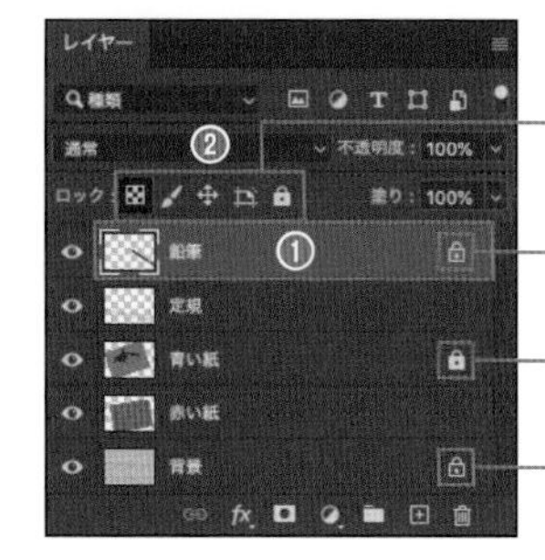

クリックしてオン、再度クリックしてオフになる。図では、5つのボタンのうち一番左がオンの状態

[すべてのロック]以外でロックしたレイヤーに表示される鍵マーク

[すべてのロック]でロックしたレイヤーに表示される鍵マーク

背景レイヤーには、[透明ピクセルをロック]、[位置をロック]、[アートボードやフレーム内外へ自動ネストしない]のロックが既定で設定されている。この鍵マークをクリックして解除すると、背景レイヤーは通常の画像レイヤーに変換される

ここも CHECK!

レイヤーロックの種類と効果

レイヤーロックは、4種類あります（すべてロックを含めると5種類）。それぞれの効果を確認しておきましょう。

レイヤーの種類一覧

ロックボタン	効果	注意
[透明ピクセルをロック]	レイヤーの透明部分への描画を禁止する。このロックは画像レイヤーに効果がある。[画像ピクセルをロック]と併用できない	レイヤーの不透明部分には描画できる。レイヤー画像全体または選択範囲作成後の部分移動・変形もできる
[画像ピクセルをロック]	レイヤー画像への描画、色調補正などの編集を禁止する。このロックは画像レイヤーに効果がある。[透明ピクセルをロック]と併用できない	レイヤー画像全体の移動・変形はできるが、選択範囲作成後の部分移動・変形はできない
[位置をロック]	レイヤー画像全体の移動・変形を禁止する	選択範囲作成後の部分移動・変形はできる。選択範囲作成後の部分移動・変形を禁止したい場合は[画像ピクセルをロック]を併用する
[アートボードやフレーム内外へ自動ネストしない]	設定されたレイヤーは、ほかのアートボードへ自動で移動できなくなる	
[すべてをロック]	[画像ピクセルをロック]、[位置をロック]、[アートボードやフレーム内外へ自動ネストしない]を適用する	

LESSON 06/04 【グループ化、整列、結合、リンク】レイヤーを整理する

Sample Data / 06-04

複数のレイヤーの活用方法

ここでは、複数のレイヤーをまとめる「レイヤーグループ」、複数のレイヤーを1つのレイヤーに変換する「結合」、複数のレイヤー画像の位置を揃える「整列」を紹介します。

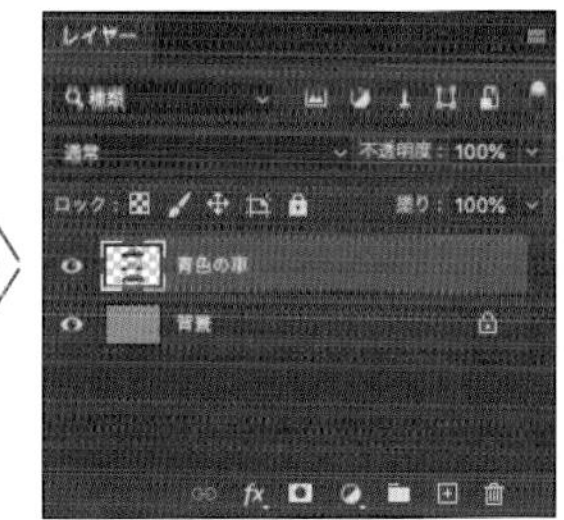

レイヤーの結合の例。結合すると複数のレイヤーを1つのレイヤーにまとめられる。結合時にもとのレイヤーを残し、結合された画像を新規のレイヤーとして作成することもできる

レイヤーをグループ化する

レイヤーグループは、複数のレイヤーを1つのフォルダーにまとめて、[レイヤー]パネルのレイヤーの一覧表示を整理する機能です。

1 サンプルデータ「06-04-01」を開きます。[レイヤー]パネルで❶「青色の車」、「黄色の車」、「赤色の車」の3つのレイヤーを選択します。[レイヤー]パネルの❷[新規グループを作成]ボタンをクリックします。

1つのグループにまとめたいすべてのレイヤーを選択し、[新規グループを作成]ボタンをクリックでグループ化できる

2 レイヤーグループが作成されます。「グループ 1」の❸[〉]をクリックします。❹グループに含まれるレイヤーが確認できます。

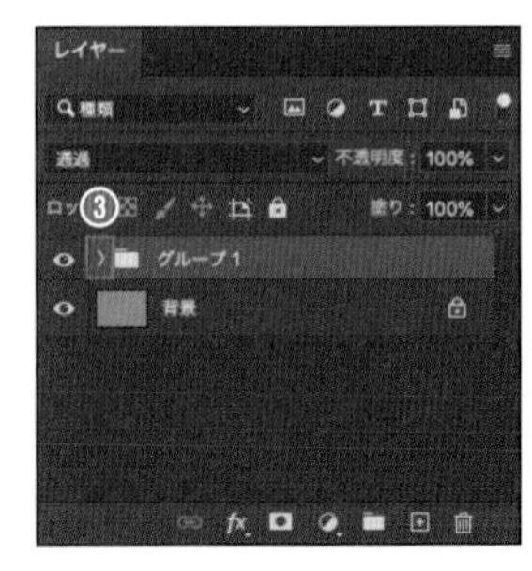

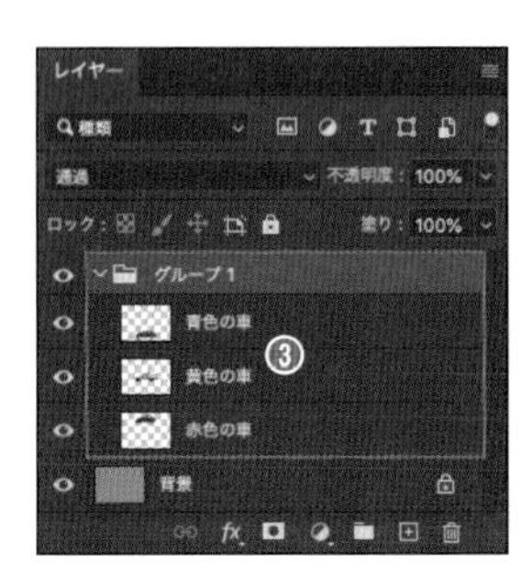

グループにすると、複数のレイヤーを1つのフォルダーのようにまとめられる。[〉]([﹀])のクリックで、グループの表示を開いたり閉じたりできる

グループも画像レイヤーと同様の方法で名前を変更できます。グループを解除するには、[レイヤー]パネルでグループを選択し、[レイヤー]メニューの[レイヤーのグループ解除]を実行します。

[レイヤー]パネルで「グループ」を選択すると、グループ内のレイヤーをまとめて移動・変形できます。このため、複数のレイヤーを同時に編集する場合やレイヤーを整理するためにグループを活用できます。

グループの[描画モード]は通常は[通過]に設定しておきます。[通過]に設定すると、「グループ内の各レイヤーの[描画モード]の設定のまま」になります。
また、グループに対して、表示・非表示、[不透明度]などを設定できます。たとえばグループを非表示にすると、グループに含まれるレイヤーすべてが非表示になります。

レイヤーを結合する

複数のレイヤーを1つのレイヤーに変換することを、「レイヤーの結合」と呼びます。

1 サンプルデータ「06-04-01」を開きます。[レイヤー]パネルで❶「青色の車」、「黄色の車」、「赤色の車」の3つのレイヤーを選択します。

2 [レイヤー]メニューの[レイヤーを結合]をクリックします。[レイヤー]パネルを見ると、❷3つのレイヤーが1つに結合されています。

[レイヤーを結合]を実行すると、選択していたレイヤーで一番上にあるレイヤー名で結合される。結合対象に背景レイヤーが含まれている場合、結合後は背景レイヤーとなる。

複数のレイヤーを選択する場合、連続するレイヤーの場合は shift キーを押しながらクリック。離れているレイヤーを選択する場合は ⌘ キーを押しながらクリックします。

ここも CHECK!

レイヤーの結合の種類

レイヤーの結合には3種類あります。いずれも、[レイヤー]メニューまたは、[レイヤー]パネルメニューから選択して実行できます。

レイヤーの種類一覧

ロックボタン	効果	操作方法
[レイヤーを結合]	選択しているレイヤーを結合して1つのレイヤーに変換する。選択しているレイヤーに非表示のレイヤーが含まれている場合、非表示レイヤーは削除される(※1)	[レイヤー]メニューの[レイヤーを結合](※2)
[表示レイヤーを結合]	現在表示されているレイヤーのすべてを1つのレイヤーに変換する。非表示のレイヤーはそのまま残る。表示レイヤーを選択していない場合は実行できない(※1)	[レイヤー]メニューの[表示レイヤーを結合](※2)
[画像を統合]	すべてのレイヤーを結合して「背景レイヤー」に変換する。非表示のレイヤーがある場合は確認のダイアログボックスが表示され、[削除]をクリックすると実行される	[レイヤー]メニューの[画像を統合]

※1 結合されたレイヤーは、選択しているレイヤーのなかで一番上のレイヤーの位置に一番上のレイヤー名となる。結合対象に表示されている背景レイヤーが含まれている場合、結合後は背景レイヤーとなる。

※2 option (Windows版は alt)キーを押しながらメニューを実行すると、もとのレイヤーは残り、結合された画像が新規のレイヤーとして作成される。

[レイヤーを結合]、[表示レイヤーを結合]、[画像を統合]すべてにおいて、テキストレイヤー、調整レイヤー、シェイプレイヤーなどを含んでいても画像レイヤーに変換される。上記のほかに、レイヤーを1つだけ選択している場合は[レイヤー]メニューに[下のレイヤーと結合]が表示される。シェイプレイヤーだけを複数選択している場合は[レイヤー]メニューに[シェイプレイヤーを結合]が表示され、実行すると結合後もシェイプレイヤーとなる。グループを1つ選択している場合は[レイヤー]メニューに[グループを結合]が表示され、実行するとグループが1つの画像レイヤーになる

ここも CHECK!

レイヤーのリンク

変形や移動時に複数のレイヤーを1つのレイヤーのように扱えるようにする機能を「レイヤーのリンク」といいます。レイヤーをリンクすると1つのレイヤーを選択するだけで、リンクしたレイヤーすべて同時に移動・変形できます。
リンクは[レイヤー]パネルでリンクさせたいレイヤーを選択し、[レイヤー]パネルの❶[レイヤーをリンク]ボタンをクリックします。リンクを解除するには、リンクを解除するレイヤーを1つ選択後、[レイヤー]メニューの[リンクしたレイヤーを選択]を実行してから、[レイヤーをリンク]ボタンをクリックします。

リンクしたレイヤーには❷リンクマークがつく。離れているレイヤーどうしや3つ以上のレイヤーでもリンクできる

レイヤーを整列する

レイヤー内の画像の不透明部分を、ほかのレイヤーと揃えることができます。上端や下端、右端、左端、中央といった揃え方のほかに、3つ以上のレイヤーがある場合は、均等配置や間隔を揃えることができます。

1. サンプルデータ「06-04-02」を開きます。[レイヤー]パネルで❶「車1」、「車2」、「車3」の3つのレイヤーを選択します。

2. [ツールバー]の❷[移動ツール]をクリックします。[オプションバー]で❸[水平方向中央揃え]ボタンをクリックします。これでレイヤーが水平方向中央に揃いました。

3. 続けて、[オプションバー]で❹[垂直方向に分布]ボタンをクリックします。画像と画像の間隔が均等に配置されます。

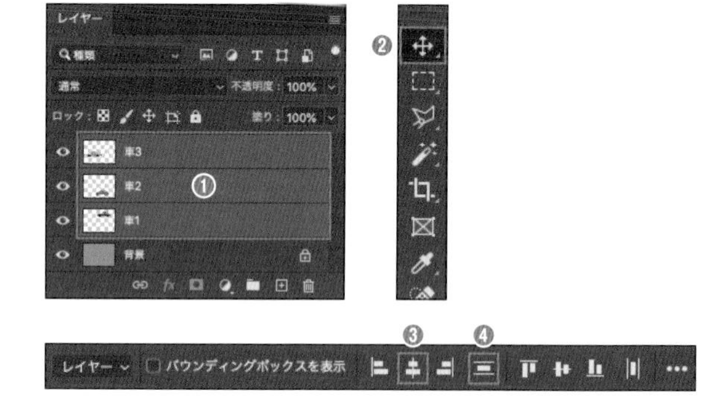

ここも CHECK!

整列の種類

❶[移動ツール]の[オプションバー]の[…]ボタンをクリックすると、整列のウィンドウが表示されます。このウィンドウにある❷[整列]の6つのボタンと❸[等間隔に分布]と2つのボタンは[移動ツール]の[オプションバー]に表示されている8つのボタン(初期設定の場合)と同じ機能です。
❸[等間隔に分布]と❹[分布]では、レイヤー画像の幅や高さが異なるレイヤーを整列したときに結果が異なります。
❺[整列]では[選択]と[カンバス]を指定できます。[選択]では、選択されているレイヤーだけが対象ですが、[カンバス]を選択するとカンバスも整列の対象になります(カンバスは動きません)。カンバス中央に配置したい場合などに使います。

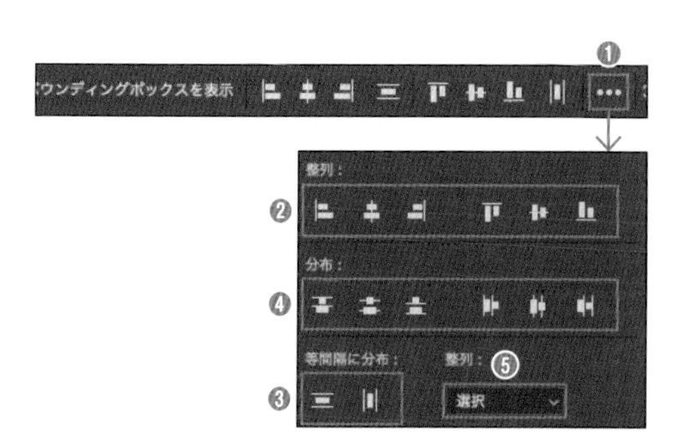

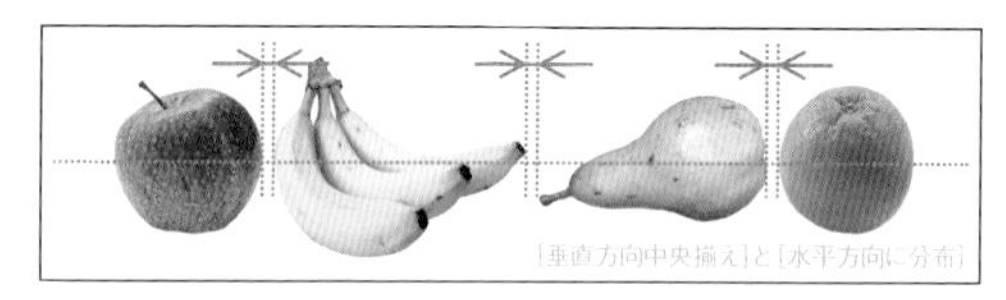

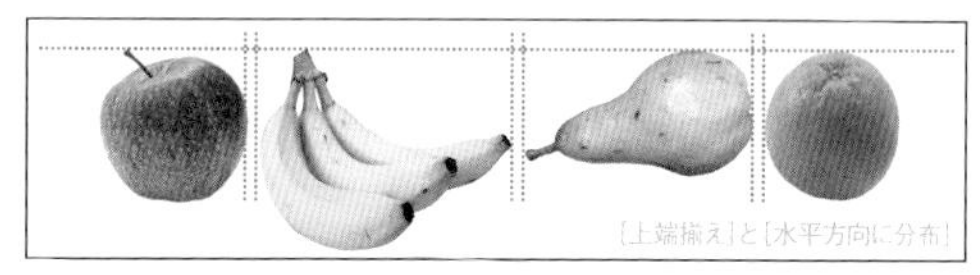

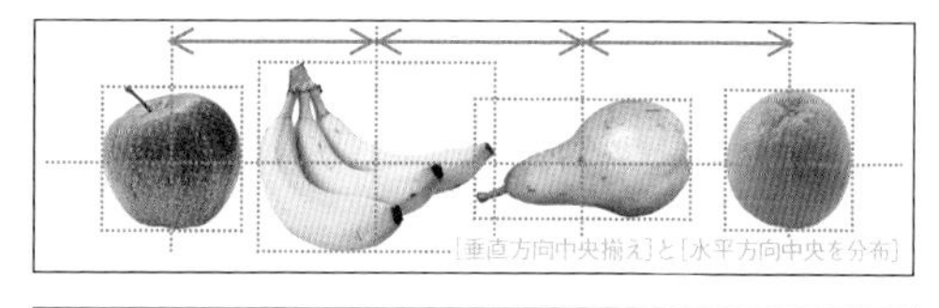

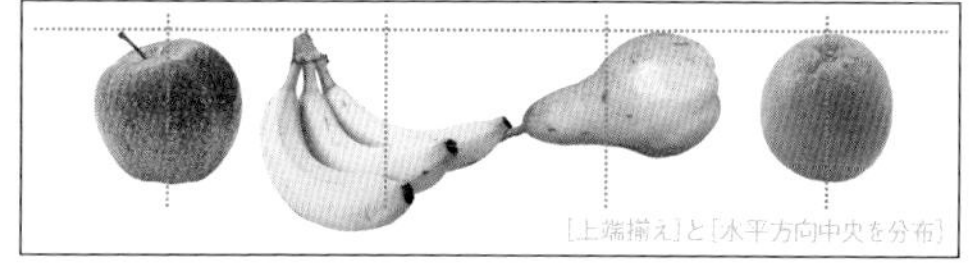

レイヤー画像の不透明部分の間隔を均一にする[等間隔に分布]の[水平方向に分布]を実行した結果(上からの2つの図)と、レイヤー画像の不透明部分の中央どうしの間隔を均一にする[分布]の[水平方向中央を分布]を実行した結果(下からの2つの図)の違い

【描画モード】
描画モードの使い方

Sample Data / 06-05

描画モードとは

[描画モード]では、下のレイヤーとどのように重ね合わせるかを設定します。さまざまな効果があり、多彩な表現ができる機能です。[レイヤー]パネルの❶をクリックして表示されるメニューで選択して設定します。

[描画モード]は27種類用意されている。設定したレイヤーの画像の明るさや色味と、それ以下にある画像の明るさや色味をもとにして、さまざまな結果が得られる

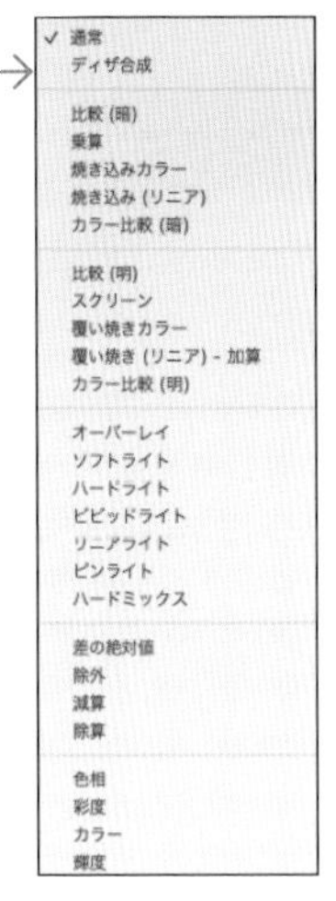

描画モードの違いを試してみる

「どのように重ね合わせるか」といってもわかりにくいので、とりあえず[描画モード]による違いを見てみましょう。

1 サンプルデータ「06-05-01」を開きます。この画像には❶2つのレイヤーがあります。

2 [レイヤー]パネルで「グラデーション」レイヤーを選択し、❷の[描画モード]を確認します。[通常]になっています。

3 ❷[描画モード]をクリックし、[焼き込みカラー]をクリックして選択します。

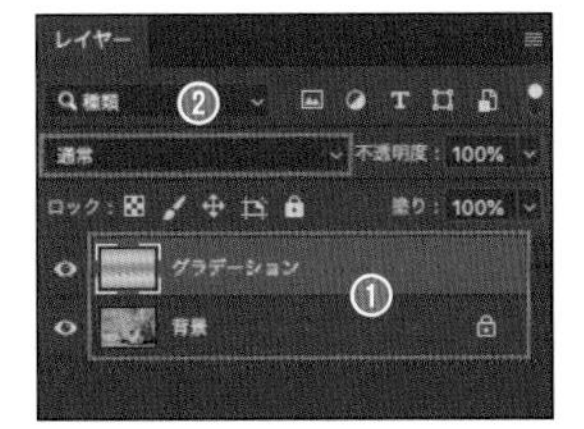

背景レイヤーだけを表示

「グラデーション」レイヤーを表示

2つのレイヤーを表示し、「グラデーション」レイヤーの[描画モード]を[焼き込みカラー]に設定した

2つのレイヤーを表示し、「グラデーション」レイヤーの[描画モード]を[カラー]に設定した

そのほかの[描画モード]にも変更し、さまざまなモードを試してみましょう。

[描画モード]は、[ブラシツール]などの描画時や、レイヤースタイルの設定においても使用されます。

描画モードによる効果

[描画モード]を使うと、さまざまな効果を出せます。ここでは、色補正の効果を出す使い方を紹介します。簡単に色補正できる方法です。

同じ画像を重ねた色補正

レイヤーを複製して同じ画像を重ね、上のレイヤーの[描画モード]を設定して補正します。

- 色を淡くするには … [スクリーン]
- 色を濃くするには … [乗算]
- コントラストを強めるには … [オーバーレイ]
- 色を強調するには … [ビビッドライト]

どのモードがよいかは画像によって変わります。上記以外も試して最適な[描画モード]を選んでください。

補正量は[不透明度]で調整します。[不透明度]が「100%」の状態よりさらに補正したい場合は、再度レイヤーを複製して重ねます。

> 複製したレイヤーの画像に対して色補正や[フィルター]を適用することで、さらに補正の幅が広がります。調整レイヤーの[描画モード]でも同じ画像を重ねた効果と同じ結果を得られるので、調整レイヤーの補正と合わせることでも補正の幅が広がります。

> [描画モード]を簡単に比較するには[レイヤー]パネルの[描画モード]をクリックし、Mac版ではメニューが表示された状態で(Windows版では[描画モード]の枠が青い状態で)、↑または↓キーを押します。

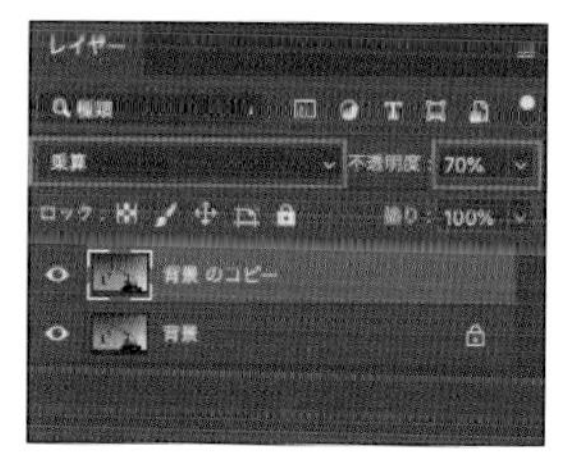

背景レイヤーを複製し、複製したレイヤーの[描画モード]を変更する。補正の強さは[不透明度]を使って調整する

元画像

[描画モード]:[乗算]、[不透明度]:「70%」。色が濃くなり全体的に暗い印象になる

[描画モード]:[オーバーレイ]、[不透明度]:「80%」。コントラストが強くなることでメリハリがつく

元画像

[描画モード]:[スクリーン]、[不透明度]:「100%」。色が淡くなり全体的に明るい印象になる

[描画モード]:[オーバーレイ]、[不透明度]:「50%」。彩度とコントラストが強くなることでメリハリがつく

[描画モード]:[ビビッドライト]、[不透明度]:「50%」。彩度とコントラストがさらに強くなる

元画像

[描画モード]:[スクリーン]、[不透明度]:「100%」と[描画モード]:[覆い焼き(リニア)-加算]、[不透明度]:「50%」の2つ重ねた。全体が明るくなる

塗りつぶしレイヤーと描画モード

画像に単色やグラデーションで塗りつぶされたレイヤーを重ね、[描画モード]と[不透明度]を設定することで、色かぶりを補正したり、イメージを変えたりする補正ができます。画像全体に効果を適用するには塗りつぶしレイヤーを使います。

[ベタ塗り]塗りつぶしレイヤーを重ねて[描画モード]と[不透明度]を調整する

元画像

ベタ塗りのカラー「R161、G143、B109」、[描画モード]：[カラー]、[不透明度]：「80%」。古い写真のようなイメージにできる

ベタ塗りのカラー「R118、G128、B91」、[描画モード]：[ハードミックス]、[不透明度]：「60%」。ポスタリゼーションのようにできる

元画像

重ねた[グラデーション]塗りつぶしレイヤー

[描画モード]：[ソフトライト]、[不透明度]は「100%」(左)、[描画モード]：[焼き込みカラー]、[不透明度]は「70%」(右)、元画像の色を残しつつグラデーションの色が効果を与えている

ここも CHECK!

描画モードの種類

[レイヤー]パネルの[描画モード]をクリックするとわかりますが、[描画モード]は27種類用意されています。設定したレイヤーの画像の明るさや色味と、それ以下にある画像の明るさや色味をもとにして、さまざまな結果が得られます。
それぞれの結果は実際に設定してみないとわかりませんが、目的別に大きく、❶「画像色味を変化させない」、❷「主に下の画像を暗く、色を濃くするため」、❸「主に下の画像を明るく、色を淡くするため」、❹「主に下の画像のコントラストを調整するため」、❺「画像の比較結果を得るため」、❻「画像の色相・彩度・輝度を入れ替える」の6つのグループに分かれます。目的に合わせて[描画モード]を試してみましょう。

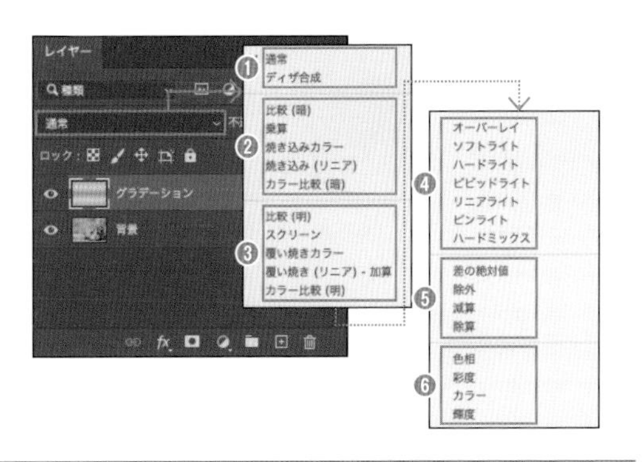

【レイヤースタイル】
レイヤースタイルの効果

Sample Data / 06-06

レイヤースタイルとは

「レイヤースタイル」は、立体感や光沢感を出したり、テクスチャをつけたりするなど、レイヤーに特殊な効果を与える機能です。
基本的にレイヤーの不透明部分と透明部分の境界を利用してスタイルを適用します。たとえばオブジェクトを立体的に見せたり、ドロップシャドウや光彩を付加したりすることができます（詳細はP.127の「レイヤースタイルの種類と効果」参照）。

レイヤースタイルを使ってみる

サンプルデータ「06-06-01」の文字をレイヤースタイルを使ってフチ文字に変更してみます。

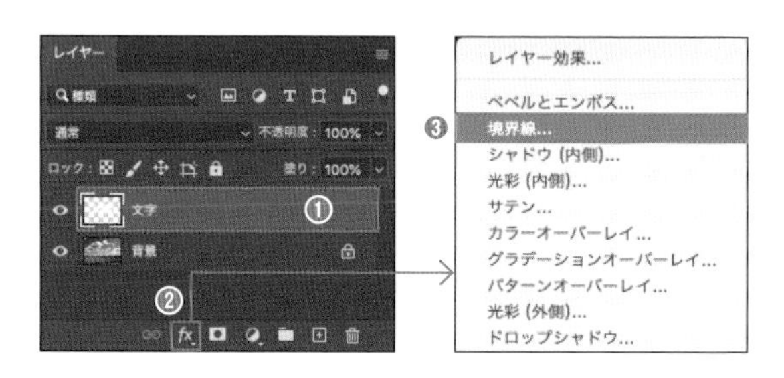

1 サンプルデータ「06-06-01」を開きます。[レイヤー]パネルで❶文字のレイヤーをクリックして選択します。❷[レイヤースタイルを追加]ボタンをクリックし、❸[境界線]をクリックします。

2 [レイヤースタイル]ダイアログボックスで、好みに設定します。作例では❹右図のように設定しています。設定したら[OK]をクリックします。

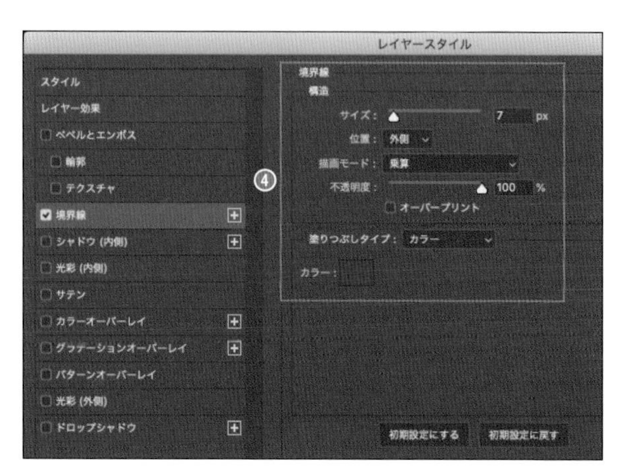

3 レイヤースタイルが適用されました。

設定を変更するには、[レイヤー]パネルで、レイヤーに追加された❺[境界線]をダブルクリックします。[レイヤースタイル]ダイアログボックスが表示されるので設定変更できます。

4 ［レイヤー］パネルで❻文字のレイヤーの［不透明度］を「0」%にします。

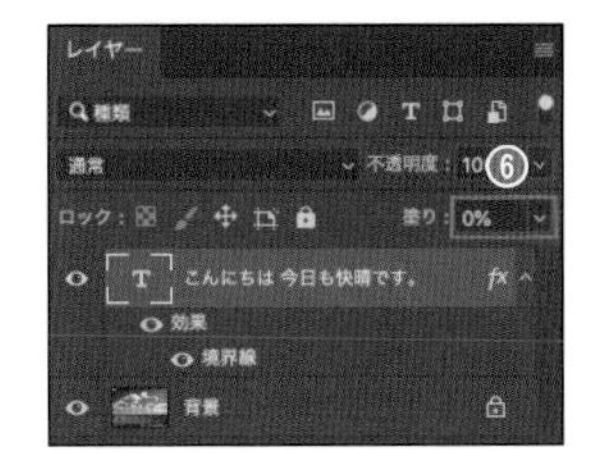

［不透明度］と［塗り］は似た効果ですが、レイヤースタイルがある場合は、結果が異なります。ここでは［塗り］を調整しましたが、［不透明度］を調整するとレイヤースタイルも淡くなります。［塗り］ではレイヤー画像だけ淡くなり、レイヤースタイルは残ります。

ほかにもさまざまなレイヤースタイルがありますので、いろいろ試してみましょう。さらに1つのレイヤーに複数のレイヤースタイルを設定することもできます。

ここも CHECK!

レイヤースタイルの種類と効果

レイヤースタイルには10種類あります。それぞれの効果を確認しておきましょう。

レイヤースタイルの種類と効果一覧

効果名	機能	例
ベベルとエンボス（P.255）	境界線部分で盛り上がるように見せて立体的にする。	ABC ABC
境界線（P.126）	境界線を描く。線は［カラー］（単色）、［グラデーション］、［パターン］から選べる	ABC ABC
シャドウ（内側）	境界線の内側に一定方向からの影をつけ、不透明部分が凹んだように見せる	ABC ABC
光彩（内側）	境界線の内側に沿ってまたは中央から光っているように見せる	ABC ABC
サテン	サテンのような光沢感を出す	ABC ABC
カラーオーバーレイ	不透明部分に単色を重ねる	ABC ABC
グラデーションオーバーレイ	不透明部分にグラデーションを重ねる	ABC ABC
パターンオーバーレイ	不透明部分にパターンを重ねる	ABC ABC
光彩（外側）	境界線の外側に沿って光るようなにじみをつける	ABC ABC
ドロップシャドウ（P.173）	レイヤーの不透明部分に影をつける	ABC ABC

レイヤースタイルの効果を確認する

レイヤースタイルで設定した効果を、表示／非表示を切り替えて確認します。

1 サンプルデータ「06-06-02」を開きます。「レイヤー」パネルで「今日も快晴です。」レイヤーをクリックして選択し、❶[効果]の目のアイコンをクリックします。レイヤースタイルの表示が消えます。❷同じ位置をクリックすると再び目のアイコンが表示され、レイヤースタイルも表示されます。

> [移動ツール]で文字を動かしてみましょう。どこに動かしても下の透けている画像は正しく表示されます。このことからも画像に影響がないことがわかります。

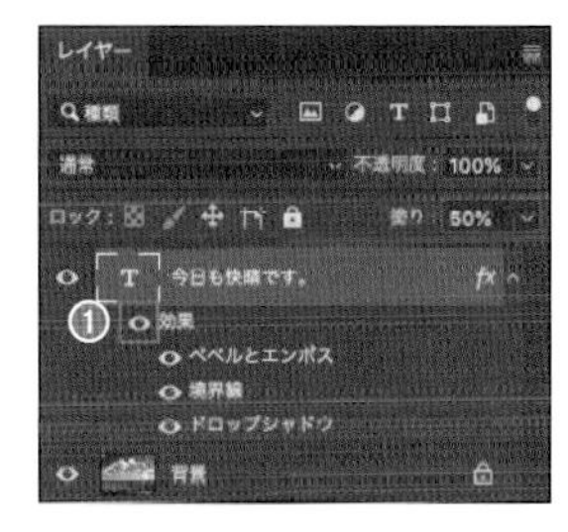

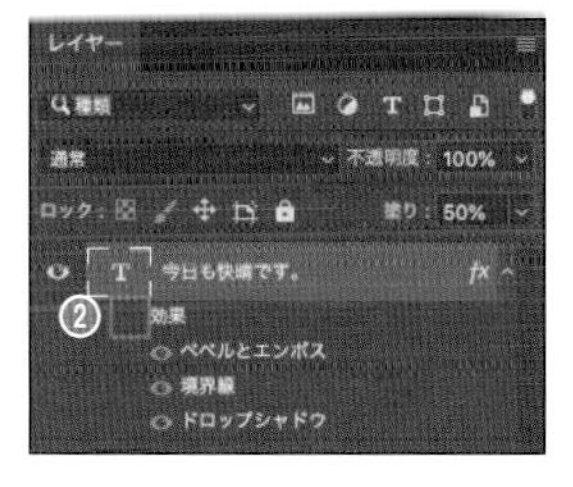

レイヤースタイルのすべてを非表示にした

すべてのレイヤースタイルを表示に戻し、❸をクリックして[ドロップシャドウ]だけを非表示にした

ここも CHECK!

レイヤースタイル関連の操作

レイヤースタイルの表示／非表示

[レイヤー]パネルでは、各レイヤーの下に適用したレイヤースタイルが表示されます。各スタイル左にある目のアイコンをクリックすると、スタイルごとに表示／非表示を切り替えられます。

レイヤースタイルのコピー／ペースト

レイヤースタイルの設定は、レイヤーからレイヤーにコピー・ペーストできます。

コピーは、コピー元のレイヤーを選択し、[レイヤー]メニューの[レイヤースタイル]→[レイヤースタイルをコピー]をクリックします。ペーストは、適用したいレイヤーを選択し、[レイヤー]メニューの[レイヤースタイル]→[レイヤースタイルをペースト]をクリックします。

レイヤースタイルを削除する

レイヤースタイルを削除するには、[レイヤー]メニューの[レイヤースタイル]→[レイヤースタイルを消去]をクリックします。

レイヤースタイルを画像に変換する

レイヤースタイルとレイヤー画像をまとめて1つの画像レイヤーに変換する場合は、[レイヤー]メニューの[ラスタライズ]→[レイヤースタイル]をクリックします。

レイヤースタイルだけ別の画像レイヤーに変換する場合は、[レイヤー]メニューの[レイヤースタイル]→[レイヤーを作成]をクリックします。この場合、もとのレイヤーに設定されていたレイヤースタイルは削除されます。

[包括光源を使用]とは

レイヤースタイルの[ベベルとエンボス]、[シャドウ(内側)]、[ドロップシャドウ]は、一定方向からの光によって生じるハイライトまたはシャドウによって立体感、遠近感を出します。これらのスタイルを併用する場合、光の角度を同じにすることで自然な立体感となります。[包括光源を使用]にチェックを入れたスタイルどうしでは、光の角度を同じに設定できます。

効果の拡大・縮小

[レイヤー]メニューの[レイヤースタイル]→[効果の拡大・縮小]では、スタイルの効果をまとめて広げる・狭めることができます(主に[サイズ]の設定が変化する)。

【塗りつぶしレイヤー】
塗りつぶしレイヤーの作成方法

Sample Data / 06-07

塗りつぶしレイヤーとは

「塗りつぶしレイヤー」は、[べた塗り]、[グラデーション]、[パターン]のいずれかで塗りつぶされたレイヤーです。通常、[描画モード]や[不透明度]で下の画像に効果を与えて使用します。

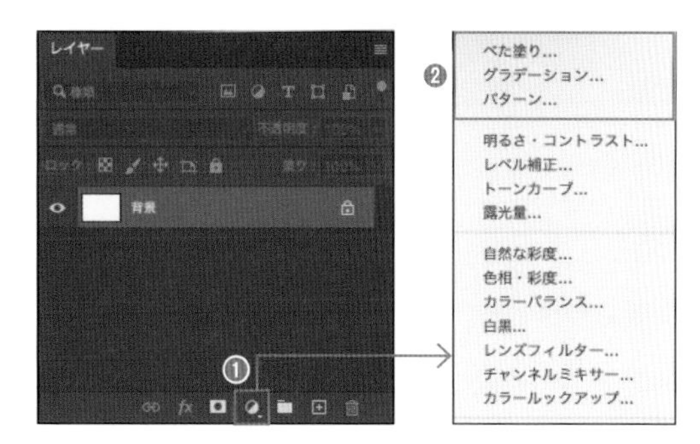

塗りつぶしレイヤーを作成する

[べた塗り]塗りつぶしレイヤーを作成します。

1 サンプルデータ「06-07」を開きます。[レイヤー]パネルで❶[塗りつぶしまたは調整レイヤーを新規作成]ボタンをクリックし、❷[べた塗り]をクリックします。

2 ❸[カラーピッカー(べた塗りのカラー)]で色を設定し、[OK]をクリックします(カラーピッカーの使い方はP.184参照)。

1の❷で[グラデーション]をクリックすると、[グラデーションで塗りつぶし]ダイアログボックスが表示されます。グラデーションを設定して[OK]をクリックすると、塗りつぶしレイヤーが作成されます(グラデーションについてはP.196参照)。

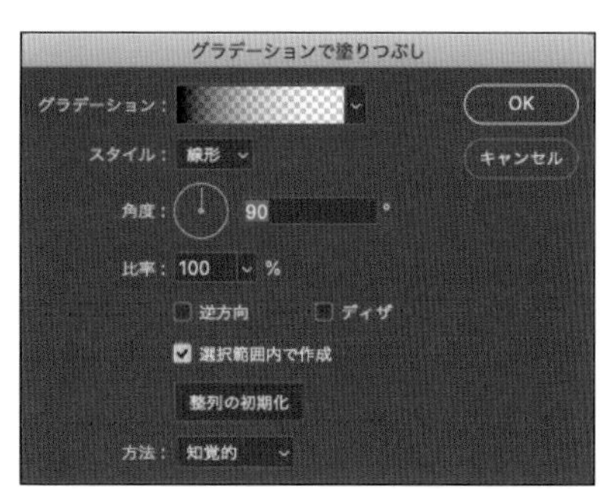

1の❷で[パターン]をクリックすると、[パターンで塗りつぶし]ダイアログボックスが表示されます。パターンを設定して[OK]をクリックすると、塗りつぶしレイヤーが作成されます(パターンの選択についてはP.194参照)。

塗りつぶしレイヤーと[描画モード]を使った補正効果はP.125を参照してください。

LESSON 06/08

【スマートオブジェクト】

スマートオブジェクトについて

Sample Data / 06-08

スマートオブジェクトとは

[スマートオブジェクト]とは、複数のレイヤー画像を別ファイルとして管理し、1つのレイヤーとして扱えるようにする機能です。[スマートオブジェクト]に適用したフィルターや色調補正の設定、変形などを情報として管理するため、設定や変形のやり直しが簡単にできます。

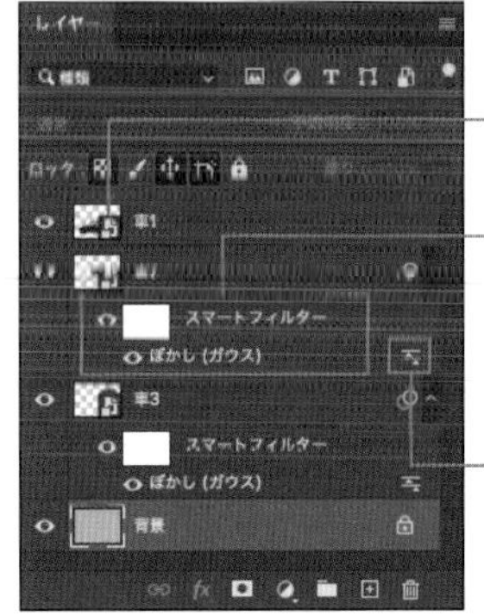

[スマートオブジェクト]に変換されていると、このマークがつく

[スマートオブジェクト]に色補正や[フィルター]を実行すると表示される。目のアイコンで、効果の表示／非表示を切り替えられ、各効果名をダブルクリックすると設定変更できる

各効果右端にあるこのマークをクリックするとダイアログボックスが表示され、効果に対し[不透明度]と[描画モード]を設定できる

スマートオブジェクトに変換する

1 サンプルデータ「06-08-01」を開きます。[レイヤー]パネルで、❶背景レイヤー以外の3つのレイヤーを選択します。

2 [レイヤー]メニューの[スマートオブジェクト]→[スマートオブジェクトに変換]をクリックします。[レイヤー]パネルで❷[スマートオブジェクト]に変換されたことがわかります。

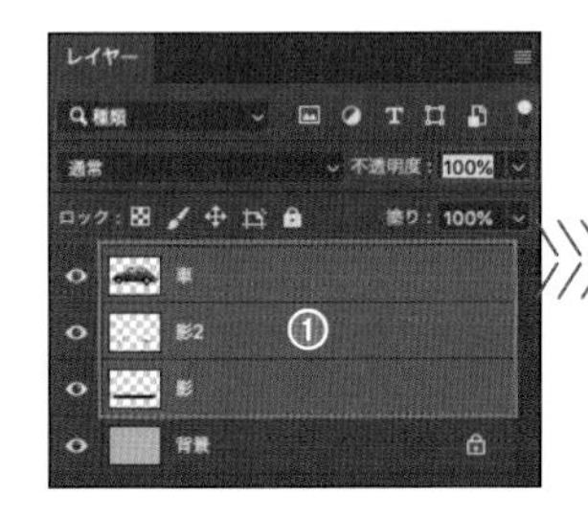

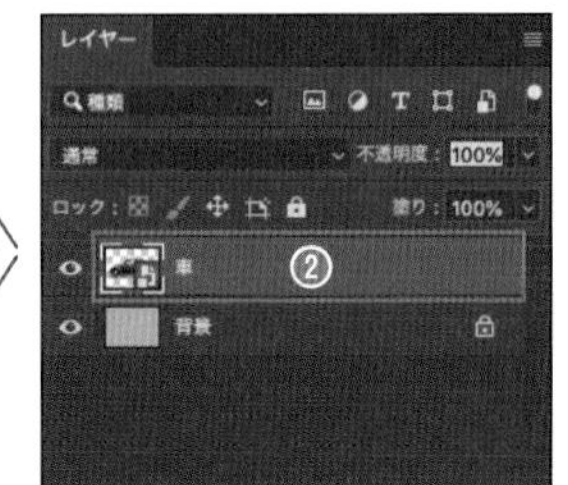

[スマートオブジェクト]も通常のレイヤー画像と同様に、重なり、名前などの変更、[描画モード]や[不透明度]、レイヤースタイルなどの設定ができます。変形やフィルターの適用などもできます。

ここも CHECK!

スマートオブジェクトの特徴

画像以外のレイヤーも含められる

複数の画像レイヤー、画像以外のレイヤーをすべてまとめて1つのレイヤーとして扱えるようになります。テキストレイヤーやシェイプレイヤーを含めて変換できるので、これらに対し通常は画像レイヤーに変換しないと実行できない機能、たとえば[フィルター]などを適用できます。

変形・補正・フィルターは情報として管理する

色補正や各種フィルターは、適用した種類と設定値が記録され、あとから設定値の変更、適用の削除などができます。変形は、何度も実行しても常に元画像から変形し直すため、画像の劣化を最小限に抑えられます。

同じ元画像で、複数の[スマートオブジェクト]を作成できる

[スマートオブジェクト]を通常のレイヤーと同様に複製すると、複製された[スマートオブジェクト]も、同じ元画像となります。これにより、元画像1つを修正すると、複製された[スマートオブジェクト]すべてが修正されます(次ページ参照)。

[スマートオブジェクト]を、[レイヤー]メニューの[スマートオブジェクト]→[スマートオブジェクトを複製]で複製すると、別の画像扱いになります。

スマートオブジェクトを試してみる

[スマートオブジェクト]に適用した[フィルター]の設定変更、[スマートオブジェクト]の内容変更を試してみましょう。合わせて[スマートオブジェクトを複製]と[レイヤーを複製]の違いを確認します。

1. サンプルデータ「06-08-02」を開きます。[レイヤー]パネルで❶レイヤー構成を確認します。

2. [レイヤー]パネルで「車2」レイヤーの❷[ぼかし(ガウス)]をダブルクリックします。

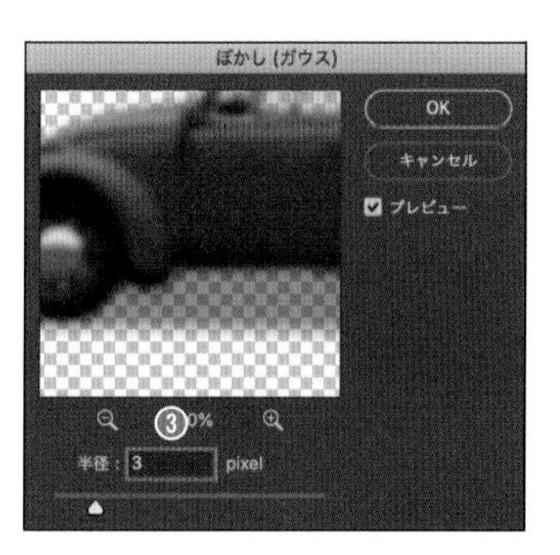

背景レイヤーを除くと、3つのレイヤーから構成されている。
「車2」レイヤーは「車1」レイヤーを[レイヤーを複製]機能を使って複製後、[変形]機能で縮小し、[フィルター]メニューの[ぼかし]→[ぼかし(ガウス)]を適用している。
「車3」レイヤーは「車1」レイヤーを[スマートオブジェクトを複製]機能を使って複製後、[変形]機能で縮小し、[フィルター]メニューの[ぼかし]→[ぼかし(ガウス)]を適用している

3. [ぼかし(ガウス)]ダイアログボックスで設定を変更します。ここでは❸[半径]を「3」pixelに変更しました。[OK]をクリックします。同様に「車3」レイヤーの[ぼかし(ガウス)]の設定を[半径]を「6」pixelに変更します。

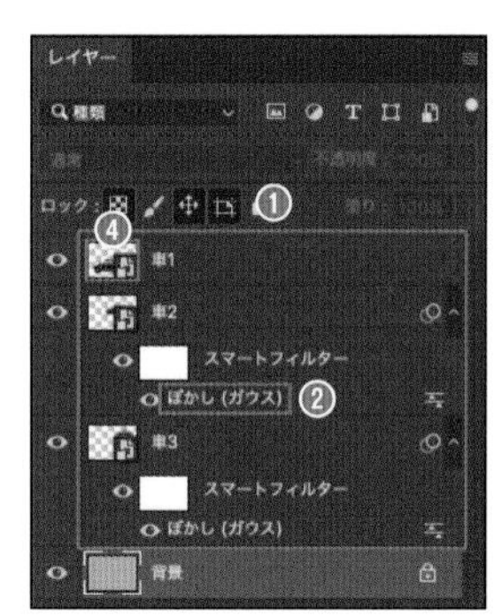

適用したフィルターの設定値を変更できることが[スマートオブジェクト]の特徴の1つです。

4. [レイヤー]パネルで「車1」レイヤーの❹レイヤーサムネールをダブルクリックします。別画像として管理されている[スマートオブジェクト]の内容が表示されます。

5. [レイヤー]パネルで❺「色相・彩度1」レイヤーを選択し、❻[プロパティ]パネルで[色相]を「+180」に変更します。[ファイル]メニューの[保存]、[ファイル]メニューの[閉じる]と続けて実行します。サンプルデータ「06-09-02」に戻ります。

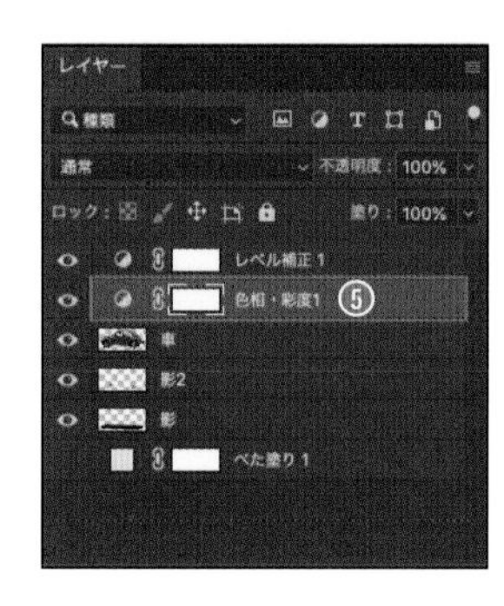

「車1」レイヤーの内容(ここでは色)を変更すると、[レイヤーを複製]機能を使って複製した「車2」レイヤーの内容(ここでは色)も変更されます。[スマートオブジェクトを複製]機能を使って複製した「車3」レイヤーの内容は変更されません。

LESSON 06/09

【移動、拡大・縮小、回転・反転、変形】

レイヤー画像を移動・変形する

Sample Data / 06-09

レイヤー画像を移動する

レイヤーの画像を移動するには、[移動ツール]を使います。対象レイヤーを指定してから実行します。

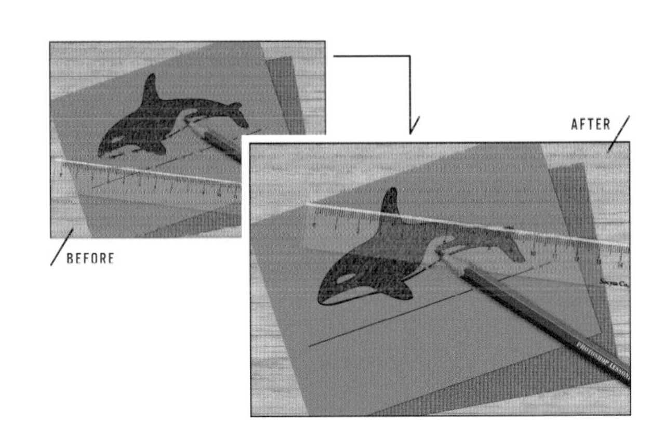

1 サンプルデータ「06-09-01」を開きます。[ツールバー]の❶[移動ツール]をクリックします。[レイヤー]パネルで❷「定規」レイヤーをクリックして選択します。

2 定規の画像をドラッグして移動します。

[移動ツール]の[オプションバー]で❸[自動選択]にチェックが入っている場合、レイヤーを選択しなくても直接画像のドラッグで移動できます。ただし、複雑にレイヤーが重なっている場合など、思わぬレイヤーを移動してしまうことがあるので注意しましょう。

レイヤー画像を反転・90°回転する

レイヤーの画像を反転・90°回転するには、メニューの機能を使います。対象レイヤーを指定してから実行します。

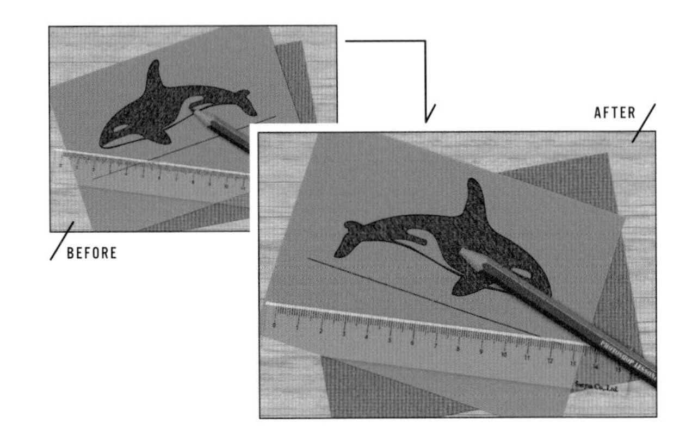

1 サンプルデータ「06-09-01」を開きます。[レイヤー]パネルで「青い紙」レイヤーをクリックして選択します。[編集]メニューの[変形]→[水平方向に反転]をクリックします。

90°または180°回転したい場合は、[編集]メニューの[変形]のサブメニューから選んで実行します。ドラッグで回転したい場合や、90°、180°以外の数値で指定したい場合は次ページを参照してください。

レイヤー画像を拡大・縮小する

レイヤーの画像は自由に拡大・縮小・回転できます。

1 サンプルデータ「06-09-02」を開きます。[ツールバー]の❶[移動ツール]をクリックします。[レイヤー]パネルで❷「黄パプリカ」レイヤーをクリックして選択します。

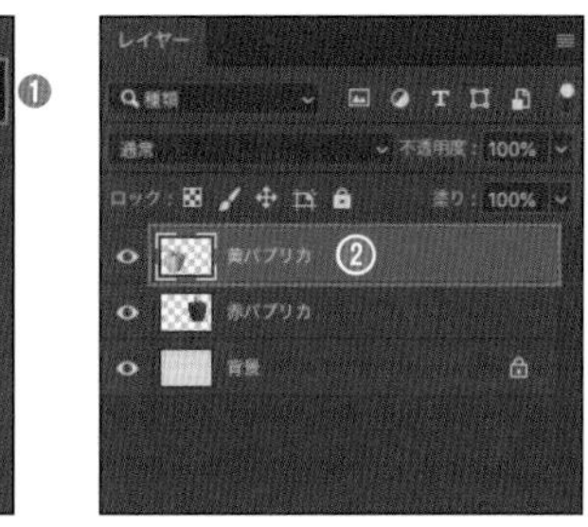

2 [編集]メニューの[自由変形]をクリックし、画像の黄色いパプリカをクリックします。

3 ❸バウンディングボックスのハンドル(□)や境界線をドラッグして拡大・縮小します。縦横比を保ったまま変形できます。マウスポインタをボックス外側に移動すると、❹ポインタが ⤸ のように変化し、ドラッグすると回転できます。❺バウンディングボックス内からドラッグすると移動できます。

4 サイズ、角度、位置が決まったら、[オプションバー]の[○]ボタンをクリックするか、return(Windows版は enter)キーを押して確定します。

[自由変形]は、[編集]メニューの[変形]→[拡大・縮小]と[回転]を、マウスポインタとバウンディングボックスの位置関係だけで実行できる機能です。初期設定ではドラッグによる拡大・縮小で縦横比を保った変形ができます。shift キーを併用すると縦横比を変えた拡大・縮小ができます(設定により shift キーの扱いが逆になります)。[移動ツール]の[オプションバー]でバウンディングボックスを表示にチェックを入れると、[移動ツール]でも同様に操作できます。

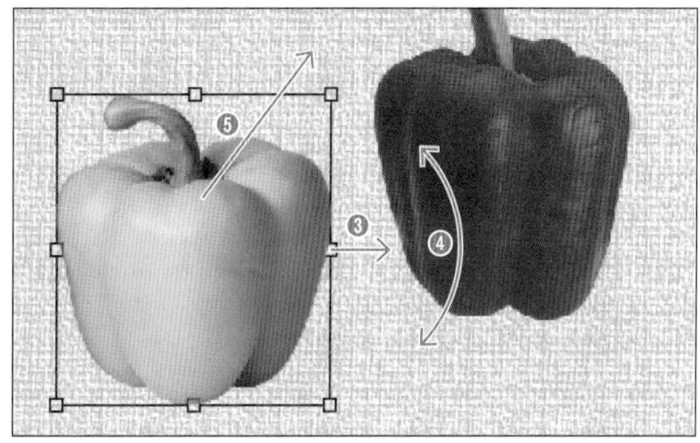

❸バウンディングボックスのハンドルや境界線をドラッグすると縦横比を保ったまま拡大・縮小できる。縦横比を変えたい場合は shift キーを押しながらドラッグする。❹バウンディングボックス外側でドラッグすると回転できる。このとき shift キーを押しながらドラッグすると、回転角度を15°の倍数に制限できる。❺バウンディングボックス内側からドラッグすると移動できる

ここも CHECK!

変形のオプションバー

[編集]メニューの[変形]にある[拡大・縮小]、[回転]、[ゆがみ]、[多方向に伸縮]、[遠近法]と、[編集]メニューの[自由変形]では、[オプションバー]に同じ項目が表示され、拡大・縮小・回転などが数値指定できます。

❶(W)と❷(H)で縦横それぞれを%で指定できます(単位を入力すればmm、pxなどでも指定できます)。❸がオンだと縦横比が固定されます。❹で回転角度(時計回りが正の値)を指定できます。

X: 262.00 px　Y: 435.50 px　❶W: 100.00%　❸　❷H: 100.00%　❹∠ 0.00 °　H: 0.00 °　V: 0.00 °　補間: バイキュービ…

レイヤー画像を自由な形に変形する

レイヤー画像を、ハンドルを移動して自由な形に変形できます。

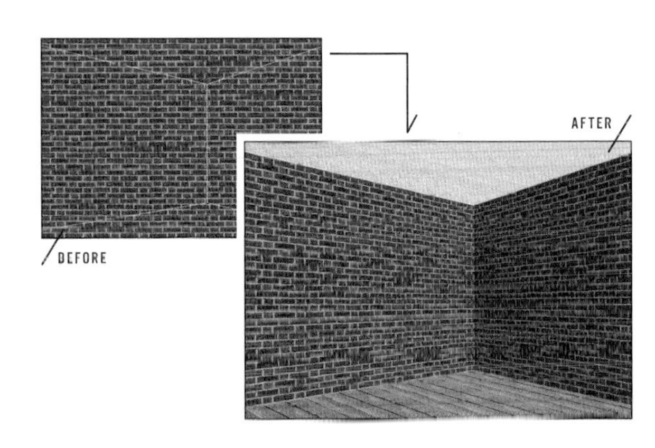

1 サンプルデータ「06-09-03」を開きます。[レイヤー]パネルで「レンガ壁」レイヤーをクリックして選択します。

2 [編集]メニューの[変形]→[多方向に伸縮]をクリックします。

3 表示される❶バウンディングボックス4隅のハンドル(□)をドラッグして自由に変形します。ここではパース線に合わせて変形します。

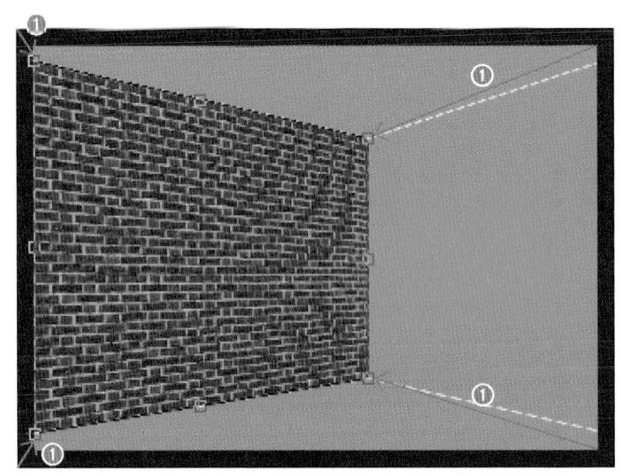

4 形が決まったら、[オプションバー]の[○]ボタンをクリックするか、return (Windows版は enter)キーを押して確定します。

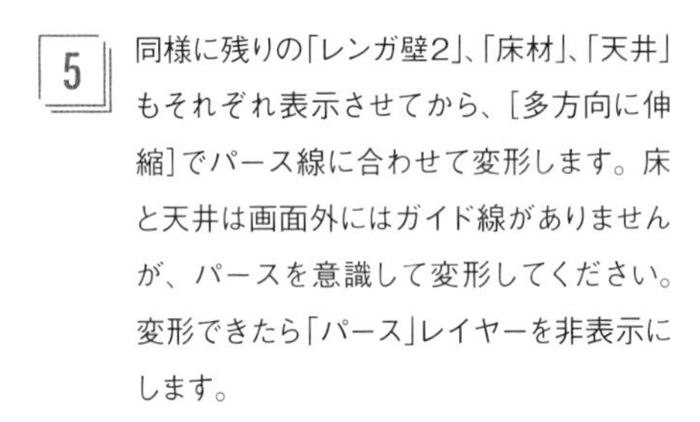

5 同様に残りの「レンガ壁2」、「床材」、「天井」もそれぞれ表示させてから、[多方向に伸縮]でパース線に合わせて変形します。床と天井は画面外にはガイド線がありませんが、パースを意識して変形してください。変形できたら「パース」レイヤーを非表示にします。

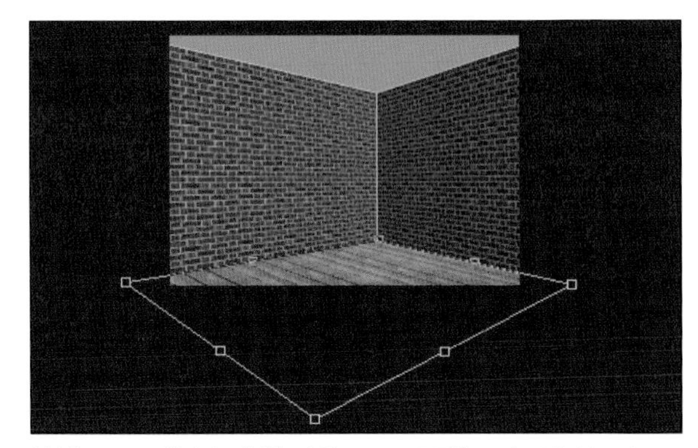

「床材」レイヤーを[多方向に伸縮]で変形している。画面外にはガイド線がないがパースを意識して変形する

ここも CHECK!

遠近法に則って変形する方法

パースを補正する方法には、ここで紹介した[編集]メニューの[変形]→[多方向に伸縮]のほかに、[編集]メニューの[変形]→[遠近法]、[編集]メニューの[遠近法ワープ]、[遠近法の切り抜きツール]、[レンズ補正]フィルター、[Camera Raw]フィルターなどの方法があります。
[レンズ補正]フィルターや[Camera Raw]フィルターは、ダイアログボックスで水平・垂直の遠近と角度を補正する機能です。[編集]メニューの[遠近法ワープ]も含めてこの3つは、写真のパースを補正するのに向いています。
このページの作例のように、別のレイヤーの画像にパースを合わせる場合は、[編集]メニューの[変形]→[多方向に伸縮]が使いやすいでしょう。

Ps

LESSON 07

選択範囲の作り方

LESSON 07/01

【選択範囲】

選択範囲の基礎知識

Sample Data / No Data

選択範囲とは

選択範囲は、部分的に補正や加工をするための重要な機能です。詳細な画像編集には必須なので、しっかり学びましょう。
選択範囲を指定しない場合、選択レイヤー全体が補正・加工の対象となりますが、選択範囲を作成すると、画像の一部だけ補正・加工できます。

帽子だけの選択範囲を作成すると帽子だけ色を自由に変更できる

りんごだけの選択範囲を作成すると背景を自由に変更できる

選択範囲の特徴

破線で表示される

選択範囲は、範囲の内外を境界線（破線）で表示します。白と黒の破線は、時計回りに回転しているように動いて見えます。選択範囲の内側が、補正・加工などの対象になります。

選択範囲は破線で表示される

ツールや機能を使って作成する

選択範囲は、主に専用ツールを使って作成します。選択範囲を作成するツールは多数用意されています。長方形や円の基本形状のツール、ドラッグした形で作成するツール、色を基準に近似色だけを選択するツール、オブジェクトを自動認識して選択するツールなどです。ツール以外にもメニューの機能、既存のレイヤーの不透明部分、パスなどを使って選択範囲を作成することができます。

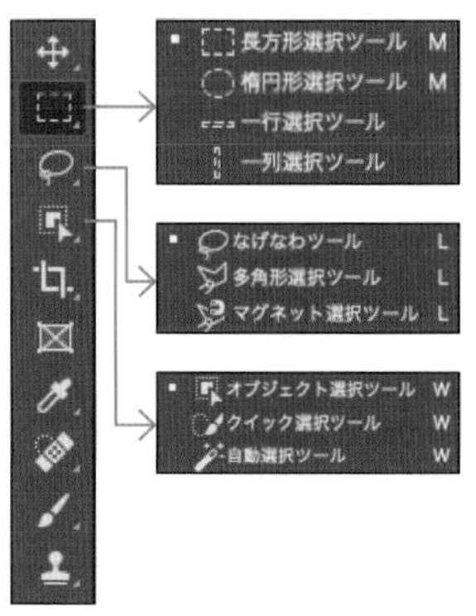

選択範囲を作成するツール（選択関連ツール）

自由な形に作成できる

選択範囲は自由な形状で作成できます。**被写体の形状に合わせた複雑な選択範囲も作成できます**。

✣ 四角形・円の選択範囲を作成する ⇨ P.138
✣ フリーハンドで選択範囲を作成する ⇨ P.142
✣ 近しい色の範囲を選択する ⇨ P.143
✣ 自動系ツールで選択範囲を作成する ⇨ P.144
✣ メニューの機能で選択範囲を作成する ⇨ P.148

コーヒーカップだけの選択範囲(左)とコーヒーカップにソーサーも含めた選択範囲(右)。ツールを使えば簡単に被写体に合わせた選択範囲も作成できる

選択範囲は修正できる

作成した選択範囲は、**追加、一部削除、範囲の変形や加工などを実行して修正できます**。さらに、[クイックマスクモード]や[選択とマスク]を使うと画像のように修正できます。

✣ 選択範囲を追加・一部削除する ⇨ P.140
✣ 選択範囲を加工・修正する ⇨ P.150
✣ 選択範囲を細かく調整する ⇨ P.156

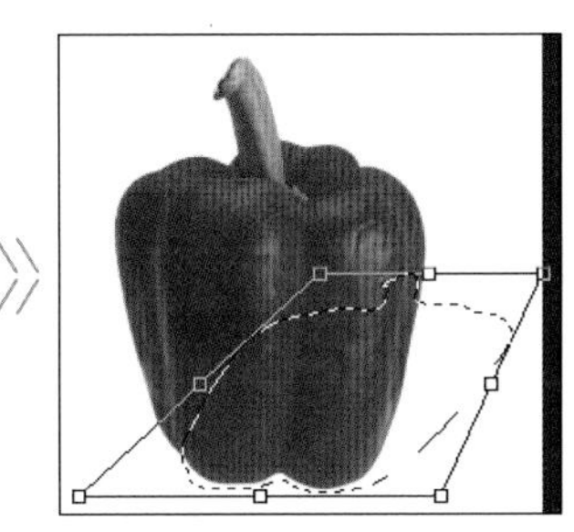

作成した選択範囲を変形している

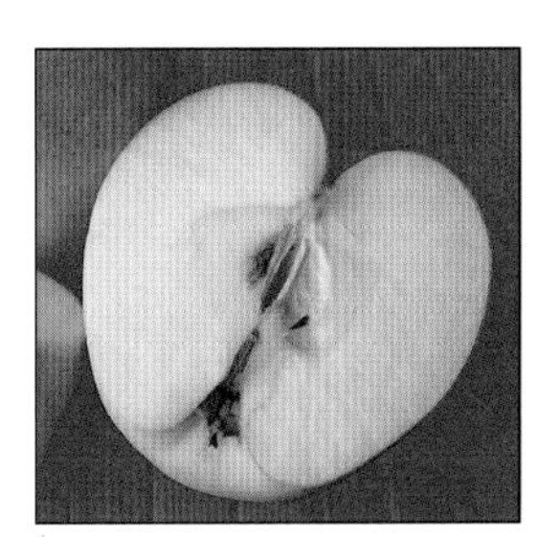

選択範囲を[クイックマスクモード](右)にすると、選択範囲を画像のように修正できる

選択範囲を解除すると残らない

作成した選択範囲は簡単に解除できます。**一旦解除すると、[取り消し]や[ヒストリー]以外では戻せなくなります**。つまり、選択範囲は画像のように残るものではありません。

✣ 選択範囲を解除 ⇨ P.139

選択範囲は保存できる

作成した**選択範囲は保存できます**。複雑な選択範囲は作成するのが大変です。必要に応じて保存することで同じ選択範囲を再利用できます。保存した選択範囲は、[チャンネル]パネルで管理されます。

✣ 選択範囲を保存 ⇨ P.154

保存した選択範囲は、[チャンネル]パネルで管理される

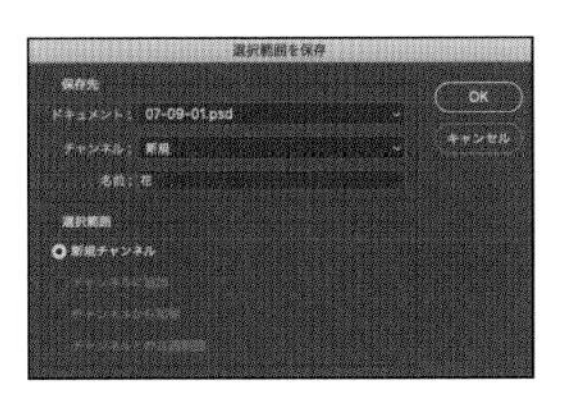

選択範囲を保存するためのダイアログボックス。[名前]を自由に指定できる

LESSON 07/02

【長方形選択ツール、楕円形選択ツール、すべてを選択】

四角形・円の選択範囲を作成する

Sample Data / 07-02

基本形状の選択範囲

選択範囲は自由な形状で作成できますが、はじめに基本形状となる、長方形や円形状の選択範囲を作成する方法を紹介します。長方形や円(正円や楕円)の選択範囲を作成するためのツールが用意されています。

長方形の選択範囲を作成するには[長方形選択ツール]、円の選択範囲を作成するには[楕円形選択ツール]を使う。この2つのツールは、[ツールバー]の上から2つ目の同じグループ内にある。アイコンの長押しで表示されるメニューで使用するツール名をクリックする

長方形の選択範囲を作成する

1 サンプルデータ「07-02」を開きます。❶[長方形選択ツール]をクリックします。

2 ❷選択範囲の対角線を描くようにドラッグします。

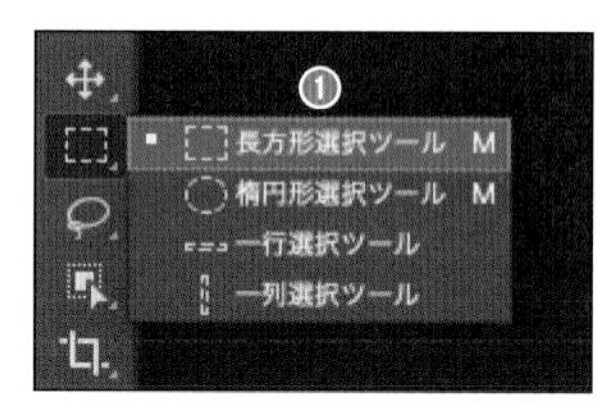

楕円の選択範囲を作成する

1 サンプルデータ「07-02」を開きます。❶[楕円形選択ツール]をクリックします。

2 作成したい楕円を含む最小の矩形範囲の対角線を描くようにドラッグします。

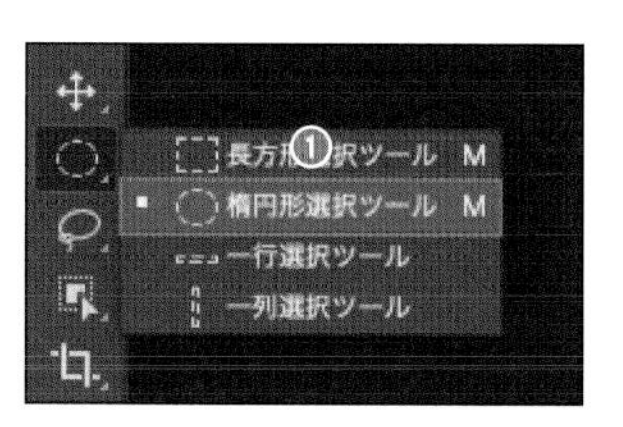

楕円を含む最小の矩形

ドラッグ開始後に shift キーを押すと、[長方形選択ツール]は正方形、[楕円形選択ツール]は正円の選択範囲になります。ドラッグ終了後にキーを放します。ドラッグ開始後に option キーを押すと、ドラッグ開始点が中心の選択範囲になります。

すべての選択範囲を作成する

意外に頻繁に使用するのが[すべてを選択]です。カンバスサイズすべての選択範囲を作成します。

1 サンプルデータ「07-02」を開きます。[選択範囲]メニューの❶[すべてを選択]をクリックします《⌘+A》。

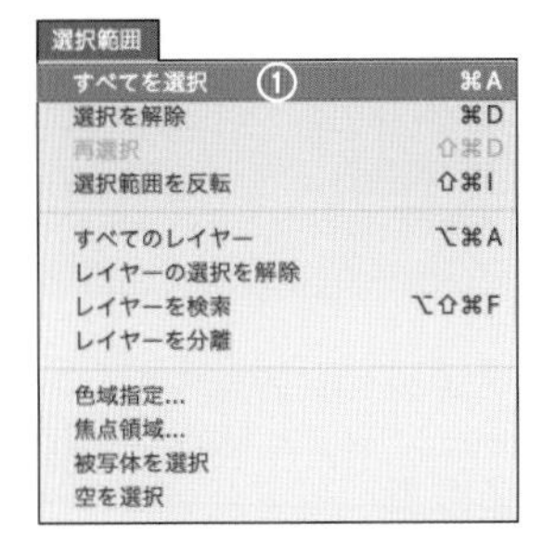

画像のカンバスサイズすべての選択範囲が作成される

選択範囲を解除する

作成した選択範囲は簡単に解除できます。

1 サンプルデータ「07-02」を開きます。❶[長方形選択ツール]をクリックし、❷自由に選択範囲を作成します。

2 [オプションバー]で❸[新規選択]になっていることを確認し、画像内でクリックします(選択範囲の内側外側どちらでもかまいません)。選択範囲が解除されます。

3 再び選択範囲を作成します。選択関連以外のツール、ここでは❹[移動ツール]をクリックします。

4 選択関連以外のツールの場合は、[選択範囲]メニューの[選択を解除]を実行します《⌘+D》。

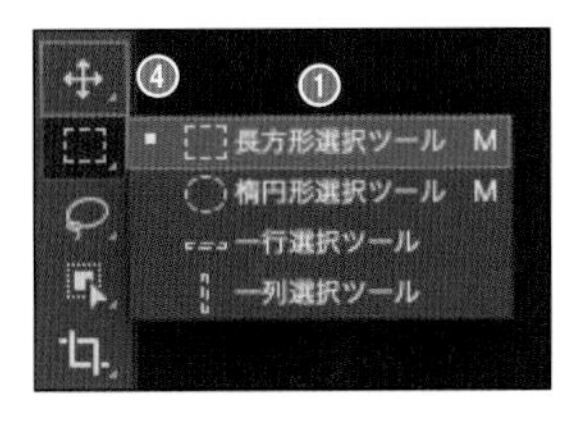

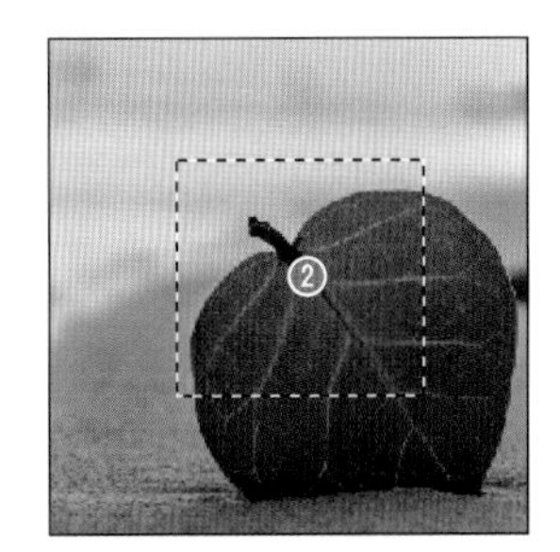

2のように選択関連ツールで画像内をクリックすると、選択範囲は簡単に解除されてしまいます。選択関連ツールで不用意にクリックしないように注意しましょう。選択関連以外のツールの場合は画像内をクリックで解除できないので、メニューの機能を利用します。
解除してしまった直後は⌘+Zで戻せます。また選択範囲の解除後に選択関連機能を使っていない場合は、[選択範囲]メニューの[再選択]でも戻せます。

ここも CHECK!

変形値の表示

[長方形選択ツール]、[楕円形選択ツール]、[移動ツール]をはじめ、移動や変形をともなうツールや機能では、マウスポインタ周辺(初期設定ではポインタ右上)に❶[変形値]が表示されます。[変形値]はドラッグでマウスポインタを移動した水平と垂直の距離で、単位は定規(P.062)で設定している単位です。
変形値については、[環境設定]ダイアログボックスの[ツール]にある❷[変形値を表示]で[常にオフ]やマウスポインタとの位置関係を設定できます。

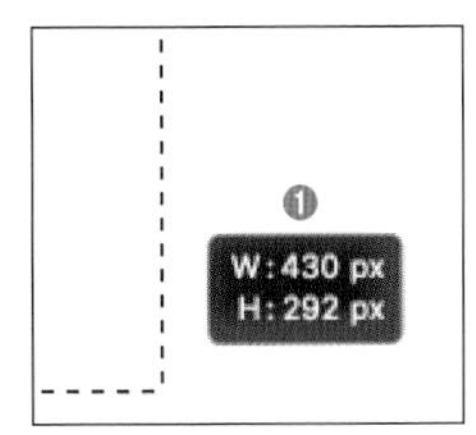

マウスポインタ右上に表示される設定値

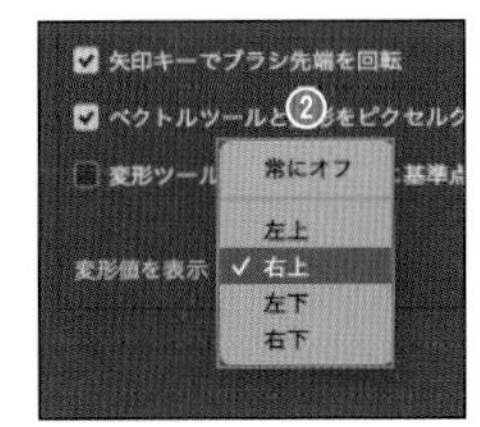

[環境設定]ダイアログボックスの[変形値を表示]の設定

07/03 LESSON

【選択範囲の追加、一部削除、共通範囲】

選択範囲を追加・一部削除する

Sample Data / 07-03

選択範囲の追加と一部削除

選択範囲関連ツールで選択範囲を作成する場合、大まかな選択範囲を作成後、範囲を追加しながら目的の選択範囲を作成することもよくあります。そのため、「選択範囲の追加」もきちんと覚えておきましょう。

選択範囲の追加・一部削除・共通範囲を切り替える[オプションバー]の設定。この4つのボタンを切り替えて操作するのが基本だが、本文ではより実践的なキーの併用による選択範囲の追加・削除・共通部分を紹介している

選択範囲を追加選択する

既存の選択範囲に追加選択する場合は shift キーを併用します。

1. サンプルデータ「07-03」を開きます。❶[長方形選択ツール]をクリックします。[オプションバー]で❷[新規選択]になっていることを確認し、❸ドラッグで任意の選択範囲を作成します。

2. ❹ shift キーを先に押し、そのままドラッグを開始します。ドラッグを開始したらキーを放し、適当な位置までドラッグします。

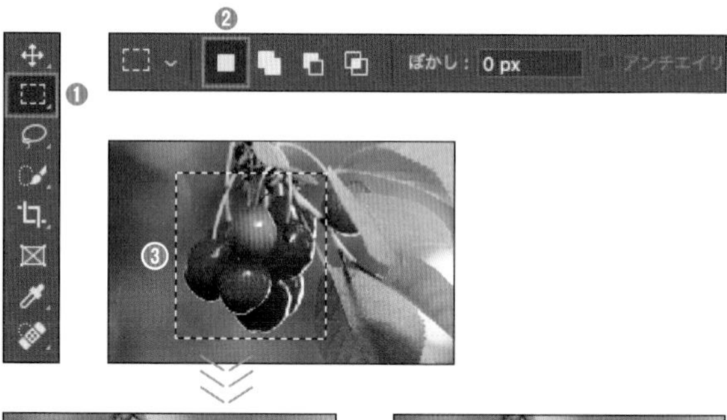

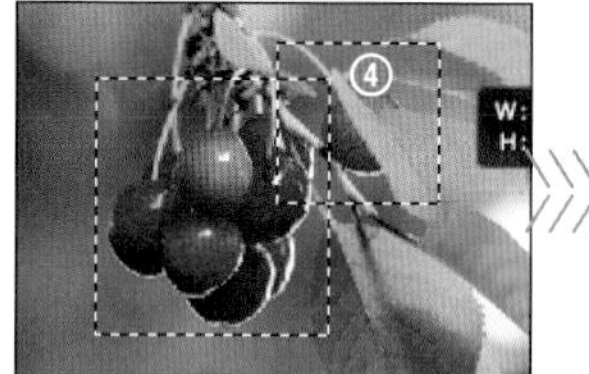

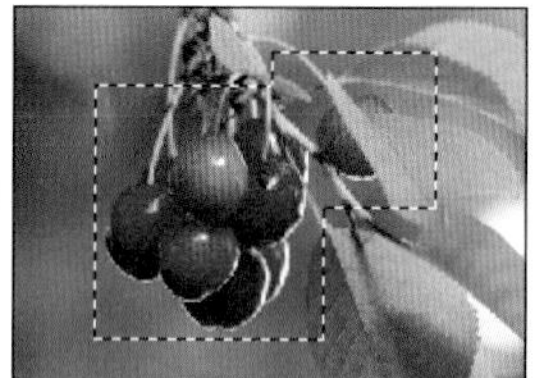

既存の選択範囲にあとから作成した範囲が追加された

選択範囲から一部削除する

既存の選択範囲から一部削除する場合は option (Windows版は alt)キーを併用します。既存の選択範囲からあとから作成する選択範囲が重なる部分が削除されます。

1. サンプルデータ「07-03」を開きます。❶[長方形選択ツール]をクリックし、❷ドラッグで任意の選択範囲を作成します。

2. ❸ option (Windows版は alt)キーを先に押し、そのままドラッグを開始します。ドラッグを開始したらキーを放し、適当な位置までドラッグします。

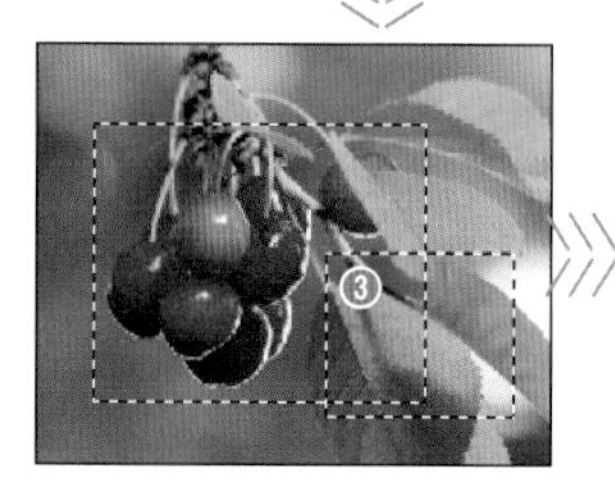

既存の選択範囲からあとから作成した範囲が削除された

共通範囲の選択範囲を作成する

既存の選択範囲と共通部分の選択範囲を作成する場合は、shift + option キーを併用します。

1 サンプルデータ「07-03」を開きます。[楕円選択ツール]をクリックします。[オプションバー]で[新規選択]になっていることを確認し、❶ドラッグで任意の選択範囲を作成します。

2 ❷ shift と option キーを先に押し、そのままドラッグを開始します。ドラッグを開始したらキーを放し、適当な位置までドラッグします。

既存の選択範囲とあとから作成した範囲の共通範囲が選択範囲になった

ここも CHECK!

追加・一部削除・共通範囲のキー操作の確認方法

shift キーや option (Windows版は alt)キーを併用した選択範囲の追加・一部削除・共通範囲は、ほとんどの選択関連ツールで有効です。[オプションバー]で切り替えることもできますが、キー+マウス操作のほうが効率よく操作できます。キーを併用する操作においてほとんどは、shift、option、⌘、control、スペース(Windows版は shift、alt、ctrl、スペース)のいずれかです。何キーを押すか迷った場合は、まずはキーを押してみます。選択範囲においては、マウスポインタ右下に[+]、[−]、[×]の各マークが表示されるのでこれを確認しましょう。

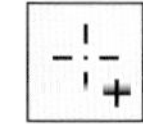

追加:選択関連ツールで shift キーを押すと、マウスポインタ右下に[+]マークが表示される

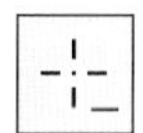

一部削除:選択関連ツールで option キーを押すと、マウスポインタ右下に[−]マークが表示される

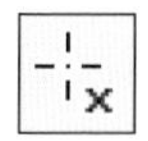

共通範囲:選択関連ツールで shift + option キーを押すと、マウスポインタ右下に[×]マークが表示される

ここも CHECK!

オプションバーで追加・一部削除・共通範囲を切り替える

選択範囲の追加・一部削除・共通範囲は、[オプションバー]で切り替えることもできます。下図は[楕円形選択ツール]の[オプションバー]ですが、ほかの選択関連ツールでも同様のオプション設定ができます([クイック選択ツール]では共通範囲がありません)。
[オプションバー]で切り替えた場合はツールによる操作が終わったら、その後の操作のために[新規選択]に戻しておくようにしましょう。

❶[新規選択]
既存の選択範囲を解除して、新規に選択範囲を作成します。
❷[選択範囲に追加]
shift キー併用と同じ効果です。
❸[現在の選択範囲から一部削除]
option キー併用と同じ効果です。
❹[現在の選択範囲との共通範囲]
shift + option キー併用と同じ効果です。

❶ ❷ ❸ ❹ ぼかし: 0 px　アンチエイリアス　スタイル: 標準　幅:　高さ:　選択とマスク...

07 LESSON 04

【なげなわツール、多角形選択ツール】

フリーハンドで選択範囲を作成する

Sample Data /07-04

フリーハンドで選択範囲を作成するツール

フリーハンドで選択範囲を作成するツールには、ドラッグした軌跡がそのまま選択範囲になる[なげなわツール]と、クリックした位置を頂点とする多角形の選択範囲を作成する[多角形選択ツール]があります。

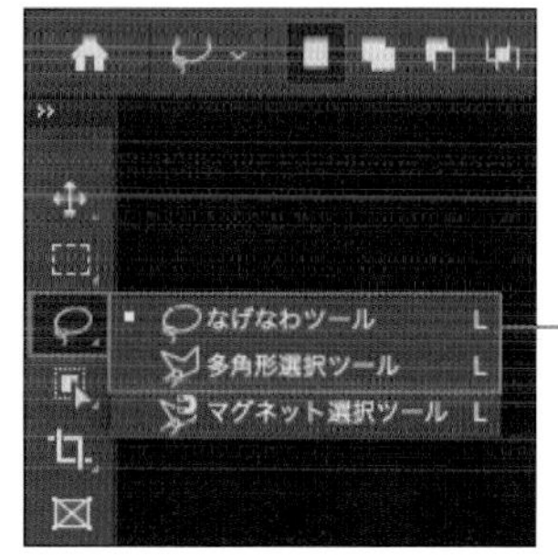

フリーハンドで選択範囲を作成する[なげなわツール]と[多角形選択ツール]は、[ツールバー]の上から3つ目の同じグループ内にある。アイコンの長押しで表示されるメニューで使用するツール名をクリックする

自由な形状の選択範囲を作成する

[なげなわツール]では、ドラッグした軌跡がそのまま選択範囲になります。

1 サンプルデータ「07-04」を開きます。❶[なげなわツール]をクリックします。

2 ❷画像上でドラッグします。ドラッグした軌跡がそのまま選択範囲の境界線となり、❸ドラッグ開始点と終了点を直線で結んだ選択範囲が作成されます。

[なげなわツール]は option キーを押している間は[多角形選択ツール]、[多角形選択ツール]は option キーを押している間は[なげなわツール]として操作できます。

多角形の選択範囲を作成する

[多角形選択ツール]では、クリックした位置を頂点とする多角形の選択範囲を作成します。

1 サンプルデータ「07-04」を開きます。❶[多角形選択ツール]をクリックします。

2 ❷画像上でクリックします。クリックした位置と次にクリックした位置を直線で結んだ選択範囲が作成されます。最後の頂点をダブルクリックするか、 enter キーを押して確定すると選択範囲になります。

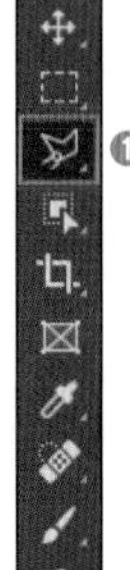

[多角形選択ツール]で、直前のクリックした位置だけやり直す場合は delete キーを押します。はじめからやり直す場合は esc キーを押します。

LESSON 07/05

【色域指定】

近しい色の範囲を選択する

Sample Data / 07-05

色域指定とは

［色域指定］は、特定の色の近似色部分を選択範囲とする機能です。許容値を調整しながら最適な選択範囲を作成できます。

選択範囲
すべてを選択 ⌘A
選択を解除 ⌘D
レイヤーを分離
色域指定...
焦点領域...
被写体を選択
空を選択

近似色の選択範囲を作成する

1 サンプルデータ「07-05」を開きます。［選択範囲］メニューの［色域指定］をクリックします。

2 ［色域指定］ダイアログボックスで❶［選択］を［指定色域］に設定します。❷［許容量］はとりあえず「50」前後とします。❸画像にマウスポインタを重ねると🖊になるので、選択範囲にしたい色部分でクリックします。❹［選択範囲のプレビュー］で選択範囲を見やすい設定に変更します。ここでは［黒マット］に設定しました。

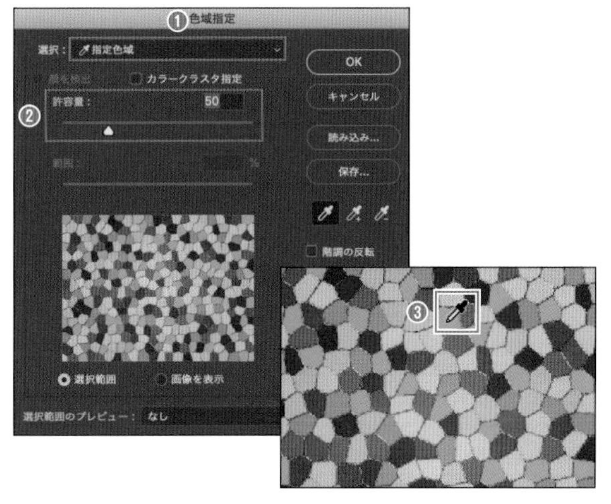

3 追加選択は、❺をクリックしてから画像上で追加したい色をクリックします。また、［許容値］のスライダーを動かして調整します。希望の範囲になったら［OK］をクリックすると選択範囲が作成されます。

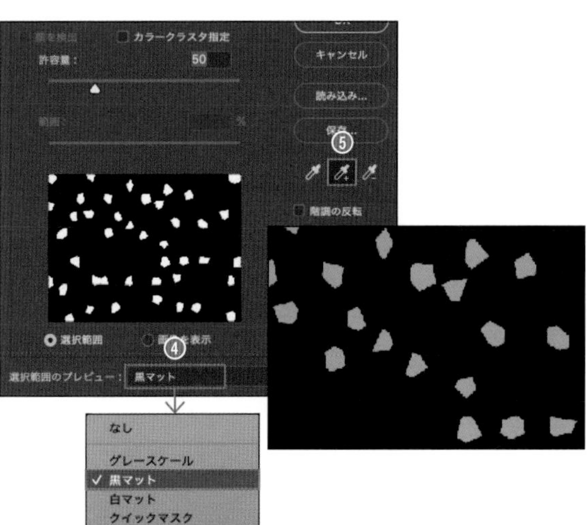

［色域指定］ダイアログボックス内にあるプレビューよりも、［選択範囲のプレビュー］をみやすい方法に変更しながらのほうが確認しやすいでしょう。

［カラークラスタ指定］は、色サンプルとしてクリックした位置と距離が近い同色部分を対象とし、遠い位置は選択範囲に含まれなくなります（［範囲］で調整できます）。

［選択］で［スキントーン］を指定すると、人肌に近い色の選択範囲を作成できます。画像によっては［顔を検出］にチェックを入れると、より正確に選択できます。

LESSON 07/06

【オブジェクト選択ツール、自動選択ツール、クイック選択ツール】

自動系ツールで選択範囲を作成する

Sample Data / 07-06

輪郭を自動的に選択するツール

明るさや色の違いで輪郭に沿った選択範囲を簡単に作成するツールには、[オブジェクト選択ツール]、[クイック選択ツール]、[自動選択ツール]の3種類があります。

[オブジェクト選択ツール]、[クイック選択ツール]、[自動選択ツール]の3種類は、[ツールバー]の上から4つ目の同じグループ内にある。アイコンの長押しで表示されるメニューで使用するツール名をクリックする

オブジェクト選択ツールで選択する

はじめに[オブジェクト選択ツール]を試してみましょう。

1 サンプルデータ「07-06-01」を開きます。❶[オブジェクト選択ツール]をクリックします。❷[オプションバー]の[オブジェクトファインダー]にチェックを入れ、❸[すべてのオブジェクトを表示]をオフにします。❹[オブジェクトファインダーの更新]の回転が終わるまで待ちます。

2 ❺画像上にマウスポインタを移動します。オブジェクトとして認識している画像にポインタを重ねると、青色がオブジェクトに重なって表示されます。選択対象のオブジェクトに青色が表示されたらクリックします。これで選択範囲が作成されます。

マウスポインタの位置によって青色が重なるオブジェクトが変わる

必要であれば、shift や option キーを押しながらの追加、一部削除、共通範囲による選択範囲の変更もできます。

選択対象のオブジェクト上でクリックすると選択範囲が作成される。右図は shift キーを押しながらクリックで追加した

[オプションバー]の[オブジェクトファインダー]のチェックを外すと、対象のクリックでは選択できなくなります。この場合、[オプションバー]の[モード]で指定した方法(初期設定では[長方形ツール])で対象とするオブジェクトを囲むように指定すると選択範囲を作成できます。

[オブジェクトファインダーの更新]が回転している時間や対象をクリック後の選択範囲の作成は、使用するパソコン環境や画像によって時間がかかる場合があります。また、認識しているオブジェクトに重なって色が表示されるオーバーレイ機能は、使用するパソコン環境によって機能しないことがあります。

オブジェクト選択ツールで人物を選択する

髪の毛など簡単に選択できない部分を含む人物の選択範囲を、[オブジェクト選択ツール]で作成してみましょう。

1 サンプルデータ「07-06-02」を開きます。[オブジェクト選択ツール]をクリックします。[オプションバー]の設定は、前ページの設定と同じにします。

女の子にマウスポインタを重ねてオブジェクトとして認識していることを確認する

ギターにマウスポインタを重ねてオブジェクトとして認識していることを確認する

2 ❶女の子にマウスポインタを重ねると、ギターやストラップの一部を含まないオブジェクトとして認識していることがわかります。❷ギターにポインタを重ねるとギターは別オブジェクトとして認識しています。❸背中に出ているストラップにポインタを重ねると、ここはオブジェクトとして認識していないことがわかります。

ストラップの一部にマウスポインタを重ねてオブジェクトとして認識していないことを確認する

ストラップの一部は、大まかにドラッグで囲んで指定する

3 女の子上でクリック、続けて shift キーを押しながらギター上でクリックします。背中のストラップ部はオブジェクトとして認識していないので、クリックで選択できません。そこで追加選択のために shift キーを押しながら、❹ドラッグでストラップを囲むような長方形の範囲を指定します。これでストラップも選択範囲に追加されます。

作成された選択範囲

作成された選択範囲をコピー・ペーストし、背景に白ベタを追加して確認する

長方形の範囲を指定して選択範囲を作成する方法は、[オブジェクトファインダー]でオブジェクトとして認識されていない部分でも選択範囲にできる機能です。[オブジェクト選択ツール]の[オプションバー]の[モード]で範囲を指定する方法として、[長方形ツール]と[なげなわツール]のいずれかに設定できます。

拡大して確認すると、髪の毛やそのほかの周囲には修正したくなる箇所が多々ありますが、自動で人物を選択した結果としてはかなり良好です。背景にもよりますが画面表示だけを目的としているのであれば十分でしょう。作品創りなどでより詳細な選択範囲を作成したい場合は、[選択とマスク](P.164)で修正します。

ここも CHECK!

オブジェクト選択ツールの設定

[オブジェクト選択]ツールの[オプションバー]にある[その他オプションを設定]には、いくつかの設定項目があります。基本的に初期設定のままでかまいませんが、[オーバーレイオプション]ではオーバーレイの色などを変更できます。[カラー]で色、[アウトライン]で輪郭(アウトライン)を強調した表示にしたり、[不透明度]ではオーバーレイの濃さを設定できます。画像色によっては、[カラー]を変更すると見やすくなることがあります。

クイック選択ツールで選択する

[クイック選択ツール]は、クリック、ドラッグした位置の色と周辺の色の変化をもとに、自動で選択範囲を作成するツールです。

1 サンプルデータ「07-06-03」を開きます。❶[クイック選択ツール]をクリックします。[オプションバー]で、❷をクリックして❸[直径]を「30」~「50」px程度にします。

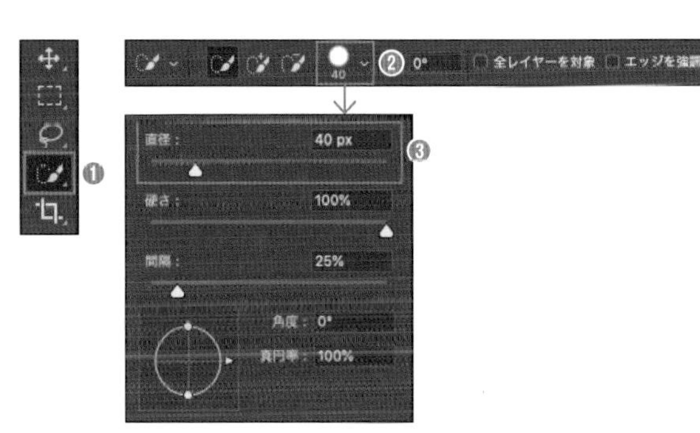

[直径]を変更するとき、スライダーを動かしても、直接数値入力してもかまいません。

2 ここでは帽子の選択範囲を作成します。❹画像上の帽子の範囲内をクリックまたはドラッグすると選択範囲が作成されます。選択されていない帽子部分でもこれを繰り返すと、選択範囲が広がります。選択範囲境界付近を拡大し、❺細かい部分は[直径]を小さくしてから選択します。

帽子内でクリックまたはドラッグし、これを繰り返してだいたいの選択範囲を作成する

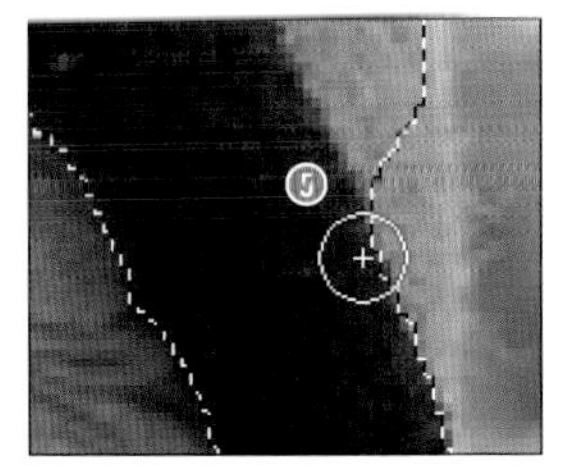
細かい部分は[直径]を小さくしてからクリックで選択範囲を追加する

3 ❻選択範囲の追加や削除をして修正します。選択範囲が一気に変化しすぎた場合は ⌘ + Z で戻し、[直径]をより小さくしてクリック位置を少しずらして修正します。

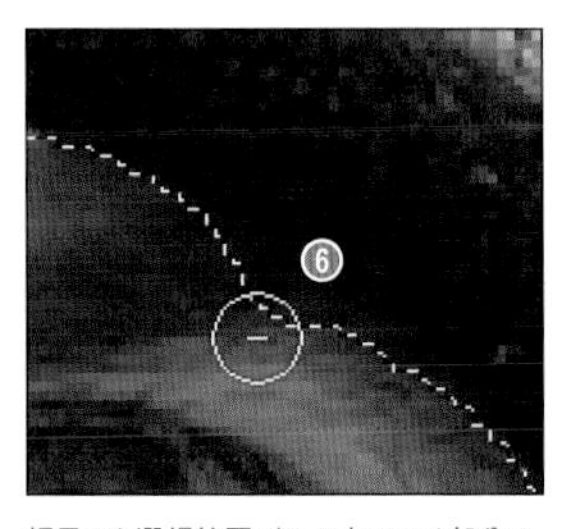
帽子から選択範囲がはみ出ている部分は、option キーを押しながらクリックで選択範囲の一部削除を行う

作成した選択範囲

[クイック選択ツール]は1回クリックまたはドラッグすると、自動で追加選択の状態になります。このため追加選択で shift キーを押す必要はありません。一部削除だけ option キーを併用します。

作成された選択範囲をコピー・ペーストし、背景に色ベタを追加して確認する

選択範囲内だけ色補正してみた

ここも CHECK!

クイック選択ツールと自動選択ツールの使い分け

[クイック選択ツール]は対象に複数の色があるが輪郭がはっきりしている場合に、[自動選択ツール]は近似色だけでできた部分を選択するのに向いています。
サンプルデータ「07-06-03」を[自動選択ツール]で選択しようとすると、明暗の差があり追加選択を繰り返してもなかなか選択できません。サンプルデータ「07-06-04」を[クイック選択ツール]で選択する場合、背景ではうまく選択できません。皿の内側で選択すると、きれいに選択できます。画像によって使い分けましょう。

自動選択ツールで選択する

[自動選択ツール]は、クリックした位置の近似色部分の選択範囲を作成するツールです。

1 サンプルデータ「07-06-04」を開きます。❶[自動選択ツール]をクリックし、[オプションバー]で❷[許容値]を「100」、❸[隣接]にチェックを入れます。

❹付近でクリックする

リックした位置の色と近似する色の部分が選択範囲になる

2 ❹付近でクリックします。クリックした位置の色と近似する色の部分が選択範囲になります。ほぼ選択されていますが、もし選択されていない背景があれば shift キーを押しながら追加したい部分をクリックして選択範囲を作成します。

[許容値]を大きめにしたため、クリックした位置により皿が選択範囲に含まれることがあります。⌘ + Z で戻し、クリック位置を変更して選択または追加選択してください。

クリックした位置によっては、選択しきれない部分があり、追加選択が必要になる

3 いんたん選択範囲を解除し、❺今度は皿の内側でクリックします。

[自動選択ツール]を使って皿を含めた料理の選択範囲を作成する場合、背景を選択して選択範囲を反転させる方法(P.151)と、皿の選択範囲を作成後、ほかのツールと組み合わせて料理部分を追加選択する方法があります。どちらの方法がよいかは画像によっても違いますが、どの方法が操作しやすいかも重要です。

❺付近でクリックする

皿がされた。料理部分は追加選択が必要だが、[多角形選択ツール]や[なげなわツール]などでできる

ここも CHECK!

自動選択ツールのオプション

[サンプル範囲]
選択する色を指定するときクリックした位置を中心としてどの範囲までを選択色とするかを指定します。
初期設定の[指定したピクセル]ではクリックした位置の色を選択色とします。サンプルデータ「07-06-04」の場合、背景に濃淡の色の変化があるのため、少し広めの[3ピクセル四方の平均]や[5ピクセル四方の平均]に設定してもよいでしょう。

[許容値]
近似色とみなす色の範囲を指定します。0〜255で指定し、大きいほど許容範囲が広く、0で同色だけとなります([アンチエイリアス]にチェックを入れると、周辺が少し含まれます)。

[隣接]
チェックを入れると、クリックした位置と隣接する部分だけ選択されます。

LESSON 07/07

【被写体を選択、空を選択、焦点領域】

メニューの機能で選択範囲を作成する

Sample Data /07-07

自動で選択するメニューの機能

[焦点領域]、[被写体を選択]、[空を選択]は、[選択範囲]メニューにある機能で、簡単に目的に合わせた選択範囲を作成できます。

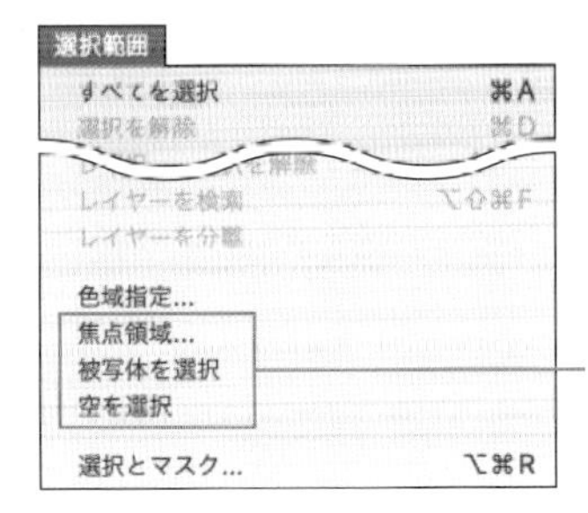

[選択範囲]メニューの[焦点領域]、[被写体を選択][空を選択]

被写体を選択を試してみる

はじめに[被写体を選択]を試してみましょう。

1 サンプルデータ「07-07-01」を開きます。[選択範囲]メニューの[被写体を選択]をクリックします。これだけで選択範囲を作成できます。

この画像では多少修正したい部分がありますが、髪の毛部分も含め期待に近い結果となっています。期待通りに選択できない場合、作成した選択範囲をもとに[選択とマスク](P.164)など、ほかの機能やツールで選択範囲を仕上げます。

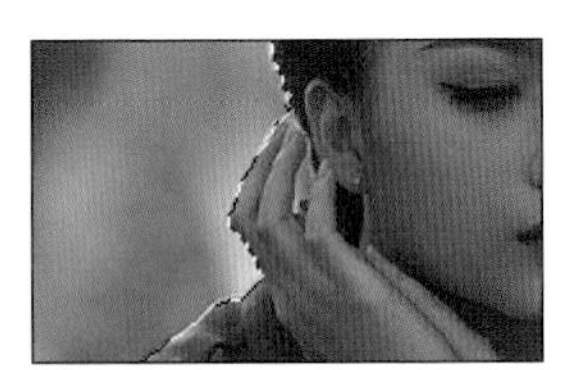
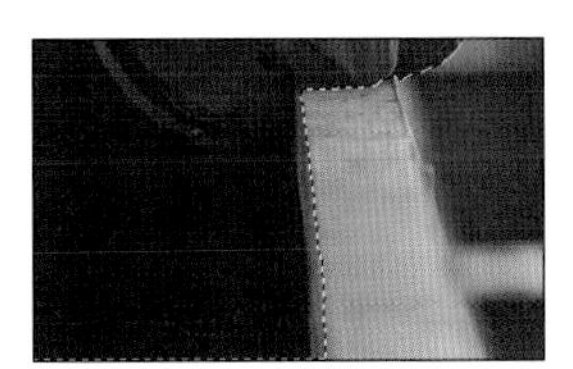

右手周りや手すりで不要な部分が選択されていたり、髪の毛の一部など修正したいところがあるが、1回の操作でかなりよい選択範囲ができた

[オブジェクト選択ツール]や、[選択とマスク]の[オプションバー]にも実行できるボタンがあります。

焦点領域を試してみる

次に[焦点領域]を試してみましょう。

1 サンプルデータ「07-07-02」を開きます。[選択範囲]メニューの[焦点領域]をクリックします。

2 [焦点領域]ダイアログボックスで[OK]をクリックすると、選択範囲が作成されます。

[パラメーター]の❶[自動]でだいたい良好な結果ですが、❷スライダーで調整もできます。❸[焦点領域加算ツール]などもありますが、[選択とマスク](P.164)で修正したほうがよいでしょう。

[焦点領域]ダイアログボックス

[焦点領域]を実行した結果、細かい部分で修正したいところがある

空を選択を試してみる

[空を選択]を試してみましょう。

1 サンプルデータ「07-07-03」を開きます。[選択範囲]メニューの[空を選択]をクリックします。これだけで選択範囲を作成できます。サンプルデータ「07-07-04」も試してみましょう。

空がわかりやすい画像であれば、簡単に選択範囲を作成できます。建物との関係が入り組んでいる「07-07-03」でも選択できますが、樹木・白壁部分などで修正したくなる部分もあります。「07-07-04」の曇天でも選択範囲を作成できます。ただしこの画像は空と海の境界となる水平線付近の修正が必須です。[空を選択]の選択結果はパソコン環境により異なることがあります。

サンプルデータ「07-07-03」で[空を選択]を実行した結果。ヤシの葉の周辺や中央の白壁部分などは修正したくなるが、かなり良好な結果が得られる

サンプルデータ「07-07-04」で[空を選択]を実行した結果。水平線付近は修正が必要

ここも CHECK!

どの方法で選択範囲を作成するか

目的の選択範囲を作成するにあたり、「どのツールや機能を使って選択範囲を作成するか」は、操作の好みや慣れ具合によって、また、画像によって、目的によっても変わってくるため難しい問題です。
どれを使うか悩む場合は、**まず[オブジェクト選択ツール]または[被写体を選択]を試してください**。これで目的の選択範囲が作成できない場合は、ほかのツールを使います。ただしこれらのツールで選択範囲を作成しても、必ず満点の結果を得られるわけではありません。目的によっては[選択とマスク](P.164)や[クイックマスクモード]を使った修正が必要です。

まずは[被写体を選択]と[オブジェクト選択ツール]を試す
[選択範囲]メニューの[被写体を選択](P.148)または[オブジェクト選択ツール](P.144)で選択できる対象の場合は、この機能・ツールで選択範囲を作成する方法が最も効率的です。

[オブジェクト選択ツール]でうまくいかない場合
[オブジェクト選択ツール]で選択がうまくいかない場合は、[クイック選択ツール]がおすすめです。たとえばサンプルデータ「07-06-02」で「服だけを選択したい」といった場合です。必要に応じて[自動選択ツール]も組み合わせてください。また、サンプルデータ「07-05」のように多数点在する同色の選択範囲を作成する場合は、[自動選択ツール]のほか[色域指定]も効果的です。

空の選択範囲
空の選択範囲は、はじめに[空を選択]を試します。多くの場合これに若干の修正で十分です。[空を選択]でうまく選択範囲ができない場合は、[自動選択ツール]、[クイック選択ツール]などを組み合わせて選択します。

いずれのツールでも自動で選択範囲を作成できない場合
できるところまで自動で選択し、[多角形選択ツール]や[なげなわツール]などのフリーハンド、[長方形選択ツール]、[楕円形選択ツール]など組み合わせて作成します。あるいは、[クイックマスクモード](P.156)やパス(P.176)を使って手動で作成してください。

LESSON 07/08

【選択範囲の変形、拡張・縮小、滑らかに、ぼかす、反転】

選択範囲を加工・修正する

Sample Data / 07-08

選択範囲にできる基本の加工と修正

作成した選択範囲は加工・修正できます。ここでは基本となる[選択範囲を移動]、[選択範囲を変形]、[選択範囲を反転]、[境界線]、[滑らかに]、[拡張]、[縮小]、[境界をぼかす]の各機能を紹介します。また、「ぼけた境界」についてを「あいまいな選択範囲」で紹介します。これは後述する[クイックマスクモード](P.156)または[選択とマスク](P.164)といった詳細な選択範囲の加工・修正に必須の知識です。

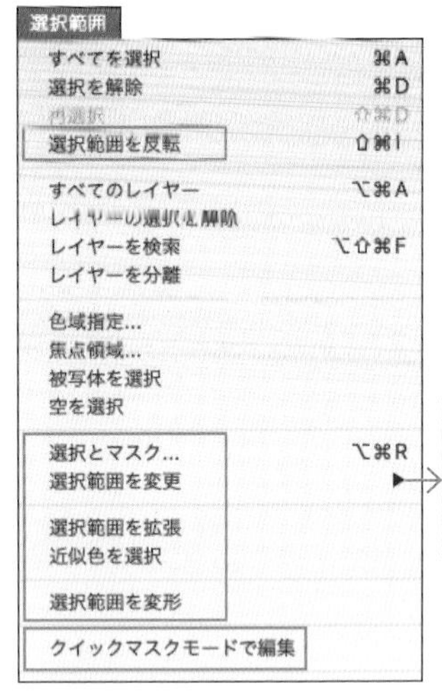

「選択範囲」メニューにある選択範囲を加工・修正する機能。[選択とマスク]と[クイックマスクモードで編集]については、別項にて紹介している

選択範囲を移動する

選択範囲は移動できます。選択範囲の移動なので、画像に影響はありません。

1 サンプルデータ「07-08-01」を開きます。パプリカの選択範囲を作成します。[レイヤー]パネルで❶「赤パプリカ」レイヤーのレイヤーサムネールを ⌘ (Windows版は ctrl)キーを押しながらクリックします。

「赤パプリカ」レイヤーのレイヤーサムネールを ⌘ キーを押しながらクリックする

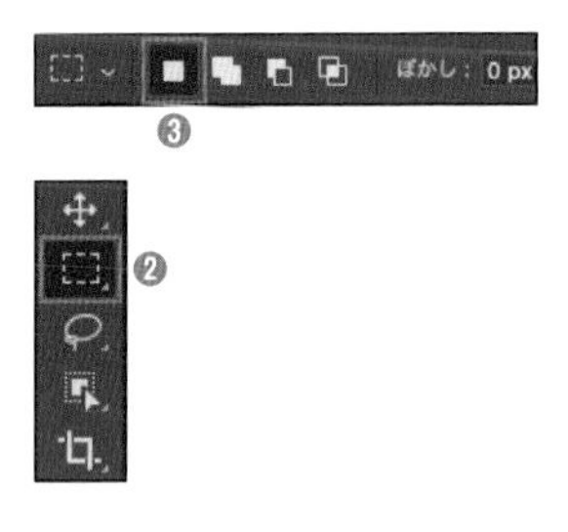

サンプルデータ「07-08-01」は赤パプリカは背景とは別レイヤーで切り抜かれた画像になっています。切り抜かれた画像の場合、[レイヤー]パネルで該当するレイヤー(ここでは「赤パプリカ」レイヤー)のレイヤーサムネールを ⌘ キーを押しながらクリックすると、そのレイヤーの不透明部分の選択範囲を作成できます。

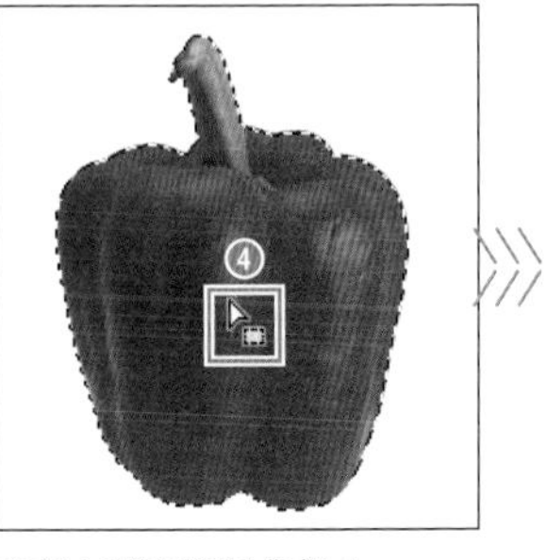

パプリカの選択範囲を作成した

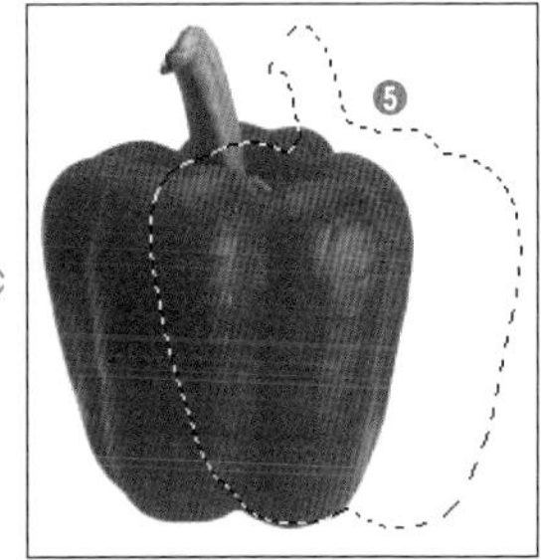

選択範囲を移動した

2 ❷[長方形選択ツール]をクリックし、[オプションバー]で❸[新規選択]になっていることを確認します。❹選択範囲内にマウスポインタを移動すると、ポインタがになります。ドラッグすると❺選択範囲が移動します。

選択範囲の移動は、すべての選択関連ツールで実行できます。ただし[オプションバー]で[新規選択]になっていることを必ず確認してください。特に[クイック選択ツール]では、[オプションバー]の設定が[選択範囲に追加]になっていることが多いため、注意が必要です。

選択範囲を変形する

選択範囲は画像と同様に変形できます。選択範囲の変形なので、画像に影響はありません。

1 サンプルデータ「07-08-01」を開きます。[レイヤー]パネルで「赤パプリカ」レイヤーのレイヤーサムネールを ⌘ (Windows版は ctrl)キーを押しながらクリックして、パプリカの選択範囲を作成します。

2 [選択範囲]メニューの[選択範囲を変形]をクリックします。❶表示されたハンドルを ⌘ (Windows版は ctrl)キーを押しながらドラッグすると自由に変形します。枠内をドラッグすると移動します。

3 [オプションバー]の[○]ボタンをクリックして確定します。

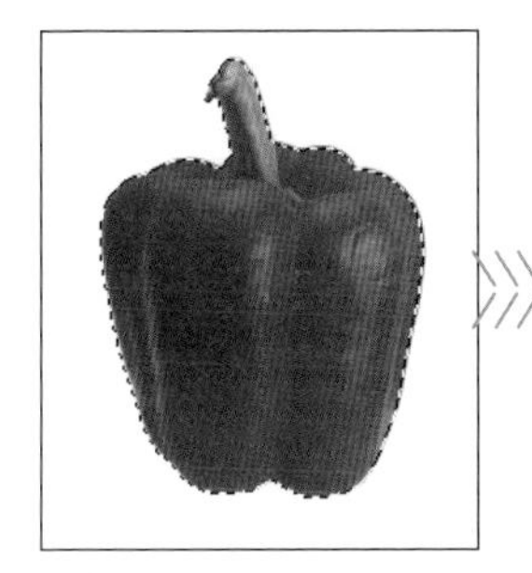

パプリカの選択範囲を作成した

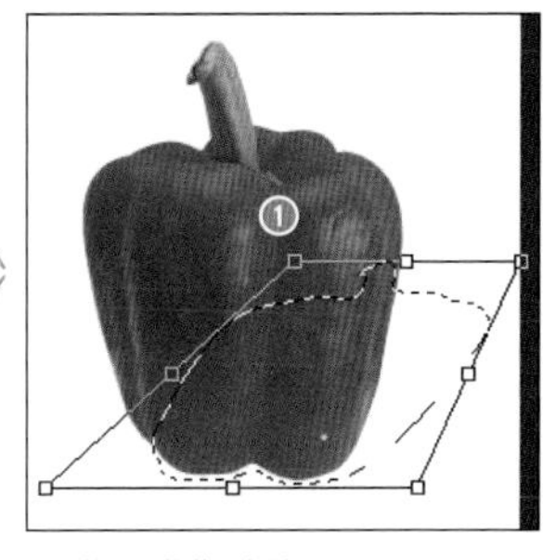

選択範囲を移動と変形をした

「赤パプリカ」レイヤーの下に新規レイヤーを作成し、そのレイヤーに対して、移動と変形をした選択範囲を黒で塗りつぶした。レイヤーの作成はP.115、選択範囲の塗りつぶしはP.190を参照。

[自由変形]機能(P.133)を使った変形と操作方法は同じです。キーを併用しない、または shift キーを押しながらハンドルのドラッグで、縦横比を固定／固定しないを切り替えて拡大・縮小できます。枠の外でハンドルから離れた部分のドラッグで回転になります。

選択範囲を反転する

選択範囲の反転とは、選択範囲内と選択範囲外を逆にすることです。

1 サンプルデータ「07-08-02」を開きます。[自動選択ツール]で背景をクリックして背景を選択します。

2 [選択範囲]メニューの[選択範囲を反転]をクリックします。

サンプルデータ「07-08-02」は「07-08-01」と違い、背景とパプリカが1つの画像になっています。このような場合は背景を選択後、選択範囲を反転させる方法が最もかんたんな被写体の選択方法です。

背景の選択範囲を作成した

選択範囲を反転した

背景の選択範囲を黒く塗りつぶした

選択範囲を反転してから黒く塗りつぶした

選択範囲を拡張・縮小する

選択範囲を、指定したピクセル数で一定に拡張・縮小します。

1 サンプルデータ「07-08-01」を開きます。[レイヤー]パネルで「赤パプリカ」レイヤーのレイヤーサムネールを ⌘ (Windows版は ctrl)キーを押しながらクリックして、パプリカの選択範囲を作成します。

2 [選択範囲]メニューの[選択範囲を変更]→[拡張]をクリックします。[選択範囲を拡張]ダイアログボックスの[拡張量]に「30」pixelと入力して[OK]をクリックします。

パプリカの選択範囲を作成した

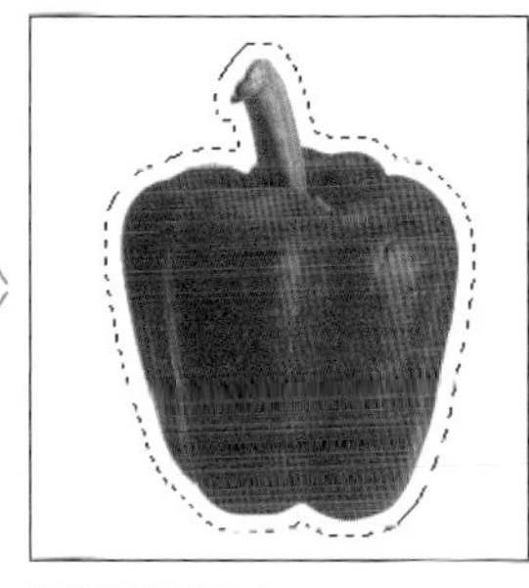

選択範囲を拡張した

選択範囲の縮小は、[選択範囲]メニューの[選択範囲を変更]→[縮小]をクリックし、[選択範囲を縮小]ダイアログボックスで[縮小量]を指定して実行します。

選択範囲を滑らかにする

選択範囲の境界線の角を削って滑らかにします。[選択範囲]メニューの[選択範囲を変更]→[滑らかに]をクリックし、[選択範囲を滑らかに]ダイアログボックスで[半径]を指定して実行します。半径が大きいほど滑らかになります。

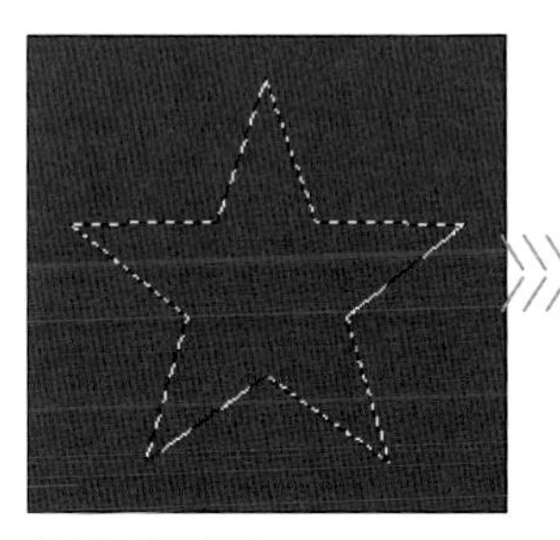

もとにした選択範囲

[滑らかに]を適用した

選択範囲の境界をぼかす

選択範囲の境界をぼかします。
[選択範囲]メニューの[選択範囲を変更]→[境界をぼかす]をクリックし、[境界をぼかす]ダイアログボックスで[ぼかしの半径]を指定して実行します。半径が大きいほどぼかし幅が大きくなります。

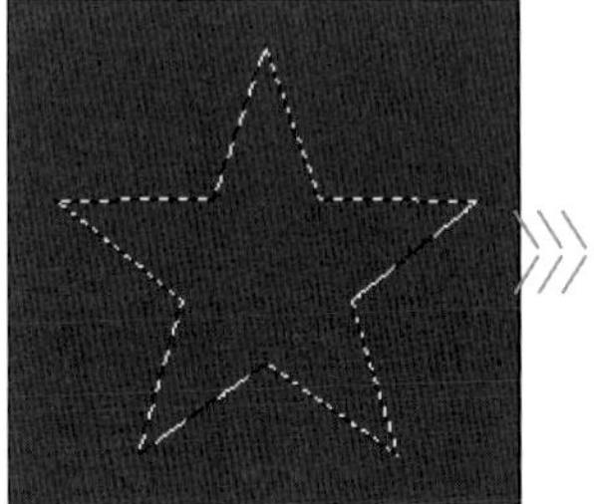

もとにした選択範囲

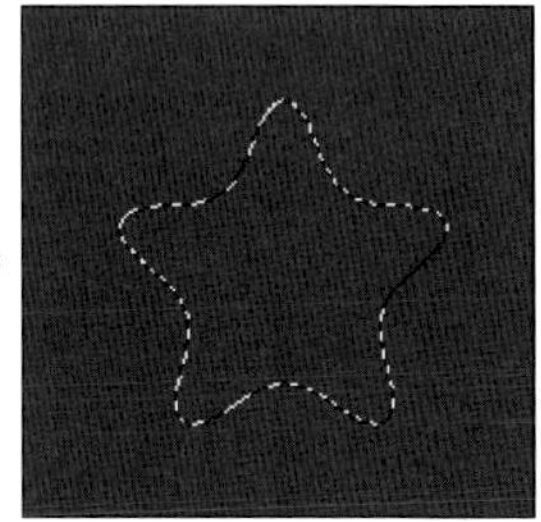

[境界をぼかす]を適用した

ここも CHECK!

滑らかにと境界をぼかすの違い

[滑らかに]は選択範囲の境界線の角を滑らかにする機能です。[境界をぼかす]は、選択範囲内と選択範囲外の境界をぼかす機能です。破線で表示された選択範囲の境界線を見ただけでは結果の違いはよくわかりませんが、選択範囲を塗りつぶすことでその違いがわかります。

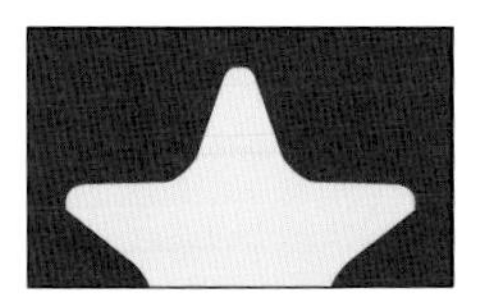

[滑らかに]を適用した選択範囲を塗りつぶした

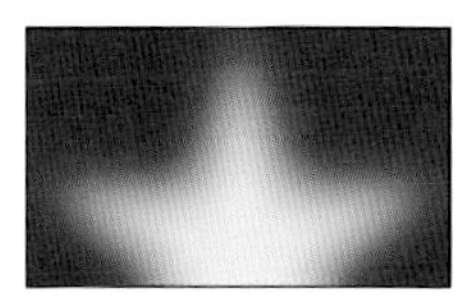

[境界をぼかす]を適用した選択範囲を塗りつぶした

ここも CHECK!

このほかの選択範囲メニューにある選択範囲変更機能

[選択範囲]メニューには、本文で紹介した以外にも選択範囲を修正する機能があります。

[選択範囲を拡張]
[選択範囲]メニューの[選択範囲を拡張]は、現在選択されている範囲に含まれる色の近似色を隣接する部分だけ広げて選択範囲にします。[選択範囲]メニューの[選択範囲を変更]→[拡張]とはまったく異なるので注意してください。

[近似色を選択]
[近似色を選択]は、[選択範囲を拡張]に似ていますが、近似色を隣接しない部分も含めて選択範囲にします。

[境界線]
[選択範囲]メニューの[選択範囲を変更]にある[境界線]は、選択範囲の境界線を中心として、一定幅の選択範囲を作成します。ダイアログボックスで、幅を指定できます。

ここも CHECK!

アンチエイリアスとは

[楕円形選択ツール]をはじめ、多くの選択範囲を作成するツールには、❶[アンチエイリアス]オプションがあります。
楕円の選択範囲を作成して拡大して確認すると、ギザギザの選択範囲になっていることがわかります。ピクセルが正方形なので仕方がないですが、これをできるだけ目立たなくするのが[アンチエイリアス]オプションです。斜め部分がわずかにぼかされると思ってかまいません。なお、垂直線・水平線の選択範囲の境界はぼかされません。通常は[オプションバー]の[アンチエイリアス]にチェックを入れておきましょう。

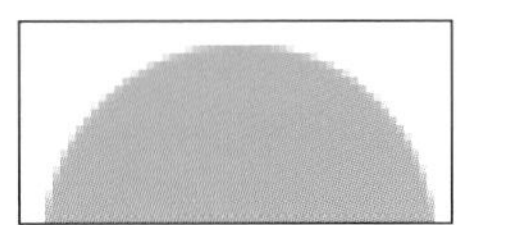
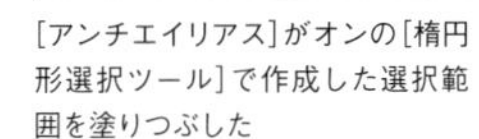

[アンチエイリアス]がオンの[楕円形選択ツール]で作成した選択範囲を塗りつぶした

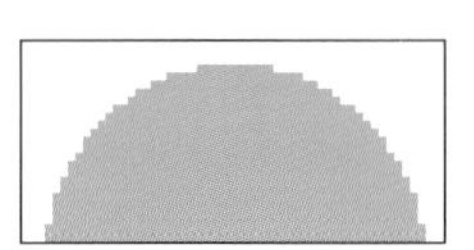

[アンチエイリアス]がオフの[楕円形選択ツール]で作成した選択範囲を塗りつぶした

ここも CHECK!

あいまいな選択範囲

選択範囲を[境界をぼかす]でぼかした選択範囲を単色で塗りつぶすと(前ページ「[滑らかに]と[境界をぼかす]の違い」参照)、グラデーション部分が生じます。これは選択範囲内から選択範囲外へ徐々に変化する部分があるからです。
完全な選択範囲内を「100%の選択範囲」、完全な選択範囲外を「0%の選択範囲」とし、グラデーション部分は100%から0%へと徐々に変化していきます。この変化は境界線の破線表示では確認できません(境界線の内側は50%以上の選択範囲を表す)。このような破線表示では確認できないあいまいな選択範囲の境界もあることを覚えておきましょう。
この変化を視覚的に確認する方法の1つにグレースケール画像に選択範囲を置き換える方法があります。グレースケール画像に選択範囲を置き換えるには、選択範囲を保存する(P.154)か、レイヤーマスク(P.161)に変換します。選択範囲をグレースケール画像に置き換えると選択範囲内が白、選択範囲外が黒になります。白から黒へのグラデーションになっている部分が選択範囲が変化しているあいまいな部分です。
被写体を切り抜くとき、境界が少しぼけているほうがほかの背景に馴染みやすくなります。

サンプルデータ「07-07-03」で空の選択範囲を作成したもの(P.149)。破線表示ではぼけていることがわからない

左図の選択範囲をグレースケール画像に置き換えたもの。建物部分もグレーになっていることから選択範囲に含まれていることがわかる

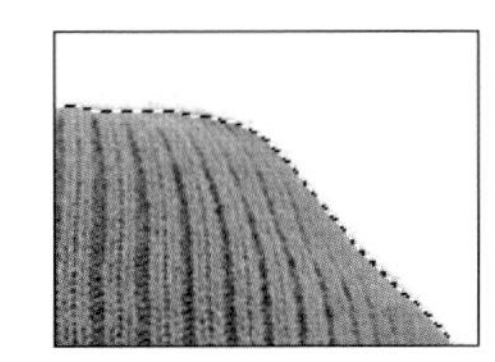

サンプルデータ「07-06-03」で作成した選択範囲(P.146)。破線表示ではぼけていることがわからない

左図の選択範囲をグレースケール画像に置き換えたもの。境界が少しぼけていることわかる

LESSON 07/09 【選択範囲を保存、選択範囲を読み込む】選択範囲を保存する

Sample Data / 07-09

選択範囲は保存できる

選択範囲は保存でき、保存すると何度でも同じ選択範囲を利用できるようになります。選択範囲はグレースケール画像に置き換えられて保存されます。

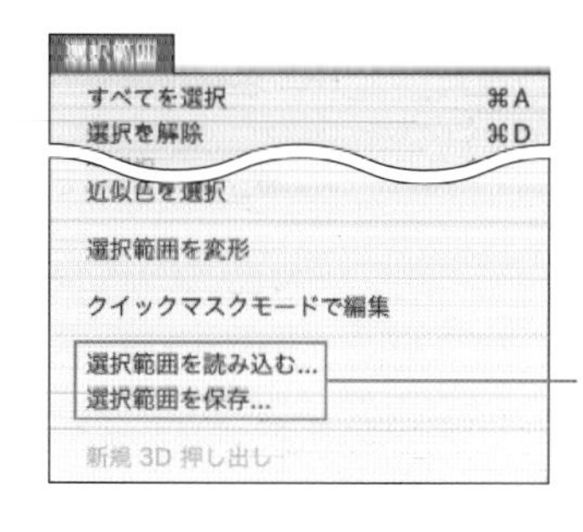

［選択範囲］メニューの［選択範囲を保存］と［選択範囲を読み込む］

選択範囲を保存する

選択範囲を保存してみましょう。

1 サンプルデータ「07-09-01」を開きます。❶花の選択範囲を作成します。

花の選択範囲は、［オブジェクト選択ツール］や［クイック選択ツール］を使って作成してください。

2 ［選択範囲］メニューの［選択範囲を保存］をクリックします。［選択範囲を保存］ダイアログボックスで、❷［名前］に「花」と入力し、［OK］をクリックします。

3 ［チャンネル］パネルを表示して確認すると、❸「花」チャンネルが作成されています。

花の選択範囲を作成する

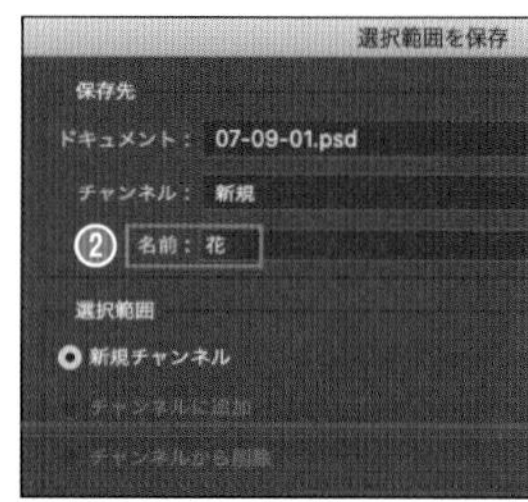

［名前］に「花」と入力する

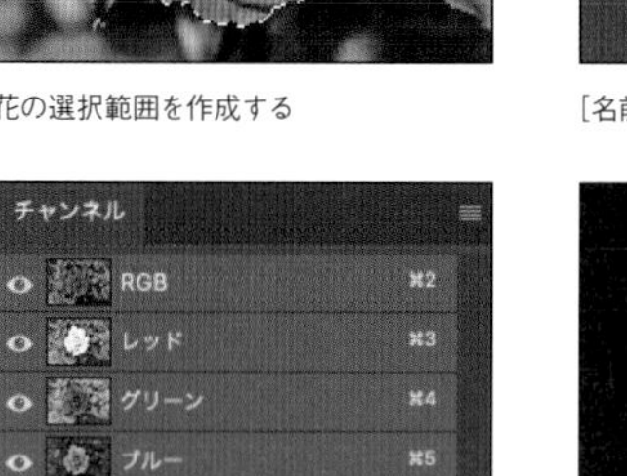

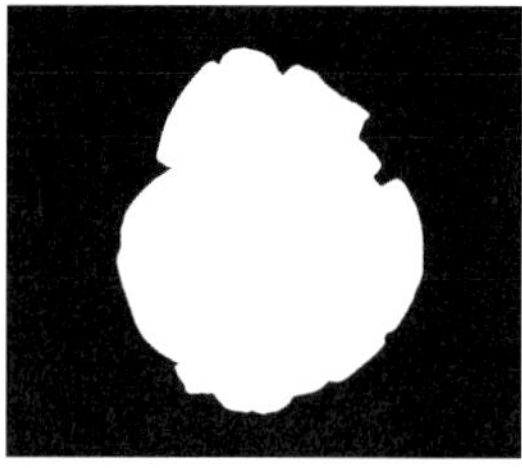

選択範囲を保存すると［チャンネル］パネルにグレースケール画像として保存される。［チャンネル］パネルの❹目のアイコンをクリックし、「花」チャンネルだけを表示させると（上右図）、グレースケール画像になっていることがわかる

［選択範囲を保存］ダイアログボックスで、［名前］に何も入力しないで［OK］をクリックすると、「アルファチャンネル○」（○は数字）という名前で作成されます。

ここも CHECK!

チャンネルとは？

「チャンネル」は、画像の色や濃度などを保存するためのグレースケール画像です。たとえばRGBカラーの場合、R、G、Bそれぞれをチャンネルとし、グレースケール画像として管理しています。

これら以外にもチャンネルを追加でき、追加されたチャンネルは「アルファチャンネル」と呼ばれます。アルファチャンネルもグレースケール画像（透明不可）で、主に選択範囲の保存やレイヤーマスクのマスク画像の保存に使われます。

選択範囲を読み込む

保存した選択範囲を読み込むと、選択範囲が作成されます。

1 サンプルデータ「07-09-02」を開きます。[選択範囲]メニューの[選択範囲を読み込む]をクリックします。

サンプルデータ「07-09-02」にはあらかじめ選択範囲を保存してあります。

2 [選択範囲を読み込む]ダイアログボックスの❶[チャンネル]で「花の選択範囲」を選択して[OK]をクリックします。

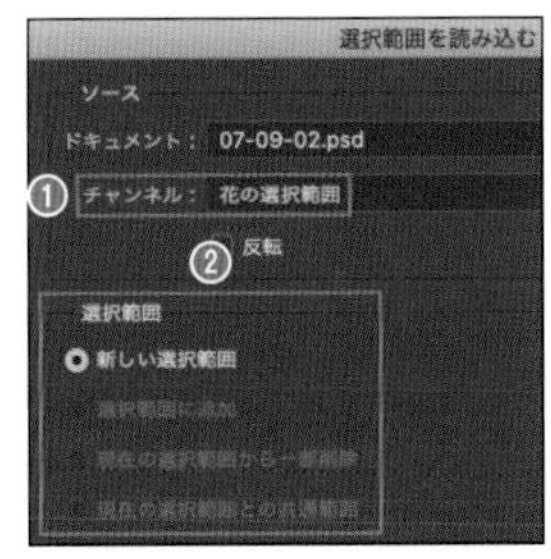

[名前]に「花」と入力する

花の選択範囲が読み込まれた

選択範囲が作成されている状態で[選択範囲]メニューの[選択範囲を読み込む]を実行すると、[選択範囲を読み込む]ダイアログボックスの❷を指定できます。
[新しい選択範囲]：既存の選択範囲を解除して新規に読み込む
[選択範囲に追加]：既存の選択範囲に保存された選択範囲を追加
[現在の選択範囲から一部削除]：既存の選択範囲から保存された選択範囲を削除
[現在の選択範囲との共通範囲]：既存の選択範囲と保存された選択範囲の共通部分の選択範囲

ここも CHECK!

チャンネルパネルの使い方

[チャンネル]パネルは、R、G、Bなどの「カラーチャンネルを個別に表示させる場合」や、「選択範囲の保存」や「レイヤーマスク機能」(P.161)のアルファチャンネルを表示するとき使用します。
クリックしてチャンネルを選択、目のアイコンによる表示・非表示、チャンネル名の変更の方法は[レイヤー]パネルと同様です。[チャンネル]パネル下部にある各ボタンには、次の機能があります。

❶[チャンネルを選択範囲として読み込む]
選択しているチャンネルの画像から選択範囲を作成します。[選択範囲]メニューの[選択範囲を読み込む]で[チャンネル]を指定するのと同じです。

❷[選択範囲をチャンネルとして保存]
現在の選択範囲を「アルファチャンネル」として保存します。[選択範囲]メニューの[選択範囲を保存]と同じです。「アルファチャンネル○」(○は数字)という名前で作成されるので必要に応じて変更します。

❸[新規チャンネルを作成]
新規にアルファチャンネルを作成します。基本的に真っ黒の画像が作成されます。

❹[現在のチャンネルを削除]
選択しているチャンネルを削除します。

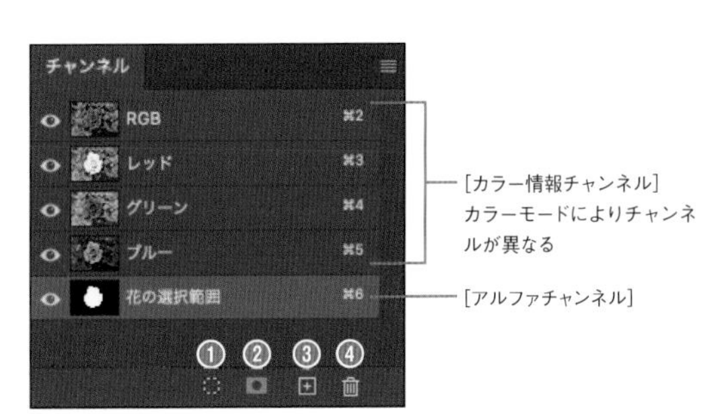

選択範囲の保存やレイヤーマスク機能を使うとアルファチャンネルは自動で作成される。[チャンネル]パネルで新規にアルファチャンネルを作成し、直接アルファチャンネルの画像を加工することもできる。目のアイコンをクリックすると表示・非表示を切り替えられ、特定のチャンネルだけ表示できる。編集作業は選択しているチャンネルに対して実行されるので、アルファチャンネルを選択すれば、直接加工することができる

画像にアルファチャンネルを重ねて表示できる。選択チャンネルをアルファチャンネルにすれば[クイックマスクモード](P.156)と同様に編集できる

LESSON 07/10

【クイックマスクモード】

選択範囲を細かく調整する

Sample Data /07-10

クイックマスクモードとは

[クイックマスクモード]を使用すると、選択範囲を赤いカラーオーバーレイで表示できます。この状態で、画像を編集するのと同様に、[ブラシツール]で描いたり、[ぼかし]フィルターを適用したりできます。

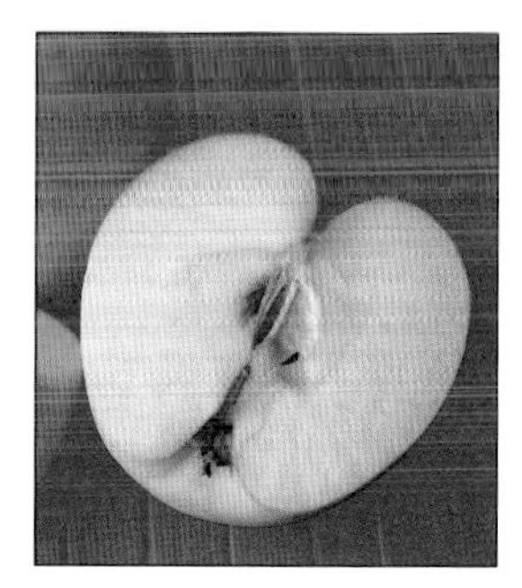

画像がそのまま見える部分が選択範囲内、画像に赤いオーバーレイが重なる部分が選択範囲外を表し、画像を加工するかのように選択範囲を修正できる機能

ここでは[ブラシツール]を使います。Lesson 9で学ぶ、色の設定方法や[ブラシツール]の使い方の基本を練習してから学習してください。

修正元の選択範囲を作成する

自動で選択できるツールで選択範囲を作成します。ここでは[オブジェクト選択ツール]を使用します。

1 サンプルデータ「07-10」を開きます。[オブジェクト選択ツール]で右下のりんごの選択範囲を作成します。❶この選択範囲をもとに調整します。

2 選択した結果を拡大して確認します。❷へたのあった付近が選択されていないことがわかります。

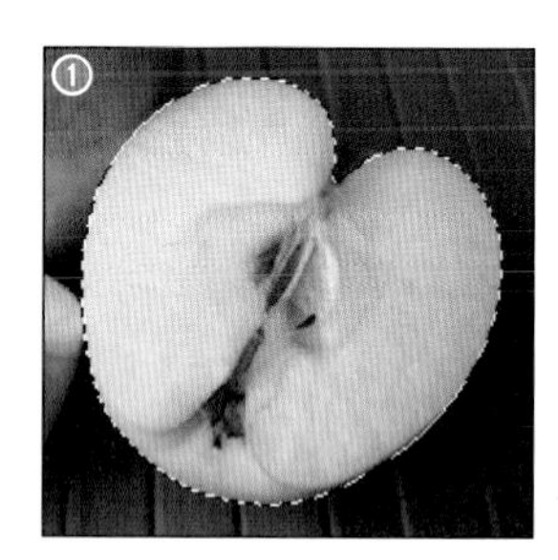

[オブジェクト選択ツール]で選択した

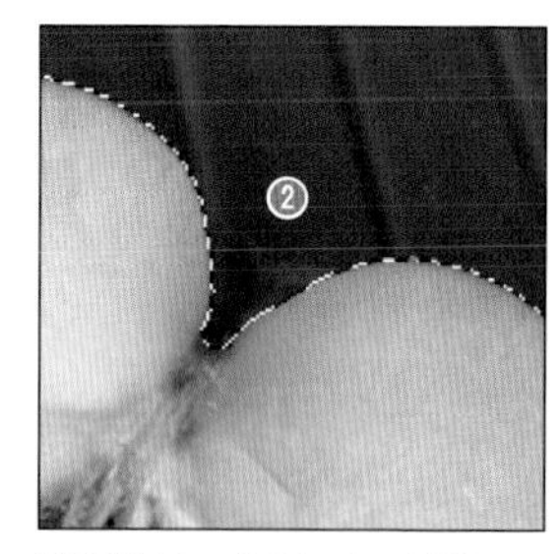

周囲を拡大して確認する(へた付近)

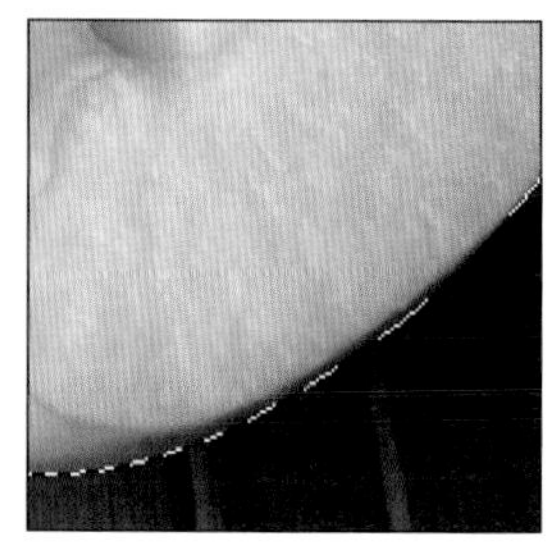

周囲を拡大して確認する(りんご右下とテーブルとの境界付近)

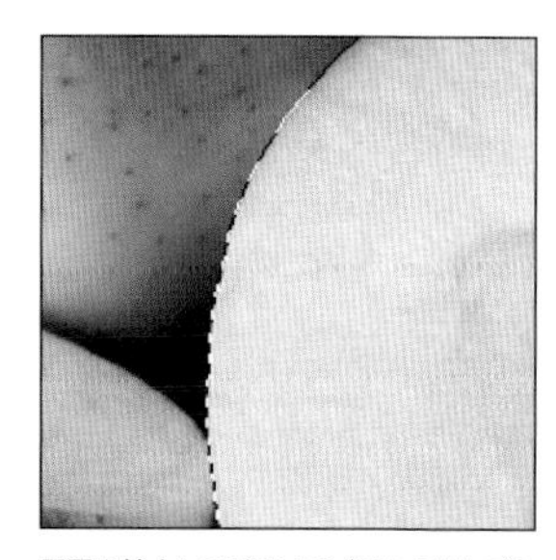

周囲を拡大して確認する(ほかのりんごとの境界付近)

選択範囲の破線表示では、境界線付近がどの程度あいまいになっているかわかりません。ここでは、破線表示でもわかるはみ出ている場所、選択不足の場所を探します。作例では、はみ出ていると思われる部分はありませんが、へたのあった付近で選択不足があります。そのほかはかなりよい結果のようです。

クイックマスクモードで選択範囲を修正する

修正元の選択範囲が作成できたら、気になる部分を修正します。修正方法には主に[クリックマスクモード]と[選択とマスク](P.164)がありますが、ここでは[クイックマスクモード]を使用します。

1. [ツールバー]の❸[クリックマスクモードで編集]をクリックします。画像に赤いオーバーレイが重なる部分と、画像がそのまま見える部分があります。画像がそのまま見える部分が選択範囲内を表しています。

2. [ツールバー]で❹[描画色と背景色を初期設定に戻す]《D》をクリックし、続けて❺[描画色と背景色を入れ替え]《X》をクリックして描画色を白にします。

3. ❻[ブラシツール]をクリックします。[オプションバー]で❼[直径]を「20」px程度、[硬さ]を「90」%程度にします。

4. ❽[ブラシツール]で画面内をドラッグしてみましょう。ドラッグした部分の赤い範囲が消えます(白で描画すると選択範囲が広がる)。⌘+Z(Windows版はctrl+Z)でもとに戻し、❾選択不足部分をクリックやドラッグで修正します。

5. [ツールバー]で❿[描画色と背景色を入れ替え]《X》をクリックし、描画色を黒にします。⓫[ブラシツール]で画面内をドラッグしてみましょう。ドラッグした部分の赤い範囲が大きくなります(黒で描画すると選択範囲が狭くなる)。⌘+Z(Windows版はctrl+Z)でもとに戻し、修正時にはみ出してしまった部分など、⓬選択範囲を狭めたい部分をクリックやドラッグで修正します。

6. クイックマスクでの修正が終わったら、[ツールバー]の⓭[画像描画モードで編集]をクリックします。修正された選択範囲が、破線の境界線で表示されます。

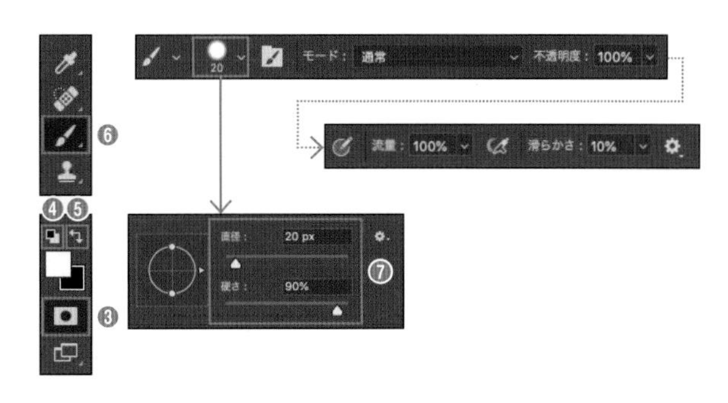

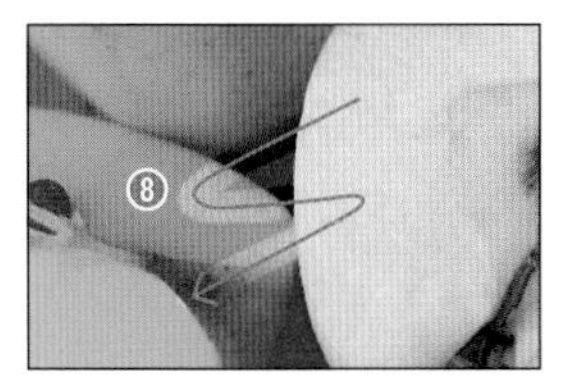

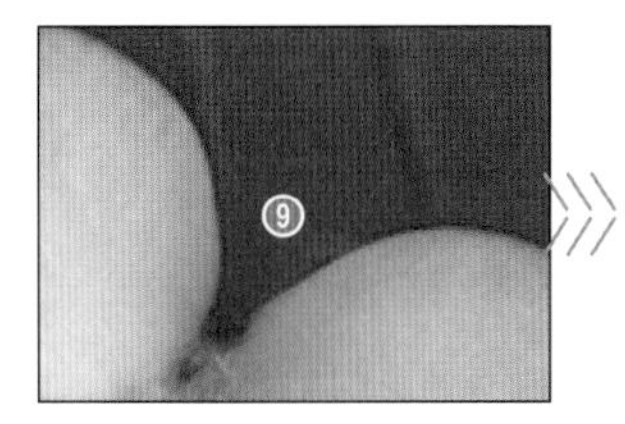

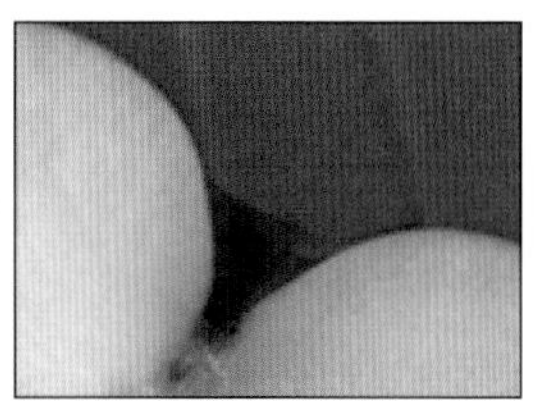

[ブラシツール]の修正に際し[直径]や[硬さ]は適宜変更してください。見にくい場合は、❸[クリックマスクモードで編集]をクリックして破線表示に戻して確認しもよいでしょう(再修正は赤のオーバーレイ表示(クリックマスクモード)に戻してから実行します。また❸[クリックマスクモードで編集]をダブルクリックし、表示されるダイアログボックスでオーバーレイの色や[不透明度]を変更できます。

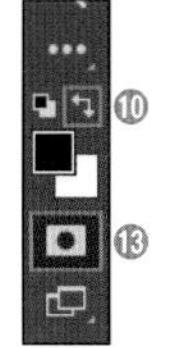

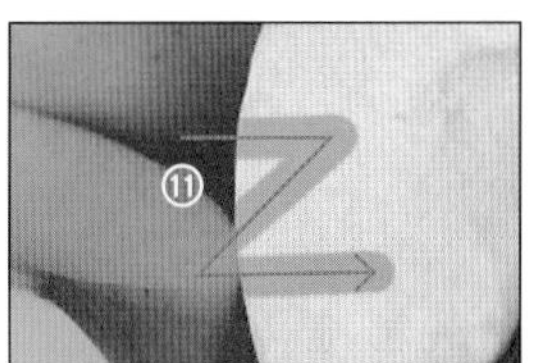

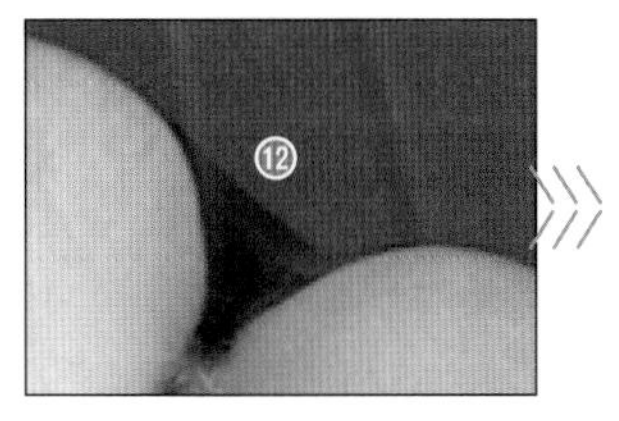

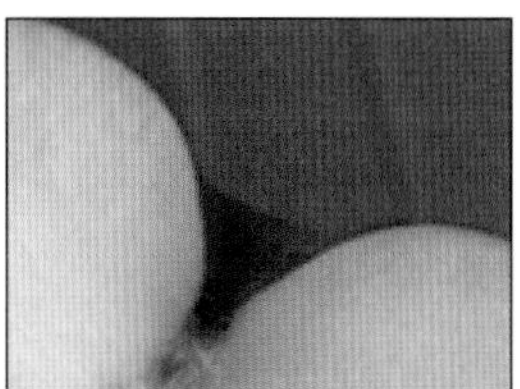

[クイックマスクモード]で[ブラシツール]を使って描画する場合、描画色と背景色を入れ替えながら少しずつ修正します。このとき[描画色と背景色を入れ替え]のキーボードショートカットXを覚えておくと便利です。描画色をカラーで描くと、その色の明るさに相当するグレーで描かれ、あいまいな選択範囲になります。

修正した選択範囲を確認する

必要に応じて選択範囲を保存します。修正した選択範囲を確認しましょう。確実でかんたんな方法は、作成した選択範囲の画像をコピー・ペーストし、その画像の下に[ベタ塗り]レイヤーを作成します。

1 背景レイヤーを選択した状態でコピー・ペーストし、作成された「レイヤー1」の下に[ベタ塗り]レイヤー(P.129)を作成します。

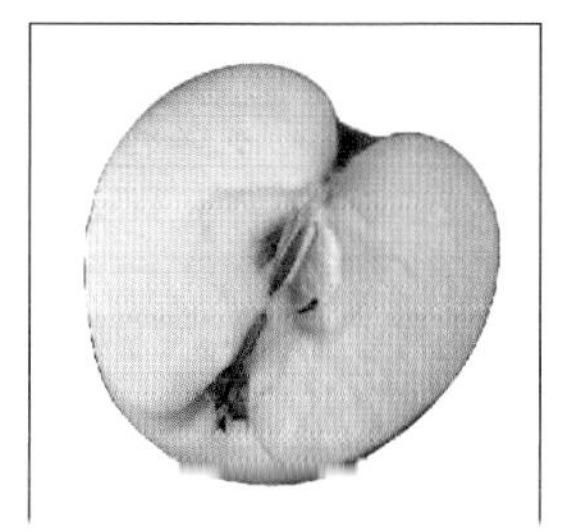

[ベタ塗り]レイヤーの色はかんたんに変更できますので、白や黒、赤などに変更して確認しましょう。気になる部分があれば、保存した選択範囲を読み込むか、「サムネールから選択範囲を作成する」の方法で選択範囲を作成し、再修正してください。

ここも CHECK!

クイックマスクモードならではの選択範囲の修正

選択範囲の修正は主に[クイックマスクモード]と[選択とマスク](P.164)を使います。[選択とマスク]は[クイックマスクモード]より高機能であり、P.156〜157で紹介した[クイックマスクモード]の一般的な使い方は、[選択とマスク]でも同様の操作ができます。さらに[選択とマスク]では、より細かな設定を操作して選択範囲を作成できます。

ただし、次のような[クイックマスクモード]にしかできない操作があります。

◆ 選択範囲を作成し、その範囲内だけを修正対象にできる
◆ グレースケール画像と同様に、[レベル補正]、[明るさ・コントラスト]、[トーンカーブ]などの色調補正が行える
◆ [ぼかし(ガウス)]や[ダスト&スクラッチ]のようなフィルターを適用できる

※[選択とマスク]では、選択範囲全体に適用される[グローバル調整]で[ぼかし]、[コントラスト]の設定ができます。

サンプルデータ「07-07-03」(P.149)で[空を選択]を実行した

左図の選択範囲をグレースケール画像で確認したもの

[クイックマスクモード]で[レベル補正]を実行した

通常のモードに戻し選択範囲をグレースケール画像で確認したもの

ここも CHECK!

サムネールから選択範囲を作成する

レイヤーのレイヤーサムネールを ⌘ (Windows版は ctrl) キーを押しながらクリックすると、不透明部分の選択範囲が作成できます。半透明部分は、透明度に合わせたあいまいな選択範囲として作成されます。

レイヤーマスクのサムネール、[チャンネル]パネルのチャンネルサムネールでは、 ⌘ (Windows版は ctrl) キーを押しながらクリックすると、グレースケール画像の濃度に合わせて白が選択範囲内、黒が選択範囲外の選択範囲を作成します。

レイヤーサムネールを ⌘ キーを押しながらクリックで不透明部分の選択範囲が作成できる

レイヤーマスクサムネールを ⌘ キーを押しながらクリックでグレースケール画像の濃淡に合わせた選択範囲が作成できる

Ps

LESSON 08

マスクと切り抜きとパスを理解する

LESSON 08/01 【切り抜き】

切り抜きの基礎知識

Sample Data /No Data

切り抜きとは

「切り抜き」(または「トリミング」)は、一般に写真の一部だけを使用するための加工のことです。被写体に合わせて、または矩形などの形状で指定した部分だけを表示させ、それ以外を消去し(または隠し)ます。
矩形での切り抜きについては「05-05 写真をトリミングする」(P.102)を参照してください。Lesson 08は主に被写体に合わせた切り抜きについて紹介しています。

切り抜きの例:画像の一部だけを[切り抜きツール]で切り抜く

切り抜きの例:画像の一部だけの選択範囲を作成して選択範囲外をマスクして隠す、または削除する

被写体に合わせた切り抜きの方法

「被写体に合わせて切り抜く」には、被写体に合わせた選択範囲を作成する必要があります。作成した選択範囲を使って、A「不要部分を消去する」、B「レイヤーマスクなどで隠して不要部分を表示させない」の2つの方法で切り抜くことができます。
Aの方法でもBの方法でも見た目に違いはありませんが、被写体の選択範囲を修正しやすいのはB「レイヤーマスクなどで隠して不要部分を表示させない」です。
またBからAへの変更はかんたんにできますが、その逆、AからBへの変更は切り抜き後の作業次第では被写体の選択範囲の作成しなおしになります。
どちらの方法でも選択範囲を作成するまでは同じでなので、作業途中ではB「レイヤーマスクなどで隠して不要部分を表示させない」方法をおすすめします。Bの方法のなかでも使う頻度の高い「レイヤーマスク」について次ページ以降で紹介します。Aの方法での切り抜きはP.170で紹介します。

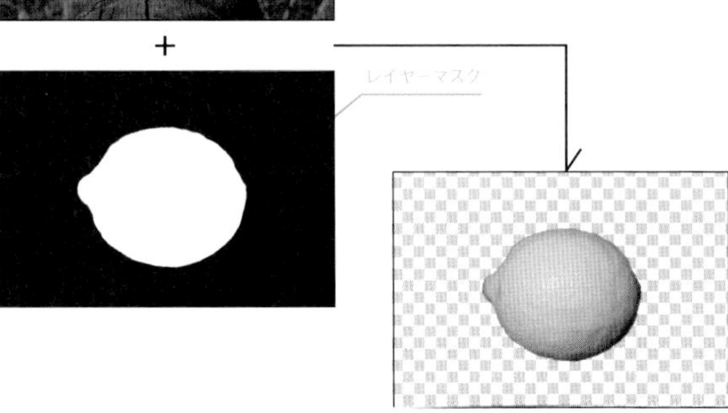

「レイヤーマスクなどで隠して不要部分を表示させない」方法でレイヤーマスクを使った例。レイヤーマスクの特徴は「隠れている部分は削除されていない」こと

Photoshopでマスクと呼ばれるものがいくつかあります。このうちLesson 08では「画像の一部を隠して透明にするマスク」を紹介しています(選択範囲を修正する[クイックマスクモード]はP.156で紹介しています)。「レイヤーマスク」以外に画像の一部を隠すマスクとして、「クリッピングマスク」(P.171)と「ベクトルマスク」があります。ベクトルマスクはレイヤーマスクと似たマスク機能ですが、パス(P.176)でマスク範囲を指定します。

【切り抜き(レイヤーマスク)】

レイヤーマスクを使った切り抜き

Sample Data / 08-02

レイヤーマスクとは

レイヤーマスクは、画像の一部を隠して切り抜いているかのように見せる機能です。主に選択範囲から作成し、選択範囲外を隠して透明にします。
隠れている部分は不可視状態ですが、削除はされていません。このためレイヤーマスクを修正することで、見える範囲を調整することができます。

選択範囲からレイヤーマスクを作成する

選択範囲を作成し、これをもとにレイヤーマスクを作成して画像を切り抜いてみましょう。

1. サンプルデータ「08-02」を開きます。❶選択範囲を作成します。

サンプルデータには[果実と木の選択範囲]チャンネルとして選択範囲を保存してあるので、選択範囲を読み込んで使用してください。選択範囲の読み込み方法はP.155を参照してください。

2. [レイヤー]パネルの❷[レイヤーマスクを追加]ボタンをクリックします。選択範囲外がマスクされて透明になりました。

3. [レイヤー]パネルを確認すると、レイヤーサムネールの右側に❸レイヤーマスクサムネールが追加されています。

レイヤーマスクはグレースケール画像としてレイヤーに登録されます。グレースケール画像の白い部分が可視、黒い部分が不可視(透明)です。

選択範囲を作成する

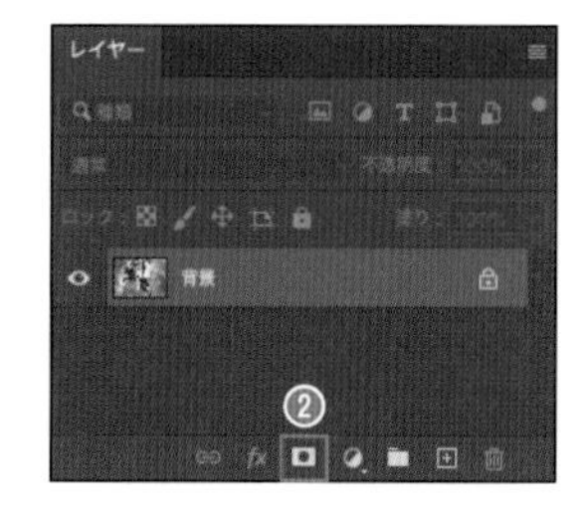

背景レイヤーにレイヤーマスクを作成すると、自動的に通常の画像レイヤーに変換される

ここも CHECK!

レイヤーマスクの濃度とぼかし

レイヤーマスクが編集対象のとき(P.163の「ここもCHECK!」参照)、[プロパティ]パネルでレイヤーマスクに[濃度][ぼかし]を設定できます。[濃度]:「100」%で完全にマスクした状態、「0」%にするとマスクなしの状態になります。下例のように[濃度]を「80」%にすると、うっすらと背景が見えるようになります。また[ぼかし]を適用するとマスクの輪郭がふんわりとぼけて見えます。

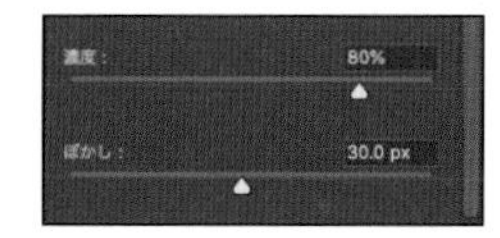

[プロパティ]パネルで[濃度]を「80」%、[ぼかし]を「30」pxに設定した

LESSON 08/03 【レイヤーマスクを修正】 レイヤーマスクを修正する

Sample Data / 08-03

レイヤーマスクを修正するには

レイヤーマスクを修正するには、「選択範囲に戻して修正する」、「直接レイヤーマスクを修正する」、「[選択とマスク]で修正する」の3つの方法があります。ここでは直接レイヤーマスクを修正する方法を紹介します。

ここでは[ブラシツール]を使います。Lesson 9で学ぶ、色の設定方法や[ブラシツール]の使い方の基本を練習してから学習してください。

表示されている部分を隠す

サンプルデータ「08-03-01」は、レイヤーマスクを修正途中の画像です。これを修正しレイヤーマスクを完成させます。直接レイヤーマスク画像を修正するときは、レイヤーの編集対象に注意してください（次ページ「ここもCHECK!」参照）。

サンプルデータ「08-03-01」は、一時的に「レイヤーマスクを使用しない」に設定して保存してある

❶レイヤーマスクサムネールのクリックで「レイヤーマスクを使用」に変更され、さらに編集対象はレイヤーマスクになる

1. サンプルデータ「08-03-01」を開きます。この画像はレイヤーマスクが作成されています。[レイヤー]パネルで「cupcake」レイヤーの❶レイヤーマスクサムネールをクリックします。

2. [ツールバー]で❷描画色を黒にします。❸[ブラシツール]をクリックし、[オプションバー]で❹[直径]を「1〜5」px程度（適宜変更）、[硬さ]を「50」%程度にします。

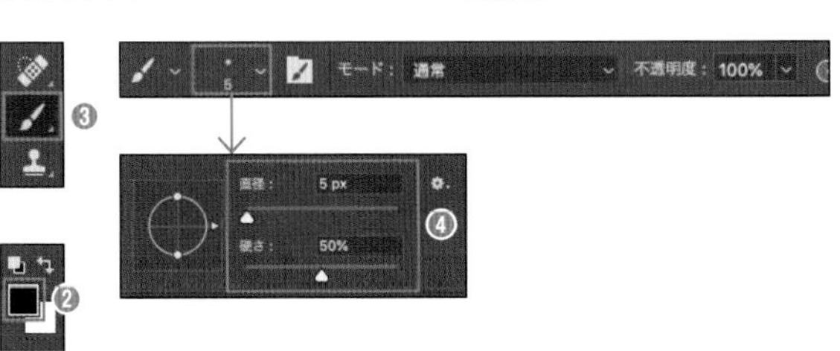

3. 隠したい部分を拡大表示し、画像内をドラッグします。描画色を黒で描くと描いた部分が隠れていきます。

4. 修正が終わったら、[レイヤー]パネルで❺「cupcake」レイヤーのレイヤーサムネールをクリックします。

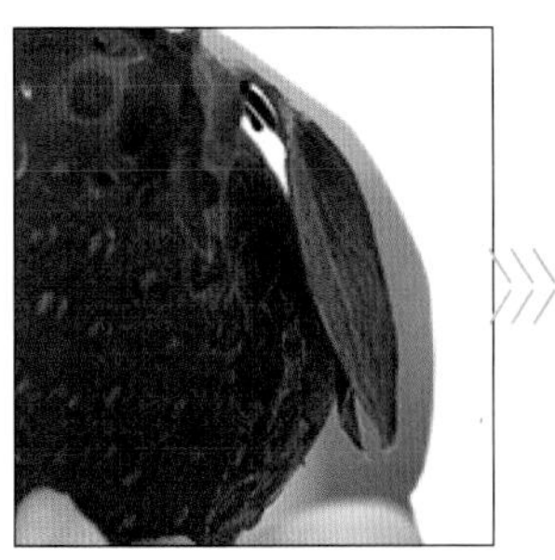

レイヤーマスクを修正する前

レイヤーマスクを修正した後

隠れている部分を表示する

隠れている部分をどこまで表示させるかは、画像が見えないと修正にくいため、一時的にレイヤーマスクを使用しない状態にします。

1. サンプルデータ「08-03-02」を開きます。[レイヤー]パネルで❶ option + shift（Windows版は alt + shift）キーを押しながら「cupcake」レイヤーのレイヤーマスクサムネールをクリックします。続けて shift キーを押しながらレイヤーマスクサムネールをクリックします。これで、画像に赤色でマスクを重ねた状態になります。

2. 編集方法は表示されている部分を隠す方法と同じですが、描画色は白で修正します。[ブラシツール]の[直径]を変えながら気になる部分を修正してみましょう。

3. 修正が終わったら、[レイヤー]パネルの❷で「cupcake」レイヤーのレイヤーマスクサムネールをクリックします。続けて❸レイヤーサムネールをクリックし、修正対象をレイヤー画像に戻しておきます。

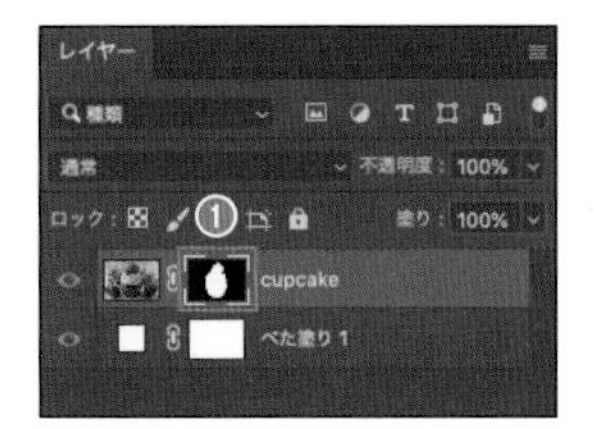

option + shift キーを押しながらレイヤーマスクサムネールをクリックすると、レイヤーマスクがオーバーレイ表示される

shift キーを押しながらレイヤーマスクサムネールをクリックすると、一時的に「レイヤーマスクを使用しない」状態になる

レイヤーマスクを修正する前

レイヤーマスクを修正した後

[プロパティ]パネルでマスクの[濃度]を設定できます（P.161の「こももCHECK」参照）。オーバーレイで見づらい場合、マスクの[濃度]の調整で画像を確認しながら修正することもできます。

ここも CHECK!

レイヤーの編集対象

レイヤーにレイヤーマスクを設定している場合は、編集対象がレイヤー画像なのか、レイヤーマスクなのか注意してください。[レイヤー]パネルのサムネールで白枠がついているほうが編集対象です。編集対象はサムネールをクリックすることで切り替えることができます。
編集対象は[チャンネル]パネルでも確認できます。[チャンネル]パネルで選択されているチャンネルが編集対象のチャンネルです。[チャンネル]パネルでは、不用意に[カラーチャンネル]や別のアルファチャンネルを選択しないように注意してください。

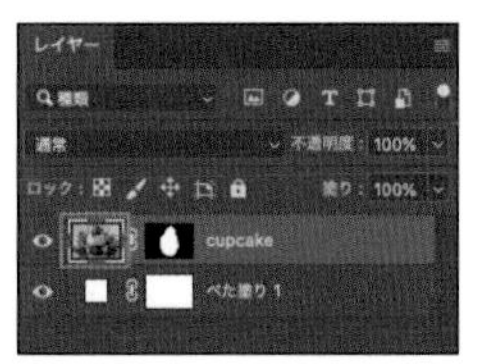

編集対象がレイヤー画像になっている

編集対象がレイヤーマスクになっている

[チャンネル]パネルで目的のチャンネルが選択されているか確認する。「cupcake」レイヤーのマスクが選択されていることから（表示されてはいない）、編集対象がレイヤーマスクなのがわかる

LESSON 08/04

【選択とマスク】

ふわふわしたものをきれいにマスクする

Sample Data /08-04

ふわふわしたものをマスクするには

おおまかに作成した選択範囲やレイヤーマスクを修正するのに便利なのが[選択とマスク]です。さらに髪や動物の毛のようなふわふわしたものを選択するのには、必須な機能です。
[選択とマスク]は、もとにする選択範囲がある状態、選択範囲のない状態、どちらからでも実行できます。ここでは[選択とマスク]で選択範囲を作成し、これを修正します。

被写体を選択で選択範囲を作成する

1 サンプルデータ「08-04」を開きます。[レイヤーパネル]で❶背景レイヤーを選択し、[選択範囲]メニューの[選択とマスク]をクリックします。

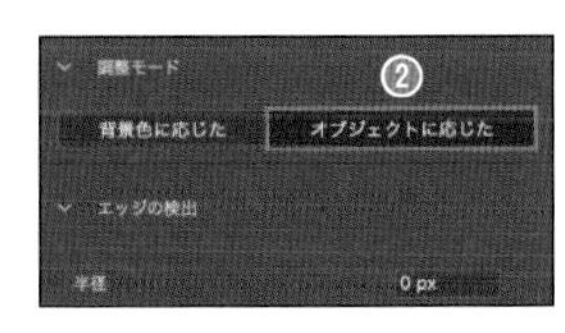

[オブジェクトに応じた]をクリックしたあと、警告のダイアログボックスが表示されたら[OK]をクリックする

サンプルデータ「08-04」には、背景レイヤー以外にあらかじめ「ベタ塗り」レイヤーと入れ替えるための背景画像のレイヤーを作成してあります。

[オプションバー]に[被写体を選択]が表示されていない場合は、[選択範囲]メニューの[被写体を選択]を実行してもよい

2 [選択とマスク]ワークスペースが開きます。はじめに[属性]パネルの[調整モード]で❷[オブジェクトに応じた]をクリックします。

3 [オプションバー]の❸[被写体を選択]をクリックします。

4 次に見やすい表示に変更します。ここでは[属性]パネルの❹[表示]を[オーバーレイ]、❺[不透明度]を「70」%に設定しました。

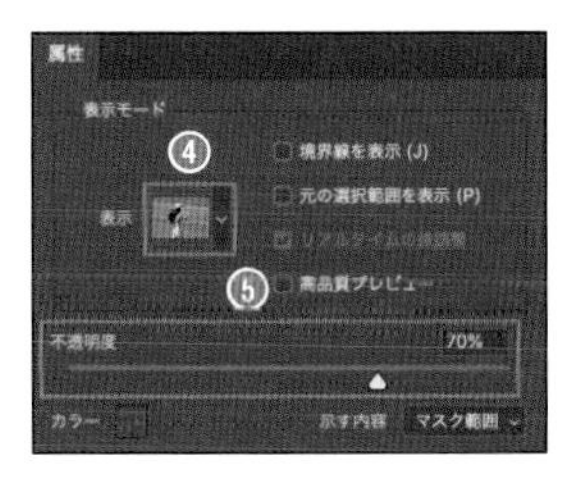

[選択とマスク]の[表示]では選択範囲の表示方法を選択できます。ここでは「オーバーレイ」に設定していますが、好みの設定でかまいません。

髪の毛部分の選択範囲を修正する

もとにする選択範囲を作成できたので、これを修正します。はじめに髪の毛部分を修正します。

1 [オプションバー]の❶[髪の毛を調整]をクリックします。[表示]を切り替えてプレビューを確認し、[髪の毛を調整]を実行前後でどちらの結果がよいか判断します。ここでは ⌘ + Z (Windwos版は ctrl + Z)キーで実行前に戻し、これもとに以降の修正を行うこととします。

[表示]を[白黒]にすると選択範囲をグレースケールで表示できる。左が[髪の毛を調整]を実行前、右が実行後。実行後は、髪の毛の茶色い部分で選択範囲外になる部分がある

[髪の毛を調整]の結果の良し悪しは画像によって異なります。この画像の場合、[被写体を選択]だけでかなりよい選択範囲ができていたため、[髪の毛を調整]は適用しませんでした。

2 ❷[境界線調整ブラシツール]をクリックし、❸必要に応じて[直径]を設定(ここでは「10」px程度にしている)し、❹髪と背景の境界部分で気になるところを髪に沿ってなぞるようにドラッグします。

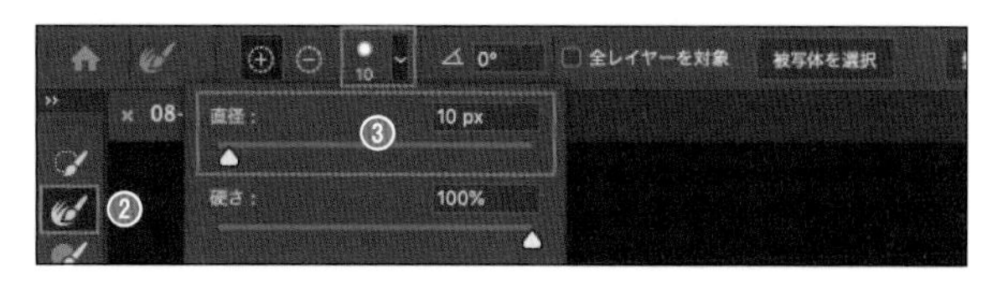

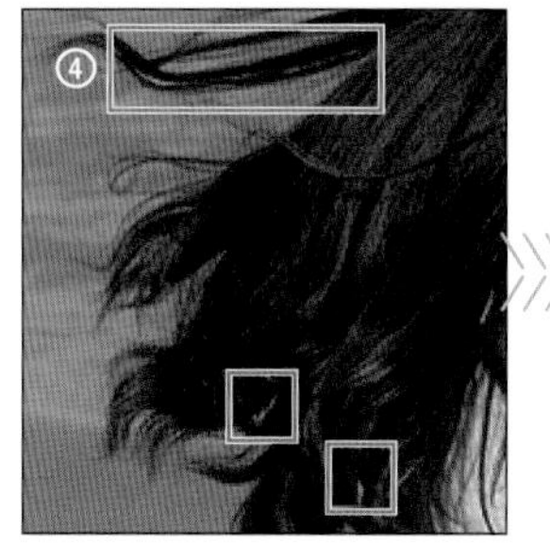

髪に沿ってなぞるようにドラッグすると選択範囲が修正される

この画像では、あまり修正が必要な箇所はありませんが、髪の毛の隙間で背景の水色がわずかにある部分を少しだけなぞりました。髪の毛部分で明らかに選択範囲内に含めたい部分や髪の毛以外の部分は[ブラシツール]で修正するので、ここではそのままにしておきます。
[境界線調整ブラシツール]はなぞった部分から離れている境界にも影響が出ることがあるので、修正は[境界線調整ブラシツール]を先に、[ブラシツール]をあとから行うとよいでしょう。

[表示]を[白黒]にした修正前と実行後

ブラシツールで修正する

髪の毛部分、髪の毛以外の部分ともに、選択範囲内に含めたい部分と選択範囲から削除したい部分の修正には、[ブラシツール]を使います。

1 ❶[ブラシツール]をクリックします。ブラシの❷[直径]や[硬さ]は、修正する箇所により適宜変更します。

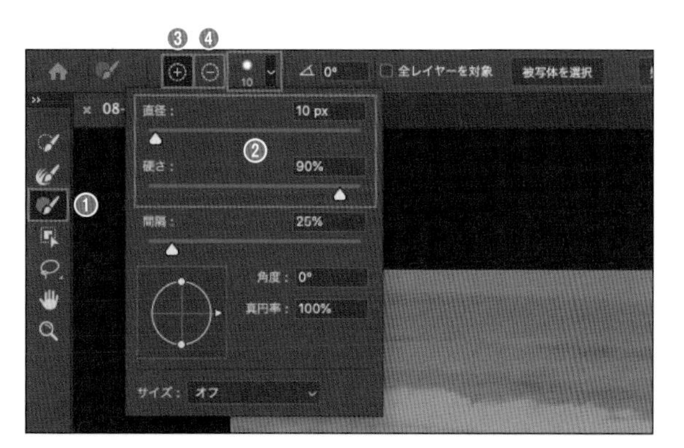

2 人物周りで選択されていない部分、選択範囲が広すぎる部分をすべて修正します。選択範囲の追加や削除は[オプションバー]の❸❹のボタン（前ページ参照）で切り替えます。必要に応じて[表示]や[不透明度]など見やすく変更してください。

人物周りの肌や服などの境界は[ブラシツール]で修正します。このとき[硬さ]を小さくしすぎると、あとで設定する[エッジの検出]に影響があることがあります。また、ブラシの[直径]が「1」pxでは[硬さ]を調整してもぼかしが効かなくなります。たとえば選択範囲が鋭角になっている先端などは、いったん目的より削除または追加しすぎにし、鋭角の外側を追加または削除して境界を修正します。

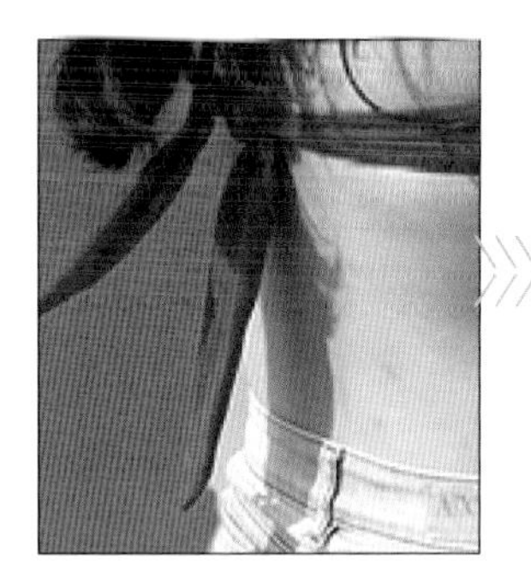
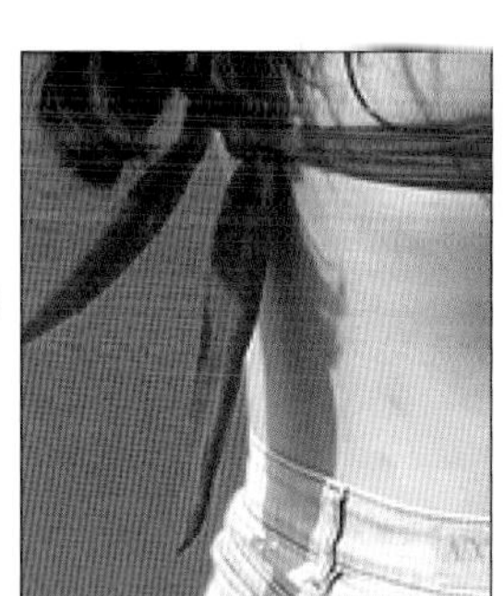
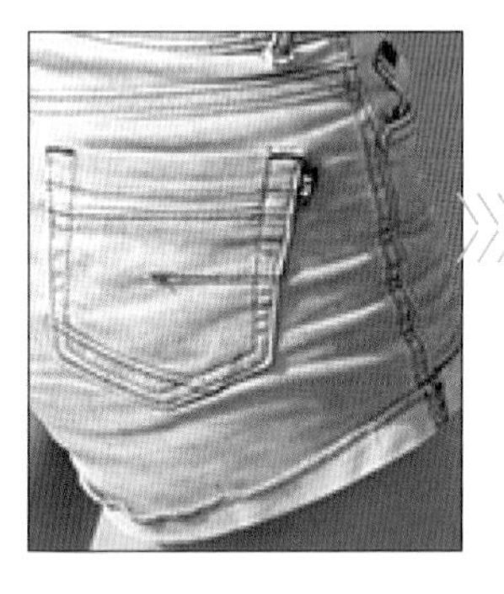
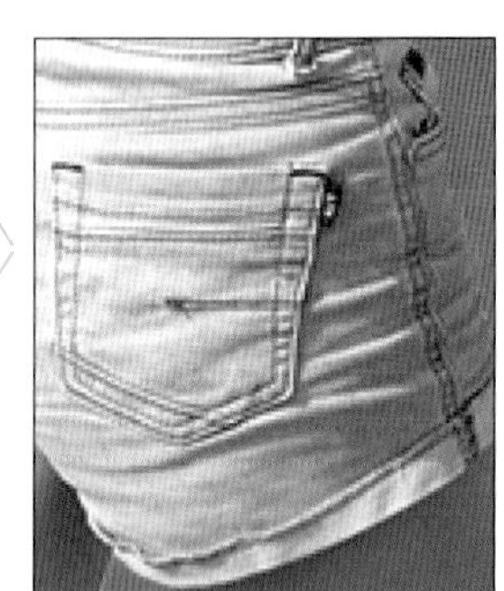

3 修正が終わったら[選択とマスク]を終了し確認してみましょう。❺をクリックして[出力設定]を開き、❻[出力先]で[新規レイヤー（レイヤーマスクあり）]を選択し、[OK]をクリックして[選択とマスク]を終了します。

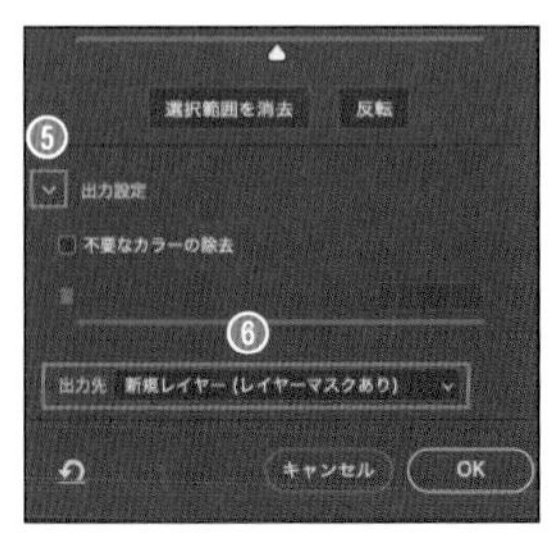

4 [レイヤー]パネルで、❼「背景のコピー」レイヤーを一番上にし、❽「ベタ塗り」レイヤーを表示させます。切り抜きの状態を確認します。

腕や服周りに少し白い縁のようなものが見える。再び[選択とマスク]を実行して白い縁の部分を修正する

エッジの検出とグローバル調整で再度調整する

再び[選択とマスク]を実行し、周辺の白い縁を選択範囲外にします。

1 [レイヤー]パネルで、「背景のコピー」レイヤーを選択し、[選択範囲]メニューの[選択とマスク]をクリックします。

2 はじめに、[属性]パネルの[エッジの検出]を調整してみましょう。❶[半径]を「5」px程度とし、❷[スマート半径]にチェックを入れます。よい部分とあまりよくない部分が混在します。[エッジの検出]の[半径]を「0」pxに戻します。

[エッジの検出]は、切り抜きの境界付近にあるエッジを自動検出して選択範囲を修正する機能です。[半径]に設定する大きさは現在の選択範囲の状態と画像によって変わります。[表示モード]の[境界線を表示]にチェックを入れると、[半径]で設定されている幅を視覚的に確認できます。検出後に[ブラシツール]などを使用すると、もとに戻せないので注意してください。
作例では[エッジの検出]の修正を[ブラシツール]などでの修正後に行っていますが、画像により[髪の毛を調整]の前や[ブラシツール]での補正前などに[エッジの検出]を行うとよいでしょう。

3 次に[グローバル調整]を設定します。まずは❸[エッジのシフト]を「−30」%程度にします。白縁はほぼ消えたようです。

[エッジのシフト]はエッジを一律に内側(マイナス)または外側(プラス)にずらす機能です。ここでは少し内側にずらすように設定しました。

4 [出力先]で[新規レイヤー(レイヤーマスクあり)]を選択し、[OK]をクリックして[選択とマスク]を終了します。

5 さまざまな背景と合成させてみましょう。その際、切り抜き画像を背景に合わせて色調補正したり、背景自体も色調補正やぼかしなどで調整します。

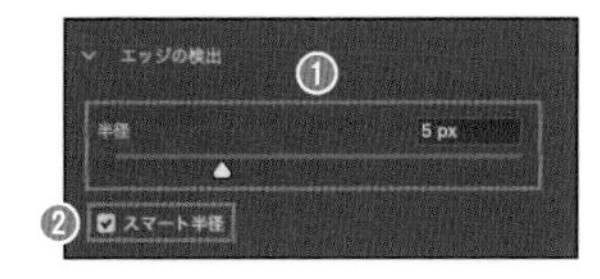

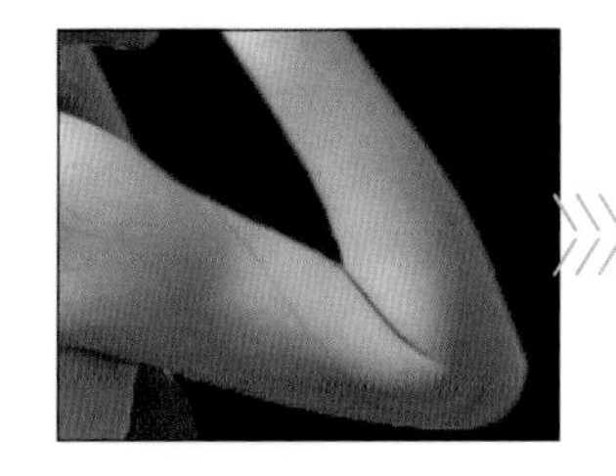
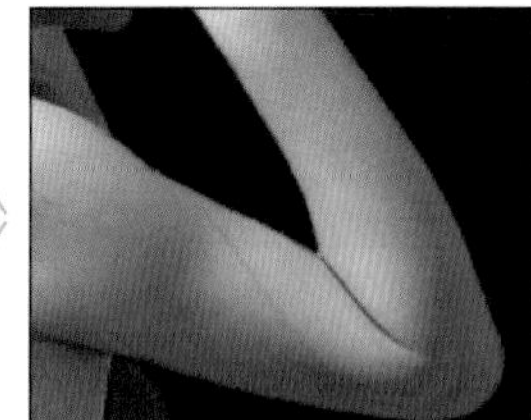
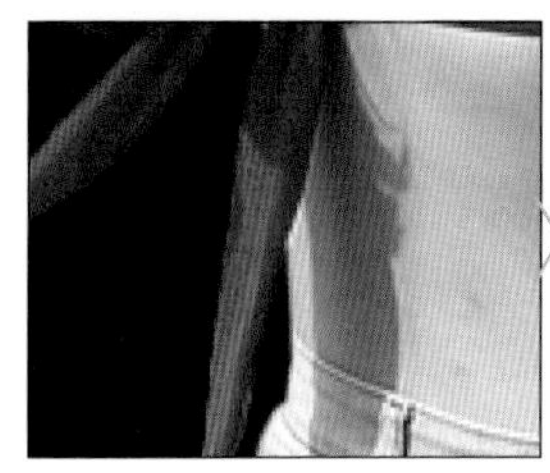
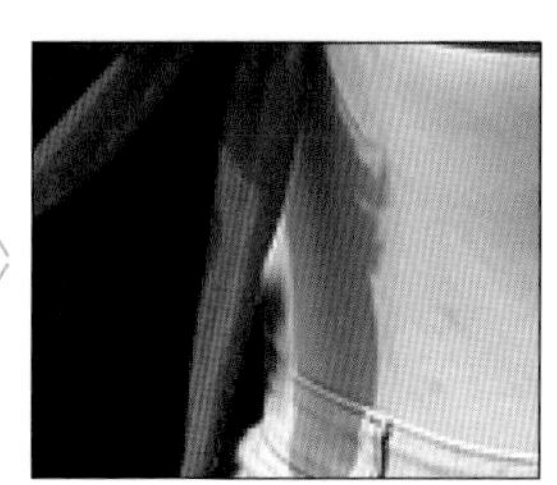

[エッジの検出]の修正前(左)と修正後(右)。[エッジの検出]の設定で白縁のように見えていた部分をまとめて削除できるが、一部のエッジでは再修正が必要となる部分が出る

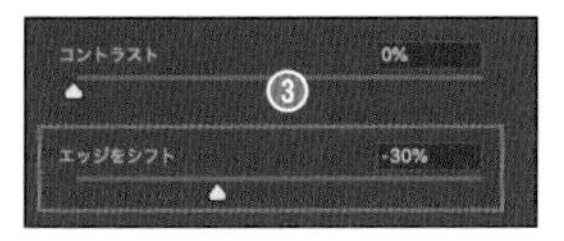

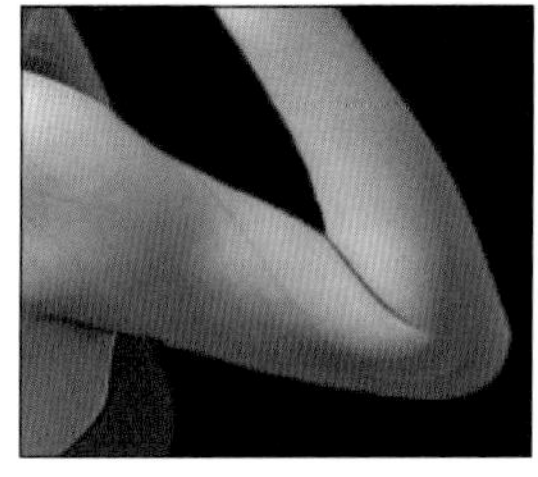

ともに修正後。[エッジのシフト]の設定で、白縁のように見えていた部分をまとめて削除できる。髪の毛部分もこれで問題ないと判断し、ここでは[エッジの検出]ではなく、[エッジのシフト]の設定で白縁を消すこととする

髪の毛と服で異なる[グローバル調整]と[エッジの検出]の設定にしたいことがあります。[グローバル調整]などを行う前の選択範囲をレイヤーマスクとして保存しておけば、これをもとに髪の毛や服に最適な[グローバル調整]などを設定し、それぞれレイヤーマスクを作成してあとから合成する方法もあります。

合成例(「08-04_after」の「背景替え1」)

合成例(「08-04_after」の「背景替え2」)

ここも CHECK!

選択とマスクワークスペース

[選択とマスク]ワークスペースは[ツールバー][オプションバー][属性]パネルで構成されています。
[ツールバー]のツールを使って選択範囲またはマスクを修正します。[属性]パネルの設定でも調整できることがあります。

[ツールバー]のツール

[境界線調整ブラシツール]以外は、通常のワークスペースにあるツールと基本的に同じ操作方法です。[クイック選択ツール]では、[オプションバー]でサイズや選択範囲の追加と削除の切り替えを設定します。ただし[ブラシツール]は、描画色ではなく[オプションバー]のボタンで選択範囲の追加・削除を切り替えます。
[境界線調整ブラシツール]は境界線上をドラッグすることで、自動調整するツールです。髪などのふわふわした部分の選択範囲を作成するのに役立ちます。
選択範囲を修正する6つのツールの[オプションバー]には、[被写体を選択]と[髪の毛を調整]のボタンがあります。[被写体を選択]は[選択範囲]メニューの機能と同じです。[髪の毛を調整]は、現在の選択範囲で髪の毛などの部分を自動で判別して選択範囲を調整する機能です。

[属性]パネルの設定

[表示モード]は「表示モードの機能一覧」を参照してください。
[調整モード]は、はじめに設定します。かんたんにいうと選択するとき、背景が単純で選択しやすそうな場合は[背景色に応じた]にし、背景が複雑な場合は[オブジェクトに応じた]に設定します。ただし髪の毛などがある場合は[オブジェクトに応じた]にします。
[エッジの検出]は、[半径]で境界線の調整を行う範囲を指定します。色縁が出ているなどの場合に修正するのに使います。[スマート半径]にチェックを入れると、[半径]で指定した値から髪と服の部分などで範囲を自動調整します。設定後に[ブラシツール]などによる修正をするともとに戻せなくなります。
[グローバル調整]は、全体に対して変更する設定です。[滑らかに]はギザギザとなる選択範囲を滑らかにしますが、鋭角の選択範囲の角も削るので注意が必要です。[ぼかし]は同名の選択範囲の修正と同じような機能です。[コントラスト]は[ぼかし]の逆のような効果があります。[エッジをシフト]は、＋で外側、－で内側にエッジ(境界線)をシフトします。
[出力設定]は、[選択とマスク]終了時に作成される選択範囲(マスク)をどのようにするかを設定します。[出力先]で[選択範囲][レイヤーマスク]、現在のレイヤーとは別の新規レイヤーに作成することなどを選択します。
[不要なカラーの除去]は、エッジ部分に生じる被写体と周辺の色が混じった部分などが選択範囲に含まれる場合、その色を除去して選択範囲内の色に馴染ませる機能です。チェックを入れるとエッジ部の画像自体の色を変化させるため、[出力先]で[新規]とつくものしか選べなくなります。

表示モードの機能一覧

表示モード	機能
オニオンスキン	[透明部分]が「0」%でレイヤー画像全体表示、[透明部分]を大きくすると選択範囲外のレイヤー画像が半透明になり、下の表示レイヤーの画像に重ねて表示される
点線	選択範囲の破線表示
オーバーレイ	[不透明度]が「0」%でレイヤーの表示状態(レイヤーマスクあり、マスク外は下のレイヤーの画像)、[不透明度]を大きくすると選択範囲外に半透明のベタ色(初期設定が赤で変更可)を重ねて表示する。環境によっては[オーバーレイ]に表示変更する直前が[オニオンスキン]の場合、[オニオンスキン]の表示状態にベタ色が重なることがある
黒地(白地)	[黒地][白地]ともに、[オーバーレイ]と同様で重ねる色を黒または白に限定する。レイヤーマスクをもとに[選択とマスク]を実行すると選択範囲外のレイヤー画像は表示できない
白黒	選択範囲をグレースケール画像で表示する
レイヤー上	選択範囲内だけを表示し、選択範囲外は下のレイヤー画像が見える

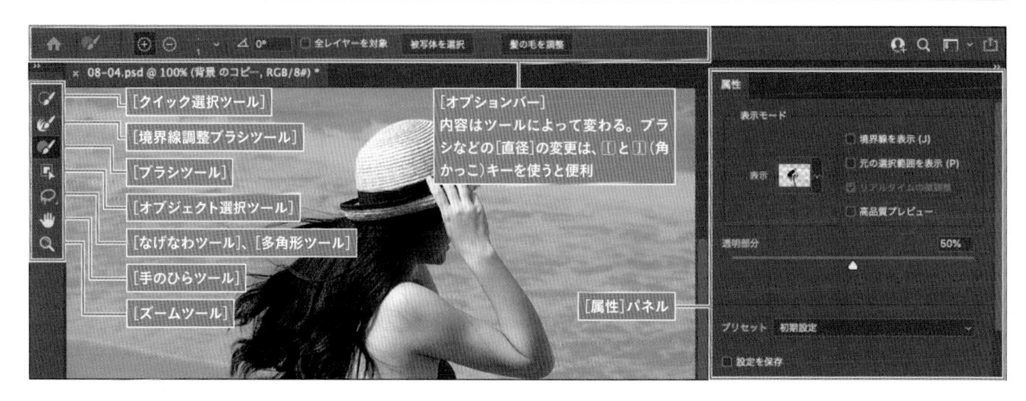

【レイヤーマスク関連機能】
レイヤーマスク関連の操作

Sample Data /08-05

レイヤーマスク関連の操作とは

[レイヤー]パネルで対象レイヤーを選択した状態にすると、[レイヤー]メニューの[レイヤーマスク]のサブメニューには、[使用しない]、[削除]、[適用]、[リンク解除]のメニューが表示されます。

[使用しない]

レイヤーマスクを一時的に解除して画像全体を表示させます。

[削除]

レイヤーマスクを削除します。

[適用]

レイヤーマスクを適用します。実行するとレイヤーマスクで隠れていた部分の画像が削除されて透明になります。

[リンク解除]

リンクされている場合、レイヤー画像を移動するとレイヤーマスクも移動します。[リンク解除]を実行するとリンクが解除され、レイヤーとレイヤーマスクを個別に移動することができるようになります。

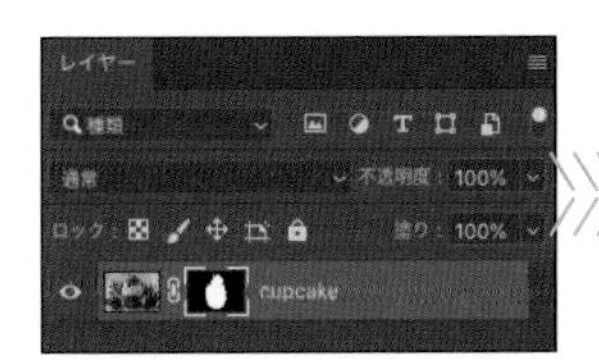

左が「使用」、右が「使用しない」の状態。実行するとレイヤーマスクサムネールに×がつく。「使用しない」から「使用」に戻すには、レイヤーマスクサムネールをクリックする

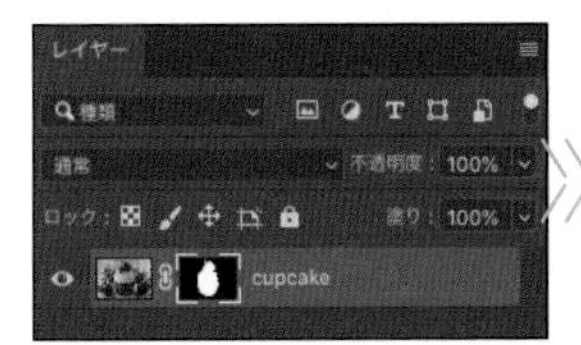
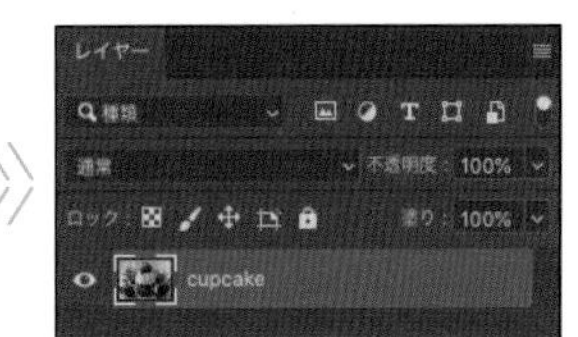

[削除]を実行するとレイヤーマスクが削除されレイヤー画像すべてが表示される

[適用]を実行すると、レイヤーマスクで隠れていた部分の画像が削除されて透明になる

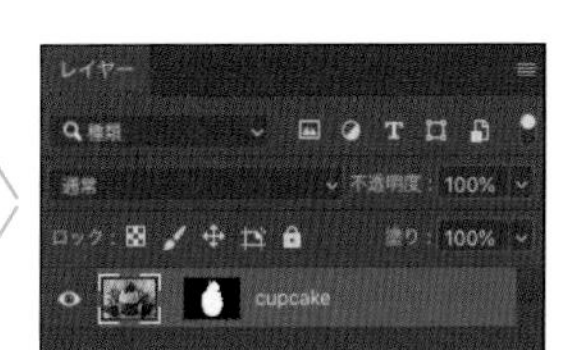

[リンク解除]は[レイヤー]パネルのリンクマークが消えることでを確認できる。リンクマーク部分のクリックでも[リンク解除]↔[リンク]を切り替えられる

キーを併用したレイヤーマスクサムネールのクリックで以下の操作ができます。

レイヤーマスクから選択範囲の作成

⌘ ＋クリック

使用しない

shift ＋クリック

マスク画像の表示

option ＋クリック

マスク画像のオーバーレイ表示

shift ＋ option ＋クリック

レイヤーマスクサムネールの option ＋クリックで「マスク画像の表示」になる([レイヤー]メニューにはない)

レイヤーマスクサムネールの shift ＋ option ＋クリックで「マスク画像のオーバーレイ表示」になる([レイヤー]メニューにはない)。もとの表示に戻すにはレイヤーサムネールをクリックする

レイヤーマスクサムネールの shift ＋ option ＋クリック後にさらに shift ＋クリック([使用しない])を実行している

LESSON 08/06 【切り抜き(消去)】

不要な部分を消去して切り抜く

Sample Data /08-06

消去するには

画像の消去は主に、[消去]機能、delete キー、「消しゴムツール」(P.189)の3つの方法で実行します。
画像の一部を消去すると、レイヤー画像では透明になり、背景レイヤーでは背景色で塗りつぶされます。このため背景レイヤーを切り抜く場合は、画像レイヤーに変換してから実行します。

選択範囲を反転してから削除する

選択範囲を作成し、これを反転して削除して画像を切り抜いてみましょう。

1. サンプルデータ「08-06」を開きます。[レイヤー]パネルで❶背景レイヤーの鍵マークをクリックして、画像レイヤーに変換します。

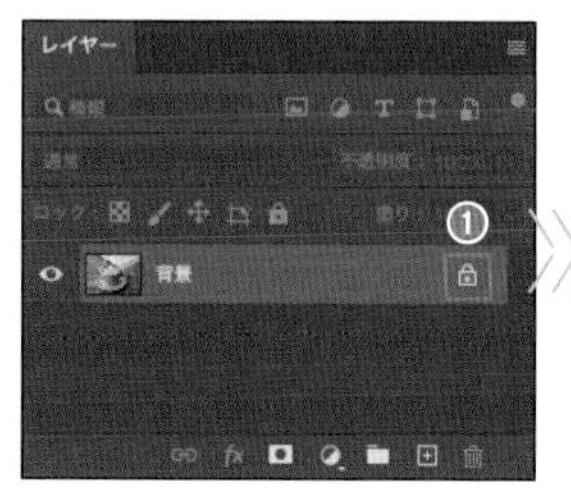

背景レイヤーの鍵マークをクリックする

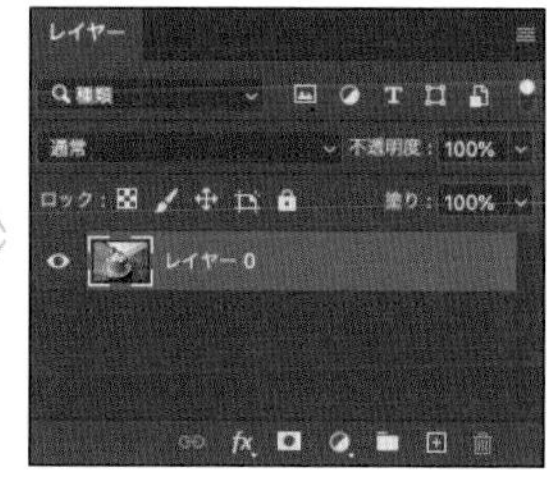

背景レイヤーが画像レイヤーに変換された

2. ❷切り抜きたい範囲の選択範囲を作成します。

コーヒーカップの選択範囲を作成した

選択範囲を反転した

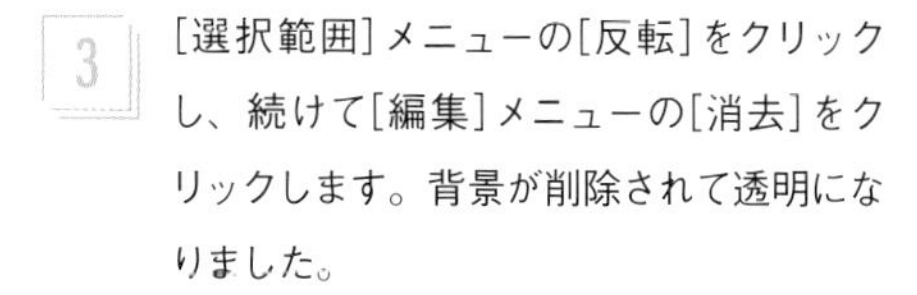
サンプルデータには[コーヒーカップ]チャンネルとして選択範囲を保存してあるので、選択範囲を読み込んで使用してください。

3. [選択範囲]メニューの[反転]をクリックし、続けて[編集]メニューの[消去]をクリックします。背景が削除されて透明になりました。

背景が削除され透明になった

[消去]の代わりに delete キーを押しても実行できます。背景レイヤーのまま[消去]を実行すると背景色で塗りつぶされ、delete キーを押すと[塗りつぶし]ダイアログボックスが表示されます。

LESSON 08/07

【切り抜き(クリッピングマスク)】
文字の形に切り抜く

Sample Data / 08-07

クリッピングマスクとは

「クリッピングマスク」は、2枚以上のレイヤーを使って作成するマスクのことです。ここでは風景写真を文字の形で切り抜く方法を紹介します。

選択範囲からレイヤーマスクを作成する

サンプルデータ「08-07」には画像レイヤーとテキストレイヤーがあります。テキストレイヤーは文字部分が不透明で文字以外は透明です。

1 サンプルデータ「08-07」を開きます。[レイヤー]パネルで❶「草原」レイヤーを表示し、❷「草原」レイヤーとテキストレイヤー間にマウスポインタを移動します。option キーを押すとポインタがに変化するので、これを確認してそのままクリックします。

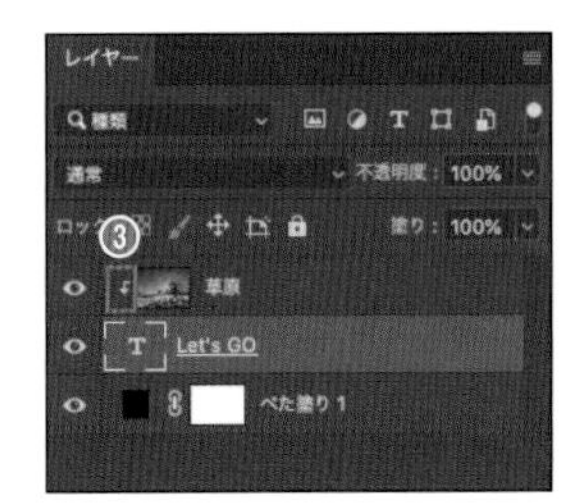

[クリッピングマスク]が適用されているレイヤーには❸のマークがつく

上のレイヤーを選択し、[レイヤー]メニューの[クリッピングマスクを作成]をクリックしても作成できます。

サンプルデータで使用しているフォント「Acumin Pro Extra Condensed」は、Adobe Fontsでアクティベートできます。

ここも CHECK!

レイヤーマスクとクリッピングマスクの違い

レイヤーマスクとクリッピングマスクは、レイヤーの一部を隠すという目的においては同じです。
レイヤーマスクは、マスク画像をレイヤー内に含みます。クリッピングマスクは、マスク画像は別レイヤー(下のレイヤー)です。これが大きな違いです。
クリッピングマスクの特徴は、マスクが別レイヤーのため、レイヤーマスクではできない属性情報を持ったままのテキストレイヤーやシェイプレイヤーでもマスクとして利用できることです。たとえばクリッピングマスクを使いテキストレイヤーでマスクすると、テキストレイヤーの文字内容やフォントなどを修正すれば、そのままマスク形状も修正されます。
クリッピングマスクの欠点は、別レイヤーのためレイヤーの上下関係を変えると解除されることです。クリッピングマスクでレイヤーの上下関係を変更する場合に注意が必要です。

LESSON 08/08

【切り抜き（コピー・ペースト）】

選択範囲をコピー・ペーストして切り抜く

Sample Data /08-08

コピー・ペーストすると

選択範囲を作成すると、選択範囲内のレイヤー画像をコピーし、同じ画像内で、またはほかの画像にペーストすることができます。このように画像などをコピーしてその画像を貼りつける（ペーストする）操作をまとめてコピー・ペースト（コピペ）などと呼びます。

選択範囲をコピー・ペーストする

選択範囲を作成し、画像をコピー・ペーストしてみましょう。

1 サンプルデータ「08-08-01」を開きます。❶切り抜きたい範囲の選択範囲を作成します。

サンプルデータには[人物]チャンネルとして選択範囲を保存してあるので、選択範囲を読み込んで使用してください。

2 [レイヤー]パネルで❷コピーする画像のレイヤー（ここでは背景レイヤー）を選択し、[編集]メニューの[コピー]をクリックします。

3 サンプルデータ「08-08-02」を開きます。[編集]メニューの[ペースト]をクリックします。

選択範囲を作成してコピー・ペーストを行うと、別レイヤーとしてペーストされます。同一画像にペーストする場合も他の画像にペーストする場合も同様です。なお、ペーストされる画像のサイズはコピー元の画像サイズと同じです。

人物より少し大きめの選択範囲を作成した

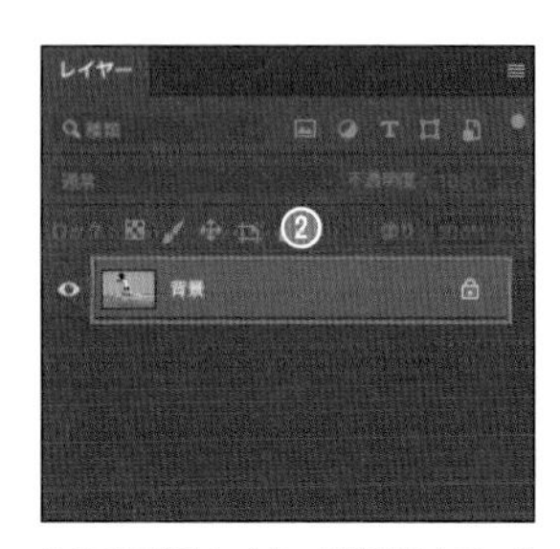

ここでは背景レイヤーが選択されていることを確認する

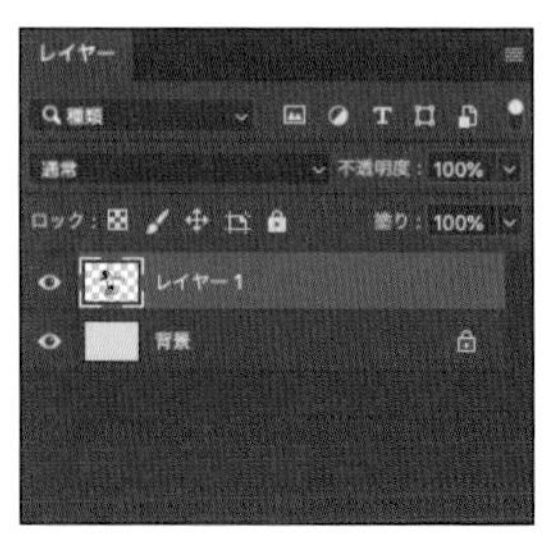

ほかの画像にペーストすると、新しいレイヤーとして貼りつけられる

背景レイヤーを非表示にすると、選択範囲外が透明の画像として貼りつけられ、切り抜かれていることがわかる

LESSON 08/09

【ドロップシャドウ】

切り抜き画像にドロップシャドウで影をつける

Sample Data /08-09

ドロップシャドウとは

「ドロップシャドウ」はレイヤースタイルの1つで、切り抜き画像に対しかんたんに影をつけることができる機能です。ドロップシャドウを付けることで、立体感を演出したり、背景から浮き上がっているように見せることができます。

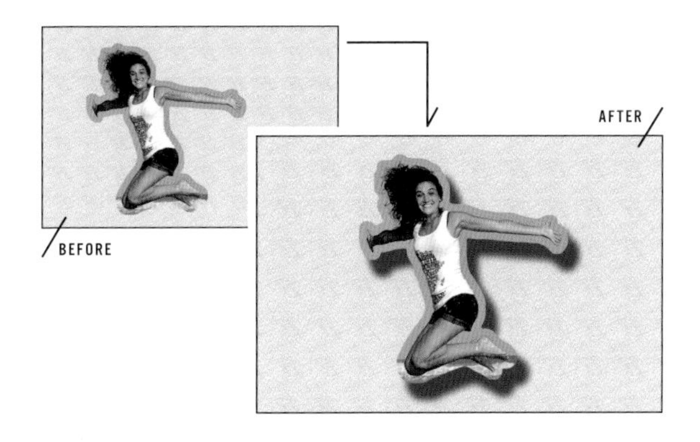

ドロップシャドウを設定する

切り抜き画像にドロップシャドウを設定してみましょう。

1. サンプルデータ「08-09」を開きます。[レイヤー]パネルで❶「人物」レイヤーを選択します。❷[レイヤースタイルを追加]ボタンをクリックし、❸[ドロップシャドウ]をクリックします。

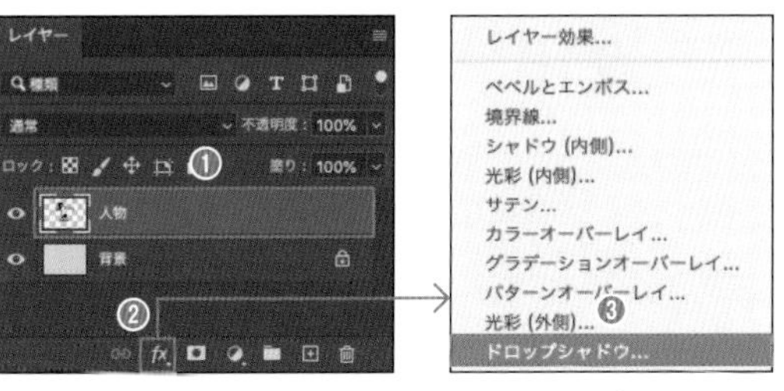

[レイヤースタイルを追加]ボタンをクリックし、[ドロップシャドウ]をクリックする

サンプルデータには「人物」レイヤーとして切り抜いたレイヤーを作成してあります。

2. [レイヤースタイル]ダイアログボックスで、❺[ドロップシャドウ]の設定をします。設定が終わったら[OK]をクリックします。

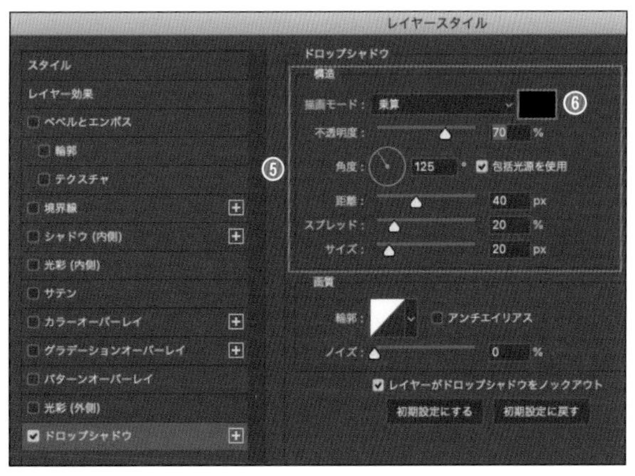

[不透明度]を「70」%、[角度]を「125」°とし、[距離]は「40」px、[スプレッド]は「20」%、[サイズ]は「20」pxとした。これら設定を変更して好みの影を作成してみよう

影の色は❻をクリックして表示される[カラーピッカー]で、影の濃さは[不透明度]を設定して濃さを調整します。
[距離]は影とレイヤー画像との距離です。値を大きくすると[角度]で指定した方向と逆方向に影がずれていきます。[スプレッド]は[サイズ]で指定した範囲内で影をぼかさない幅を指定します。大きいほどぼかす範囲が狭まります。[サイズ]は影の大きさで、「0」pxでレイヤー画像と同じ大きさになります。

LESSON 08/10

【影の作り方】

切り抜き画像に自然な影をつける

Sample Data / 08-10

影を作成するには

切り抜いた画像の形状を利用して影を作成します。
光の当たる方向や角度、切り抜いた部分と地面との関係、背景の斜度(水平なのか垂直なのか)などを考慮し、さらにパースを意識して影を変形します。

切り抜いた人物の影を作成する

人物の影を室内にあわせて作成します。サンプルデータ「08-08-01」から切り抜いた人物は、撮影者の右後方から光が当たっています。この光の影を表現します。

1 サンプルデータ「08-10」を開きます。[レイヤー]パネルで❶[新規レイヤーを作成]ボタンをクリックし、作例されたレイヤーを❷「影」レイヤーとして❸[描画モード]を[乗算]にします。❹「人物」レイヤーのレイヤーサムネールを ⌘ (Windows版は ctrl)+クリックして選択範囲を作成します。

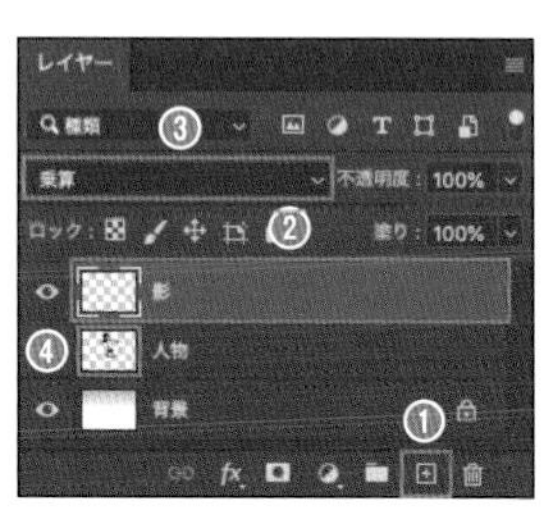

レイヤー名が「影」の新規レイヤーを作成し、[描画モード]を[乗算]にする。「人物」レイヤーのレイヤーサムネールを ⌘ +クリックして選択範囲を作成する

2 「影」レイヤーを選択します。[編集]メニューの[塗りつぶし]をクリックし、[塗りつぶし]ダイアログボックスで❺[内容]を[ブラック]として[OK]をクリックします。選択範囲は解除します。

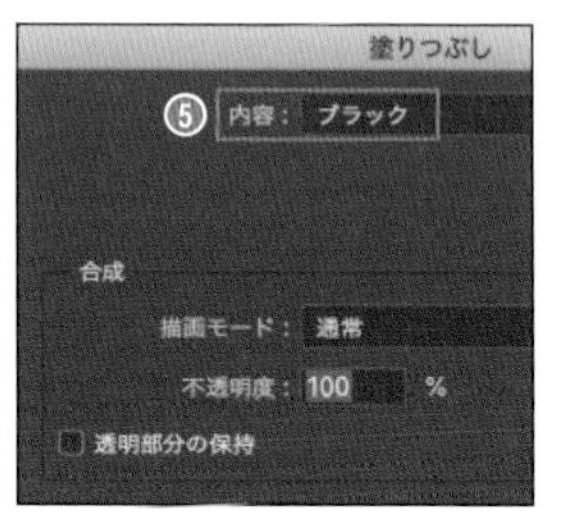

[塗りつぶし]ダイアログボックスで[内容]を[ブラック]に設定する

「影」レイヤーの選択範囲内が黒で塗りつぶされた

3 ❻[レイヤー]パネルでレイヤーの並び順を上から「人物」、「影」、「背景」の順に変更します。

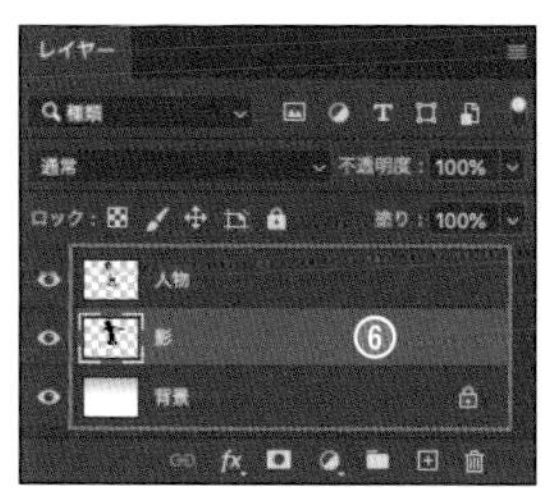

レイヤーの上下関係を変更した

「影」レイヤーが「人物」レイヤーの下に移動し、影が見えなくなった

4 [レイヤー]パネルで「影」レイヤーを選択し、[編集]メニューの[自由変形]をクリックします。続けて画像内でクリックし、表示されるハンドルを操作して影を変形します。❼上辺中央のハンドルを ⌘ (Windows版は ctrl)キーを押しながらドラッグ([多方向に伸縮]の機能になる)すると平行四辺形に変形できます。

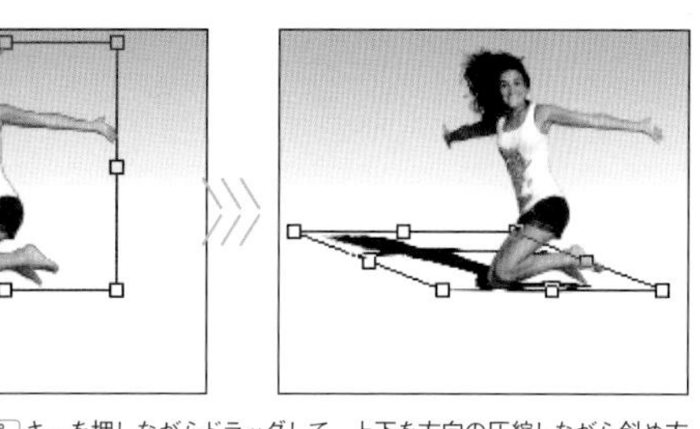

上辺のハンドルを ⌘ キーを押しながらドラッグして、上下を方向の圧縮しながら斜め方向にずらして平行四辺形にする

5 ❽枠内をドラッグして床に合わせて位置を移動します。

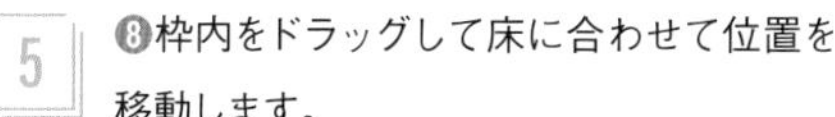
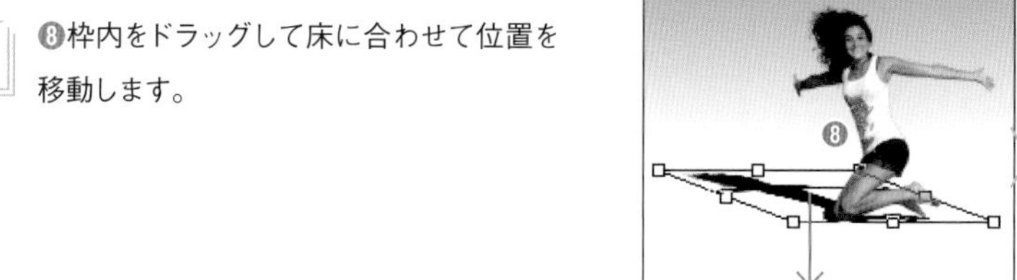

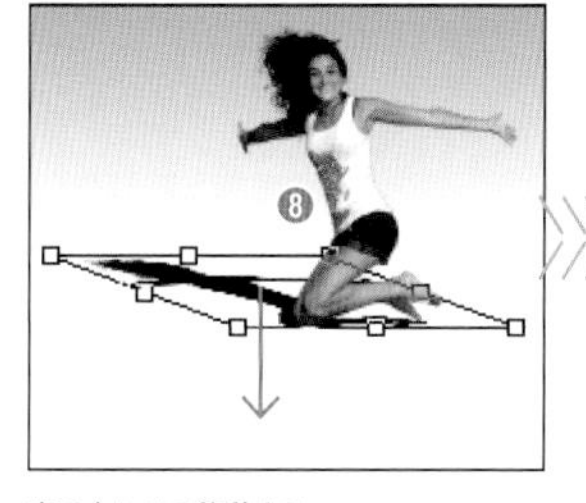

床に合わせて移動する

6 ❾遠近感を出すため、影の奥をつぼめます。このときは、奥の角のハンドルを ⌘ (Windows版は ctrl)キーを押しながらドラッグします。変形できたら return (enter)キーを押して確定します。

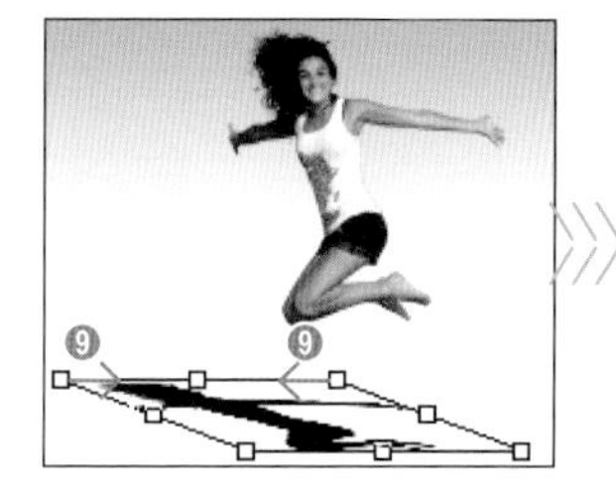

影の奥をつぼめて遠近感を出す

7 [レイヤー]パネルで❿「影」レイヤーの[不透明度]を「50」%程度とします。

「影-奥」レイヤーの[不透明度]を「50」%にする

8 続けて[フィルター]メニューの[ぼかし]→[ぼかし(ガウス)]をクリックします。ダイアログボックスで⓫[半径]を「8」pixelとして[OK]をクリックします。[移動ツール]で影の位置を微調整します。必要に応じて人物も移動してください。

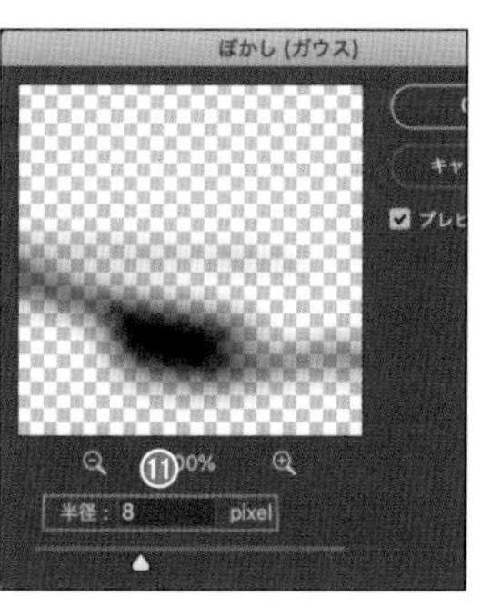

[ぼかし(ガウス)]を[半径]を「8」pixelとして適用する

作例では、背景が白なので必要ありませんが、背景によっては、背景と貼りつけた画像の色調(色味、彩度、コントラスト)を補正します。必要に応じて背景にぼかしをかけてもよいでしょう。

LESSON 08/11

【パス】

パスの基礎知識

Sample Data /No Data

パスとは

「パス」は、ビットマップ画像(P.022)ではなく「ベジェ曲線」で、「アンカーポイント」(点)とそれらを結ぶ「セグメント」(線)で構成されます。ビットマップ画像と違い、パス(ベジェ曲線)は直線やきれいな曲線を作成しやすく、さらに何度でも修正できるのが特徴です。

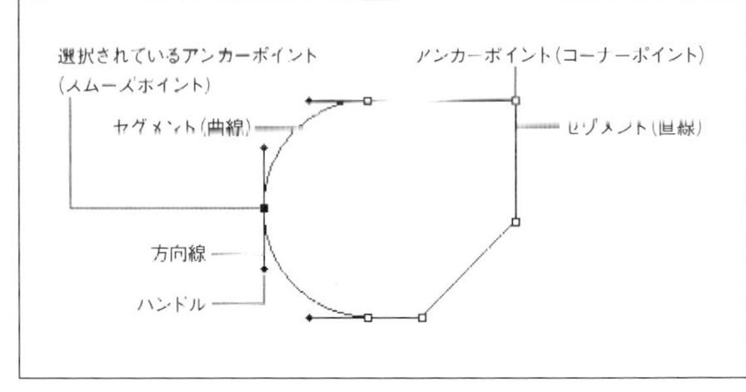

パスの構成
アンカーポイントと呼ばれる点とそれらを結ぶセグメントで構成される。セグメントはアンカーポイント同士を結ぶ直線だけでなく、方向線での指定により曲線にすることができる。上図のパスはすべてのアンカーポイント同士が結ばれており「クローズパス」と呼ばれる。アンカーポイントに端点があるパスは「オープンパス」と呼ばれる

パスを使う目的

「パス」は主に、画像の切り抜きに使います(P.182)。また、きれいな曲線などの描画(P.182)、曲線に沿った文字の配置(P.182)に使うこともできます。
さらに「パス」を「シェイプ(レイヤー)」に変換する(P.214)ことで、ベクトル画像(P.022)にすることもできます。

パスの使用例(画像の切り抜き)
パスで境界線を作成し、選択範囲に変換して切り抜くのに使用する

パスの使用例(描画やテキストの配置)
パスに沿ったテキストの配置ができる。またパスに沿った描画もできる

パスを作成するには

パスは、主に[ペンツール]またはシェイプ系ツールで作成します。各ツールでは、[オプションバー]で[パス]を指定してから作成します。作成されたパスは[パス]パネルで管理されます。

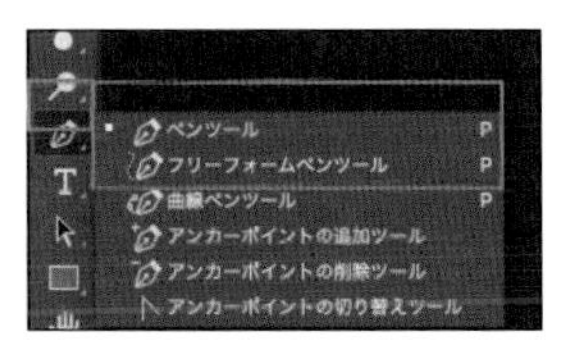

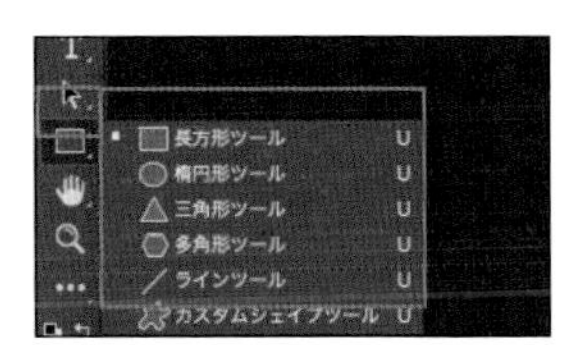

[ペンツール]、[フリーフォームペンツール]、[曲線ペンツール]がパスを作成するツール。さらにシェイプ系ツールでパスを作成できる。パスを作成する場合、いずれのツールでも[オプションバー]の[ツールモード]で[パス]を指定しておく必要がある

パスを作成する方法としてツール以外に、既存のテキストレイヤー、シェイプレイヤーから変換する方法と、選択範囲から変換する方法があります。P.181を参照してください。

LESSON 08/12

【ペンツール、曲線ペンツール】

ペンツールでパスを作成する

Sample Data /08-12

ペンツールでパスを作成する

[ペンツール]でパスを作成します。ここでは下書き画像に沿ったパスを作成してみましょう。

1 サンプルデータ「08-12-01」を開きます。❶[ペンツール]をクリックします。[オプションバー]で❷[パス]を選択します。

2 ❸A点→B点とクリックします。shift キーを押しながら❹C点をクリックします。❺始点のA点にマウスポインタを重ねると、ポインタ右下に○印が表示されます。これを確認してA点でクリックします。三角形のクローズパスが作成されました。

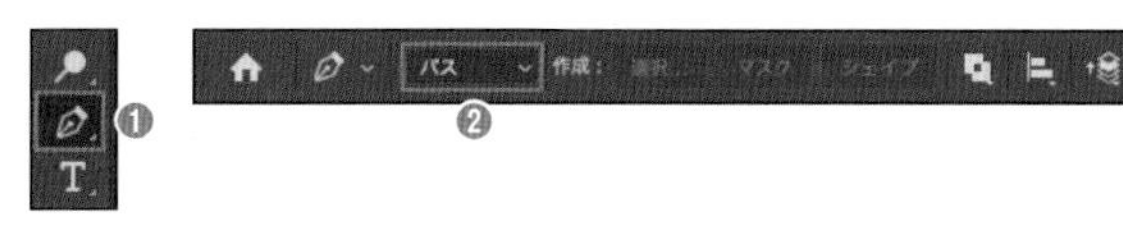

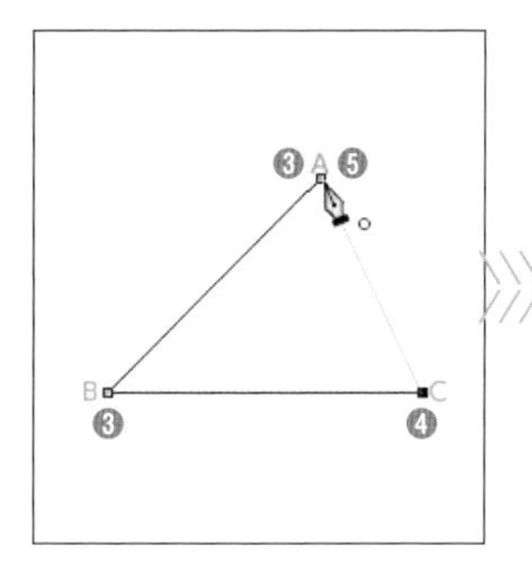

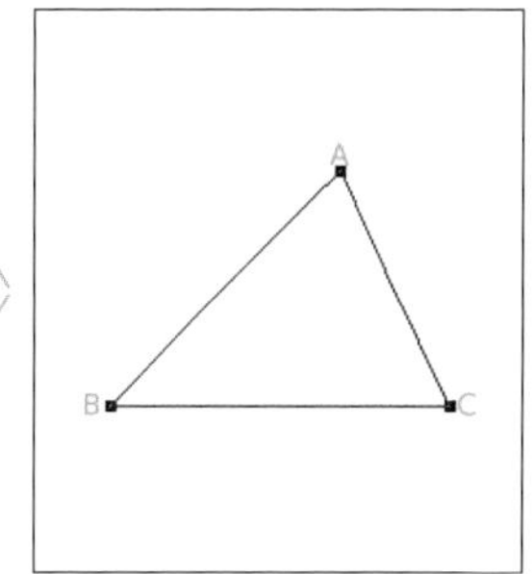

三角形のクローズパスを作成する。クリックした位置にアンカーポイントが作成され、アンカーポイント同士を結ぶ直線も作成される。shift キーを押しながらクリックすると、直前に作成したアンカーポイントから次のアンカーポイントの位置が、水平、垂直、斜め45°方向だけに制限される

曲線ペンツールでパスを作成する

[曲線ペンツール]でパスを作成します。

3 サンプルデータ「08-12-02」を開きます。❶[曲線ペンツール]をクリックします。[オプションバー]で❷[パス]を選択します。

4 ❸A点でクリックします。続けてB点、C点、D点もクリックします。❹作成中のアンカーポイントやセグメントに重ならない位置で、⌘ (Windows版は ctrl)キーを押しながらクリックします。これでオープンパスが作成できました。

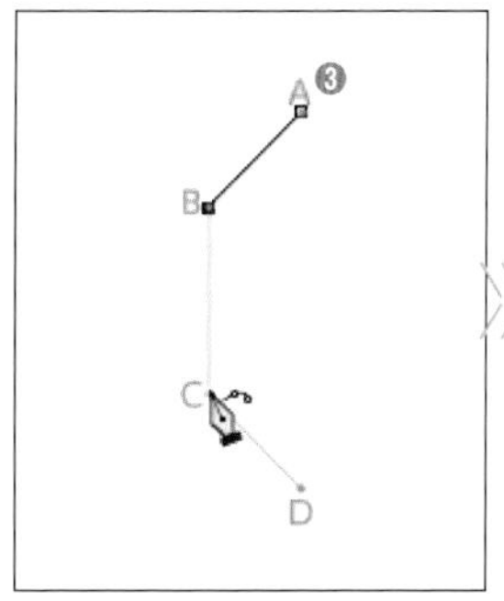

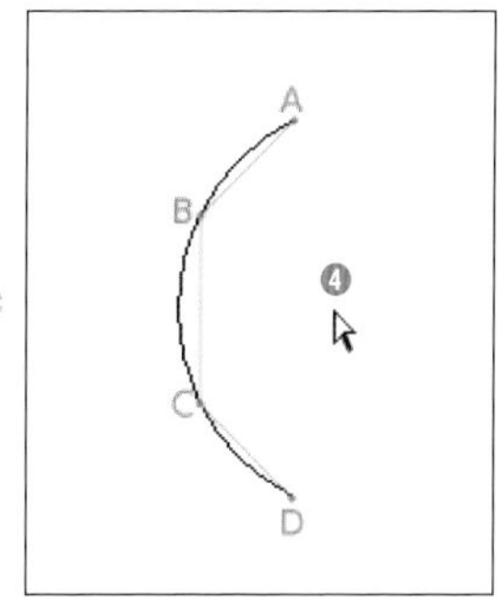

[曲線ペンツール]ではクリックした位置にアンカーポイントが作成され、アンカーポイント同士を結ぶ線は曲線となる。目的の線から多少曲線がずれでもあとから修正すればよい(修正はP.179参照)

作例では、[ペンツール]でクローズパス、[曲線ペンツール]でオープンパスを作成していますが、始点のクリックでクローズパス、パス以外の部分を ⌘ +クリックでオープンパスを作成するのは、どちらのツールを使っても同じです。

作成途中のパスは、[パス]パネルに「作業用パス」と表示されます。[パス]パネルで「作業用パス」の選択を解除した状態で新たなパスを作成すると、それまでに作成した「作業用パス」の内容は削除されます。パスを残したい場合は必ず保存しておきましょう(P.182)。

LESSON 08/13

【パスを修正】

パスを修正する

Sample Data / 08-13

パス全体をまとめて修正する

パスは全体をまとめて拡大・縮小、回転、変形などができます。修正したいパスを[パスコンポーネント選択ツール]で、セグメントのクリックまたはパスの一部をドラッグで囲んで対象を選択し、[編集]メニューの[パスを自由変形]と[パスを変形]のサブメニューで実行します。

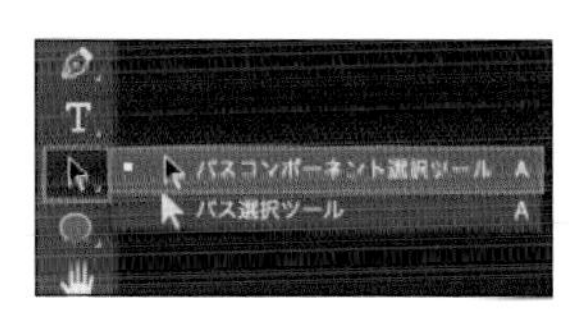

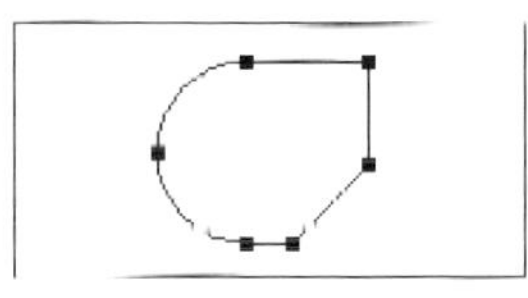

[パスコンポーネント選択ツール]でパスを選択すると、選択されたパスのアンカーポイントがすべて黒く表示される。アンカーポイントが表示されていないパスは選択されていない

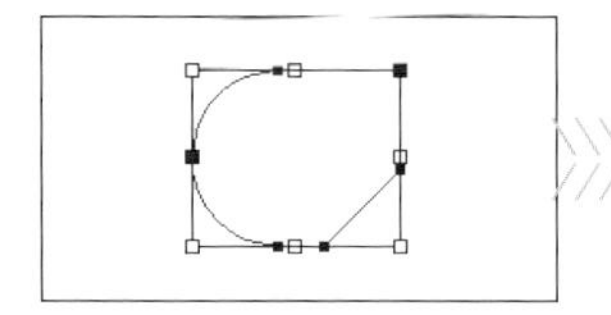

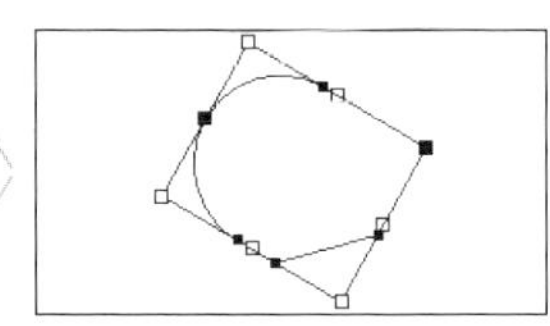

[編集]メニューの[パスを自由変形]をクリックする。パスを囲むバウンディングボックスが表示され、ボックスのハンドルを操作して変形することができる

パスを部分的に修正する

パスを部分的に修正するには、各アンカーポイントに対して、位置や種類(コーナーポイントかスムーズポイント)の切り替え、方向線の長さと方向の調整を実行します。さらに必要であればアンカーポイントを追加・削除します。
修正するアンカーポイントは、[パス選択ツール]で選択します。

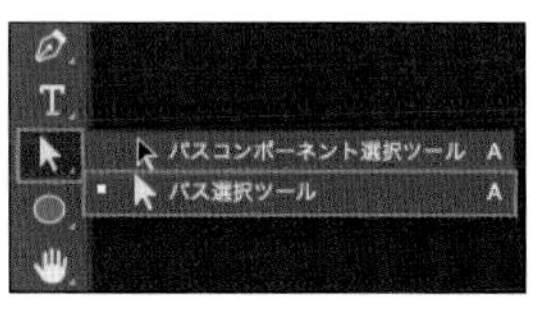

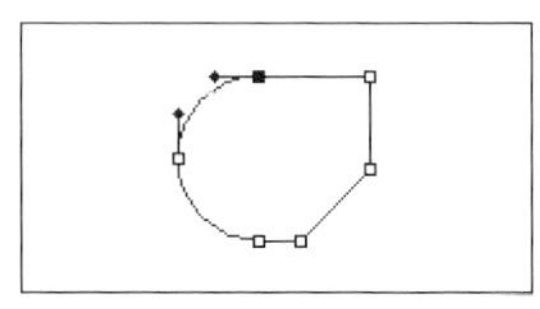

[パス選択ツール]でアンカーポイントを選択すると、選択されたアンカーポイントが黒く表示される(編集できるようになる)

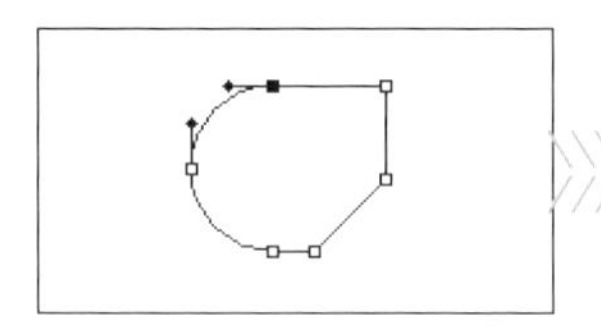

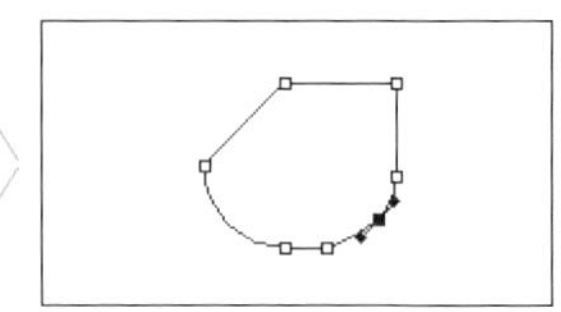

[パス選択ツール]、[ペンツール]、[アンカーポイントの追加ツール]、[アンカーポイントの削除ツール]、[アンカーポインの切り替えツール]を使ってアンカーポイントを修正する

ここも CHECK!

アンカーポイントの種類(スムーズポイントとコーナーポイント)

アンカーポイントには曲線の一部のようなスムーズポイントと、角になるコーナーポイントがあります。
コーナーポイントからスムーズポイントへ、またはその逆に変更する場合は、[アンカーポイントの切り替えツール]を使います。アンカーポイントをクリックするとコーナーポイントになり、アンカーポイントからドラッグするとスムーズポイントになります。

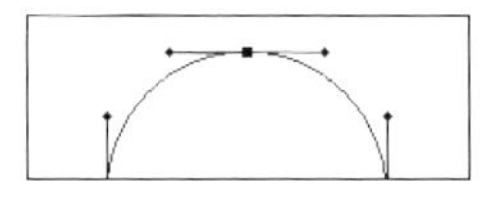

スムーズポイントは曲線を操作するアンカーポイント。選択すると方向線とその先端にハンドルが表示される。方向線は一直線になる

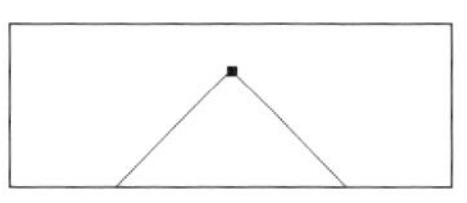

コーナーポイントは角となるアンカーポイント。選択すると方向線を持たないポイントがある

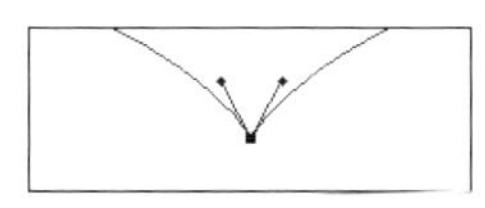

方向線が一直線にならない方向線を持つコーナーポイント

アンカーポイントの位置を修正する

[パス選択ツール]でアンカーポイントを移動してパスを修正します。

1 サンプルデータ「08-13-01」を開きます。❶[パス選択ツール]をクリックします。❷[パス]パネルで修正するパス、ここでは「八角形」をクリックします。パスが線で表示されます。

2 ❸A点付近をクリックまたは小さくA点を囲むようにドラッグします。これでA点にあるアンカーポイントが選択されます。アンカーポイントをドラッグして移動します。ここではB点まで移動しました。ほかのアンカーポイントも移動してみましょう。

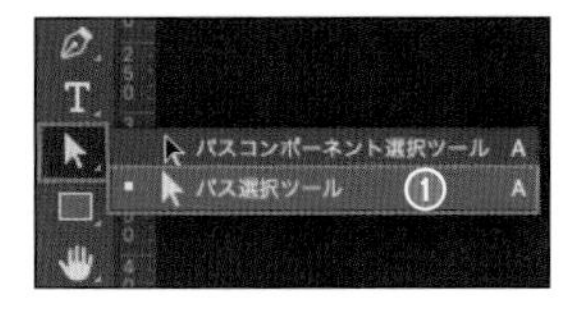

[パス選択ツール]は[パスコンポーネント選択ツール]と同じグループにある

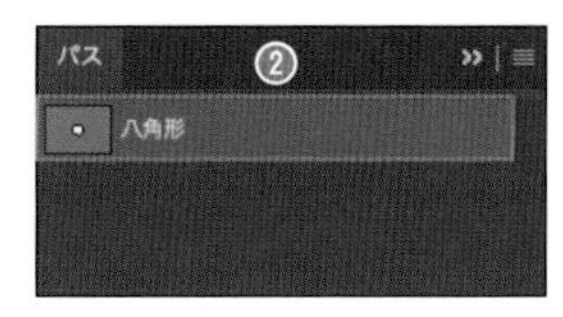

[パス]パネルで「八角形」をクリックする

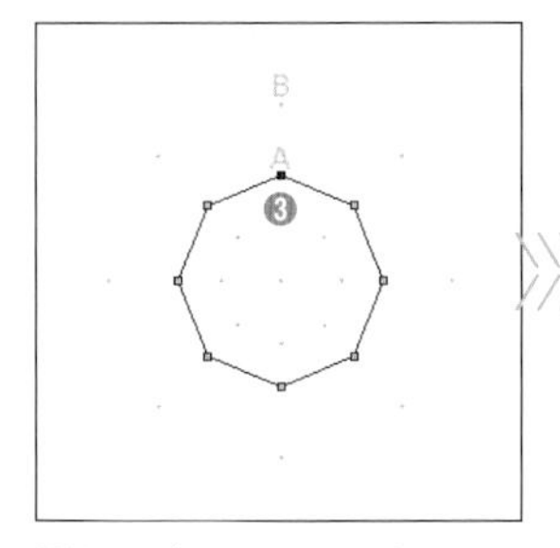

選択したA点にあるアンカーポイントだけが黒く表示される

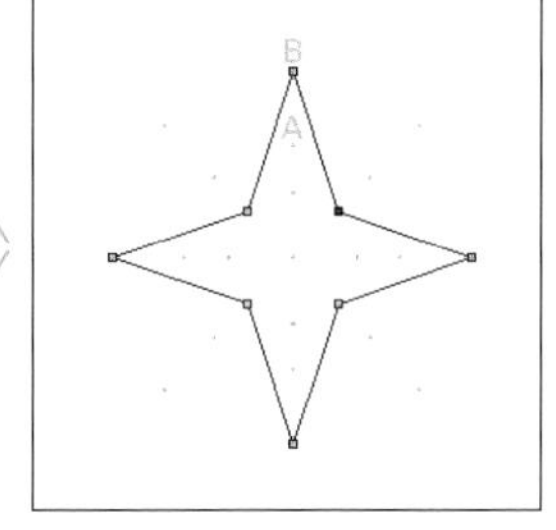

ほかのアンカーポイントを十字の星形になるように移動した

曲線を修正する

アンカーポイントから伸びる方向線の長さと方向を調整して曲線を修正します。

1 サンプルデータ「08-13-02」を開きます。[パス選択ツール]をクリックし、[パス]パネルで「コーヒーカップ」をクリックします。

2 コーヒーカップ左下の曲線をカップに合わせて修正します。❶一番下にあるスムーズポイントを選択すると方向線が表示されます。❷方向線のハンドルをドラッグします。次に❸の方向線のハンドルをドラッグして修正します。これを繰り返し最適な曲線にします。

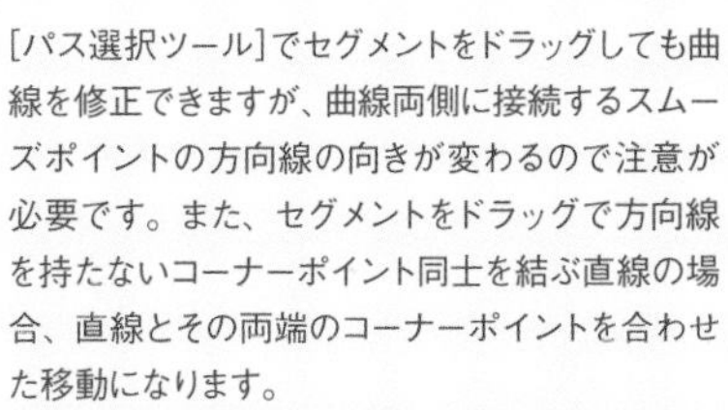
[パス選択ツール]でセグメントをドラッグしても曲線を修正できますが、曲線両側に接続するスムーズポイントの方向線の向きが変わるので注意が必要です。また、セグメントをドラッグで方向線を持たないコーナーポイント同士を結ぶ直線の場合、直線とその両端のコーナーポイントを合わせた移動になります。
曲線の修正はコツが必要で、慣れるまでなかなか思い通りにはいきません。実際には方向線の修正に加え、アンカーポイントを移動や追加(次ページ)して修正することもあります。

一番下にあるスムーズポイントと両側の曲線に方向線とハンドルが表示される

ハンドルをドラッグして移動し、曲線を修正した

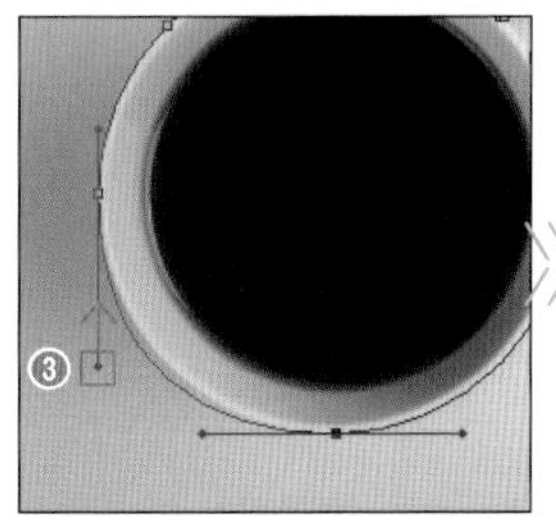

方向線のハンドルをドラッグして修正する

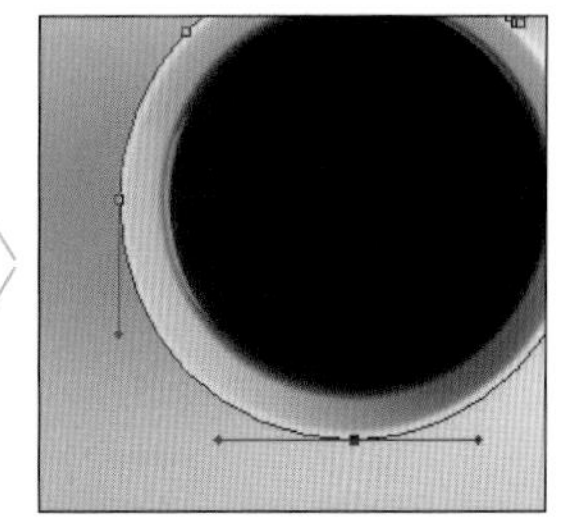

微調整を繰り返して曲線を調整した

方向線を修正するときは方向線の長さと方向に注意しながら修正します。スムーズポイントでは、修正している側とは反対側の方向線の向きも変わります。方向線を修正するとき、shift キーを押しながらドラッグすると、方向線の方向を45°の倍数の角度で制限できます。作例の場合は、スムーズポイントとカップの関係から、水平、垂直に制限して修正してもよいでしょう。

アンカーポイントを追加と削除する

既存のパスのセグメント上にアンカーポイントを追加します。

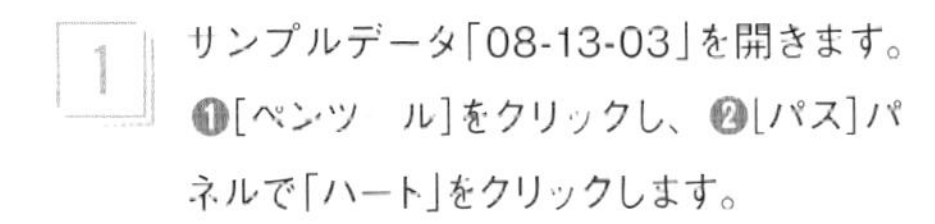

1 サンプルデータ「08-13-03」を開きます。❶[ペンツール]をクリックし、❷[パス]パネルで「ハート」をクリックします。

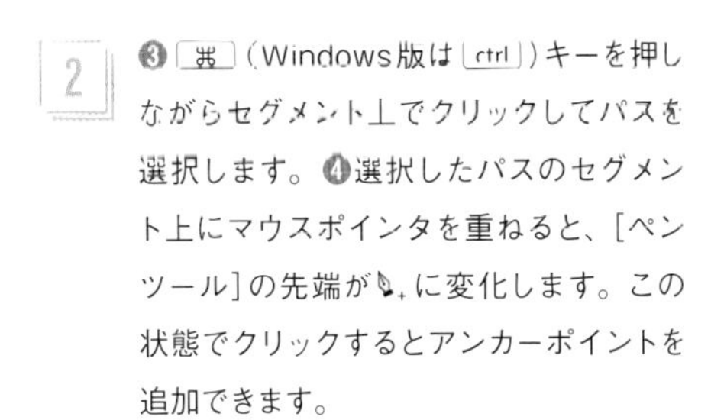

2 ❸ ⌘ (Windows版は ctrl)キーを押しながらセグメント上でクリックしてパスを選択します。❹選択したパスのセグメント上にマウスポインタを重ねると、[ペンツール]の先端が✎+に変化します。この状態でクリックするとアンカーポイントを追加できます。

3 [ペンツール]のままアンカーポイントにマウスポインタを重ねると、[ペンツール]の先端が✎-に変化します。この状態でクリックするとアンカーポイントを削除できます。

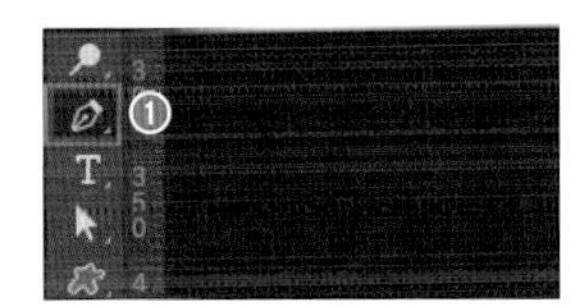

[ペンツール]をクリックする

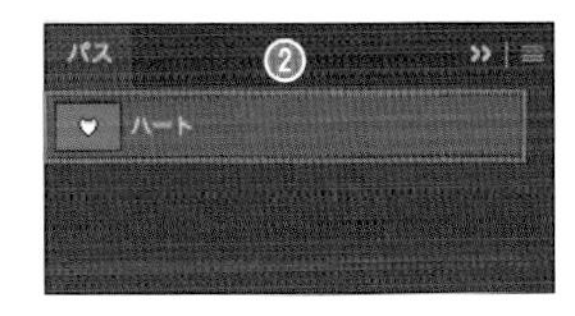

「ハート」をクリックする

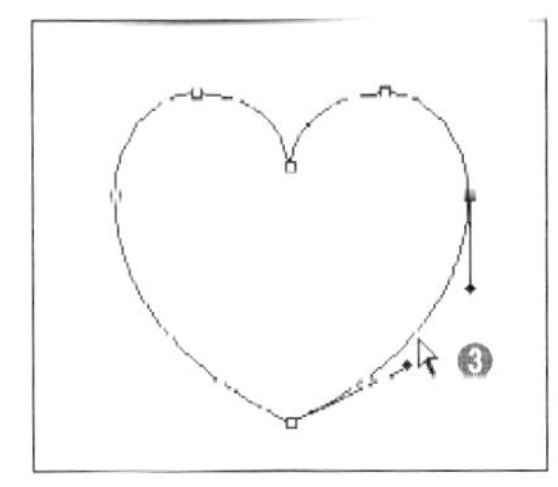

⌘ キーを押している間はツールが[パス選択ツール]に変化する、この状態でパスを選択できる

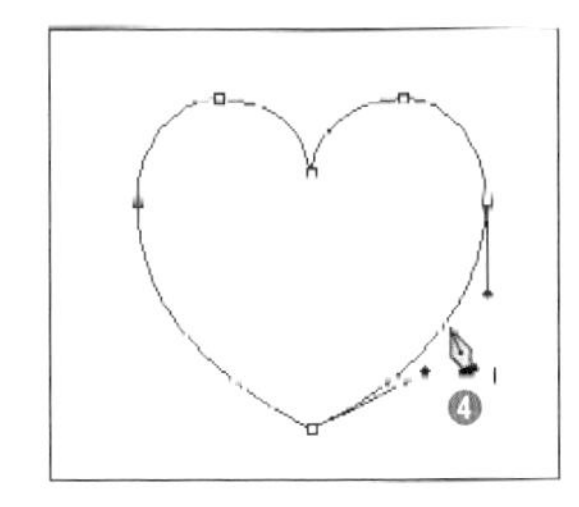

[ペンツール]で選択されているパスのセグメント上にマウスポインタを重ねると、自動で[アンカーポイントの追加ツール]に変化する

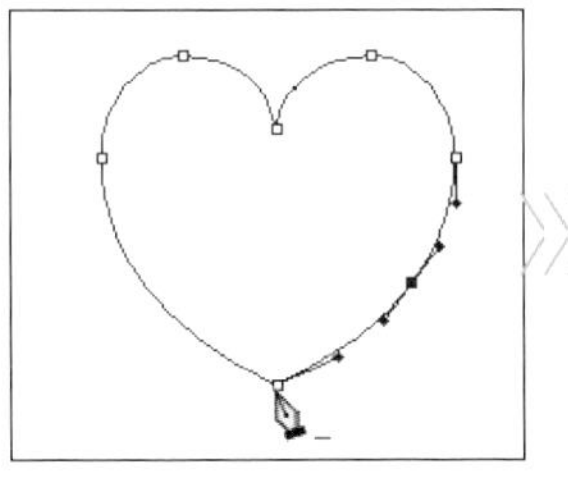

[ペンツール]で選択されているパスのアンカーポイントにマウスポインタを重ねると、[アンカーポイントの削除ツール]に変化する

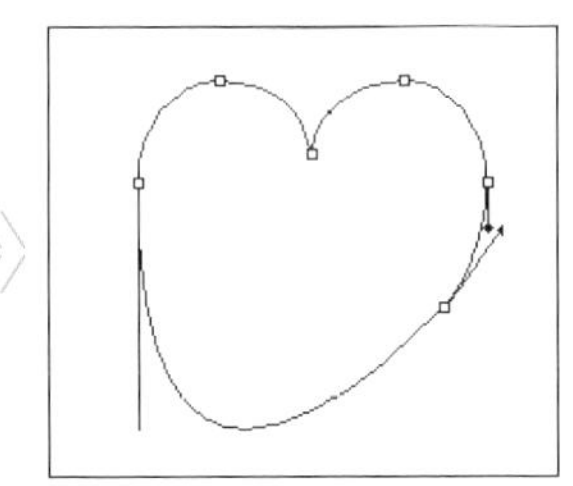

アンカーポイントを追加と削除した

ここも CHECK!

パスの修正に使用するツール

アンカーポイントの移動や方向線のハンドルの修正、セグメントの移動や修正には、[パス選択ツール]を使います。
アンカーポイントの追加や削除には専用ツールがありますが、[ペンツール]で代用できます。
アンカーポイントの切り替えも専用ツールありますが、[パス選択ツール]では ⌘ + option キー、[ペンツール]では option キーの併用で代用できます。

主に[パス選択ツール]で作業をする場合は、[パス選択ツール]を主とし、必要な場合だけ[ペンツール]を使用するという使い方が効率的でしょう。
また、[ペンツール]はキーを併用すると[パス選択ツール]、[アンカーポイントの追加ツール]、[アンカーポイントの削除ツール]、[アンカーポインの切り替えツール]と修正に使用するすべてのツールに変化します。

キー併用で変化するツール

使用中のツール	併用するキー		
	⌘ キー	option キー	⌘ + option キー
パスコンポーネント選択ツール	パス選択ツール(※1)	パスの複製になる	アンカーポイントの切り替えツール
パス選択ツール	パスコンポーネント選択ツール(※1)	パスコンポーネント選択ツールと同等でパスの複製になる	アンカーポイントの切り替えツール
ペンツール	パス選択ツール	アンカーポイントの切り替えツール	パスコンポーネント選択ツール

※1 キーを押しながらパスをクリックするとツールが切り替わり、キーを放しても切り替わったままとなります。

【パスに変換】

テキストやシェイプからパスを作成する

Sample Data / 08-14

テキストレイヤーからパスを作成する

テキストレイヤーからパスを作成します。テキストレイヤーについてはP.200を参照してください。

1 サンプルデータ「08-14-01」を開きます。[レイヤー]パネルでテキストレイヤーの「My diary」を選択します。

2 [書式]メニューの[作業用パスを作成]をクリックします。[パス]パネルを確認すると作業用パスが作成されています。必要に応じてパスを保存してください(P.182)。

作成したパス。テキストレイヤーは非表示にしている

[パス]パネルを確認すると、「作業用パス」が作成されているのがわかる

サンプルデータで使用しているフォント「Grafolita Script」は、Adobe Fontsでアクティベートできます。
[書式]メニューの[シェイプに変換]をクリックするとテキストレイヤーからシェイプレイヤーに変換されます。

シェイプレイヤーからパスを作成する

シェイプからパスを作成します。シェイプについてはP.210を参照してください。

1 サンプルデータ「08-14-02」を開きます。❶[レイヤー]パネルでシェイプレイヤーの「ぞう」を選択します。

2 [パス]パネルを確認すると「○○シェイプパス」というパスが表示されています。ここをダブルクリックします。表示されるダイアログボックスで[パス名]を入力し、[OK]をクリックします。

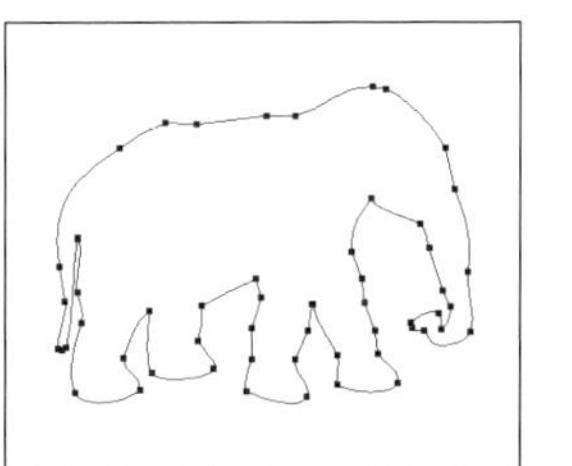

作成したパス。シェイプレイヤーは非表示にしている

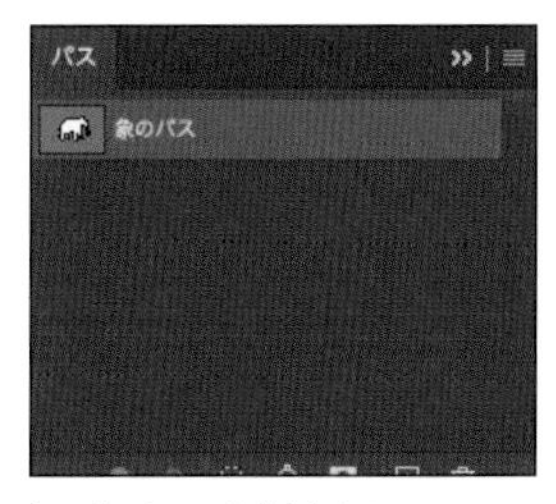

[パス]パネルに作成されたパス

パス(ベジェ曲線)でできた形状に、その範囲内の塗りつぶしや境界線の描画情報を持たせるとベクトル画像となります。これを「シェイプ」と呼び、「シェイプレイヤー」というレイヤーとして扱います。「テキストレイヤー」も同様で、文字属性、フォントが持つパス形状、塗りつぶしや境界線の描画の情報をまとめて、レイヤーとして扱います。2つのレイヤーともパスの形状を持っているため、かんたんにパスを取り出せます。パスになると塗りつぶしや境界線の描画情報を持たなくなり、レイヤーにも属さなくなります。

ここも CHECK!

選択範囲からパスを作成する

選択範囲からパスを作成することができます。選択範囲がある状態で[パス]パネルメニューの[作業用パスを作成]をクリックします。表示されたダイアログボックスで[許容値]を入力して[OK]をクリックするとパスに変換できます。
選択範囲をパスに変換すると選択範囲が解除されるので、必要に応じて選択範囲を保存してから実行してください。

LESSON 08/15

【パスの使い方】

パスの使用目的を知る

Sample Data / No Data

パスで画像を切り抜く

パスを画像の切り抜きに使う場合、「ベクトルマスク」と「パスを選択範囲に変換」の2つの方法があります。

パスは「ベクトルマスク」として直接マスクに設定できます。[レイヤー]パネルでベクトルマスクサムネールを選択すれば、修正もできます。

パスを選択範囲に変換すれば、選択範囲を活用して切り抜くこともできます。

[パス]パネルでパスを選択、さらに[レイヤー]パネルで切り抜くレイヤーを選択してから、[レイヤー]メニューの[ベクトルマスク]→「現在のパス」をクリックするとマスクが付加される

[パス]パネルでパスを選択し、パネルメニューの[選択範囲を作成]をクリックする。[選択範囲を作成]ダイアログボックスで、必要に応じて[ぼかしの半径]を設定して[OK]をクリックすると選択範囲が作成される

そのほかのパスの使い方

画像の切り抜き以外では、きれいな曲線などの描画に使う、曲線に沿った文字の配置に使う(P.202)、「シェイプ(レイヤー)」に変換して使う(P.213)といったことができます。

[パス]パネルでパスを選択し、パネルメニューの[パスの境界線を描く]をクリックする。ダイアログボックスで描画に使用するツールを選択すれば境界線を描ける

ここも CHECK!

作業用パス、パスの保存、パスパネルの操作

作成途中のパスは[パス]パネルに「作業用パス」と表示されます。[パス]パネルで「作業用パス」の選択を解除した状態で新たなパスを作成すると、それまでに作成した「作業用パス」の内容は削除されます。パスを残したい場合は必ず保存しておきましょう。

[パス]パネルの「作業用パス」をダブルクリックし、表示されるダイアログボックスで[パス名]を入力して[OK]をクリックすると保存できます。また、[パス]パネルメニューには、パスの保存や削除、複製といった機能もあります。

保存したパスは[パス]パネルのパス一覧部分に表示されます。ここで選択すればパスが画像内に表示され、[パス選択ツール]などで選択して編集できる対象となります。[パス]パネルのパス一覧部分で、パスのない部分をクリックするとパスの選択が解除されパスが画像に表示されなくなります。

シェイプレイヤーに利用されているパスを除き、パスはレイヤーに属するものではないため、レイヤーの表示状態に関係なく、[パス]パネルで選択や解除(つまりパスの表示や非表示)を切り替えられます。

Ps

LESSON 09

色の設定とペイント機能

LESSON 09/01

【描画色、背景色、色の設定方法】

色の設定方法

Sample Data / No Data

描画色と背景色とは

Photoshopで扱う色には、「描画色」と「背景色」があります。描画色は[ブラシツール](P.187)などで描く際の色、背景色は[消しゴムツール](P.189)で消した後に出てくる色のことです。設定されているそれぞれの色は[ツールバー]または[カラー]パネルで確認でき、自由に色を変更できます。

初期設定では描画色は黒、背景色は白になっています。

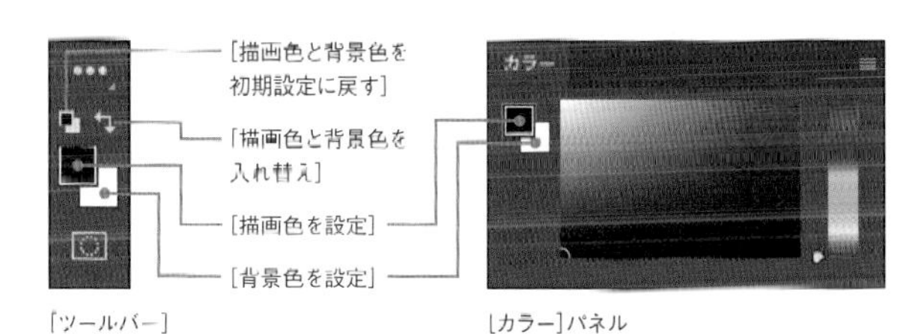

[ツールバー]　[カラー]パネル

[ブラシツール]で描いた線(描画色)　[消しゴムツール]で消した部分(背景色)

色を設定する(カラーピッカー)

描画色、背景色の設定方法はいくつかありますので、ケースバイケースで操作しやすい方法で設定しましょう。まずは[カラーピッカー]で設定する方法を紹介します。

1. [ツールバー]の❶[描画色を設定]をクリックすると[カラーピッカー(描画色)]が表示されます。

2. ❷[カラースライダー]をクリックまたはドラッグして色相を決めます。❸[カラーフィールド]をクリックすると色が決まり、その色が❹[新しい色]に表示されます。[OK]をクリックすると[新しい色]が❺描画色になります。

背景色は、❻[背景色を設定]をクリックして[カラーピッカー(背景色)]で設定します。

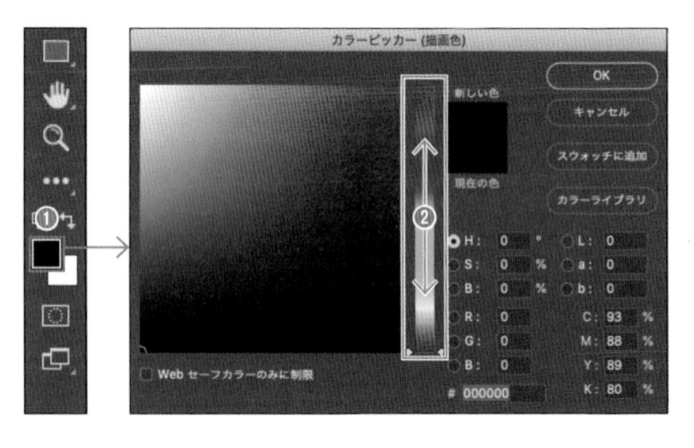

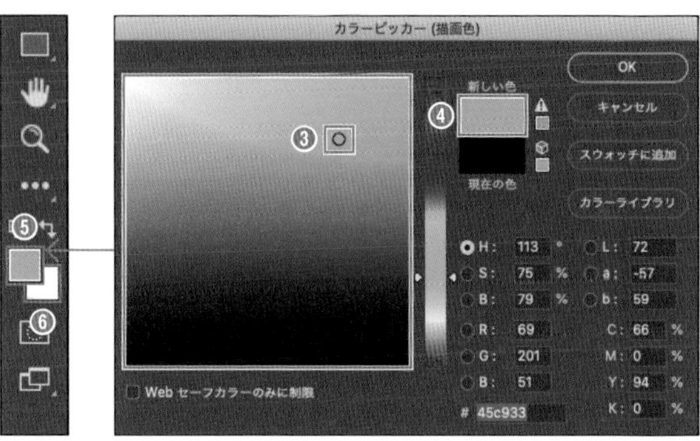

色を設定する（カラーパネル）

[カラー]パネルで色を設定する方法を紹介します。

1 [カラー]パネルを表示します。パネルメニューで色を選択するためのカラーモデルを選択します。ここでは❶[RGBスライダー]をクリックし、続けて❷[RGBスペクトル]をクリックします。チェックが入っているカラーモデルが表示されます。

2 ❸[描画色を設定]が選択されていることを確認します（「ここもcheck!」参照）。❹[RGBスペクトル]上の設定したい色でクリックします。また、❺RGBの各スライダーを動かしたり数値を入力したりしても色を設定できます。

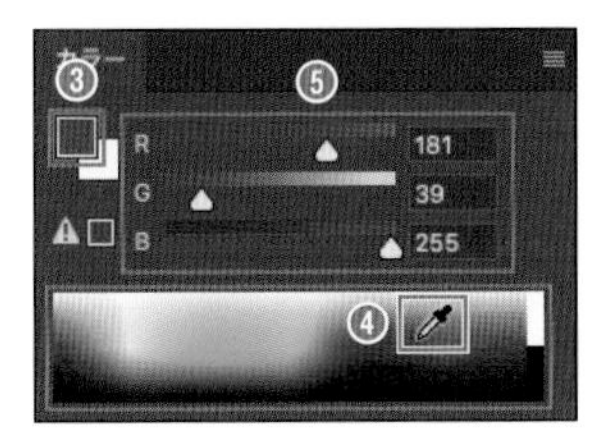

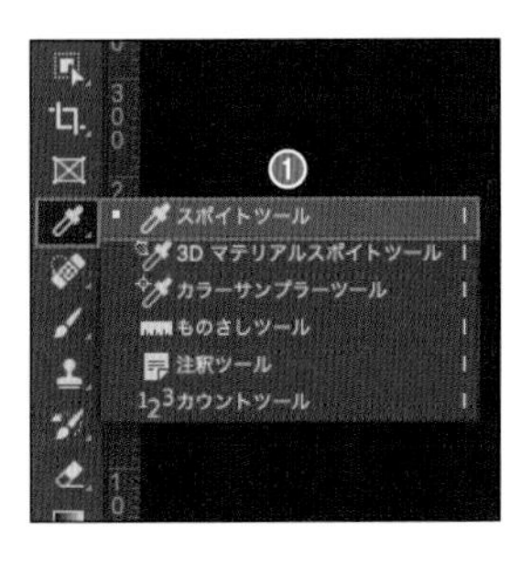

[RGBスペクトル]上でドラッグすると色が変化する。目的の色の部分でマウスボタンを放す

[カラー]パネルが表示されていない場合は、[ウインドウ]メニューの[カラー]をクリックして表示してください。

色を設定する（スポイトツール）

[スポイトツール]を使うと、画像の色を描画色として抜き出すことができます。

1 [ツールバー]の❶[スポイトツール]をクリックします。画像上でマウスボタンを押すと押している間は❷円が表示されます。❸円の上側が取り出そうとしている色です。マウスボタンを押したままドラッグすると変化するので、目的の色になったらマウスボタンを放します。

❸ 取り出す色　現在の描画色

パソコン環境によっては円が表示されないことがありますが、クリックした位置の色は描画色に設定されます。

ここも CHECK!

[カラー]パネルでの描画色と背景色の選択

[カラー]パネルでは、描画色と背景色どちらも設定できますが、設定しようとしているのが描画色か背景色かを選択する必要があり、[カラー]パネルの[描画色を設定]と[背景色を設定]で選択します。グレーの枠がついているほうが選択されている状態で、クリックで切り替えられます。
すでに選択中の[描画色を設定]と[背景色を設定]をクリックすると、[カラーピッカー]が表示されます。

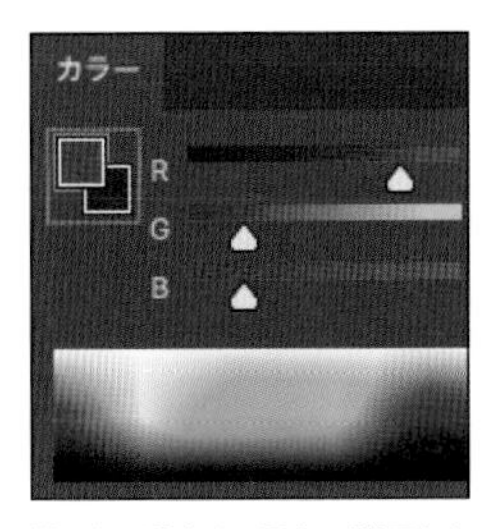

描画色を設定する場合、[描画色を設定]に枠がついた状態で行う

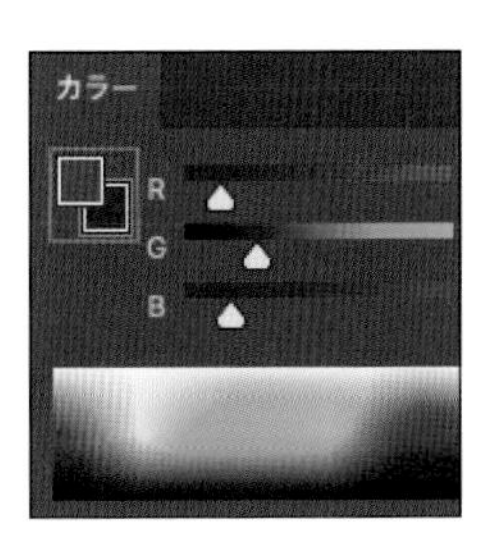

背景色を設定する場合、[背景色を設定]に枠がついた状態で行う

色を設定する（スウォッチパネル）

[スウォッチ]パネルで色を設定する方法を紹介します。

1 [スウォッチ]パネルを表示します。初期設定では9グループが作成されています。❶それぞれのグループに登録されている色をクリックすると描画色が変更され、[ツールバー]の[描画色を設定]に表示される色も変わります。

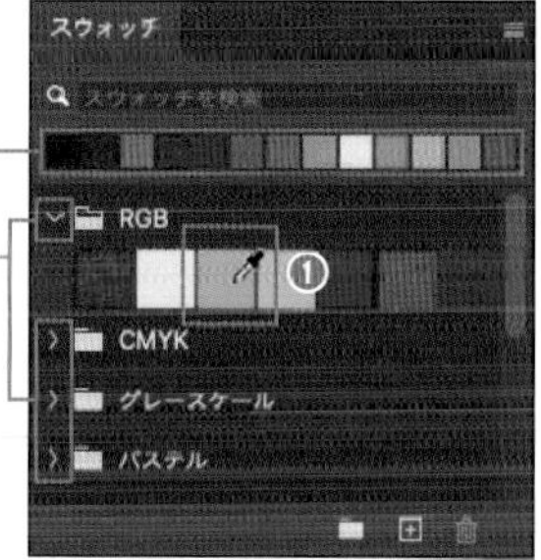

設定したい色をクリックすると、描画色が変更できる。ここでは「RGB」グループを開いて色を選択している

[スウォッチ]パネルが表示されていない場合は、[ウインドウ]メニューの[スウォッチ]をクリックして表示してください。

描画色を設定するか背景色を設定するかは[カラー]パネルで指定します（前ページ「ここもcheck!」参照）。 option キーを押しながらクリックで[カラー]パネルでの指定と逆の色（描画色に指定されている場合は背景色）を変更できます。

スウォッチパネルに色を登録する

よく使う色は[スウォッチ]パネルに登録しておきましょう。いちいち設定する手間が省けて便利です。

1 ❶登録したい色を描画色に設定しておきます。[スウォッチ]パネルの❷[スウォッチを新規作成]ボタンをクリックします。

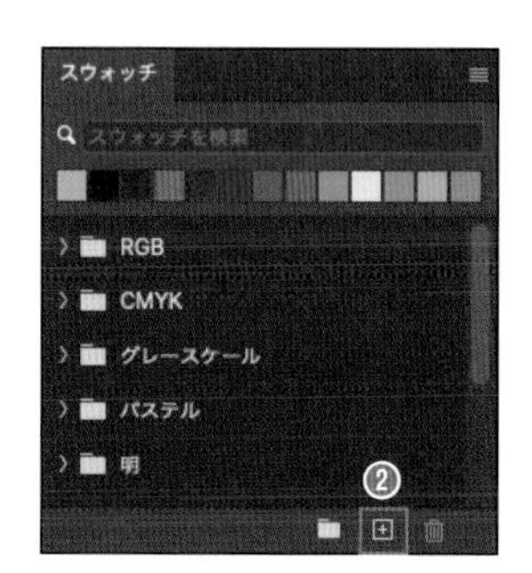

2 [スウォッチ名]ダイアログボックスが表示されます。❸[名前]を入力して[OK]をクリックします。

3 [スウォッチ]パネルに❹新しい色が追加されました。スウォッチを削除する場合は、削除したいスウォッチを❺[スウォッチを削除]ボタンまでドラッグします。

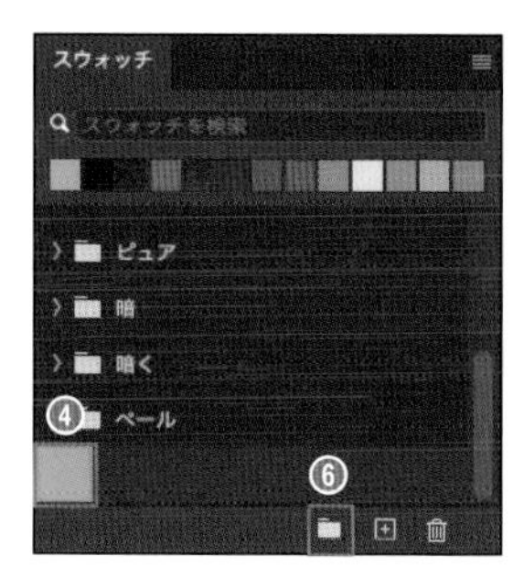

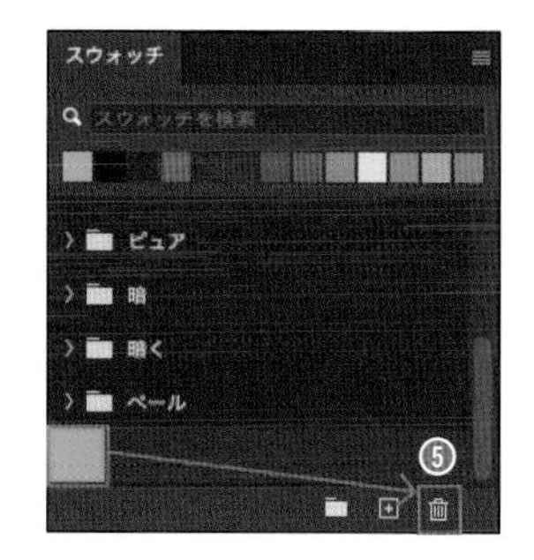

スウォッチは最後（一番下）に作成されます。作成時にグループを選択している場合、そのグループ内に作成されます。右図の画像はグループを選択していない状態です。
グループやスウォッチは、ドラッグで並び順を変更できます。頻繁に使用する色のスウォッチは、一番上に移動しておくとよいでしょう。
グループは❻[新規グループを作成]ボタンをクリックし[グループ名]を入力して作成します。作成済みのスウォッチは、ドラッグでほかのグループ内やグループ外へ移動できます。

[スウォッチ名]ダイアログボックスで、[現在のライブラリに追加]は、「CCライブラリ」（P.049）の現在のライブラリにスウォッチを登録する設定です。チェックを入れると、CCライブラリにも登録されます。

【ブラシツール】
ブラシで描く

Sample Data /No Data

ブラシツールとは

[ブラシツール]はペンや筆で描いているかのように描画できるツールです。ブラシの形状やサイズ(直径)を設定してドラッグするだけで、さまざまな描画表現を行うことができます。

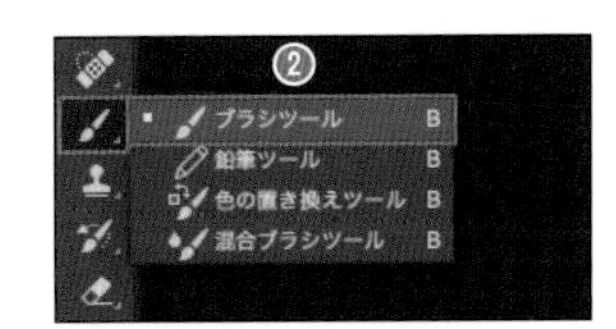

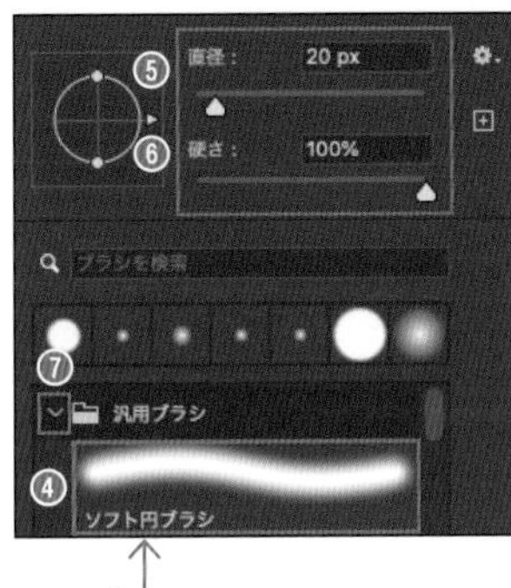

ブラシの形状は、ブラシの種類によりグループ分けされている。ここでは❼をクリックして[汎用ブラシ]を開き、[ソフト円ブラシ]を選択した。[直径]、[硬さ]も設定する

ブラシツールの基本の使い方

[ブラシツール]では、描画色、ブラシのサイズと硬さを設定してから描きます。

1 新規ドキュメントを作成してから始めます。描画される色は❶描画色なので、あらかじめ好みの色に設定しておきます。[ツールバー]の❷[ブラシツール]を選択します。

2 [オプションバー]で各項目を設定します。❸をクリックして❹ブラシの形状、❺[直径]、❻[硬さ]を設定します。

3 ❽画面上をドラッグすると描画されます。

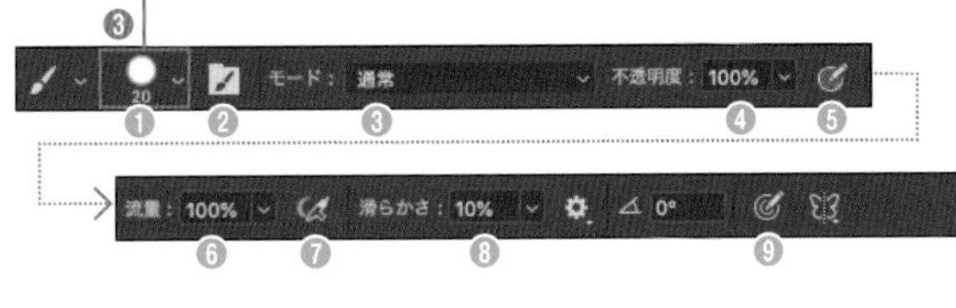

ここも CHECK!

ブラシツールのオプションバーの設定

オプション名	機能
❶ブラシの種類	ブラシの形状や[直径]、[硬さ]を設定する
❷[ブラシ設定]パネルの表示	クリックすると[ブラシ設定]パネルが表示され、さらに細かいブラシ設定を行うことができる
❸モード	[描画モード]を設定する
❹不透明度	数値を低くすると透明度が上がる
❺不透明度の筆圧	ペンタブレットを使用している際にオンにしておくと筆圧が感知され、[不透明度]に反映される
❻流量	数値を低くするとかすれ感が強くなる
❼エアブラシ	[不透明度]、[流量]を使用している際にオンにしておくと、スプレーで描いたような表現ができる
❽滑らかさ	フリーハンドで描いた際の手ブレを補正してくれる
❾サイズの筆圧	ペンタブレットを使用している際にオンにしておくと筆圧が感知され、[直径]に反映される

滑らかさを活用する

[ブラシツール]の[オプションバー]にある❶[滑らかさ]を設定しておくと、描画時の手ブレを自動的に補正してくれます。フリーハンドで絵などを描くときに便利な機能です。ただし数値を大きくしすぎると思い通りに描けない場合もありますので、いろいろ試して好みの設定を見つけましょう。

さまざまなブラシを活用する

Photoshopのブラシ形状はグループ化され、それぞれのグループに多数のブラシが用意されています。初期設定で用意されている4グループのブラシ以外にも多数あるので、目的に応じて活用しましょう。

1 描画色を設定後、[ブラシツール]をクリックします。[オプションバー]で❶をクリックし、さらに❷をクリックしてメニューの❸「レガシーブラシ」をクリックします。ダイアログボックスが表示されるので[OK]をクリックします。

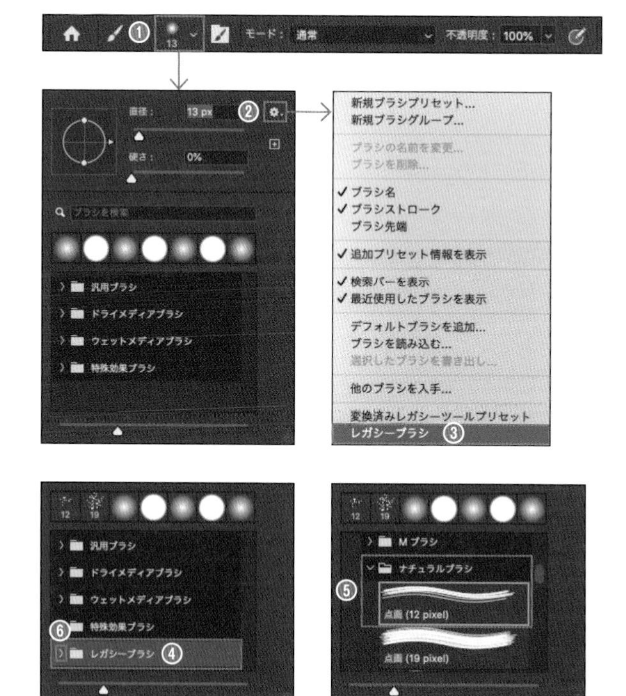

2 ❹[レガシーブラシ]グループが追加されました。ここでは[レガシーブラシ]グループ内にある[ナチュラルブラシ]グループを開き、❺[点描(12 pixel)]を選択します。

グループ化されたブラシは、❻[>]をクリックすると開けます。[レガシーブラシ]グループのようにグループ内にさらにグループが作成されていることもあります。

3 ❼画面上をドラッグすると、複数の点を筆先に持つブラシの線が描画されます。

初期設定で用意されている「Kyle」とつくブラシは、イラストレーターKyle T.Webster氏が作成したブラシの一部です。初期設定以外にも1000種類以上あり(2022年2月時点)、Creative Cloudユーザーであれば無償ダウンロードできます。
https://www.adobe.com/jp/products/photoshop/brushes.html

LESSON 09/03 【消しゴムツール】消しゴムで消す

Sample Data / 09-03

消しゴムツールとは

[消しゴムツール]はドラッグしたところを消しゴムで消すような感覚で消すことができるツールです。使い方は[ブラシツール]とほぼ同じです。
背景レイヤーに[消しゴムツール]を使用すると消した部分は背景色になります。通常の画像レイヤーに[消しゴムツール]を使用すると消した部分は透明になります。

消しゴムツールの使い方

[消しゴムツール]の使い方は[ブラシツール]とほぼ同じで、形状や[直径][硬さ]を設定します。

1. サンプルデータ「09-03」を開きます。❶[消しゴムツール]を選択します。形状や[直径][硬さ]を❷のように設定します。

2. 画像の上をドラッグします。❸画像の色が消えて❹背景色が現れました。

3. [レイヤー]パネルの❺をクリックして背景レイヤーから通常の画像レイヤーに変換します。

3. [消しゴムツール]のまま画像の上をドラッグします。❻画像の色が消えて、消した部分は透明になりました。

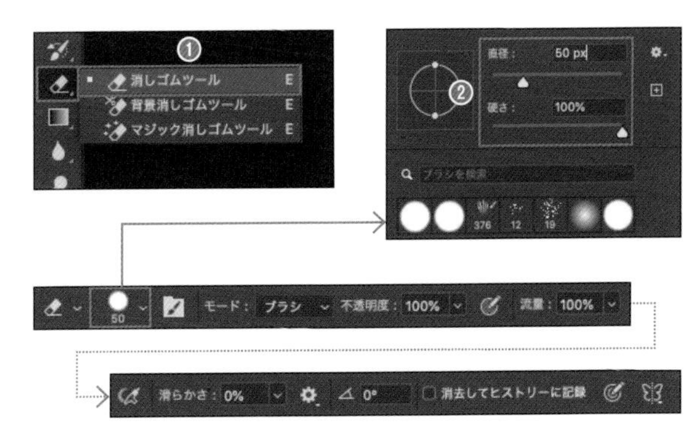

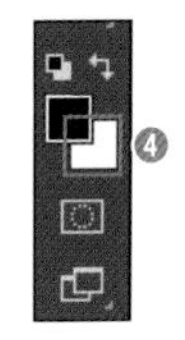

背景レイヤーに[消しゴムツール]を使用すると消した部分は背景色になる

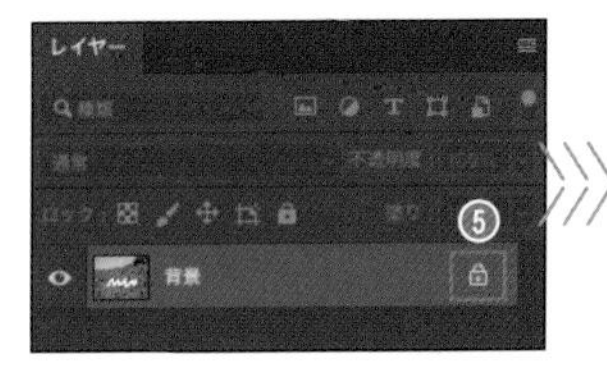

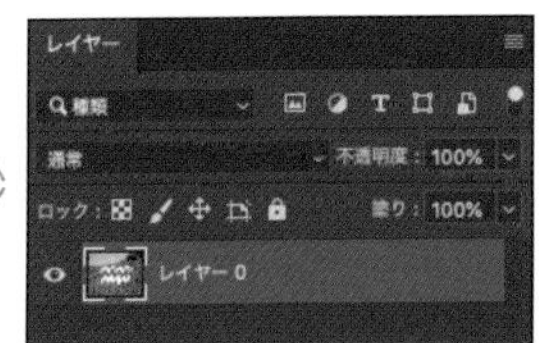

通常の画像レイヤーに[消しゴムツール]を使用すると消した部分は透明になる

[ツールバー]には[消しゴムツール]と同じグループに[背景消しゴムツール]と[マジック消しゴムツール]があります。[背景消しゴムツール]は被写体のエッジを判断して、画像を透明にするツールですが、選択範囲を作成して背景を削除するほうが正確に被写体を切り抜けます。[マジック消しゴムツール]は、クリックした位置と同系色の画像を透明にするツールです。[自動選択ツール]で選択後に削除するのと同じです。

LESSON 09/04

【塗りつぶし、塗りつぶしレイヤー、塗りつぶしツール】

画像を塗りつぶす

Sample Data / No Data

画像を塗りつぶす3つの方法

画像全体を塗りつぶす方法は複数ありますが、ここではよく使われる[編集]メニューの[塗りつぶし]を使う方法、塗りつぶしレイヤーを使う方法、[塗りつぶしツール]を使う方法を紹介します。
画像全体を塗りつぶす場合は、選択範囲がない状態で実行します。選択範囲がある状態で実行すると選択範囲内だけが塗りつぶされます。

画像全体を青く塗りつぶした例。選択範囲がない状態で実行している

選択範囲内を赤く塗りつぶした例。選択範囲を作成後に実行している

塗りつぶしには、単色ベタのほかに、パターン、グラデーションがあります。ここでは単色ベタを紹介しています。パターンはP.194、グラデーションはP.196を参照してください。

編集メニューの塗りつぶし

1. 新規ドキュメントを作成してから始めます。[編集]メニューの[塗りつぶし]をクリックします。

2. [塗りつぶし]ダイアログボックスが表示されます。❶[内容]をクリックして塗りつぶす色を設定します。ここでは❷[50%グレー]を選択しました。[OK]をクリックすると画像全体が塗りつぶされます。

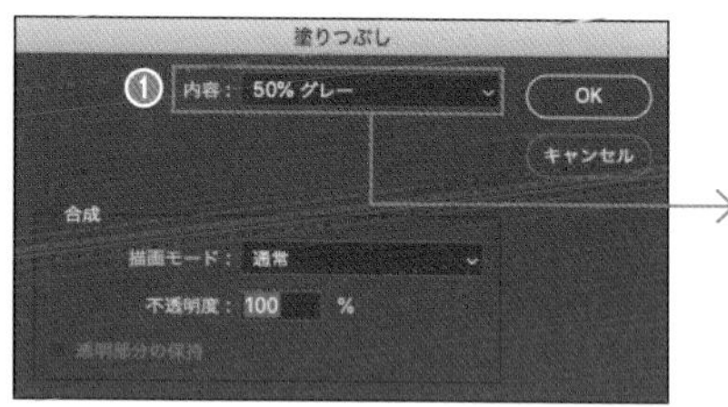

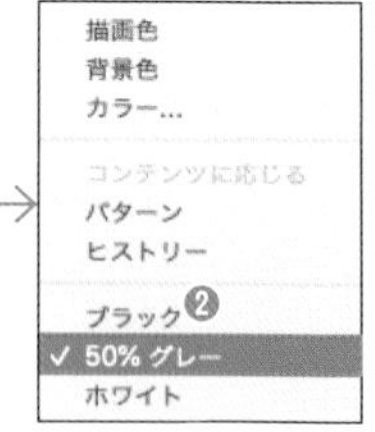

画像全体を塗りつぶした。選択範囲がある状態で実行すると、選択範囲内だけが塗りつぶされる

ここも CHECK!

塗りつぶしダイアログボックスの内容の選択項目

[塗りつぶし]ダイアログボックスの[内容]で[描画色][背景色][カラー][ブラック][50%グレー][ホワイト]を選択すると単色で塗りつぶされます。[描画色]または[背景色]に設定して塗りつぶす場合は、[編集]メニューの[塗りつぶし]を実行する前に色を設定しておく必要があります。
[内容]で[カラー]を選択すると[カラーピッカー(塗りのカラー)]が表示され、自由に塗り色を設定できます。
[コンテンツに応じる]は選択範囲がある場合だけ設定できます。選択範囲周辺の画像を使って選択範囲内を塗りつぶす機能です。設定するだけで結果が得られるかんたんな機能なので、必要に応じて試してもよいでしょう。ただし[編集]メニューの[コンテンツに応じた塗りつぶし]のほうが高機能で、参照する周辺の画像の範囲などを調整できます。
[ヒストリー]は、[ヒストリー]パネル(P.061)の[ヒストリーブラシのソースを指定]で指定した位置にさかのぼった画像に置き換えます。[ヒストリーブラシツール]に似た機能です。
[パターン]についてはP.194を参照してください。

塗りつぶしレイヤーで塗りつぶす

1 新規ドキュメントを作成してから始めます。[レイヤー]パネルの❶[塗りつぶしまたは調整レイヤーを新規作成]ボタンをクリックして❷[べた塗り]をクリックします。

2 ❸「べた塗り1」塗りつぶしレイヤーが作成され、❹[カラーピッカー(べた塗りのカラー)]が表示されます。好みの色を設定して[OK]をクリックすると塗りつぶされます。

3 色を変更する場合は[レイヤー]パネルの❺をダブルクリックします。[カラーピッカー]が表示されたら色を設定しなおします。

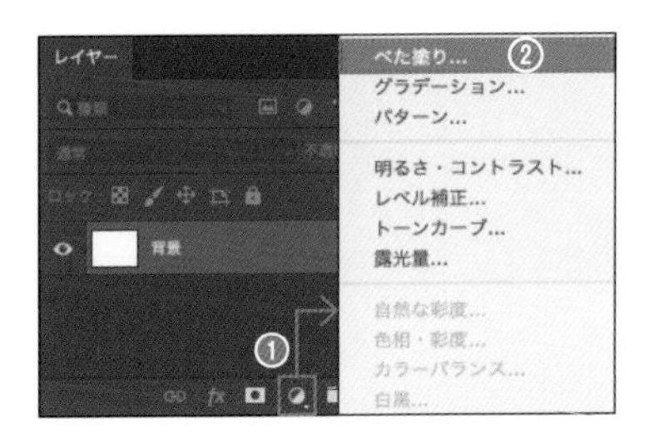

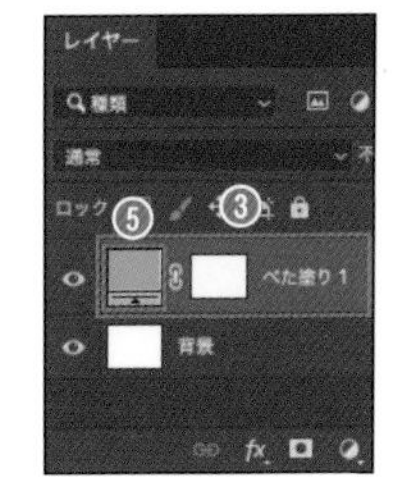

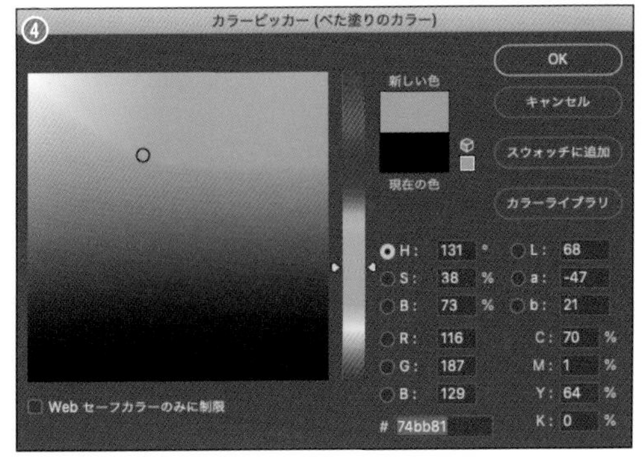

[カラーピッカー(べた塗りのカラー)]で色を設定する

選択範囲がある状態で実行すると[べた塗り]塗りつぶしレイヤーが作成されますが、選択範囲外をレイヤーマスクで隠すことで、選択範囲内だけが塗りつぶされたように見えます。

塗りつぶしツールで塗りつぶす

1 新規ドキュメントを作成し、選択範囲を作成してから始めます。❶[塗りつぶしツール]をクリックします。[オプションバー]の❷で[描画色]を選択します。❸選択範囲内をクリックすると描画色で塗りつぶされます。

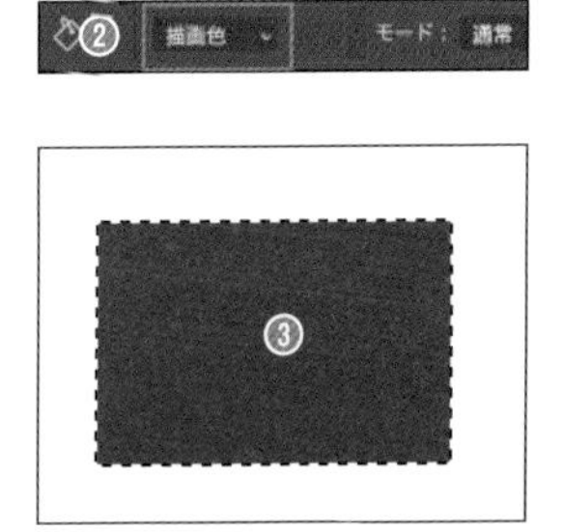

ここでは新規画像を作成したばかりの画像を塗りつぶしています。この場合、選択範囲がない状態では画像全体が塗りつぶされます。

[塗りつぶしツール]の使い方や機能については、次ページでも紹介しています。

ここも CHECK!

編集メニューの塗りつぶし、塗りつぶしレイヤー、塗りつぶしツールの違い

[編集]メニューの[塗りつぶし]は、選択しているレイヤー画像に対し直接、レイヤー全体または選択範囲内を塗りつぶします。画像が直接塗りつぶされるので注意してください。
[べた塗り]塗りつぶしレイヤーは新たにレイヤーを作成し、作成したレイヤーを塗りつぶします。このため画像内容に影響を受けませんし、影響を与えません。
[塗りつぶしツール]はレイヤー画像または画像の表示状態の内容により、塗りつぶされる範囲が異なります(次ページ参照)。
直接レイヤーを塗りつぶすか、塗りつぶす範囲が現在の画像に影響を受けるかの2つに注意して、どの機能またはツールを使用するかを決めましょう。

LESSON 09/05

【塗りつぶしツール】

塗り絵のように着色する

Sample Data / 09-05

塗りつぶしツールとは

[塗りつぶしツール]は画像内の近似色部分を塗りつぶすツールです。[塗りつぶしツール]を使うと、下絵の線画をもとに、塗り絵のように着色していくことができます。

線で区切られた範囲を塗りつぶす

1 サンプルデータ「09-05」を開きます。背景レイヤーと「線画」レイヤーの間に、❶レイヤー名「色塗り」の新規レイヤーを作成し、選択しておきます。この「色塗り」レイヤーに色を塗ります。

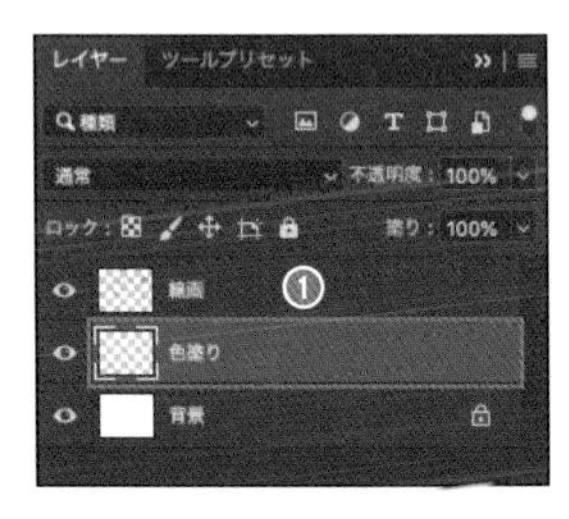

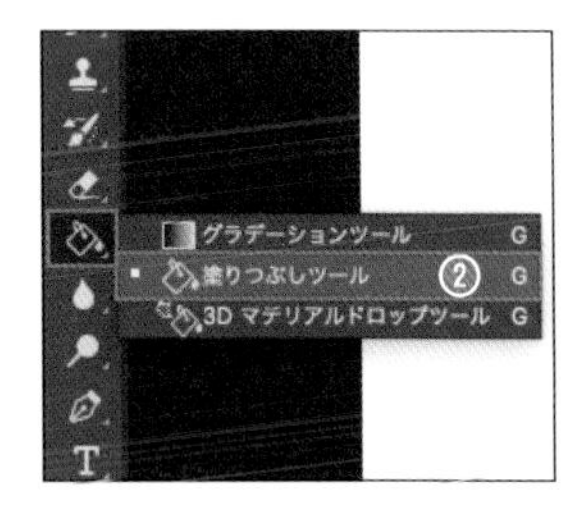

2 ❷[塗りつぶしツール]をクリックします。[オプションバー]で各項目を設定します。ここでは❸[隣接]と[すべてのレイヤー]にチェックを入れ、そのほかは右図のように設定します。❹描画色に好みの色に設定します。ここでは葉の色として緑に設定しました。

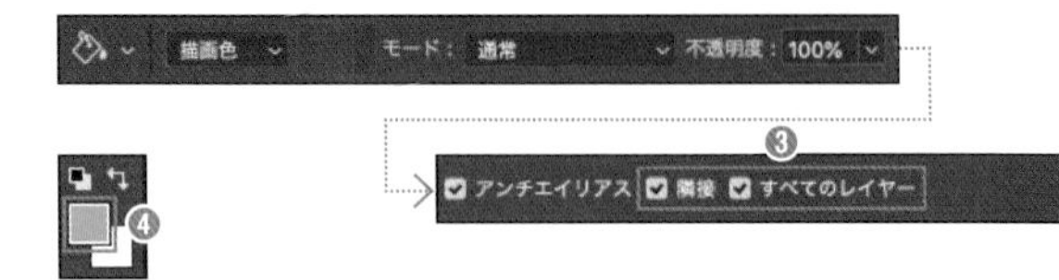

3 ❺トマトのへたの内側をクリックします。クリックしたところの近似色で、隣接する部分が塗りつぶされます。つまりここでは、白の近似色で線の内側だけ塗りつぶされます。

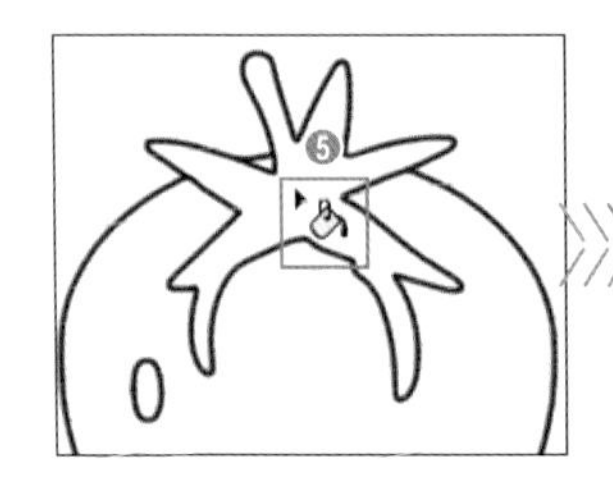

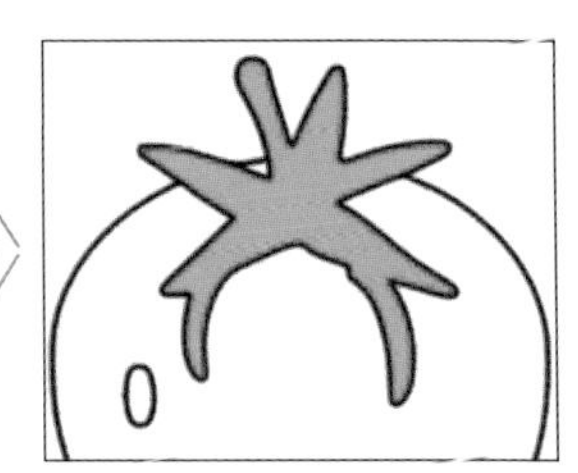

4 同色にするほかの野菜や果実で葉やへたになる部分を、クリックして塗りつぶします。

細かい箇所を塗る必要があるときは[ズームツール]で表示を拡大して作業しましょう。

5 野菜や果実をそれぞれ描画色を設定して塗りましょう。

[塗りつぶしツール]のまま option キーを押すと一時的に[スポイトツール]に切り替えられます。先に使った色を再び使いたいときは、[スポイトツール]に切り替えた状態で該当の色の部分をクリックすると、その色を描画色に設定できます。

6 ❻「線画」レイヤーを非表示にすると着色した部分のみが表示されます。レイヤーを分けてあるので、線画に影響を及ぼすことなく、修正作業もできます。

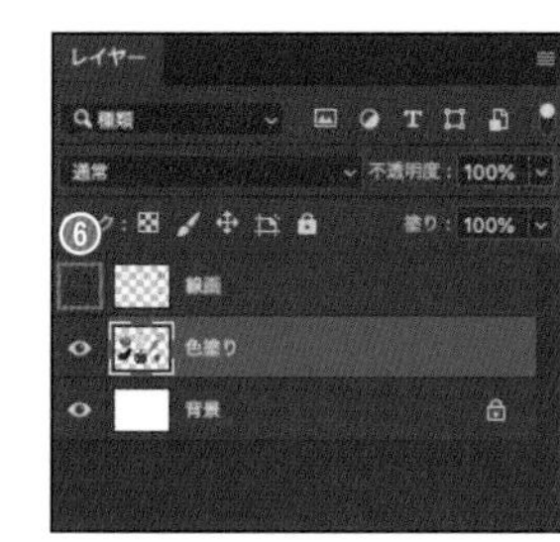

ここも CHECK!

塗りつぶしツールのオプションバーの設定

描画色 モード： 通常 不透明度：100% 許容値：32 アンチエイリアス 隣接 すべてのレイヤー
❶ ❷ ❸ ❹ ❺ ❻ ❼

オプション名	機能
❶ 塗りつぶし領域のソース	塗りつぶす種類を[描画色](ベタ色)と[パターン]から設定する
❷ モード	塗りつぶした色またはパターンの[描画モード]を設定する
❸ 不透明度	塗りつぶした色またはパターンの[不透明度]を設定する
❹ 許容値	クリックした箇所の色に対して近似色とする範囲を設定する。数値が大きいほど範囲が広くなる
❺ アンチエイリアス	デジタル画像の境界線を滑らかに見せる機能。基本的にはオンにしておく
❻ 隣接	チェックを入れると隣接している近似色のみを選択して塗りつぶす。チェックを外すと画像全体の近似色を塗りつぶす
❼ すべてのレイヤー	チェックを入れると現在の表示状態の色をもとにして塗りつぶす。チェックを外すと選択しているレイヤーの色をもとにして塗りつぶす

ここも CHECK!

色域外と非Web セーフカラーの警告

[カラーピッカー]や[カラー]パネルで色を設定した際、[印刷の色域外]や[非Webセーフカラー]の警告が表示されることがあります。
[印刷の色域外]の警告は、[新しい色]がCMYK印刷で正確に再現できないことを示しています。[非Webセーフカラー]の警告は、[新しい色]がWebセーフカラーではないことを示しています。そのままでもかまいませんが、必要であればそれぞれの警告アイコンをクリックすると印刷の色域内、またはWebセーフカラーの近似色に置き換えられます。

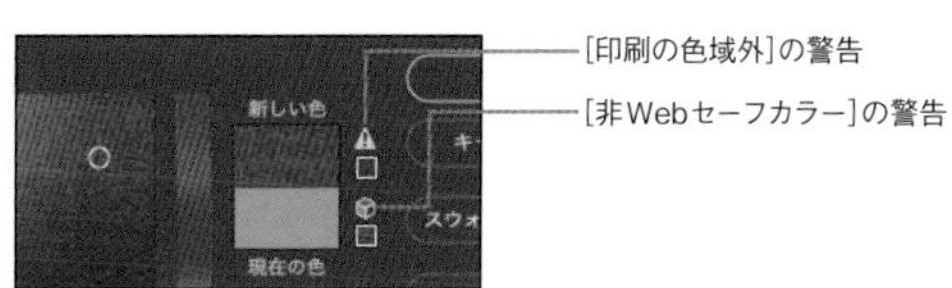

LESSON 09/06

【パターン塗りつぶしレイヤー、塗りつぶしツール】

パターンを敷き詰める

Sample Data / 09-06

パターンとは

同じ絵柄を繰り返し並べても継ぎ目のない一枚絵になる絵柄をパターン（シームレスパターン）といいます。Photoshopにはパターンで塗りつぶす機能があり、多数のパターンも用意されています。パターンは背景用素材や広範囲を塗りつぶすテクスチャとしてなど、さまざまなデザインワークに活用できます。

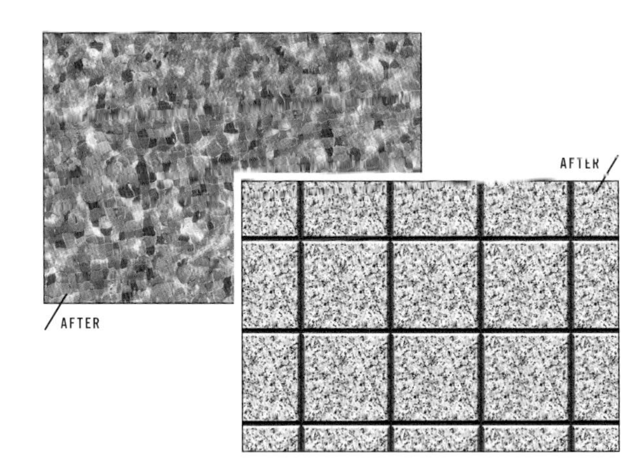

パターンで塗りつぶす

1 サンプルデータ「09-06-01」を開きます。[レイヤー]パネルの❶[塗りつぶしまたは調整レイヤーを新規作成]ボタンをクリックし、❷[パターン]をクリックします。

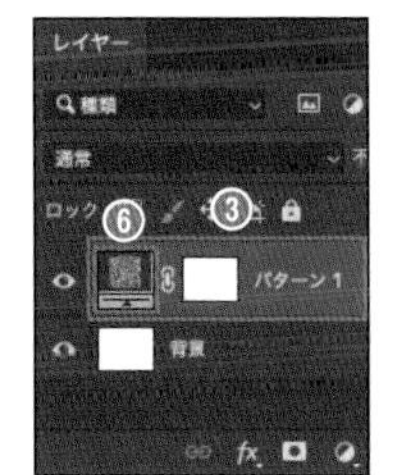

2 ❸「パターン1」塗りつぶしレイヤーが作成され[パターンで塗りつぶし]ダイアログボックスが表示されます。❹をクリックして❺「水-プール」を選択します。

3 画像にパターンが敷き詰められます。[OK]をクリックして確定します。

再度調整したい場合は、❻レイヤーサムネールをダブルクリックします。再び[パターンで塗りつぶし]ダイアログボックスが表示されます。

[パターンで塗りつぶし]ダイアログボックスでパターンを設定する

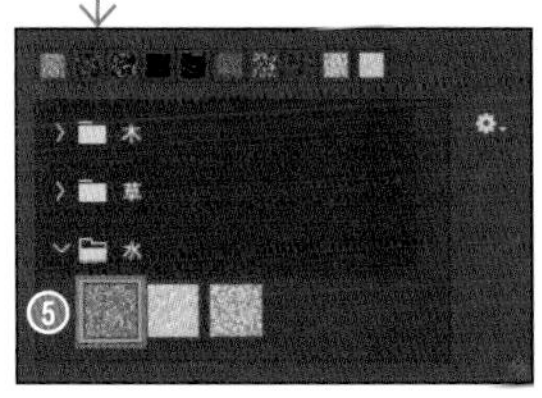

初期設定で用意されているパターンは「木」、「草」、「水」の3グループある。ここでは「水」グループのパターンを選択している

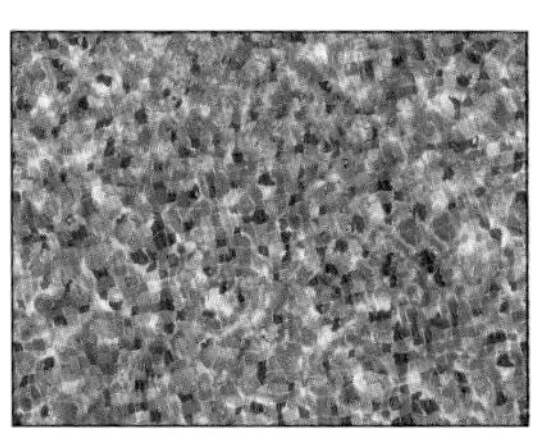

[パターンで塗りつぶし]ダイアログボックスの❼[比率]を小さくするとパターンの絵柄が細かくなり、大きくすると絵柄が大きくなる。左は[比率]を「100」%に、右は[比率]を「25」%に設定している

パターンを追加する

初期設定である3グループのパターン以外に、Photoshopにはさまざまなパターンが用意されています。

1 [パターン]パネルの❶パネルメニューから[従来のパターンとその他]をクリックします。

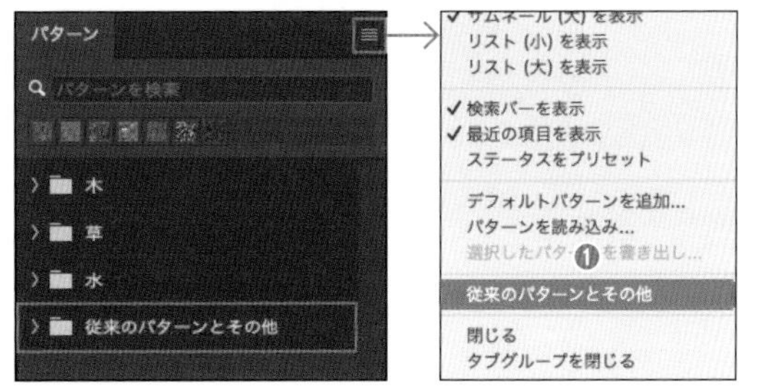

[パターン]パネルのパネルメニューから[従来のパターンとその他]をクリックすると、「従来のパターンとその他」グループが追加される

[パターン]パネルが表示されていない場合は、[ウインドウ]メニューの[パターン]をクリックして表示してください。

パターン以外にも、グラデーション、ブラシ、スタイル、スウォッチ、シェイプなどの各パネルで、同様に各パネルメニューから各種設定を読み込むことができます。

追加したパターンを活用する

[パターン]パネルで追加したパターンは、塗りつぶしレイヤーのほか、[塗りつぶしツール]、[編集]メニュー[塗りつぶし]など、パターンを使用するツール・機能すべてで活用できます。

1 サンプルデータ「09-06-02」を開きます。[レイヤー]パネルで「パターン」レイヤーを選択します。[編集]メニューの[塗りつぶし]をクリックします。

2 [塗りつぶし]ダイアログボックスの[内容]で❶[パターン]を選択します。❷をクリックしてパターンの種類を選択します。ここでは「従来のパターンとその他」グループ→「従来のパターン」グループ→「岩」グループの❸「花崗岩」を選択しています。❹[スクリプト]にチェックを入れ、❺で[レンガ塗り]に設定して[OK]をクリックします。

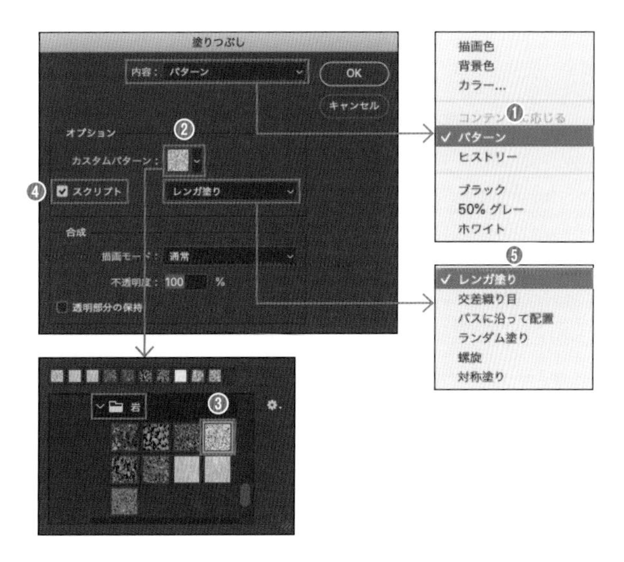

[スクリプト]のチェックを外すと、比率100%のパターンで塗りつぶされますが、[パターン]塗りつぶしレイヤーと違い、比率を設定できません。

3 [レンガ塗り]ダイアログボックスが表示されます。❻[パターンの比率]を「1」、[間隔]を「5」pixel、残りはすべて「0」に設定して[OK]をクリックすると、パターンで塗りつぶされます。

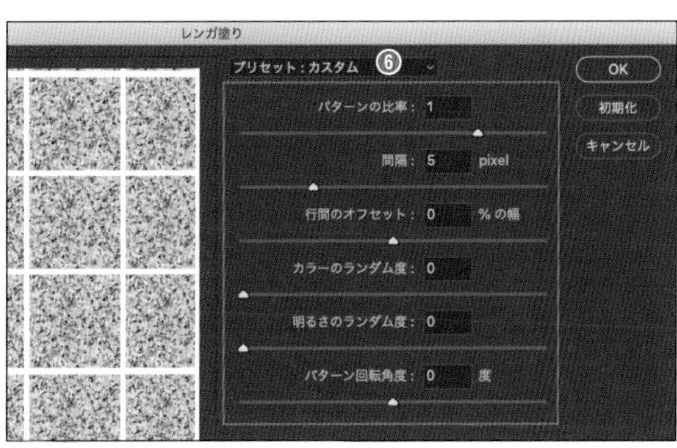

❺で選択した[スクリプト]の種類に合わせたダイアログボックスが表示される。ここでは[レンガ塗り]ダイアログボックスが表示された。[パターンの比率]は「1」が100%のこと。[間隔]はパターンとパターンの間隔(ダイアログボックス内のプレビューでは白い部分)のこと。[行間のオフセット]を「50」%の幅に設定すると、レンガ積みのようになるが、作成は「0」%としてタイル張りのように設定している。間隔で設定した幅が元画像のまま(ここでは透明)になるので目地に見えるように背景レイヤーを濃い色で塗りつぶしている。目地が透明のため、レイヤースタイルを設定すると作例の仕上がりのように立体的なタイルにできる

LESSON 09/07

【グラデーションツール、グラデーション塗りつぶしレイヤー】

グラデーションをマスターする

Sample Data /09-07

グラデーションツールとは

[グラデーションツール]を使うとさまざまなグラデーションをかんたんに描くことができます。まずは基本の使い方を覚えておきましょう。

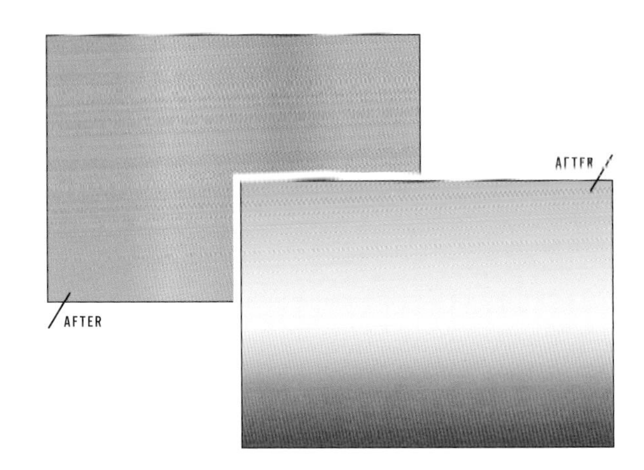

グラデーションツールで描く

1 サンプルデータ「09-07」を開きます。❶[グラデーションツール]をクリックします。

2 [オプションバー]の❷をクリックし、❸好みのグラデーションを選択します。ここでは[虹色グループ]の[虹色_15]を選択しました。そのほかは図のように設定します。

3 ❹画像上をドラッグすると❺グラデーションが描かれます。

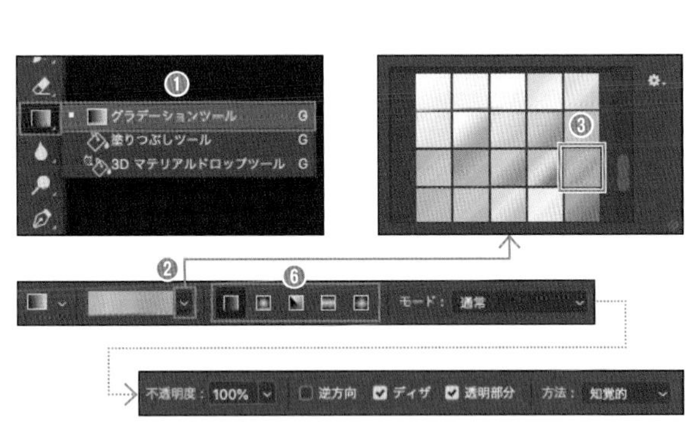

グラデーションは、初期設定で12グループ用意されている。きれいな変化のあるグラデーションが揃っているが、原色から原色への変化などのグラデーションはない

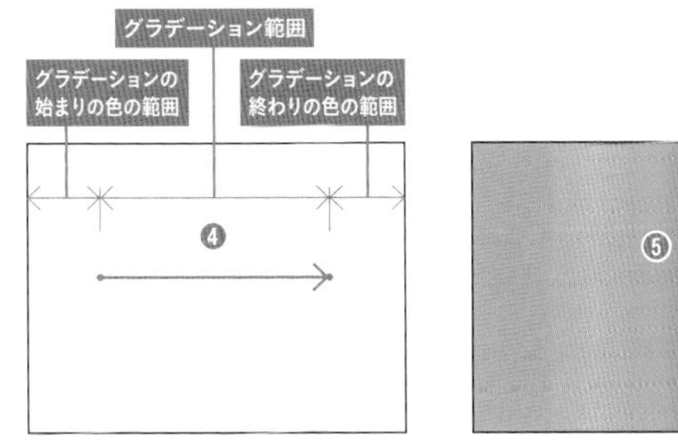

[グラデーションの種類]で[線形グラデーション]を設定している場合は、ドラッグの始点から終点の間がグラデーション範囲となる。グラデーションの傾きもドラッグした線と同じ方向になる。 shift キーを押しながらドラッグすると、角度を水平、垂直、斜め45°に制限できる

[グラデーション]パネルを使うと、P.195の「パターンを追加する」と同様の方法で多くのグラデーション設定を追加できます。このときパネルメニューでは[従来のグラデーション]をクリックしてください。追加したグラデーションや次ページのように作成したグラデーションは、[グラデーションツール]のほかに、[グラデーション]塗りつぶしレイヤーなど、グラデーションを使用するツール・機能すべてで活用できます。

[オプションバー]の❻では、直線的なグラデーション(線形グラデーション)のほかに円形、円錐形などを選択できます。[グラデーションツール]の[オプションバー]については、P.193の「ここもCHECK」を参照してください。

グラデーションを作成する

グラデーション設定は多数用意されていますが、希望の設定がない場合は作成します。ここでは赤から緑に変化するグラデーションを作成します。

1. サンプルデータ「09-07」を開きます。[グラデーションツール]をクリックし、[オプションバー]の❶をクリックすると[グラデーションエディター]が表示されます。

2. [プリセット]でもとにするグラデーションを選びます。ここでは[基本]グループの❷[描画色から背景色へ]を選択しました。

3. 色を変更するには、❸の[カラー分岐点]をクリックして選択し、❹[カラー]をクリックします。[カラーピッカー(ストップカラー)]が表示されます。ここでは赤に設定して[カラーピッカー]の[OK]をクリックします。

4. 同様に❺の[カラー分岐点]をクリックし、[カラー]をクリックして緑に設定します。

5. グラデーションの中間の色が濁っているので間に色を追加して修正します。❻[カラー中間点]付近にマウスポインタを移動し、ポインタが👆になったらクリックします。[カラー]をクリックして黄色に設定します。

グラデーションの色の変化の度合いを変更する場合は、❻[カラー中間点]を左右にドラッグして移動します。

6. 設定が終わったら❼[グラデーション名]を入力し、❽[新規グラデーション]をクリックして登録します(❾)。[OK]をクリックして[グラデーションエディター]を閉じます。

作成したグラデーションは登録しないでも[グラデーションツール]で利用できますが、ほかのグラデーションを使う機能では利用できません。
登録したグラデーションを削除するには、[グラデーションエディター]などで削除したいグラデーションを右クリック(control+クリック)し、メニューの[グラデーションを削除]を実行します。

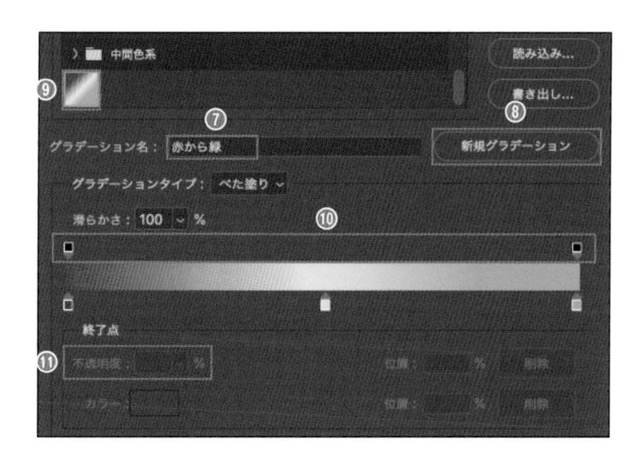

両端も含め[カラー分岐点]はドラッグで左右に移動できます。追加した[カラー分岐点]は、上または下にドラッグすると削除できます。❿グラデーションの見本部分上側は[不透明度]を設定します。[不透明度の分岐点]をクリックすると⓫[不透明度]が設定できます。たとえば色は単色で[不透明度]だけを変化させるグラデーションもできます。

作成したグラデーションを塗る

作成したグラデーションで塗りつぶしてみましょう。ここでは、塗りつぶしレイヤーで実行します。

1. サンプルデータ「09-07」を開きます。[レイヤー]パネルの❶[塗りつぶしまたは調整レイヤーを新規作成]ボタンをクリックし、❷[グラデーション]をクリックします。

2. ❸「グラデーション1」塗りつぶしレイヤーが作成され[グラデーションで塗りつぶし]ダイアログボックスが表示されます。❹をクリックして❺作成したグラデーションを選択します。

3. 画像がグラデーションで塗りつぶされます。[OK]をクリックして確定します。

再度調整したい場合は、❻レイヤーサムネールをダブルクリックします。再び[グラデーションで塗りつぶし]ダイアログボックスが表示されます。

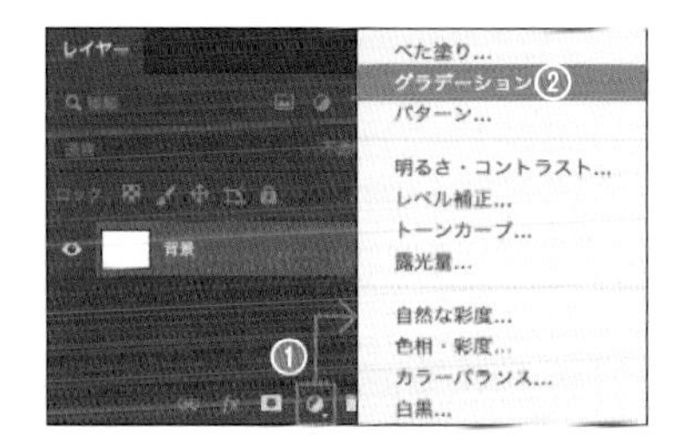

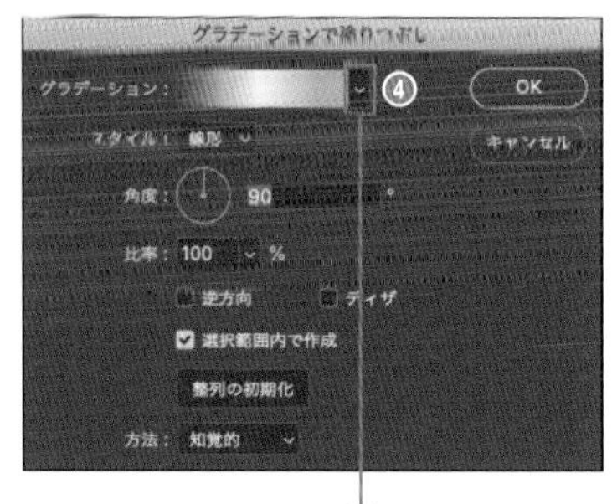

[グラデーションで塗りつぶし]ダイアログボックス。[スタイル]、[逆方向]、[ディザ]は[グラデーションツール]の[オプションバー]の設定と同じ。[比率]は、画像の高さまたは幅に対しての比率。[角度]が90°の倍数以外の場合、[比率]は高さと幅の間で[角度]設定によって変化する

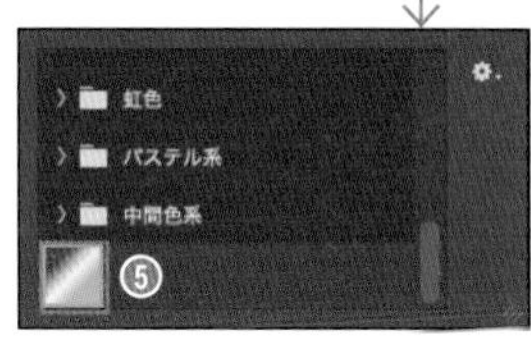

[グラデーションで塗りつぶし]ダイアログボックスの[比率]と[角度]を変えた例。左は[比率]は「100」%で[角度]は「90°」、右は[比率]は「50」%で[角度]は「45°」%に設定している

ここもCHECK!

グラデーションツールのオプションバーの設定

オプション名	機能
❶ グラデーションサンプル	クリックすると[グラデーションエディター]が表示される。右側[∨]をクリックすると[グラデーションピッカー]が表示される
❷ グラデーションのスタイル	グラデーションの種類を選ぶ。左から[線形グラデーション][円形グラデーション][円錐形グラデーション][反射形グラデーション][菱形グラデーション]
❸ モード	グラデーションの[描画モード]を設定する
❹ 不透明度	グラデーション全体の[不透明度]を設定する
❺ 逆方向	チェックを入れるとグラデーションの向きが逆になる
❻ ディザ	チェックを入れるとグラデーションの色の変化が滑らかになるディザ機能が有効になる
❼ 透明部分	グラデーションに[不透明度]([オプションバー]の設定ではなく、前ページの❿⓫)を設定している場合、❿⓫の[不透明度]設定が有効になる。チェックを外すと、グラデーションに❿⓫の[不透明度]を設定していても無効になる

Ps

LESSON 10

文字や
図形を描く

LESSON 10/01

【ポイントテキスト】

文字を入力する

Sample Data / 10-01

文字を入力するツール

Photoshopでは文字を扱うことができ、文字入力に関連するツールは4種類あります。このうち、はじめに設定したフォントとサイズや入力した内容を、あとから何度でも修正できるのは[横書き文字ツール]と[縦書き文字ツール]です。ここでは[横書き文字ツール]を使って文字を入力します。

文字入力に関連する4つのツール。[横書き文字ツール]と[縦書き文字ツール]で入力すれば、フォント、サイズ、入力した内容など、あとからでも修正できる文字属性を持つテキストレイヤーとして入力される

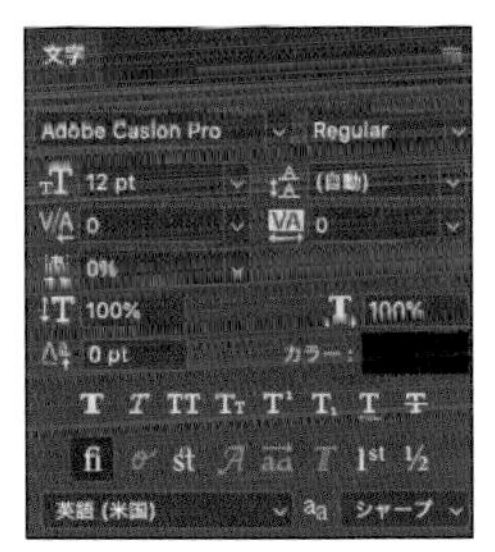

[文字]パネル。文字を入力する際、フォントやサイズなどの文字属性は、入力するツールの[オプションバー]または、[文字]パネルと[段落]パネルを使って設定する

横書き文字ツールで文字を入力する

文字入力の基本となる、ポイントテキストの入力法を紹介します。

1 サンプルデータ「10-01-01」を開きます。❶[横書き文字ツール]をクリックします。[オプションバー]で❷❸フォント、❹サイズ、❺色を設定します。

サンプルデータで使用しているフォント「Adobe Caslon Pro bold」は、Adobe Fontsでアクティベートできます。

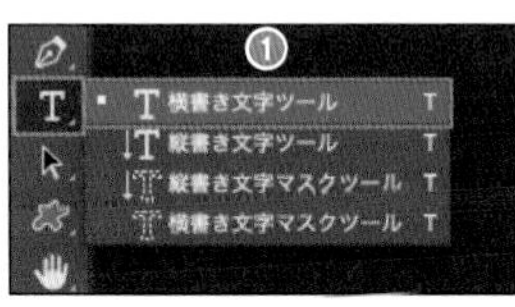

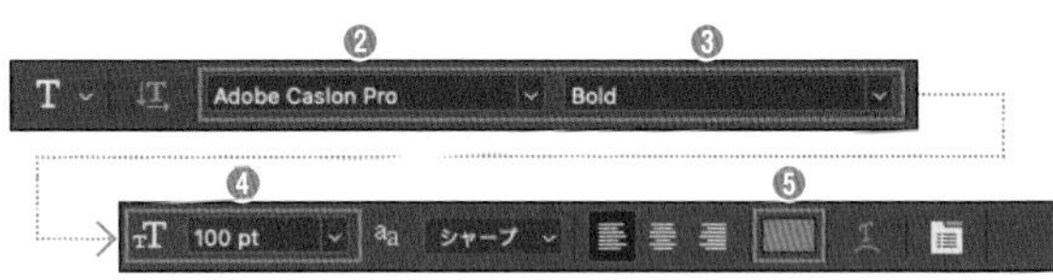

フォントは❷の右にある[∨]をクリックしてリストから選択します。フォントによっては❸スタイル(Regular、Bold、R、Bなど)も選択できます。❹サイズは直接数値入力するか、[∨]をクリックしてリストから選択します。色は❺をクリックすると[カラーピッカー(テキストカラー)]が表示されるので、そこで指定します。

2 ❻画像内でクリックし、文字を入力します。❼ここでは「Spring(改行) Sunshine」と入力しました。[オプションバー]の[○]ボタンをクリックして文字入力を終了します。

Mac版では return キー、Windows版ではメインキーにある enter キーで改行できます。

[横書き文字ツール]と[縦書き文字ツール]の使い方は同じで、文字の組み方向(横か縦か)が違うだけです。

フォント、色などと位置を変更する

フォントや色などを変更します。これは文字すべてまたは一部の文字だけを選択して変更できます。

1 サンプルデータ「10-01-02」を開きます。[レイヤー]パネルで❶テキストレイヤーを選択します。[縦書き文字ツール]をクリックし、画像内の文字列上でクリックします。文字列にカーソルが表示されたことを確認し、⌘＋A（Windows版はctrl＋A）キーを押して❷文字列すべてを選択します。

2 [オプションバー]で好みの設定に変更します。ここではフォントスタイルを❸[Bold Italic]、❹[文字揃え]を[中央揃え]、❺文字色を紫に変更しました。[オプションバー]の[○]ボタンをクリックして確定します。

3 文字列の位置の移動は[移動ツール]を使います。[移動ツール]を選択します。❻文字列をドラッグして位置を調整します。

初期設定では[スナップ]機能と[スマートガイド]がオンになっているため、中央に配置するときにスマートガイドが表示されてスナップします。左右や上下の中央のスマートガイドが表示された状態でドロップすると、移動中の文字がカンバスに対して左右と上下の空きが均等になるように配置されます。

ここも CHECK!

文字パネルと段落パネル

[文字]パネルや[段落]パネル(P.208)では、[オプションバー]に表示されている設定に加えて、さらにさまざまな文字に関する設定ができます。たとえば、[文字]パネルでは[オプションバー]同様に[フォント]、[フォントスタイル]、[フォントサイズ]、[カラー]が設定できるほかに、[カーニング]、[トラッキング]、[文字詰め]（いずれも字間を調整する機能）、[垂直比率]（平体）、[水平比率]（長体）などが設定できます。[段落]パネルでは[インデント]や[禁則処理]などが設定できます。

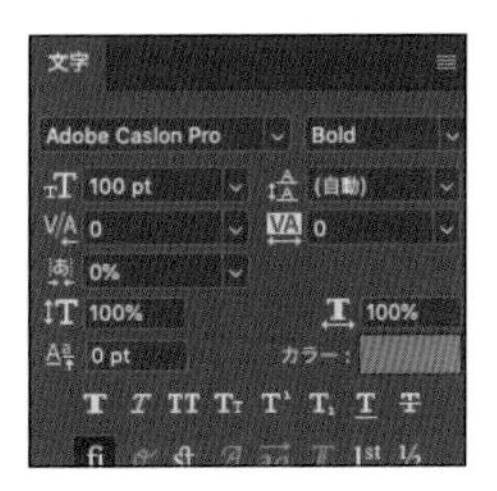

[文字]パネル

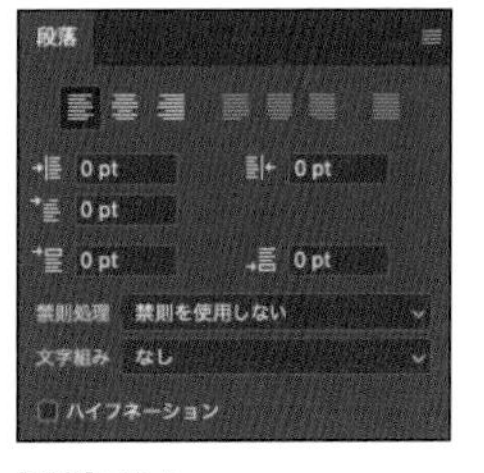

[段落]パネル

ここも CHECK!

enter キーと return キーの違い

Macのキーボードはメインキーにreturnキーでテンキーにenterキー、Windowsのキーボードはメインキーとテンキーにenterキーがあります。通常これらのキーは現在行っている操作の確定に用い、メインキーとテンキーどちらでも同じですが、文字入力では効果が異なりますので注意してください。

メインキーのreturn（Windows版はenter）キーは「文字変換の確定」と「改行」です。日本語入力の場合は漢字変換の確定に使用し、その後同じキーを押すと改行されます。テンキーのenterキーは「文字入力の終了」で、[オプションバー]の[○]ボタンのクリックと同じ機能です。

LESSON 10/02 【パス上テキスト】

文字を円に沿って配置する

Sample Data / 10-02

パス上テキストとは

あらかじめ描いておいたパスに沿って文字を配置する文字を「パス上テキスト」と呼びます。ここではその入力方法を紹介します。パス上テキストは、イラストに沿って文字を配置したり、飾りや見出しを作成したいときなどに使えるテクニックです。

パス上テキストを入力する

サンプルデータ「10-02」には、あらかじめパスを作成してあります。このパスに沿った文字を入力します。

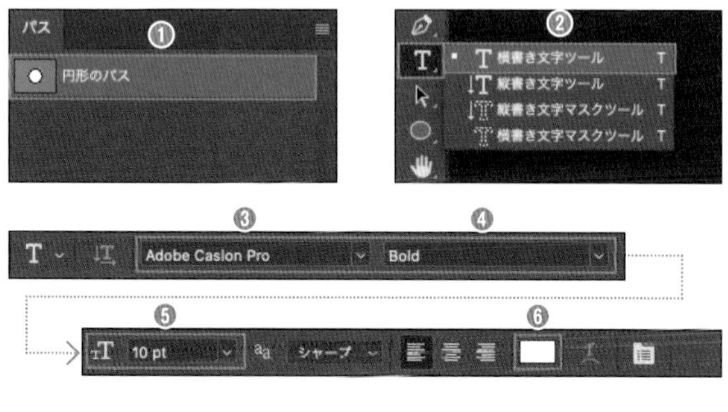

1 サンプルデータ「10-02」を開きます。❶[パス]パネルで「円形のパス」を選択します。❷[横書き文字ツール]をクリックし、[オプションバー]で❸❹フォント、❺サイズ、❻色を設定します。

2 パス上にカーソルを合わせ、❻カーソルが の形になったらクリックし、❼文字を入力します。ここでは「Just a moment please. I will be back soon.」と入力しました。[オプションバー]の[○]ボタンをクリックして文字入力を終了します。

サンプルデータで使用しているフォント「Adobe Caslon Pro bold」は、Adobe Fontsでアクティベートできます。

ここも CHECK!

テキストの入力方法をマウスポインタの形状で確認する

パスまたはシェイプを選択した状態では、[横書き文字ツール]で次の3種類の入力方法が実行できます。
パスまたはシェイプの境界線のクリックで、「パス上テキストの入力」になります。このときのマウスポインタは です。
パスまたはシェイプの内側のクリックで、「エリア内テキストの入力」になります。このときのマウスポインタは です。
パスの外側のクリックでパスに関係のない「ポイントテキストの入力」になります。このときのマウスポインタは です。
パス上にマウスポインタを合わせたとき、マウスポインタの形を必ず確認してください。

パス上テキストを修正する

フォントや色などの変更はポイントテキスト(P.200)と同じです。ここではパスに沿って文字を移動します。

1 ❶[パスコンポーネント選択ツール]をクリックします。❷[レイヤー]パネルでテキストレイヤーを選択します。

2 パス上にマウスポインタを合わせ、❸ポインタが (矢印が右向き)になったら❹左右にドラッグして位置を調整します。

ドラッグの位置が文字の始点になります。矢印が反対向きのポインタ (左向き矢印)の場合は、終点のドラッグになります。[文字揃え]が[中央揃え]では矢印が両側につくポインタもあります。

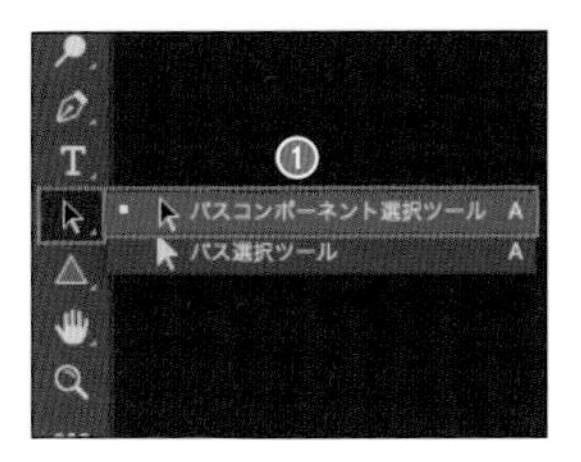

[パスコンポーネント選択ツール]または[パス選択ツール]で位置を修正するとき、パスの上(外)側に文字がある場合は、ポインタもパスの上(外)側に位置するようにドラッグします。パスの下(内)側にポインタをドラッグすると、文字位置がパスの下(内)側になります。

ここも CHECK!

横書き文字ツールによる文字の入力

[横書き文字ツール]では、「ポイントテキスト」、「パス上テキスト」、「エリア内テキスト」の3種類の文字の入力方法があります。

ポイントテキスト(P.200)

画像内でクリックした位置を基準として文字入力できます。return キーで改行しない限り1行になります。見出し、タイトル、ロゴなど1〜2行程度の文字を入力するのに使用します。

パス上テキスト

パスに沿ってテキストが配置されます。見出し、タイトル、ロゴなどを、パスに沿った1行の文字を入力する場合などに使用します。

エリア内テキスト(段落テキスト、P.204)

テキストエリア(枠)の内側に文字を配置します。テキストエリアの作成にはいくつかの方法があります。

1. [横書き文字ツール]で画像内をドラッグして作成する。
2. [横書き文字ツール]で option キーを押しながらクリックし、ダイアログボックスでサイズを指定して作成する。
3. シェイプ系ツールや[ペンツール]でテキストエリアとなる形状(シェイプまたはパス)を作成し、その形状が選択されている状態で形状内側を[文字ツール]でクリックする。

1、2の方法は長方形のテキストエリア、3の方法ではさまざまな形状のテキストエリアを作成できます。エリア内テキストは、長文の説明を入れる場合などに使用します。

Just a moment please.
I will be back soon.

ポイントテキスト

パス上テキスト

テキストエリア
Just a moment
please.
I will be back soon.

エリア内テキスト

LESSON 10 文字や図形を描く

10 LESSON / 03

【エリア内テキスト】

テキストエリアを作成して文字を入力する

Sample Data / 10-03

エリア内テキストとは

「エリア内テキスト」(段落テキストとも呼ばれる)は、指定した枠内に文字列を入力します。枠に合わせて自動的に改行されるので、文章などに使われます。[横書き文字ツール]などで枠を作成し、そこに文章を入力します。

エリア内テキストを入力する

1 サンプルデータ「10-03」を開きます。❶[横書き文字ツール]をクリックします。[段落]パネルで❷[文字揃え]を[均等配置(最終行左揃え)]に、❸[禁則処理]を[弱い禁則]に設定します。[オプションバー]で❹フォント、❺サイズ、❻色を設定します。

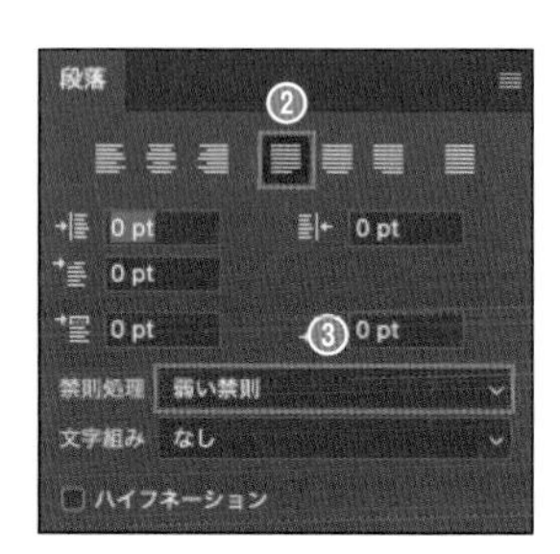

サンプルデータで使用しているフォント「DNP 秀英にじみ明朝 Std」は、Adobe Fontsでアクティベートできます。
[段落]パネルが表示されていない場合は、[ウィンドウ]メニューの[段落]をクリックしてください。

エリア内テキストでエリア内に文章を入力すると、文章が自動で改行されます。このとき行頭に句読点がきてしまうことがあります。これを防ぐために、[段落]パネルの[禁則処理]を[弱い禁則]に設定しています。

2 ❼画像内をドラッグしてテキストエリアを作成します。❽テキストエリア内に文章を入力します。文章がエリア右側で自動的に折り返されるため、文章内に改行を入れる必要はありません。[オプションバー]の[○]ボタンをクリックして文字入力を終了します。

画像内をドラッグしてテキストエリアを作成すると長方形のテキストエリア(枠)ができる

文章を入力した

3 テキストエリアのサイズを変更するには、[横書き文字ツール]で文字上をクリックし、テキストエリアを表示します。テキストエリア周囲に表示される❾ハンドル□をドラッグします。移動する場合は、[横書き文字ツール]で ⌘ (Windows版は ctrl)キーを押しながらテキストエリア内側をドラッグします。

ハンドルをドラッグして各行の文字数を1文字程度増えるようにテキストエリアを横方向に広げた

移動は[移動ツール]で文字をドラッグしてもできます。[移動ツール]の[バウンディングボックスの表示]オプションがオンの場合、バウンディングボックスのハンドルや枠をドラッグして枠の大きさを変更すると、文字サイズも変化するので注意してください。

ポイントテキストからエリア内テキストに切り替えるには、[レイヤー]パネルでテキストレイヤーを選択し、[書式]メニューの[段落テキストに変換]をクリックします。
エリア内テキストからポイントテキストに切り替えるには、[レイヤー]パネルでテキストレイヤーを選択し、[書式]メニューの[ポイントテキストに変換]をクリックします。ポイントテキストに切り替えると、[均等配置]や[両端揃え]ができなくなり[上揃え]または[左揃え]になります。

ここも CHECK!

テキストエリアと文字の変形

エリア内テキストのテキストエリアの変更

[横書き文字ツール]でテキストエリアのハンドルをドラッグするとエリアサイズを変更でき、 shift キーを押しながらドラッグするとエリアの縦横比が固定されます。また、エリアの外側をドラッグすると回転できます。回転ドラッグ中に shift キーを押すと、15°の倍数の角度に制限されます。
いずれも文字のサイズなどは変更されず、枠に合わせて文章が折り返される位置が変わります。

文字サイズをドラッグで変更

[横書き文字ツール]でテキストエリアの4隅のハンドルを ⌘ キーを押しながらドラッグすると文字サイズが変化しながら拡大・縮小されます。各辺中央のハンドルを ⌘ キーを押しながらドラッグすると平行四辺形への変形になります。
[移動ツール]の[バウンディングボックスの表示]オプションがオンの場合も、文字サイズの変化をともなう変形になります。

ここも CHECK!

テキストレイヤーをラスタライズする

文字(テキストレイヤー)は画像レイヤーと違い適用できる機能に制限があります。たとえばぼかしや変形などを適用する[フィルター]などは使用できません。しかし、テキストレイヤーを通常の画像レイヤーに変換することで、さまざまな機能を適用することができるようになります。
テキスト→画像への変換方法は、[レイヤー]パネルでテキストレイヤーを選択し、[書式]メニューの[テキストレイヤーをラスタライズ]をクリックします。これで画像レイヤーになります。このようにテキストレイヤーなどを画像レイヤーに変換することを、「ラスタライズ」と呼びます。なお、ラスタライズするとビットマップ画像となるため、文字内容、フォントやサイズの変更はできなくなります。

LESSON 10/04

【文字パネル、段落パネル】
文字の細かい調整をする

Sample Data / 10-04

文字の細かい調整をするには

文字に関するかんたんな操作は[横書き文字ツール]を選択したときの、[オプションバー]で事足りますが、さらに詳細な調整は[文字]パネルと[段落]パネルを使います。ここではフォント、サイズ、色に加えて、[文字揃え]、[行送り]と文字間([トラッキング])などを調整してみましょう。

フォントとサイズを変える

1 サンプルデータ「10-04」を開き、[横書き文字ツール]をクリックします。❶画像の「Chocolate～」の文字上でクリックし、「Chocolate」と「muffin」の間に改行を入れます。さらに ⌘ + A（Windows版は ctrl + A）キーで❷文字列すべてを選択します。

サンプルデータ、作例で使用するフォントはすべて、Adobe Fontsでアクティベートできます。

2 [文字]パネルで、❸フォントを「Zen Maru Gothic」の「Regular」、❹サイズを「40」pt、❺行送りを「45」pt、❻トラッキング（文字と文字の間隔）を「100」に設定します。

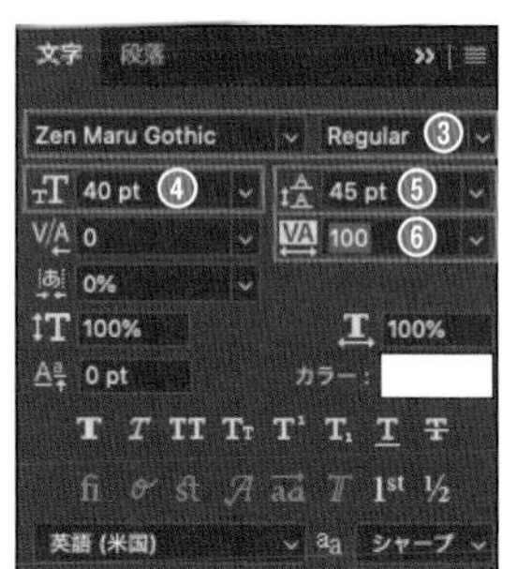

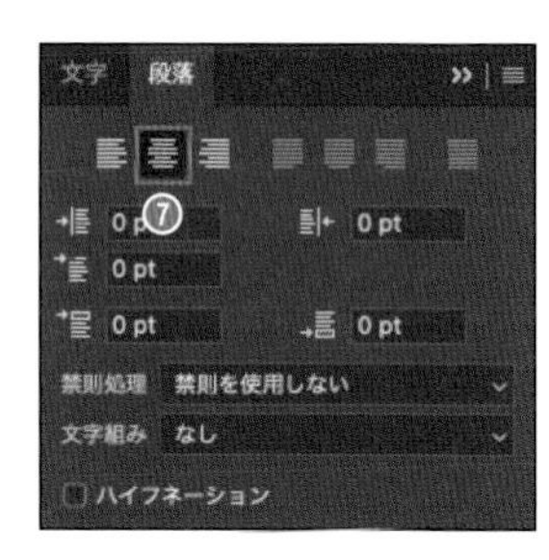

3 [段落]パネルで[文字揃え]を❼[中央揃え]に設定します。❽位置を画像の左右中央になるよう移動します。[オプションバー]の[○]ボタンをクリックして確定します。

[横書き文字ツール]での文字の移動は ⌘ キーを押しながらドラッグします。

[文字]パネル、[段落]パネルが表示されていない場合は、それぞれ[ウィンドウ]メニューの[文字]、[段落]をクリックしてください。

4 「ベルギー産チョコ...」のエリア内テキストを[横書き文字ツール]でクリックし、⌘＋A（Windows版はctrl＋A）キーで❾文章すべてを選択します。

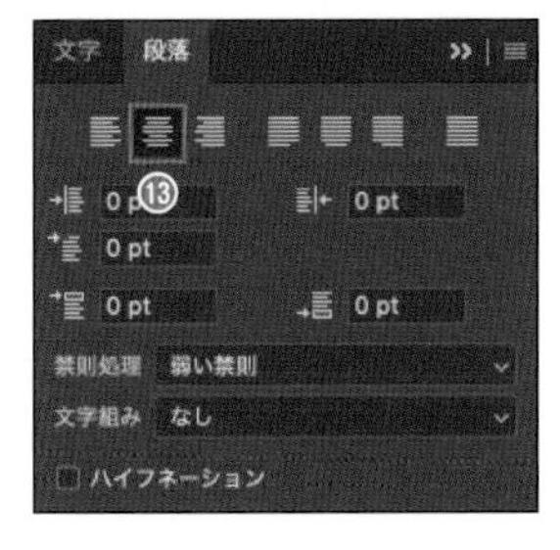

5 [文字]パネルで、❿フォントを「Zen Maru Gothic」の「Medium」、⓫サイズを「6」pt、⓬行送りを「12」ptに設定しました。さらに[段落]パネルで[文字揃え]を⓭[中央揃え]に設定します。

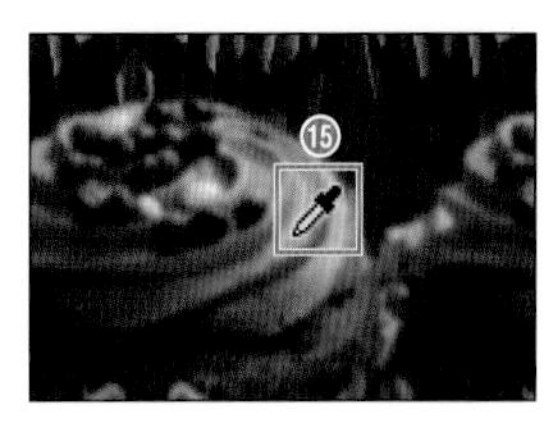

6 [文字]パネルの⓮[カラー]をクリックし、[カラーピッカー]を表示させた状態で、画像内にマウスポインタを移動するとポインタがスポイトになます。クリックやドラッグで色を拾えます。⓯ここではチョコクリームから色を拾いました。

6 ⓰枠のサイズを変更し、位置を調整します。必要に応じ「Chocolate muffin」の文字位置も調整します。

部分的にフォントを変える

1 [横書き文字ツール]で❶「温める」の文字だけ選択します。❷フォントスタイルを「Black」、文字色を赤に変更します。

文字を読みやすくする

1 このままでは説明文が読みにくいので、❶レイヤースタイルの[境界線]を設定します。❷「Chocolate muffin」の文字はレイヤースタイルの[ドロップシャドウ]を設定します。

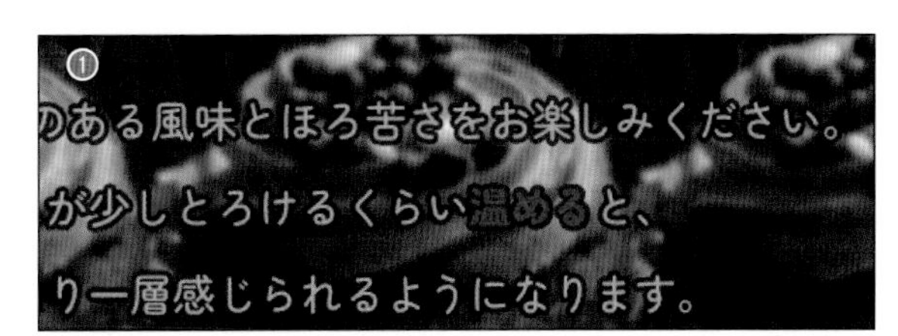

テキストレイヤーに設定したレイヤースタイルの詳細は、サンプルデータ「10-04_after」を参照してください。

LESSON 10 / 05

【文字パネル、段落パネル】

文字パネルと段落パネルの機能

Sample Data / No Data

文字パネルと段落パネル

文字に関する詳細な調整をするのが[文字]パネルと[段落]パネルです。ここまでのレッスンで使用した機能のほかにも機能があります。そのなかから知っておきたい機能に絞ってここでまとめて紹介します。

文字パネル

それぞれの文字に関する調整をする機能がまとまっています。[文字]パネルの設定は、単語や文章に関係なく、**1文字単位**で設定できます。

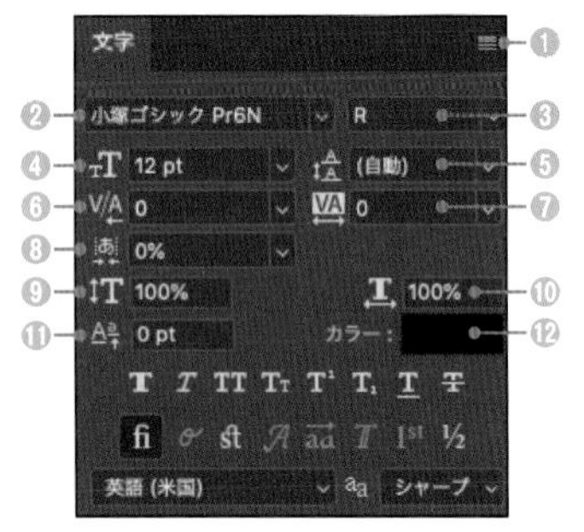

[文字]パネル

[文字]パネルでの設定で、テキストレイヤー内の個々の文字に対して設定変更するときは、[横書き文字ツール]で設定変更したい文字だけを選択してから実行してください。テキストレイヤー内の文字全体に対して設定変更するときは、[横書き文字ツール]で文字全体を選択してもかまいませんが、[レイヤー]パネルでテキストレイヤーを選択すれば、[文字]パネルで設定変更できます。

機能	機能説明
❶ パネルメニュー	パネルメニューを表示
❷ フォント	フォント(文字の種類)を設定 フォントの違い A A A A
❸ フォントスタイル	フォントスタイル(太さや斜体など)を設定 スタイルの違い A A A A
❹ サイズ	フォントサイズを設定 初期設定では単位はpt(ポイント)になる。単位を入力すればmmやpixelでも設定できる
❺ 行送り	行送りを指定する 行送り ベルギー産チョコレート の深みのある風味
❻ カーニング	文字間を詰める設定 カーニング設定の違い PとAなどの字間を詰める。オプティカルは和文にも対応 0 PAINT メトリクス PAINT オプティカル PAINT
❼ トラッキング	文字間を調整する設定 トラッキング設定の違い -50 PAINT 0 PAINT 100 PAINT
❽ 文字ツメ	主に和文の字間を詰める設定 文字ツメ設定の違い 0 チョコレートの風味 30% チョコレートの風味 60% チョコレートの風味
❾ 垂直比率	文字の高さを変える設定 垂直比率の違い サイズはすべて同じ(単位%) 60 80 100 120 150
❿ 水平比率	文字の横幅を変える設定 水平比率の違い サイズはすべて同じ(単位%) 50 100 150 200
⓫ ベースラインシフト	文字のベースラインをずらす設定 ベースラインをずらす 入力単位はサイズと同じ ABC ABC ABC -5 0(もとのベースライン) 5
⓬ カラー	文字色を設定

段落パネル

それぞれの段落に関する調整をする機能がまとまっています。1文字目(改行)～改行までの間にあるすべての文字(単語や文章)を1つのまとまりととらえ、これを「段落」と呼びます。[段落]パネルの設定は、段落ごとに設定します。

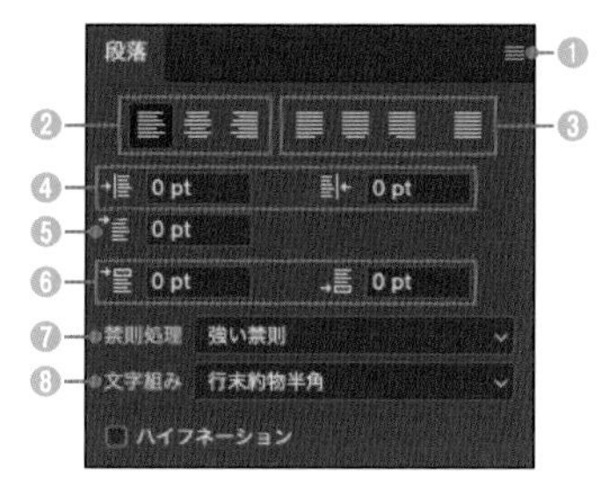

[段落]パネル

[段落]パネルでの設定で、1つのテキストレイヤー内に複数の段落があり、それぞれの段落にに異なる設定をするときは、[横書き文字ツール]で設定したい段落内にカーソルを表示させてから実行します。テキストレイヤー内の段落全体に対して設定変更するときは、[レイヤー]パネルでテキストレイヤーを選択すれば、[段落]パネルで設定変更できます。

機能	機能説明
❶ パネルメニュー	パネルメニューを表示
❷ 文字揃え	すべての入力方法に対応した文字揃えを設定 ポイントテキストでは、入力時にはじめにクリックした位置、エリア内テキストでは、エリア(枠)が基準となる。1文字目(改行)～改行までの間となる段落単位で設定できる
❸ 文字揃え	主にエリア内テキストで使用する文字揃えを設定 エリア(枠)に対し両端が揃うように文字が配置される。4つの揃えの種類は最終行の扱いが異なる
❹ インデント	段落全体の字下げ幅を設定 エリア(枠)の左端または右端(縦書きでは上端または下端)から指定した幅を空ける機能
❺ 1行目インデント	段落1行目だけの字下げ幅を設定 エリア(枠)の左端または右端(縦書きでは上端または下端)から指定した幅を段落の1行目だけ空ける機能。和文の段落1行目の字下げなどに用いる
❻ 段落前後のアキ	段落前または段落後のアキを設定 1つのテキストレイヤー内に複数の段落があり、段落と次の段落間を空けるときに用いる
❼ 禁則処理	エリア内テキストで行頭、行末になってはいけない文字が行頭、行末になることを回避する設定 ベルギー産チョコレートの「深みのある風味」と「ほろ苦さ」をお楽しみください。電子レンジで、「クリームが少しとろけるくらい温める」と、チョコレートの風味が、より一層感じられるようになります。 禁則処理を使用しない ベルギー産チョコレートの「深みのある風味」と「ほろ苦さ」をお楽しみください。電子レンジで、「クリームが少しとろけるくらい温める」と、チョコレートの風味が、より一層感じられるようになります。 弱い禁則処理
❽ 文字組み	Photoshopでは和文全角約物(句読点やかっこなど)の扱いを設定 ベルギー産チョコレートの「深みのある風味」と「ほろ苦さ」をお楽しみください。電子レンジで、「クリームが少しとろけるくらい温める」と、チョコレートの風味が、より一層感じられるようになります。 行末約物半角 ベルギー産チョコレートの「深みのある風味」と「ほろ苦さ」をお楽しみください。電子レンジで、「クリームが少しとろけるくらい温める」と、チョコレートの風味が、より一層感じられるようになります。 約物半角 「行末約物半角」では行頭または行末の約物だけが半角となる。「約物半角」ではすべての約物を半角にする。ただし□の部分のように、1行内で約物の数が奇数になる場合は半角まで詰まらないことがある

ここも CHECK!

文字マスクツール、ワープテキスト、マッチフォント

ここまで[横書き文字ツール]での入力方法と文字と段落の設定に関して紹介していますが、[横書き文字ツール]以外にも3つの文字関連ツールがあります。そのうち[縦書き文字ツール]は[横書き文字ツール]と同じ操作方法で、入力される文字の組み方向が横か縦かの違いだけです。ちなみに文字組み方向は、入力後でも[レイヤー]パネルでテキストレイヤーを選択し、[書式]メニューの[方向]のサブメニューで切り替えることができます。

残りの[縦書き文字マスクツール]と[横書き文字マスクツール]は、文字の選択範囲を作成するツールです。文字と段落の設定や入力方法は[横書き文字ツール]と同じですが、入力結果は文字属性のない選択範囲となります。このため[横書き文字マスクツール]を使うより、[横書き文字ツール]で入力し、文字属性や配置などを検討して確定後、作成されたテキストレイヤーから選択範囲を作成することをおすすめします。

このほかに、紹介していない機能として[ワープテキスト]と[マッチフォント]があります。

[書式]メニューにある[ワープテキスト]は、[ワープ](P.254)に似た機能です。文字属性を残したままダイアログボックス内の設定で変形できます。再度[ワープテキスト]を実行すれば、変形の再調整もできます。

[書式]メニューにある[マッチフォント]は、現在のパソコンで使用できるフォントまたはAdobe Fontsから、画像の文字に似たフォントを検索する機能です。画像内の文字の検索範囲を指定すると、フォントの候補が表示され、Adobe Fontsのフォントの場合は、アクティベート(同期)することもできます。

LESSON 10/06

【シェイプツール】
シェイプツールで図形を描く

Sample Data /10-06

シェイプとは

「シェイプ」は、パスによる形状、その範囲内の塗りつぶし、境界線の描画情報を組み合わせた「ベクトル画像」(P.022)です。
シェイプを描くために6種類のシェイプツールが用意されており、これらのツールを使うとかんたんな操作でシェイプを描けます。シェイプは、ロゴやフレーム作成にも便利な機能です。

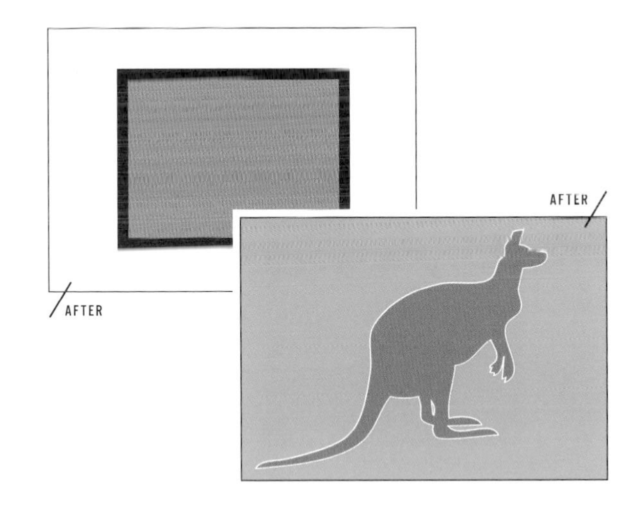

長方形のシェイプを描く

1 サンプルデータ「10-06-01」を開きます。❶[長方形ツール]をクリックします。[オプションバー]で❷を[シェイプ]にし、❸[塗り]と❹[線色]に好みの色を、❺[太さ]で線の太さを設定します。

[塗り]、[線](色と太さ)などの設定は、[プロパティ]パネルでも行うことができます。また各設定は、あとから変更することができます。

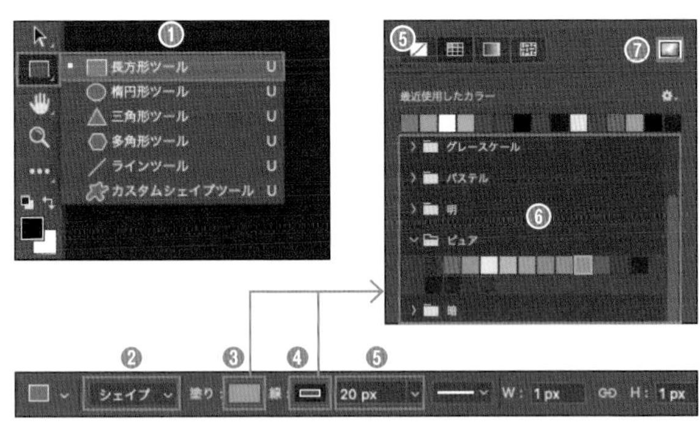

❸[塗り]と❹[線]をクリックすると❺が表示される。❻のスウォッチから色をクリックして選択するか、❼をクリックして表示される[カラーピッカー]で指定する

2 ❽画像の上をドラッグすると長方形が描かれます。

画像上でドラッグではなくクリックすると、ダイアログボックスが表示され、サイズを指定して作成できます。

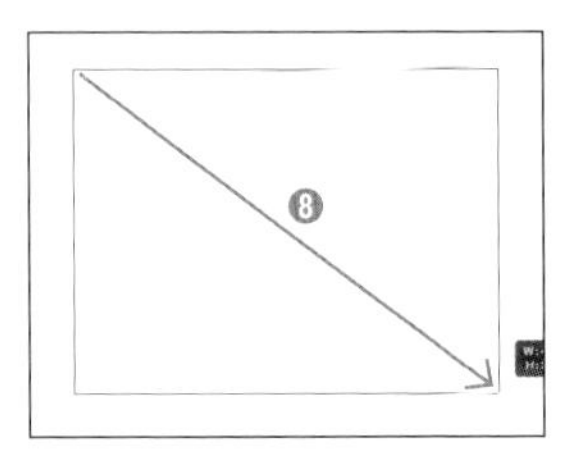

[長方形選択ツール]と同様に、対角線を描くように長方形を作成する

[レイヤー]パネルに作成されたシェイプレイヤー

3 [レイヤー]パネルを見ると、❾「長方形1」という名前のシェイプレイヤーが作成されています。

[長方形ツール]以外の5つのツールも基本的な操作方法は同じです。各ツールで[オプションバー]でできる設定もほぼ同じですが、[長方形ツール]の[角丸の半径]、[多角形ツール]の[角数]、[ラインツール]の[線の太さ](❺とは異なる)、[カスタムシェイプツール]のシェイプを選択(次ページ参照)など、一部のツールにしかない設定があります。

カスタムシェイプツールで描く

[カスタムシェイプツール]を使うと、さまざまな図形や記号をかんたんに描くことができます。

1 サンプルデータ「10-06-02」を開きます。[ツールバー]の❶[カスタムシェイプツール]をクリックします。❷[オプションバー]で[塗り][線色][太さ]を設定し、❸をクリックして[カスタムシェイプピッカー]を表示します。

2 ❹で好みのシェイプを選択します。

3 ❺画像上をドラッグするとシェイプが描かれます。

shift キーを押しながらドラッグすると、縦横比率を保ったまま、シェイプを描くことができます。

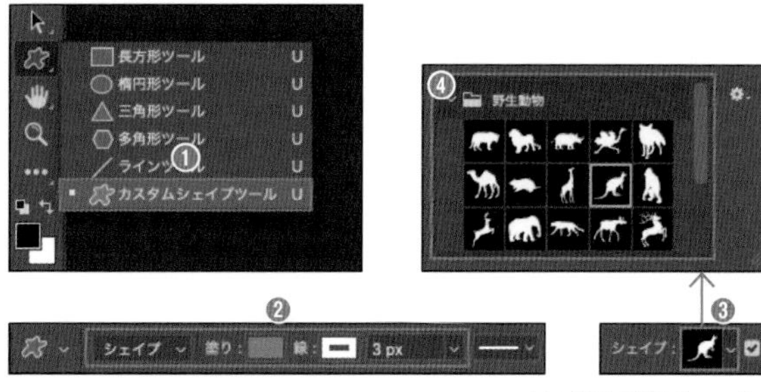

図は[野生動物]グループの[カンガルー]を選択している

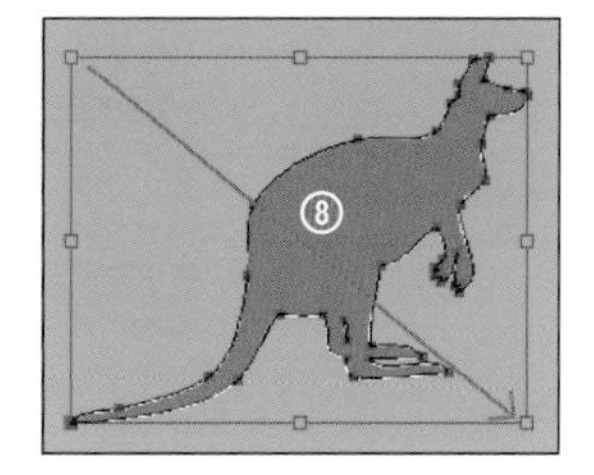

対角線を描くように図形を作成する

シェイプの作成後に塗りや線の設定を変更したい場合は、[レイヤー]パネルでシェイプレイヤーを選択し、[プロパティ]パネルかシェイプツールの[オプションバー]で修正します。

ここも CHECK!

シェイプの塗りや線の設定

作例では[塗り]や[線]の色をともに[ベタ塗り](単色)に設定しましたが、なし、グラデーション、パターンにも設定できます。色を指定するウィンドウの❶[カラーなし](透明)、❷[ベタ塗り](単色)、❸[グラデーション]、❹[パターン]を選択すると、❺のスウォッチ部分がそれぞれに合わせて内容に変化し、グラデーションやパターンが選択できるようになります。

線には色のほかに線種を指定できます。[オプションバー]の❻をクリックすると、❼線種(実線、破線、点線)を選択できます。❽[整列]では線とパスの位置関係、❾[線端]では線端部の形状、❿[角]では線のコーナーの形状を指定できます。⓫[詳細オプション]をクリックすると、破線間隔を変更できます。

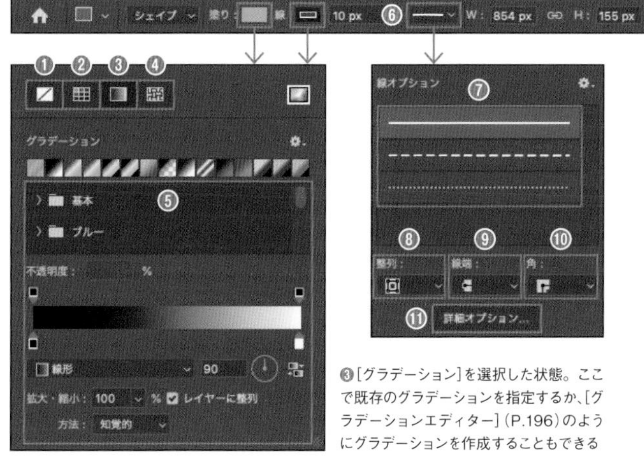

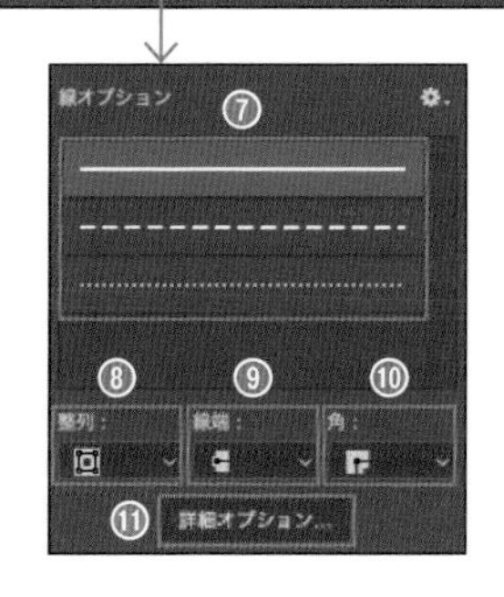

❸[グラデーション]を選択した状態。ここで既存のグラデーションを指定するか、[グラデーションエディター](P.196)のようにグラデーションを作成することもできる

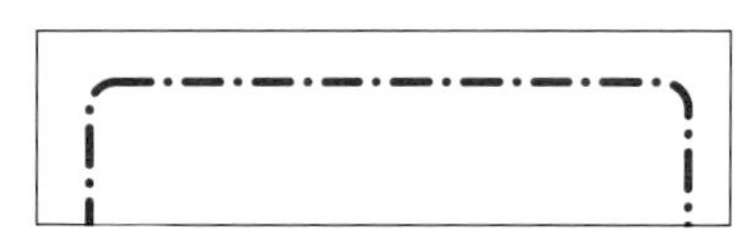

[長方形ツール]で角丸を設定して作成した長方形に、[塗り]を[カラーなし]、❻[線の種類]から❼で破線、❾で丸みのある線端を選択した。さらに[詳細オプション]で破線の線幅と間隔を指定して一点鎖線のように設定した例

[長方形ツール]で作成した長方形に、[塗り]を[グラデーション]、[線色]を[パターン]に設定した例

LESSON 10/07

【カスタムシェイプの追加】

カスタムシェイプを追加する

Sample Data /10-07

たくさんあるシェイプの種類

初期設定では選択できるカスタムシェイプの数が限られていますが、Photoshopには、ほかにもさまざまなシェイプが用意されています。ここではシェイプの追加方法を紹介します。

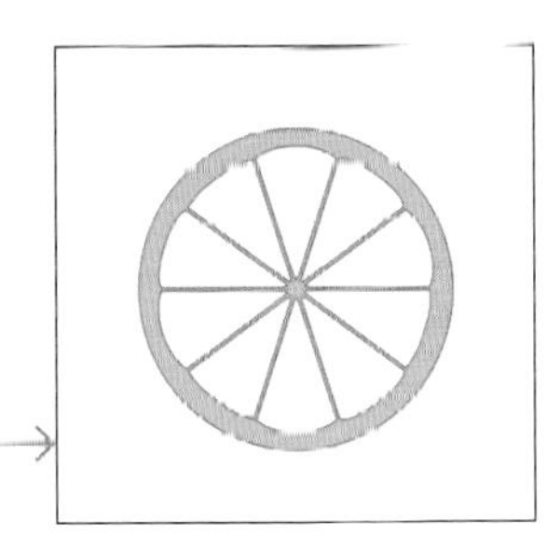

[シェイプ]パネルのパネルメニューから[従来のシェイプとその他]をクリックすると、「従来のシェイプとその他」グループが追加される。さらにパスを作成するとオリジナルのシェイプとして登録できる

シェイプを追加する

初期設定である4グループのシェイプ以外のシェイプを追加します。

1 [ウインドウ]メニューの[シェイプ]をクリックして[シェイプ]パネルを表示し、❶パネルメニューから[従来のシェイプとその他]をクリックします。

追加したシェイプは[カスタムシェイプツール]で、前ページのように使用できます。

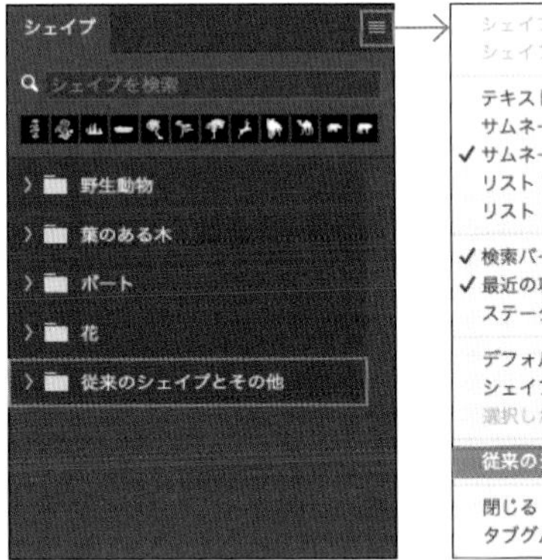

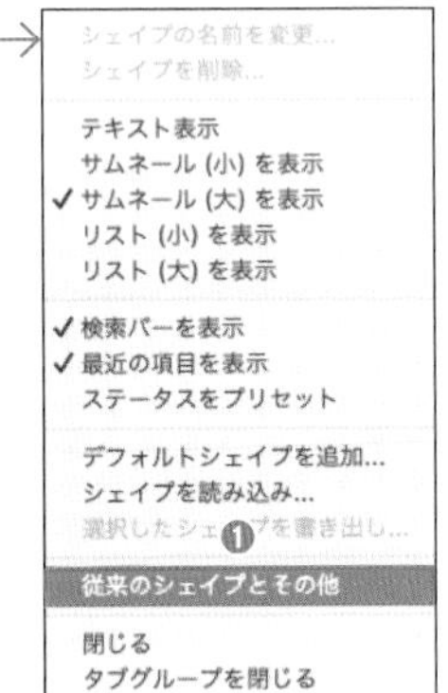

[シェイプ]パネルのパネルメニューから[従来のシェイプとその他]をクリックすると、「従来のシェイプとその他」グループが追加される

新規シェイプを登録する

パスを作成すると、オリジナルのシェイプとして登録できます。

1 ❶[パス]パネルで作成したパスを選択します。[編集]メニューの[カスタムシェイプを定義]をクリックし、❷ダイアログボックスで[シェイプ名]を入力して[OK]をクリックします。

パスを作成済みのサンプルデータ「10-07」を用意しています。これを利用してシェイプの登録を試してもかいまいません。登録したシェイプは[カスタムシェイプツール]で使用できます。

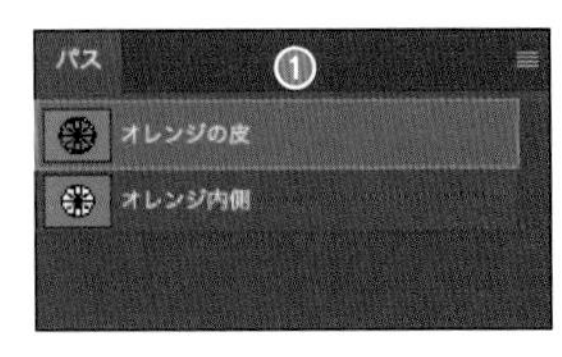

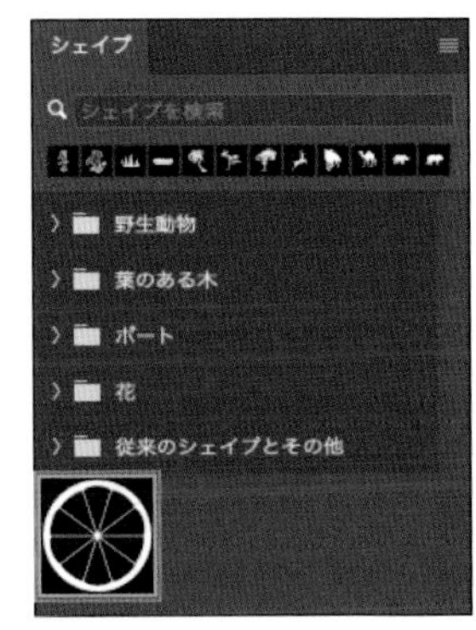

[シェイプ]パネルに追加されたシェイプ

【シェイプの属性変更、変形】
シェイプを修正・変形する

Sample Data /10-08

シェイプの属性変更と変形

シェイプツールで描いたシェイプは、[プロパティ]パネルで大きさ、位置の数値指定、塗りや線などの属性を変更できます(作成したツールにより変更できる属性が異なります)。また、すべてのシェイプは、[編集]メニューの[パスを自由変形]や[パスを変形]を使ってレイヤー画像と同様に変形できます(P.133)。さらにパスを修正するのと同様に変形することもできます(P.178)。

アンカーポイントやセグメントを動かしての変形では、[この操作を行うと、ライブシェイプが…]の警告が表れることがあります。[はい]をクリックすると変形が実行されますが、ライブシェイプから標準のパスに変更されます。[いいえ]をクリックすると変形のキャンセルとなります。ライブシェイプと標準のパスについては、次ページの「ここもCHECK」を参照してください。

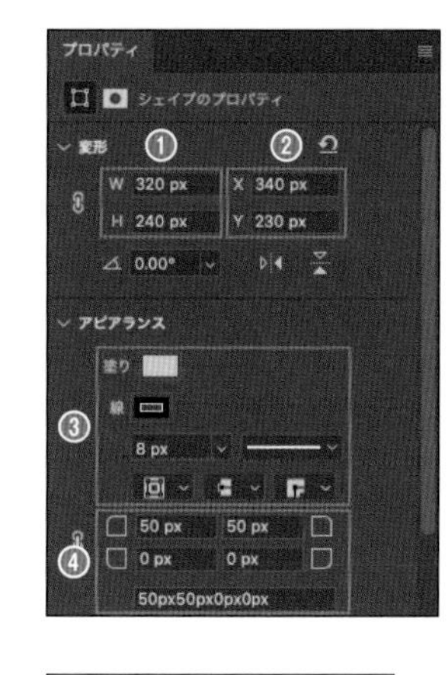

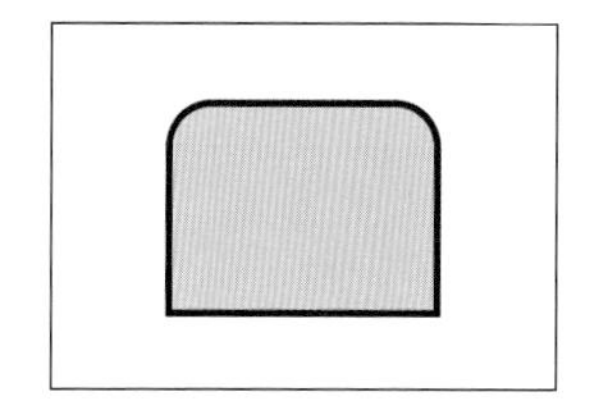

[長方形ツール]で作成したシェイプの属性を修正したときの[プロパティ]パネル。❶大きさ、❷位置(定規の原点からの距離)、❸塗りや線の設定、❹角丸の半径が変更できる

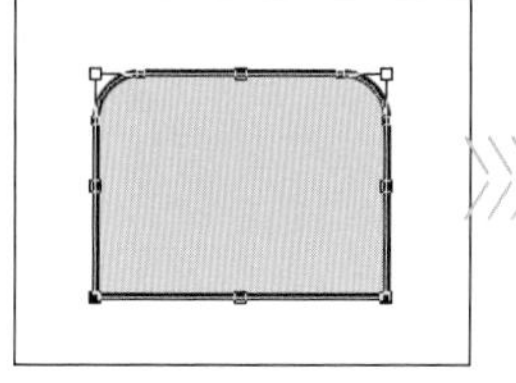

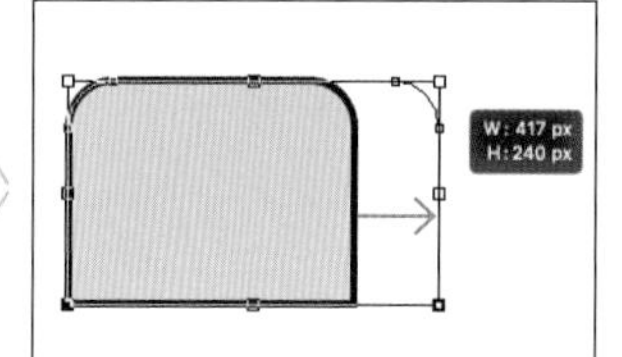

レイヤー画像と同様に変形できる

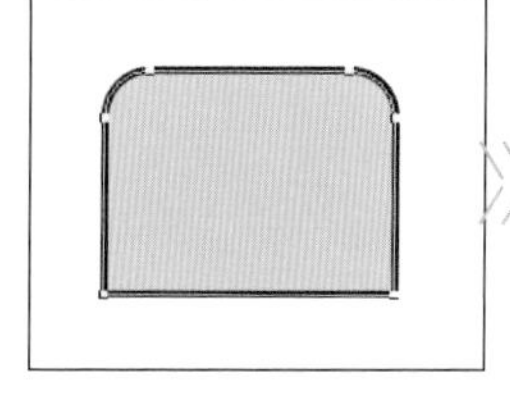

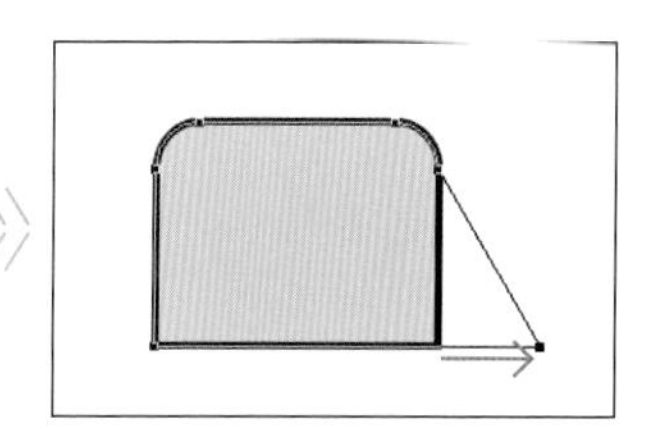

パスと同様に、[パス選択ツール]でアンカーポイントやセグメントを動かして修正できる

ここも CHECK!

パスからシェイプに変換する

パスには塗りや線を設定できないため、塗りや線を設定するにはシェイプレイヤーに変換する必要があります。その方法の1つが前ページの「新規シェイプを登録する」です。登録しておけば[カスタムシェイプツール]でシェイプを作成できます。
もう1つの方法がパスと塗りつぶしレイヤーを使う方法です。[パス]パネルでパスを選択した状態で塗りつぶしレイヤー(P.129)を作成します。[ベタ塗り][グラデーション][パターン]のいずれでもかまいません。
作成された塗りつぶしレイヤーは、シェイプレイヤーと同様に塗りや線の設定ができます。ただし[プロパティ]パネルで属性を変更できません。塗りや線の設定は、シェイプツールまたは[パス選択ツール]などの[オプションバー]で変更します。

ここも CHECK!

シェイプのメリットとラスタライズ

シェイプはベクトル画像のため、拡大・縮小・変形等を行っても画質が劣化することはありません。また、線や塗りの設定も画質を落とすことなく何度でもやり直すことができます。しかし、ぼかしのような複雑な色表現をともなうフィルターを適用することはできません。
シェイプにフィルター等を適用したい場合は、まずラスタライズ(画像化)する必要があります。ラスタライズの方法は[レイヤー]パネルでシェイプレイヤーを選択し、[レイヤー]メニューの[ラスタライズ]→[シェイプ]をクリックします。これで画像レイヤーに変換されるため、フィルターなどを適用できるようになります。

ここも CHECK!

ライブシェイプ・ライブシェイプ以外のシェイプ・標準のパスの違いとは

ライブシェイプとは

「ライブシェイプ」は本来は「動的に変更できるシェイプ」のことですが、Photoshopではシェイプツールで描いたシェイプはすべてライブシェイプとして扱われます。このため「[プロパティ]パネルで属性を変更できるシェイプ」=「ライブシェイプ」であり、「単にシェイプと呼んでるもののほとんど」と考えて差し支えないでしょう。
「動的に変更できるシェイプ」とは、作成後でも形状の一部に対しパスの変化をともなう変更ができるシェイプです。たとえば[長方形ツール]で描いたシェイプを[パス選択ツール]で選択すると、□のハンドル以外に、角の近くに⦿のハンドルが表示されます。これをドラッグすると[角の丸みの半径]を変更できます([プロパティ]パネルで数値指定もできます)。また[多角形ツール]で描いたシェイプは、作成後でも[プロパティ]パネルで[角数]や[星の比率][星のくぼみを滑らかにする]を設定できます。
これに対し「ライブシェイプ以外のシェイプ」は、形状はもちろん、塗り色や線も含めて[プロパティ]パネルでは変更することができません。[レイヤー]パネルでシェイプレイヤーを選択して、シェイプツールなどの[オプションバー]で変更する必要があります。

動的に変更できるパスと標準のパス

シェイプツールでパスを描いた場合、[プロパティ]パネルで設定変更できる「動的に変更できるパス」になります。
パスなので塗り色や線は設定できませんが、たとえば[多角形ツール]でパスを描くと、[プロパティ]パネルで[角の丸みの半径][角数][星の比率][星のくぼみを滑らかにする]が設定できます。
このパスに対しアンカーポイントの修正などをすると、「標準のパス」に変更されて[プロパティ]パネルで変更できなくなります。つまり「標準のパス」は「動的に変更できないパス」([プロパティ]パネルで設定変更できないパス)です。[ペンツール]で作成したパスも標準のパスに含まれます。

ライブシェイプから標準のパスに変更されるとは

シェイプは「パスと塗りと線の組み合わせ」です。このときパスが「動的に変更できるパス」ではライブシェイプ、「標準のパス」ではライブシェイプ以外のシェイプになります。
ライブシェイプや動的に変更できるパスに対してアンカーポイントを直接修正する変更をすると、「この操作を行うと、ライブシェイプが標準のパスに変わります…」と表示されます。この警告は、ライブシェイプを修正した場合には「ライブシェイプから(標準のパスを使う)ライブシェイプ以外のシェイプに変換される」の意味になります。

Ps

LESSON 11

特殊な効果とデジタル作画

LESSON 11/01

【フィルター：モザイク、ぼかし(ガウス)】

写真の一部をモザイク処理する

Sample Data /11-01

モザイクやぼかしの必要性

無関係の人物や車のナンバープレート、個人情報などが写り込んでしまった場合、写真の一部をモザイク処理したり、ぼかしたりする必要があります。ここでは、モザイク処理とぼかす方法を紹介します。

顔にモザイクをかける

画像の一部、ここでは顔にモザイクをかけてみましょう。

1 サンプルデータ「11-01」を開きます。元画像を残しておくため、❶背景レイヤーを複製します。複製したレイヤーにモザイクを適用します。

2 ❷[楕円形選択ツール]をクリックします。❸モザイクをかけたい範囲(ここでは顔)をドラッグして、選択範囲を作成します。

3 [フィルター]メニューの[ピクセレート]→[モザイク]をクリックします。

背景レイヤーを複製し、複製したレイヤーを選択しておく(P.115参照)

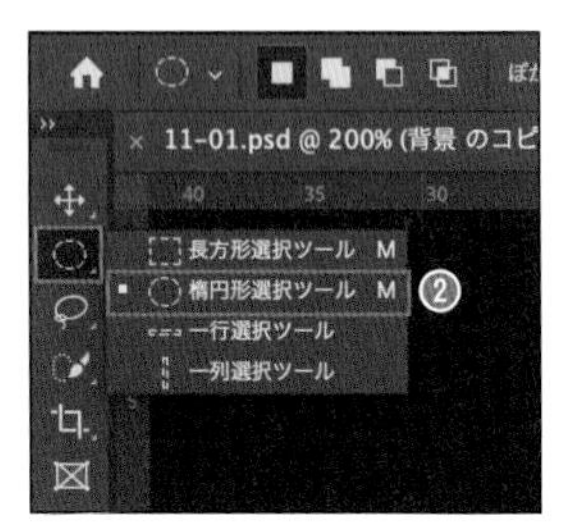

[楕円形選択ツール]をクリックする

モザイクをかける範囲として顔の選択範囲を作成する

4 [モザイク]ダイアログボックスが表示されます。[プレビュー]を見ながら❹[セルの大きさ]を調整します。ここでは「15」平方ピクセルにしました。[OK]をクリックして確定します。

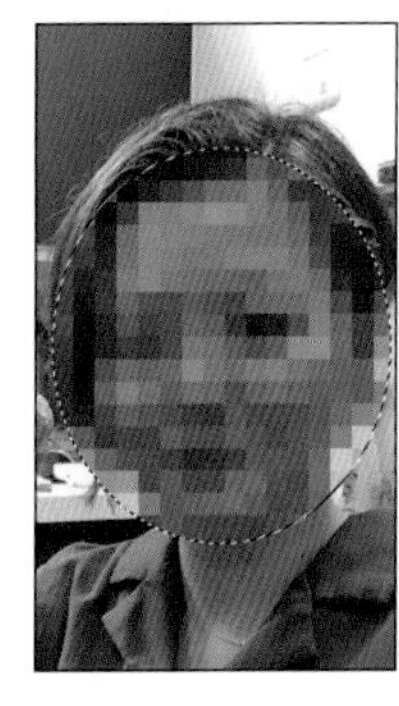

顔をぼかす

画像の一部、ここでは顔にぼかしをかけます。ぼかす場合も同様の操作で行います。

1 サンプルデータ「11-01」を開き、❶レイヤーを複製して、❷[楕円形選択ツール]で❸ぼかす範囲の選択範囲を作成します。

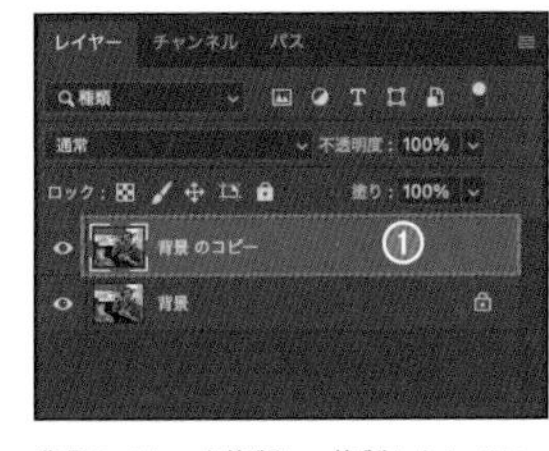

背景レイヤーを複製し、複製したレイヤーを選択しておく

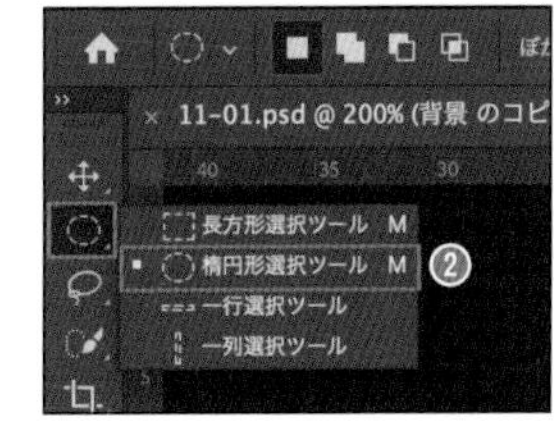

[楕円形選択ツール]をクリックする

2 [フィルター]メニューの[ぼかし]→[ぼかし(ガウス)]をクリックします。

モザイクをかける範囲として顔の選択範囲を作成する

3 [ぼかし(ガウス)]ダイアログボックスが表示されます。[プレビュー]を見ながら「半径」を調整します。ここでは「8.0」pixelにしました。[OK]をクリックして確定します。

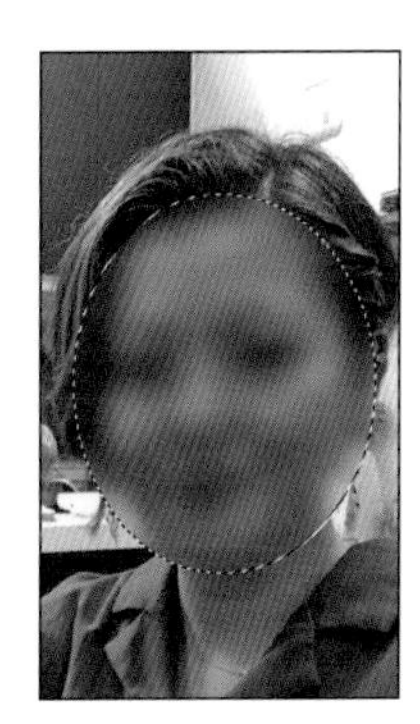

LESSON 11 特殊な効果とデジタル作画

LESSON 11 / 02

【フィルター：逆光フィルター】

輝く光を描く

Sample Data / 11-02

レンズフレアを入れる

逆光で撮影したときに生じるレンズフレア。うまく撮影するにはテクニックが必要ですが、Photoshopではレンズフレアを思い通りの位置にかんたんに付加することができます。

逆光フィルターで光を描く

夕暮れ写真にレンズフレアを付加します。

1 サンプルデータ「11-02」を開きます。元画像を残しておくため、❶背景レイヤーを複製します。複製したレイヤーにレンズフレアを入れます。

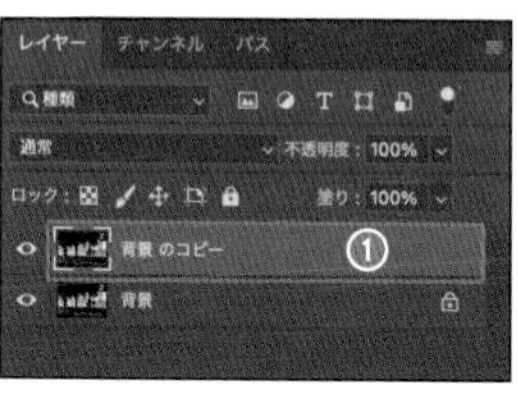

背景レイヤーを複製し、複製したレイヤーを選択しておく

2 [フィルター]メニューの[描画]→[逆光]をクリックします。

3 [逆光]ダイアログボックスが表示されます。❷プレビューでレンズフレアを入れたいところをクリックし、❸[明るさ]と❹[レンズの種類]を設定します。[OK]をクリックして確定します。

[逆光]ダイアログボックスで設定できるのは「光の中心」、[明るさ]と[レンズの種類]です。レンズフレアの方向などは、画像の中心と光の中心の位置関係で決まります。[レンズの種類]はフレアの種類です。下の「ここもCHECK」を参照して設定し、[明るさ]のスライダーを動かして好みのフレアをにしてください。

ここも CHECK!

レンズの種類

50-300mmズーム

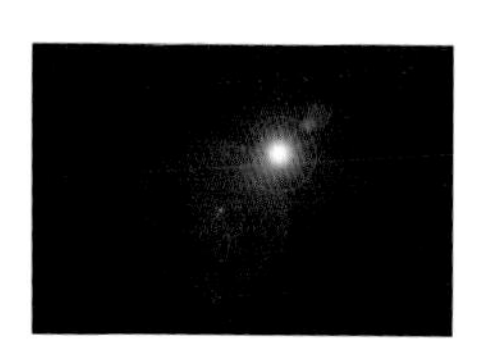

35mm

105mm

ムービープライム

LESSON 11 / 03 【レイヤースタイル：境界線、光彩】フチ文字を作る

Sample Data /11-03

文字を読みやすくする

写真の上に文字を乗せた場合、文字が読みにくい場合があります。そんなときは文字にフチ（[境界線]）をつけると読みやすくなります。フチがデザインイメージに合わない場合は[光彩]を試してみましょう。

フチをつけて文字を読みやすくする

1 サンプルデータ「11-03-1」を開きます。[レイヤー]パネルで❶テキストレイヤーを選択し、❷[レイヤースタイルを追加]ボタンから❸[境界線]を選択します。

2 [レイヤースタイル]ダイアログボックスで❹[サイズ]を「1」px、[位置]を[外側]、❺[カラー]を茶色に設定して[OK]をクリックします。文字の周囲に茶色のフチがついて、読みやすくなりました。

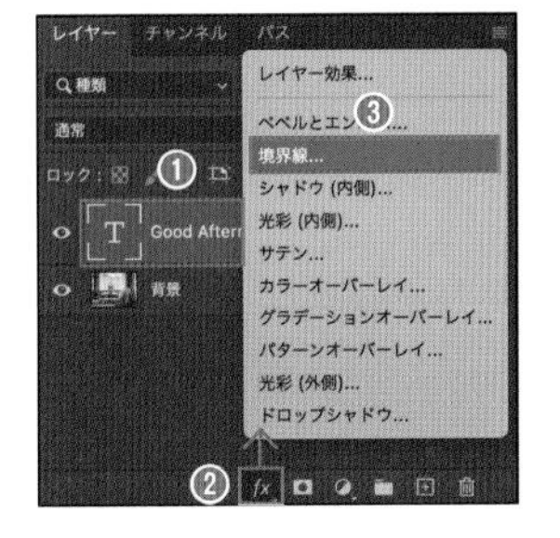

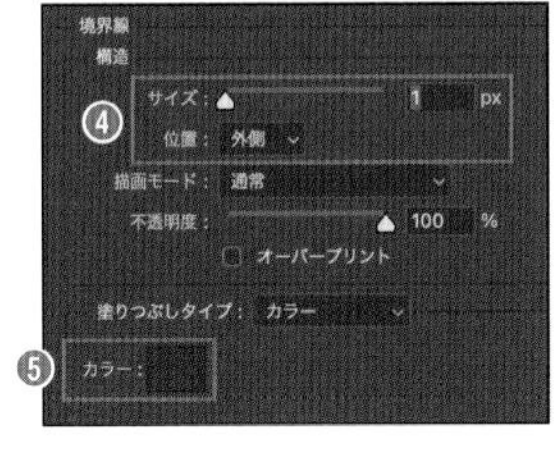

[レイヤースタイル]ダイアログボックスで[境界線]を設定する

光彩をつけて文字を読みやすくする

1 リンプルデータ「11-03-2」を開きます。[レイヤー]パネルでテキストレイヤーを選択し、[レイヤースタイルを追加]ボタンから[光彩(外側)]を選択します。

2 [レイヤースタイル]ダイアログボックスで[構造]の[不透明度]を「70」%、[色]を白、[エレメント]の[テクニック]を[さらにソフトに]、[スプレッド]を「10」%、[サイズ]を「40」px、[画質]の[範囲]を「50」%に設定し、[OK]をクリックします。文字の周囲にふんわりと白い光彩がついて、読みやすくなりました。

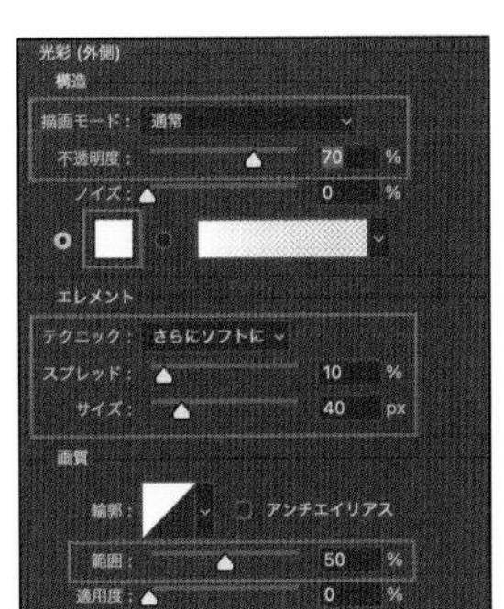

[レイヤースタイル]ダイアログボックスで[光彩(外側)]を設定する

サンプルデータで使用しているフォント「Professor」は、Adobe Fontsでアクティベートすることができます。

LESSON 11 / 04

【レイヤースタイル：ベベルとエンボス】

オブジェクトを立体的にする

Sample Data / 11-04

レイヤースタイルで立体的にする

レイヤースタイルの[ベベルとエンボス]を使えば、平面的なオブジェクトを立体的にすることができます。ちょっとしたアイコン作成のときなどに使える機能です。

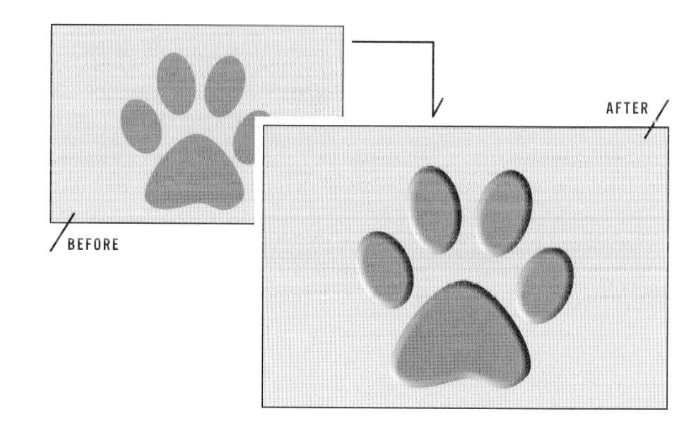

ベベルとエンボスで立体的な影をつける

1 サンプルデータ「11-04」を開きます。[レイヤー]パネルで❶「足跡」レイヤーを選択し、❷[レイヤースタイルを追加]ボタンから❸[ベベルとエンボス]を選択します。

2 「レイヤースタイル」ダイアログボックスが表示されます。❹[スタイル]で[ベベル(内側)]を選択し、そのほかを右図のとおり設定して[OK]をクリックします。足跡が立体的になりました。

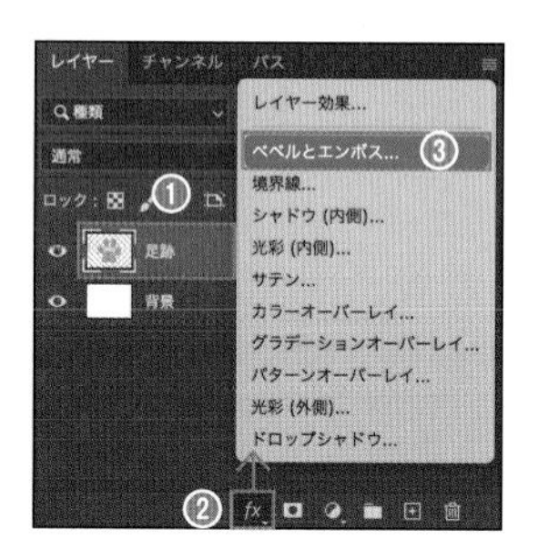

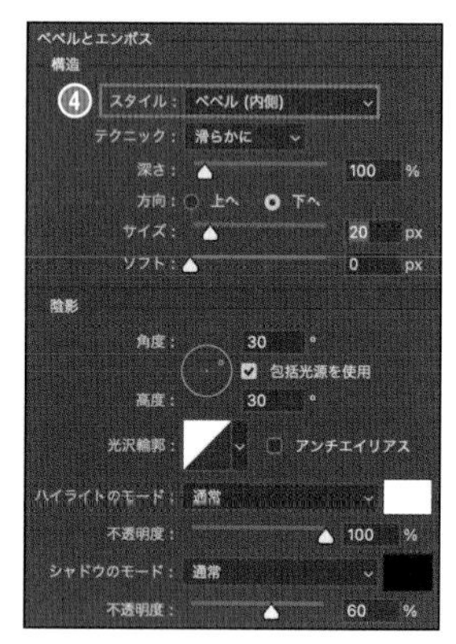

[レイヤースタイル]ダイアログボックスで設定する

ここも CHECK!

[ベベルとエンボス]の[スタイル]の種類

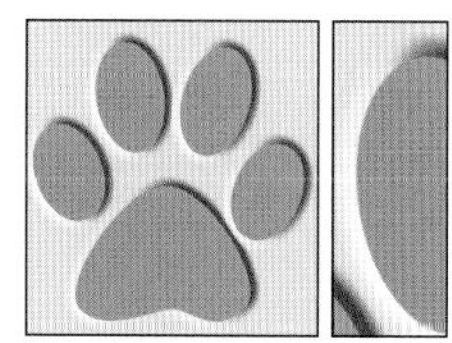

ベベル(外側)
不透明部分と透明部分の境界線の外側(透明部分側)にハイライトと影をつけて立体的にする

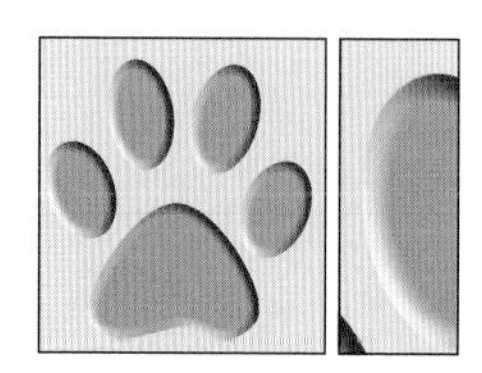

ベベル(内側)
不透明部分と透明部分の境界線の内側(不透明部分側)にハイライトと影をつけて立体的にする

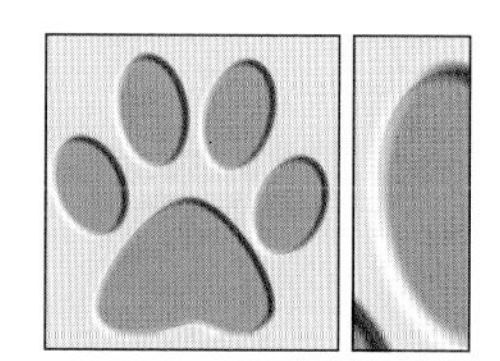

エンボス
不透明部分と透明部分の境界線を中心にして内側と外側にハイライトと影をつけて立体的にする

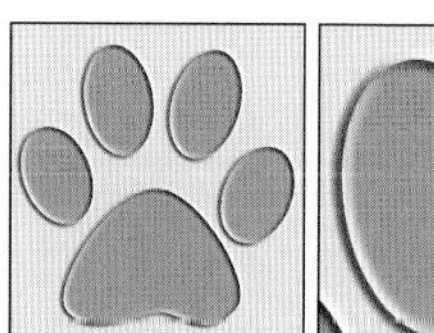

ピローエンボス
不透明部分と透明部分の境界線がへこんで見えるようにハイライトと影をつける

【レイヤースタイル：グラデーションオーバーレイ】

文字をグラデーションにする

Sample Data /11-05

グラデーションオーバーレイとは

レイヤースタイルの[グラデーションオーバーレイ]は、レイヤーの不透明部をグラデーションで塗りつぶす機能です。文字やオブジェクトの色をグラデーションにしたいときは、[グラデーションオーバーレイ]を使ってみましょう。

PHOTOSHOP
BEFORE
AFTER
PHOTOSHOP

文字にグラデーションをかける

1 サンプルデータ「11-05」を開きます。[レイヤー]パネルで❶テキストレイヤーを選択し、❷[レイヤースタイルを追加]ボタンから❸[グラデーションオーバーレイ]を選択します。

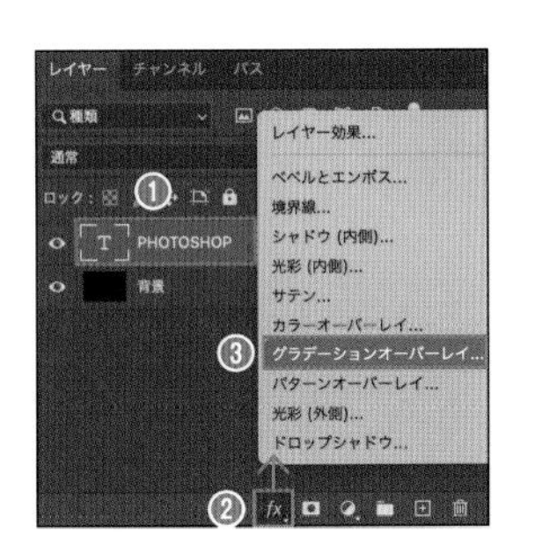

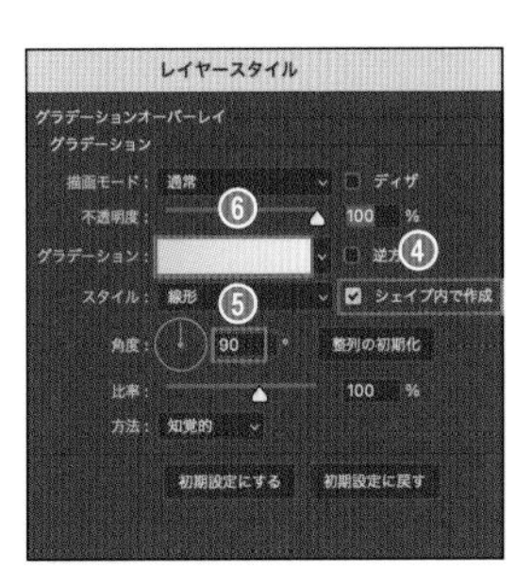

[レイヤースタイル]ダイアログボックスで設定する

サンプルデータで使用しているフォント「Futura PT Cond」は、Adobe Fontsでアクティベートできます。

2 [レイヤースタイル]ダイアログボックスが表示されます。❹[シェイプ内で作成]にチェックを入れ、❺[角度]は「90」°にします。❻[グラデーション]をクリックします。

2 [グラデーションエディター]が表示されます。[プリセット]で好みのグラデーションを選択します。❼ここでは[虹色04]を選択しました。[OK]をクリックして確定します。文字にグラデーションがかかりました。

[グラデーションエディター]

グラデーションの色をカスタマイズしたい場合は[グラデーションエディター]画面で好みの色に変更してください。グラデーションの設定方法はP.197を参照してください。

LESSON 11 / 06 【フィルター：雲模様、レイヤーマスク】料理写真に湯気を描く

Sample Data / 11-06

基本的な湯気の描き方

料理写真に湯気をプラスすると、温かくて美味しそうなイメージを強調することができます。ここではビーフシチューの写真に湯気を描いて、熱々の美味しそうな雰囲気に仕上げます。さまざまなデザインシーンで使えるテクニックなので、基本の流れをしっかり覚えておきましょう。

湯気のもとになる模様を描く

湯気のもとにする模様は、[雲模様1]フィルターで描きます。[雲模様1]フィルターは雲や霞のような模様をランダムで作成するフィルターです。

1. サンプルデータ「11-06」を開きます。❶新規レイヤーを作成してレイヤー名を「湯気」とし、❷[描画モード]を[スクリーン]にします。この「湯気」レイヤー上に湯気を描いていきます。

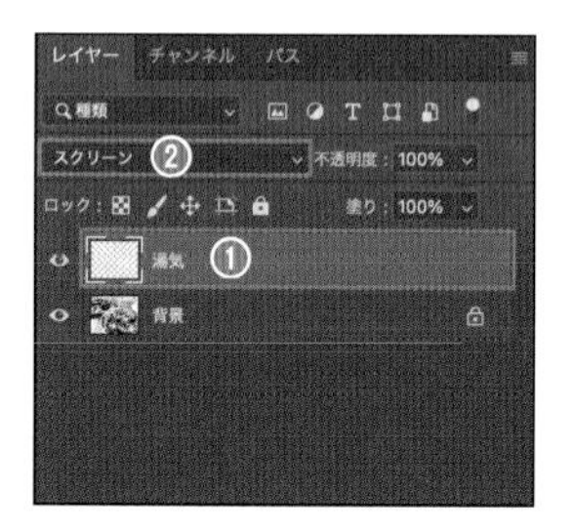

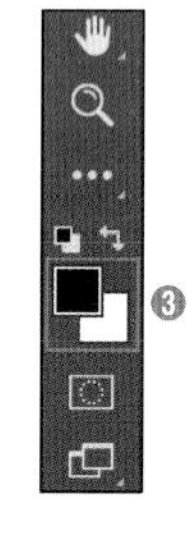

2. ❸描画色を黒、背景色を白に設定します。❹[フィルター]メニューの[描画]→[雲模様1]をクリックします。❺画面全体に雲模様が描かれます。

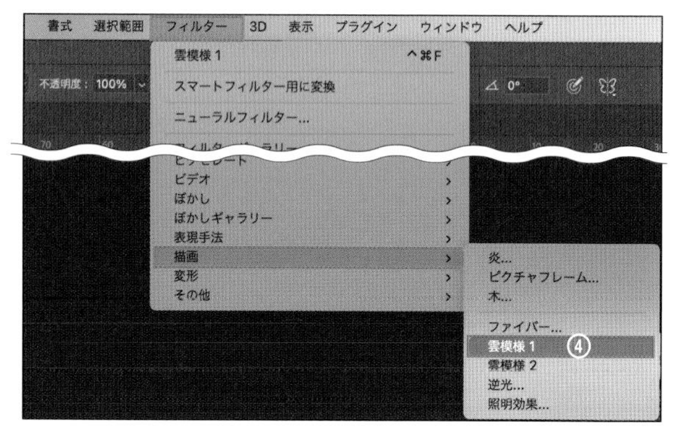

[雲模様1]フィルターは雲や霞のような模様を、描画色と背景色を使って作成するフィルターです。フィルターを適用する前に、描画色と背景色を設定しておく必要があります。さらに作成される模様はフィルター適用ごとにランダムに変化しますので、❺の画像と完全には一致しません。
作例では適用したレイヤーの[描画モード]を、湯気のように見せるために[スクリーン]にしていますが、[描画モード]を[通常]に戻すと、フィルターの適用結果を確認できます。

不要な湯気を隠す

画像全体に湯気がかかっているので、レイヤーマスクを使って必要な範囲だけ表示させ、不要な部分の湯気を隠します。

1 [レイヤー]パネルで「湯気」レイヤーを選択し、❶[レイヤーマスクを追加]ボタンをクリックします。❷[湯気]レイヤーにレイヤーマスクが追加されます。

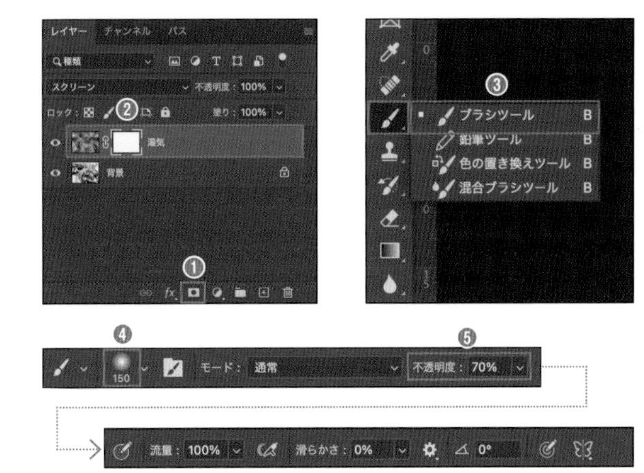

2 ❸[ブラシツール]を選択します。[オプションバー]で❹[直径]を「150」px程度、❺[不透明度]を「70」％程度とします。

3 画像上をドラッグして、不要な箇所の湯気を消していきます。❻[レイヤー]パネルで「湯気」レイヤーのレイヤーマスクサムネールを見ると、ドラッグした部分が黒く塗られています。消しすぎた場合は、描画色を白に変更して塗り直すと元に戻すことができます。

もし画像が黒く塗りつぶされた場合は、[取り消し]でもとに戻し、[レイヤー]パネルでレイヤーの編集対象がレイヤーマスクになっていることを確認してください(P.163)。

4 全体の雰囲気を見ながら湯気の量と位置を調整します。調整が終わったら完成です。

LESSON 11/07 【グラデーション、レイヤーマスク】

写真の一部を透過させる

Sample Data / 11-07

写真を徐々に透過させる

写真の上に文字を置きたいとき、写真の一部にマスクをかけるという手法がよく使われます。ここでは写真の一部を徐々に透過させる（グラデーションのマスクをかける）方法を紹介します。

グラデーションのマスクをかける

1 サンプルデータ「11-07」を開きます。[レイヤー]パネルで❶背景レイヤーの鍵マークをクリックして、❷通常のレイヤーに変換します。

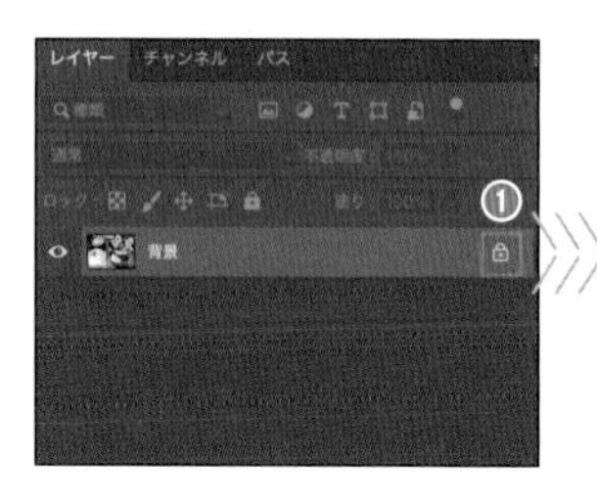

2 ❸新規レイヤーを作成して白く塗りつぶし、[レイヤー]パネルで写真の下に配置します（ここではレイヤー名を「back」にしています）。

3 [レイヤー]パネルで❹写真のレイヤー（「レイヤー 0」）を選択し、❺[レイヤーマスクを追加]ボタンをクリックします。❻レイヤーマスクが作成されます。

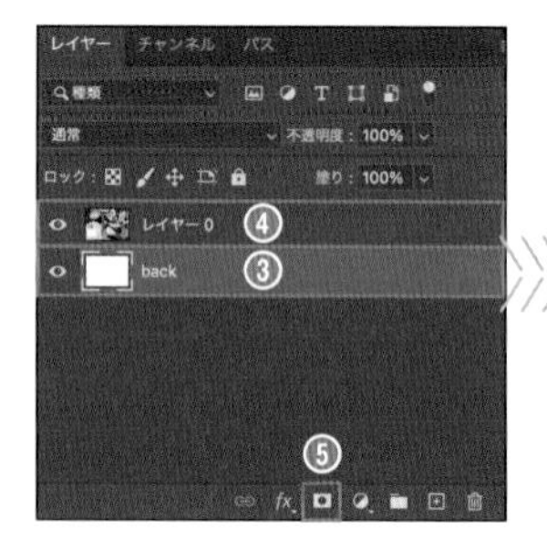
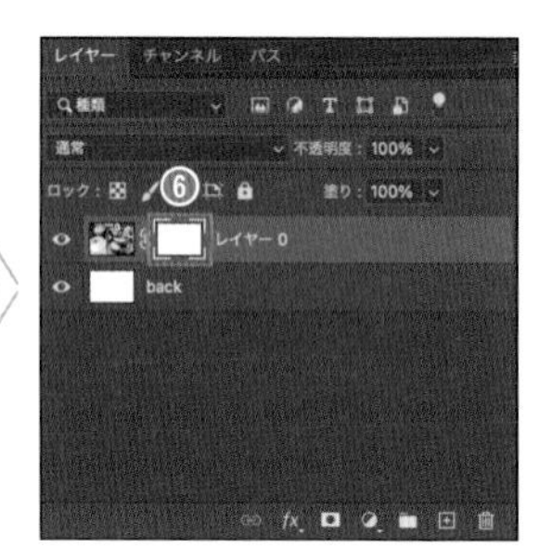

4 ❼[グラデーションツール]をクリックし、❽描画色を白、背景色を黒（初期設定の状態）にします。

❾[描画色と背景色を初期設定に戻す]ボタンをクリックすると描画色を白、背景色を黒にできます。もし逆（描画色が黒、背景色が白）になった場合は、レイヤーマスクが編集対象になっているか確認してください。

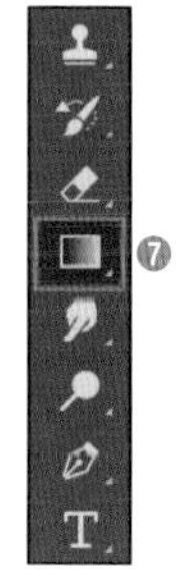
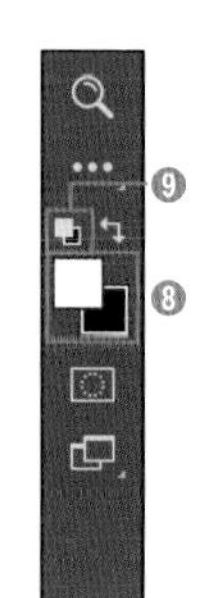

レイヤー画像が編集対象の場合、描画色は黒、背景色は白が初期設定ですが、レイヤーマスクが編集対象の場合は、色が逆になります。このため[描画色と背景色を初期設定に戻す]ボタンをクリックすると描画色は白、背景色は黒になります。

5 ［オプションバー］でグラデーションの種類を設定します。⑩ここでは［描画色から背景色へ］を選択します。

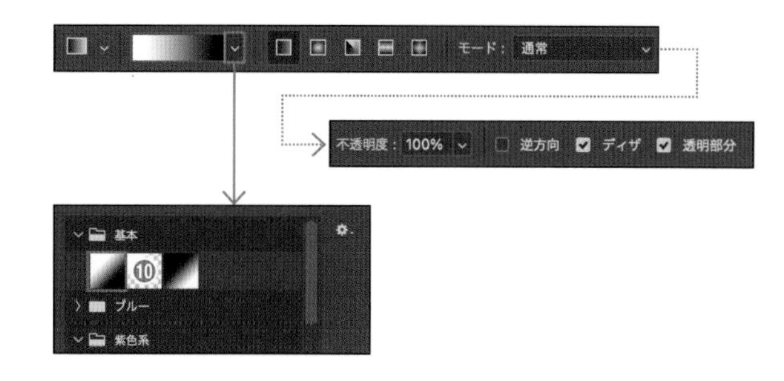

6 ⑪画像上をドラッグしてグラデーションのマスクを作成します。

思うようなマスクにならなかったら ⌘ + Z キーを押して、やり直しましょう。

7 ⑫写真の一部がマスクされました。［レイヤー］パネルで⑬レイヤーマスクサムネールを確認するとグラデーションのマスクが作成されています。好きな文字を置いてみましょう。

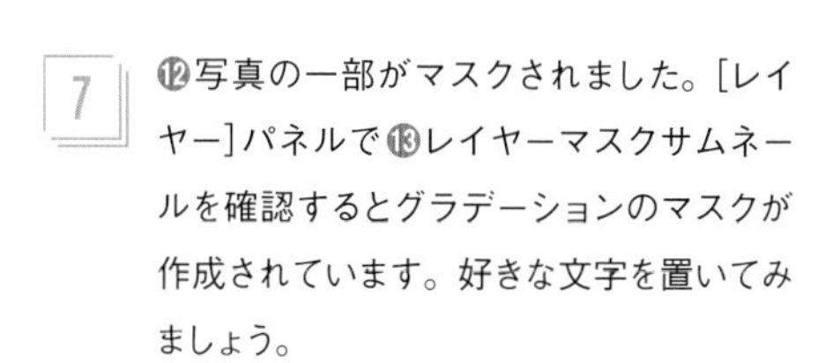

サンプルデータで使用しているフォント「Satisfy」と「小塚ゴシックPr6N B」は、Adobe Fontsでアクティベートできます。

LESSON 11 / 08

【アナログ素材のデジタル化】

手書き文字を切り抜く

Sample Data / 11-08

手書き文字をデジタル化する

紙に書いた文字の背景を透明にして、文字だけ抜き出す方法を紹介します。元画像はスキャンしたものでも、スマホで撮影した画像でもOKです。

画像の色を調整して汚れや影を消す

サンプルデータ「11-08」は紙に書いた文字をスマホで撮影した画像です。この画像の背景を透明にして、文字だけを抜き出します。

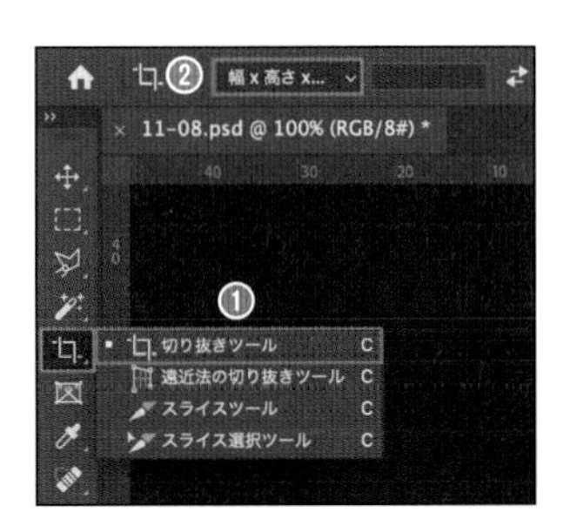

1 サンプルデータ「11-08」を開きます。まずは不要な部分を削除します。❶[切り抜きツール]をクリックします。❸四隅のハンドルを操作して不要な部分を削除します。

[切り抜きツール]でハンドルをドラッグしたとき、縦横比が固定されている場合は、[オプションバー]で❷を[幅×高さ×解像度]に設定してください。

2 [色調補正]パネルで❹[レベル補正]をクリックします。❺[プロパティ]パネルのスライダーを操作して、❻背景は白、文字は黒になるように調整します。

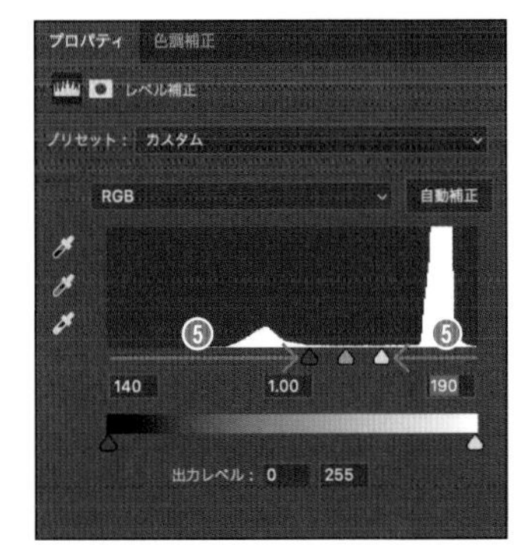

ハイライトのスライダーを中央に向かって動かすと全体が明るくなり背景の黄色っぽさが消えていきます。シャドウのスライダーを中央に向かって動かすと線の色が濃くなります。

3 必要であれば[消しゴムツール]や[ブラシツール]で汚れを消したり、文字を整えたりします。その際は背景レイヤーを選択した状態で行ってください。

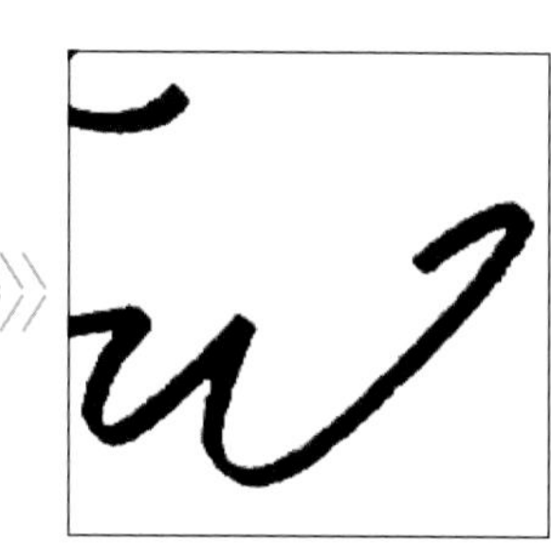

背景を消す

1 [レイヤー]パネルで、❶背景レイヤーの鍵マークをクリックして、通常のレイヤーに変換します。

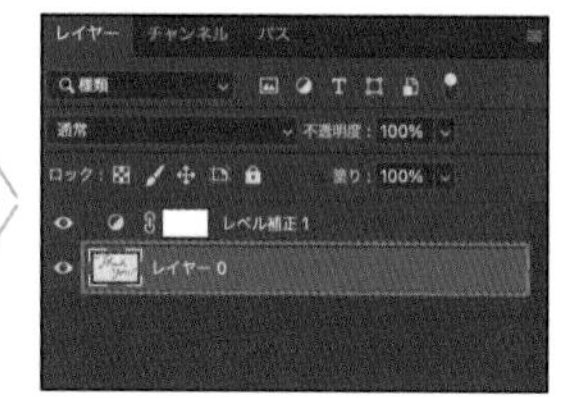

2 ❷[自動選択ツール]を選択します。[オプションバー]で❸[許容値]を[40]程度、❹[隣接]のチェックは外しておきます。

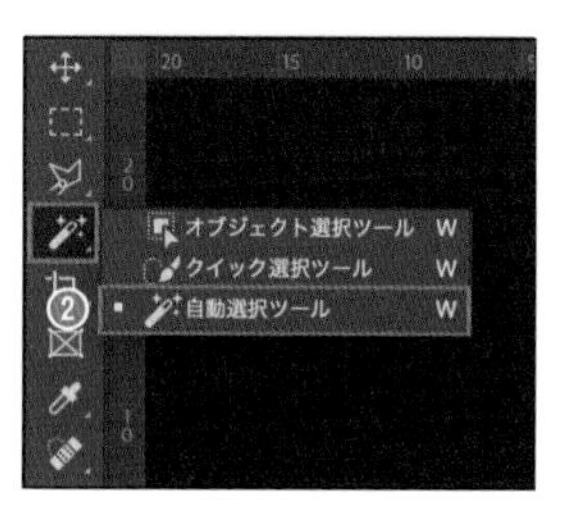

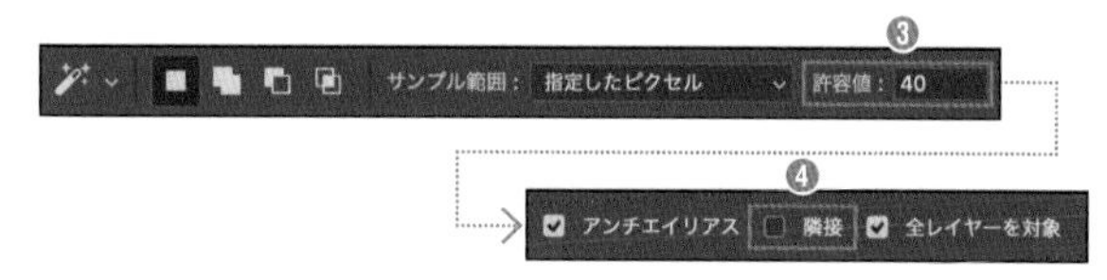

3 ❺画像の白い部分をクリックして選択します。❻ delete キーをクリックすると、白い部分が削除されます。

4 ❼調整レイヤーを非表示にすると、❽元画像の色のまま文字だけが抽出されていることがわかります。

09 【選択範囲のベタ塗り】線画の色を変える

Sample Data / 11-09

線画の色を変える

線画素材を写真などに重ねて使うとき、線の色を変更したい場合があります。ここでは線画の色を好きな色に変更する方法を紹介します。

選択範囲を塗りつぶす

1 サンプルデータ「11-09」を開きます。[レイヤー]パネルの❶レイヤーサムネールを、⌘(Windows版はctrl)キーを押しながらクリックします。❷線画部分が選択されます。

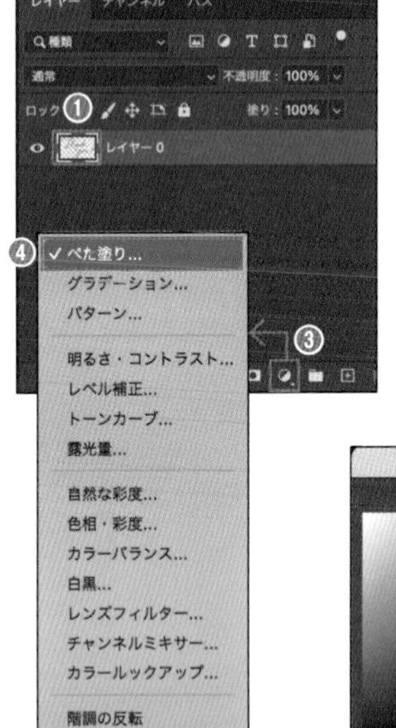

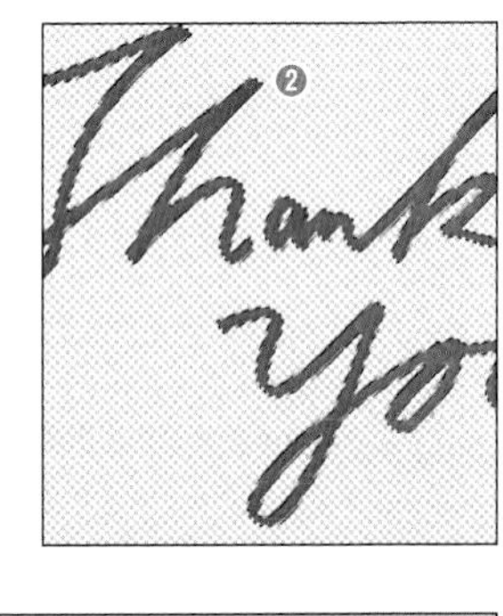

レイヤーサムネールを⌘キーを押しながらクリックすると、透明ではない部分のみを選択することができます。

2 [レイヤー]パネルの❸[塗りつぶしまたは調整レイヤーを新規作成]ボタンをクリックし、❹[べた塗り]をクリックします。

3 [カラーピッカー(べた塗りのカラー)]が表示されます。❺好みの色を指定して[OK]をクリックします。

4 線画の色が変わりました。写真等に重ねて使用する際は、❻「レイヤー0」レイヤーを非表示にするか、削除しておきましょう。

再度、色を変更したい場合は、❼[ベタ塗り]のレイヤーサムネールをダブルクリックしてください。[カラーピッカー(べた塗りのカラー)]が表示されます。

必要であれば、[レイヤー]メニューの[表示レイヤーを結合]をクリックしてレイヤーを統合しておくと、写真などに重ねる素材として扱いやすくなります。

Ps

LESSON 12

実践で使える便利テクニック

LESSON 12/01

【白黒】

カラー写真をモノトーンにする

Sample Data / 12-01

モノトーンにして印象を強める

ファッション広告などでは、写真をモノトーンに加工して印象を強めることがあります。ここではカラー写真をモノトーンに変換する方法を紹介します。

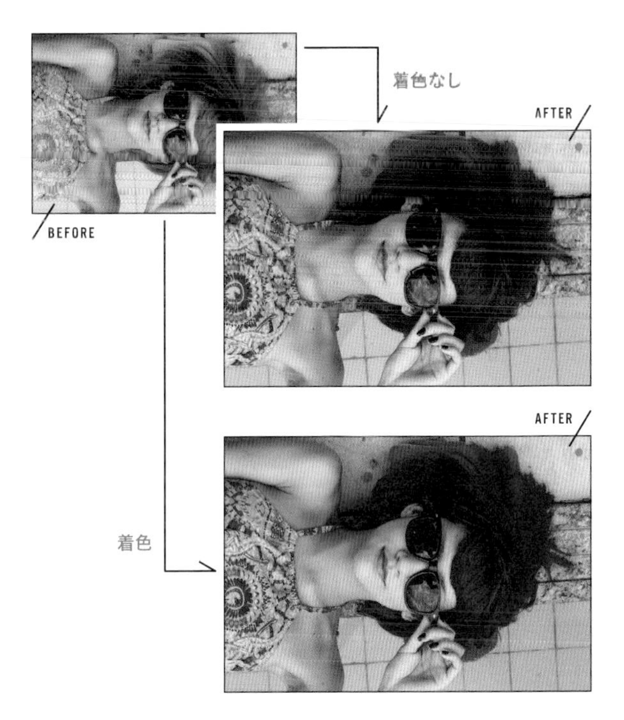

調整レイヤーの白黒でモノトーンにする

1 サンプルデータ「12-01」を開きます。[色調補正]パネルの❶[白黒]ボタンをクリックします。

2 [レイヤー]パネルに❷調整レイヤーが作成され、❸画像のプレビューはモノクロになります。

3 [プロパティ]パネルには❹色の系統別のスライダーが表示され、これを動かすことで各色の濃淡を調整することができます。また、❺[プリセット]には、既定のフィルターが用意されています。選択するだけで色味を変換できます。

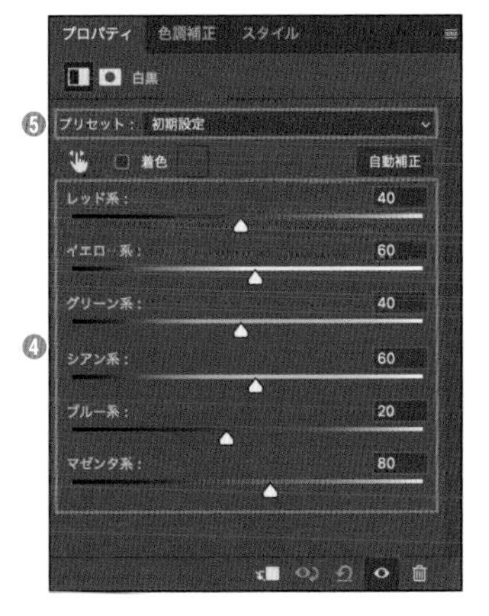

4 [プリセット]から❻[ブルーフィルター]を選択してみました。

[ブルーフィルター]は元画像の色のシアン・ブルー系の色を明るくし、レッド・イエロー系の色を濃くします。

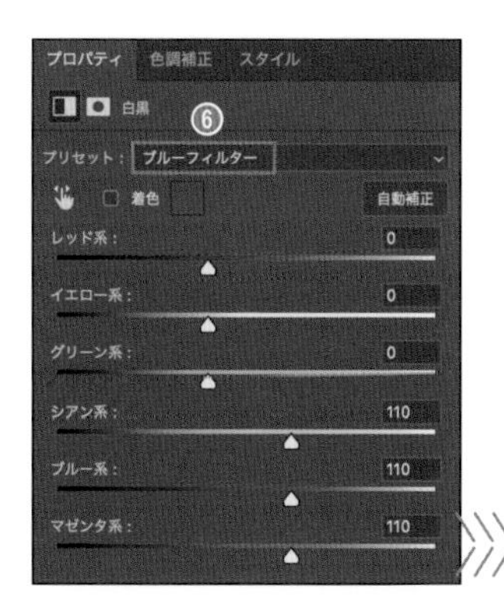

[プリセット]：[初期設定]

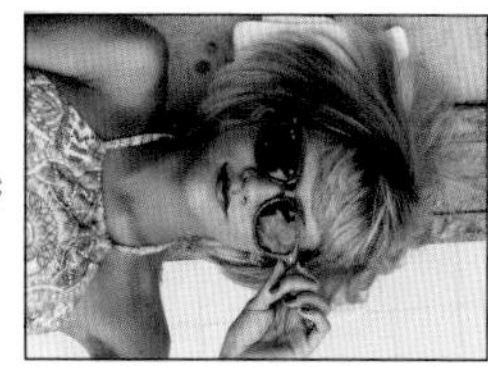
[プリセット]：[ブルーフィルター]

5 ❼[自動補正]をクリックすると、画像に適した補正が自動的に行われます。

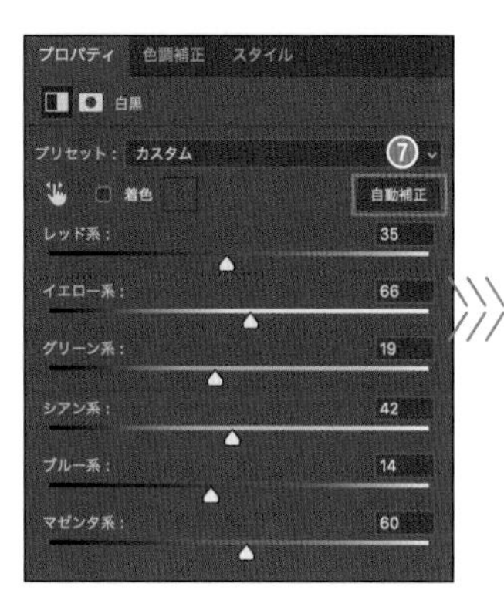

[自動補正]をクリックした結果

好みの色に変換する

1 [プロパティ]パネルの❶[着色]にチェックを入れると、画像に好みの色をつけることができます。初期設定ではベージュが設定されているので、画像がセピアに変換されます。

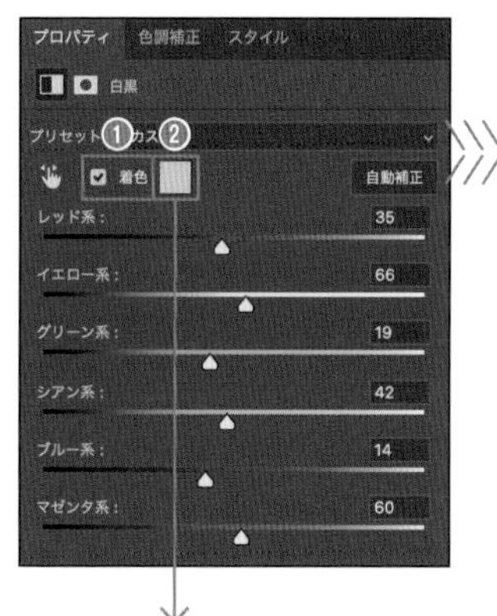

2 ❷をクリックすると[カラーピッカー]が表示されます。好みの色を指定して[OK]をクリックすると、画像の色を変更することができます。ここでは明るいパープル(R 126、G 118、B 182)を選びました。

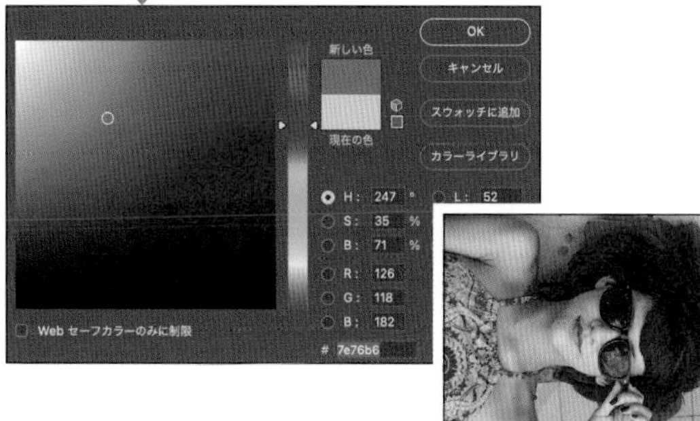

LESSON 12/02

【パートカラー加工】

カラー写真の一部をモノクロにする

Sample Data / 12-02

パートカラーとは

「パートカラー」とは、モノクロ写真の一部だけをカラーで表現する方法で、見る人にドラマティックな印象を与えます。ここではピンクの本の色を残したパートカラー画像の作成方法を紹介します。

調整レイヤーの白黒でカラーを残す部分をマスクする

1 サンプルデータ「12-02」を開きます。「色調補正」パネルの❶[白黒]をクリックします。[レイヤー]パネルに❷調整レイヤーが作成されます。

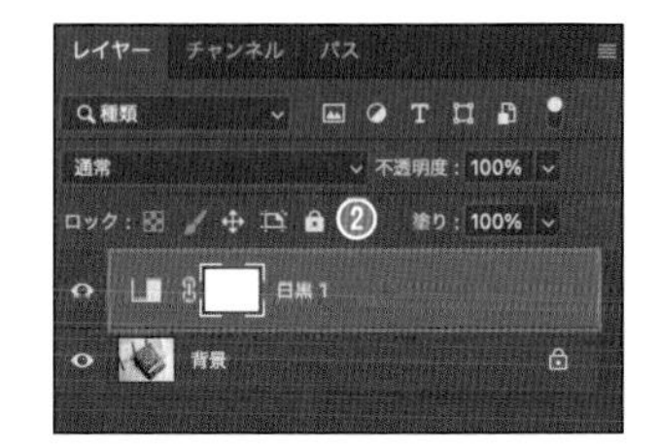

2 [プロパティ]パネルで好みの色に調整します。ここでは[プリセット]の❸[ブルーフィルター]を選択しました。

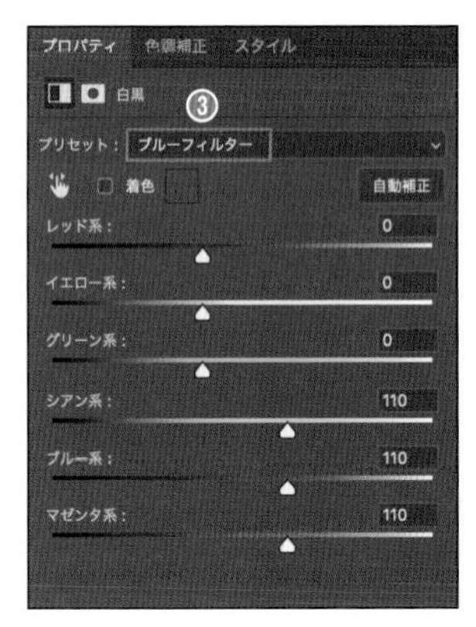

[プリセット]：[初期設定]

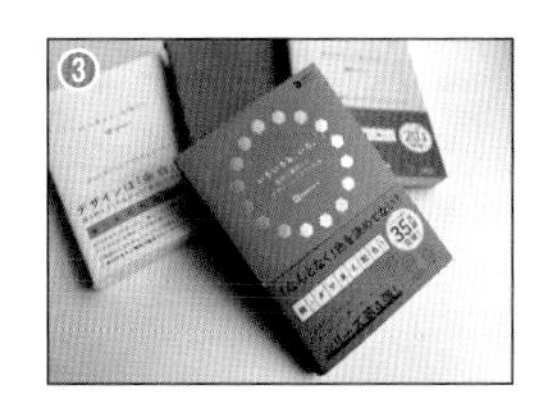

[プリセット]：[ブルーフィルター]

3 ❹[多角形選択ツール]をクリックします。❺もとの色を残したい部分(ここではピンクの本)を囲むようにクリックして選択範囲を作成します。

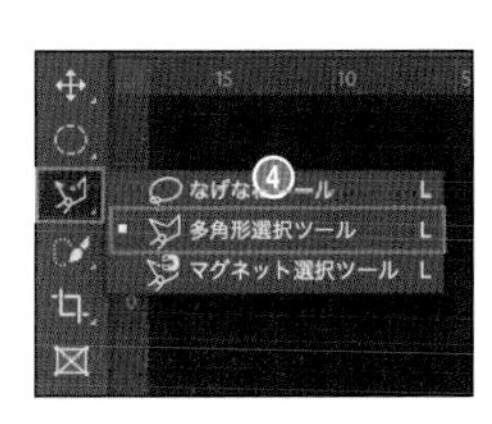

細かい調整は後で行うので、この時点ではざっくりとした選択範囲を作成してください。

4 [レイヤー]パネルで❻調整レイヤーのレイヤーマスクが編集対象なのを確認し、[編集]メニューの[塗りつぶし]を選択します。[塗りつぶし]ダイアログボックスの[内容]で❼[ブラック]を選択して[OK]をクリックします。

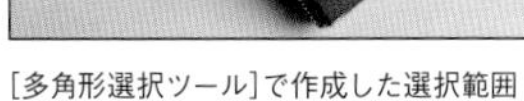

[多角形選択ツール]で作成した選択範囲

5 ピンクの本のもとの色が表示されました。選択範囲を解除します。

6 輪郭部分は[ブラシツール]などを使って、きれいに調整します。調整が終われば完成です。

ここでは[レイヤーマスク]にマスクをかけて部分的に元の色を表示させています。マスクを塗り足したいときは描画色を黒、塗りすぎてしまったときは描画色を白にして、輪郭部分の塗り／消しを行います。

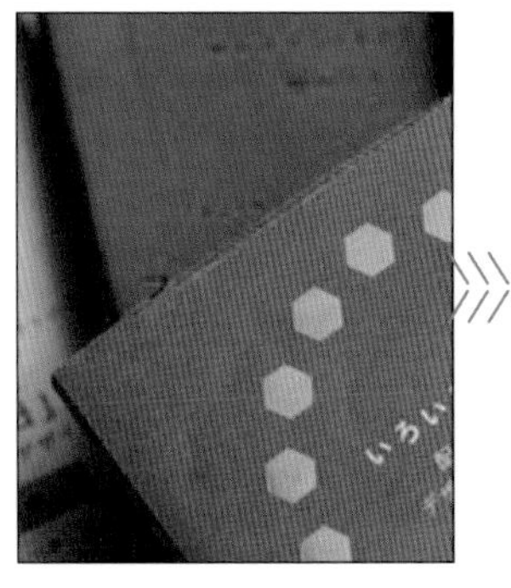

LESSON 12/03

【グラデーションマップ】

写真をダブルトーンに加工する

Sample Data / 12-03

ダブルトーンとは

「ダブルトーン」とは画像を2色で表現する方法で、「デュオトーン」とも呼ばれます。Photoshopを使えばかんたんにカラー写真をダブルトーンに加工することができます。

グラデーションマップで色指定する

1 サンプルデータ「12-03」を開きます。[色調補正]パネルの❶[グラデーションマップ]をクリックします。[レイヤー]パネルに❷調整レイヤーが作成されます。

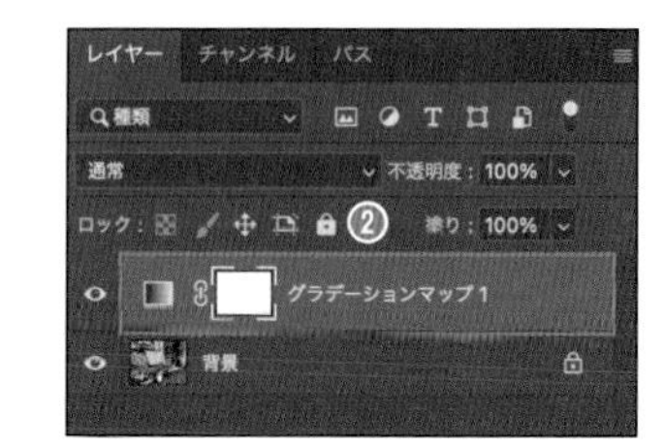

2 [プロパティ]パネルの❸をクリックして[グラデーションエディター]を表示します。

3 左端の❹[カラー分岐点]をクリックし、[終了点]の❺[カラー]をクリックします。[カラーピッカー]が表示されます。好みの色に設定して[OK]をクリックします。ここでは濃いブルー（R 10、G 40、B 140）に設定しました。

4 右端の❻[カラー分岐点]も同様の操作で色を設定します。ここではイエロー（R 240、G 240、B 30）に設定しました。

5 [グラデーションエディター]の[OK]をクリックして確定します。画像がブルーとイエローのダブルトーンになりました。

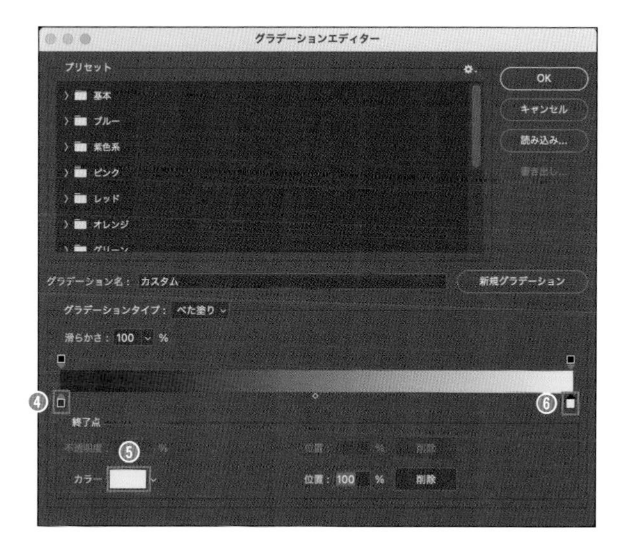

【色の置き換え】一部の色をかんたんに置き換える

Sample Data / 12-04

色を置き換える

さまざまな色が使われている写真で、一部分だけ色を変えたいときがあります。一部の色を変更する方法はいくつかありますが、ここではかんたんに変更する方法を紹介します。

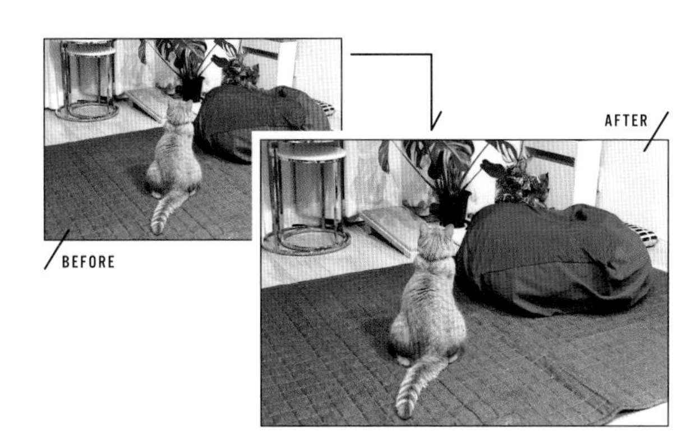

色調補正メニューの色の置き換えで変更する

1 サンプルデータ「12-04」を開きます。右上にある赤いクッションの色をブルーに変更します。はじめに❶背景レイヤーを複製しておきます。

2 [イメージ]メニューの[色調補正]→[色の置き換え]をクリックします。

3 [色の置き換え]ダイアログボックスが表示されます。❷[スポイトツール]をクリックし、❸色を置き換えたい部分(クッション部分)をクリックします。❹[カラー]に選択した色が表示されます。

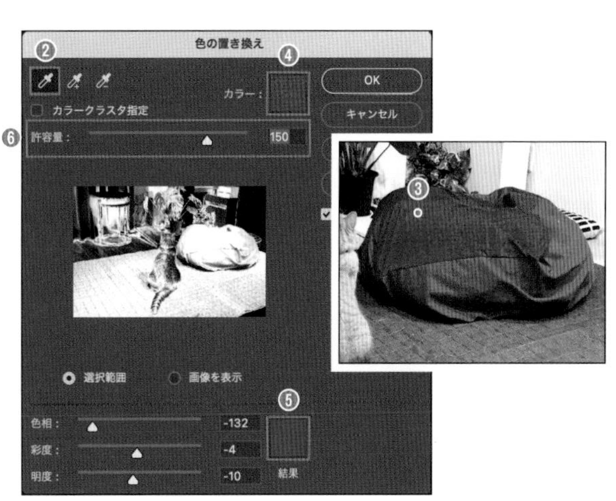

4 ❺[結果]のサンプル部分をクリックすると[カラーピッカー]が表示されるので、好みの色を指定します。ここではブルー(R 50、G 80、B 170)を選択しました。

5 ❻[許容量]を調整します。大きくし過ぎると猫の色などもやや青くなってしまうので、ここでは「150」程度としました。[OK]をクリックして確定します。

[許容量]を「200」にした。猫もやや青くなっている

[許容量]の最適値は、❸でクリックした位置により異なります。[許容量]だけでなく、❸のクリックをやり直すなどして、色を置き換える範囲を調整してください。

LESSON 12/05

【描画モードを活用した色の置き換え】

一部の色を手動で置き換える

Sample Data / 12-05

目的の箇所だけ色を置き換える

「12-04 一部の色をかんたんに置き換える」（前ページ）は、素早く色を変更できますが、画像によっては色を変えたくない部分まで、色を置き換えてしまいます。そんなときに使えるのがここで紹介する方法です。

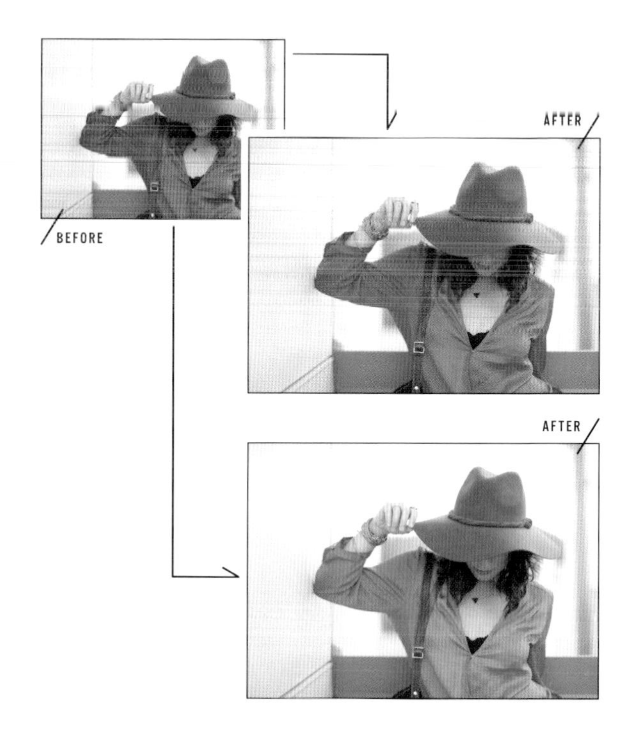

描画モードを使って色を置き換える

1 サンプルデータ「12-05」を開きます。女性の服の色をブルーに変更します。❶新規レイヤーを作成し、レイヤー名を「服」、❷[描画モード]を[カラー]にします。

2 描画色に好みの色を指定します。ここではブルー（R 60、G 90、B 180）としました。

3 ❸[ブラシツール]をクリックします。❹ブラシの形状は[ハード円ブラシ]を選択し、その他のオプションを図のとおり設定します。

4 ❺シャツ部分を塗っていきます。ブラシサイズを適宜変えながら塗りつぶしていきます。❻はみ出してしまった場合は[消しゴムツール]を使って消します。

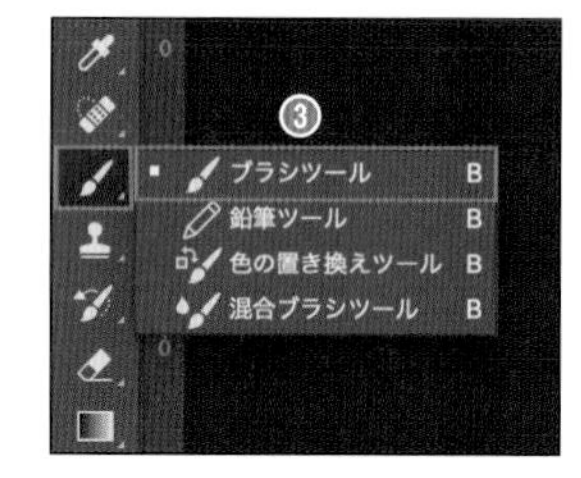

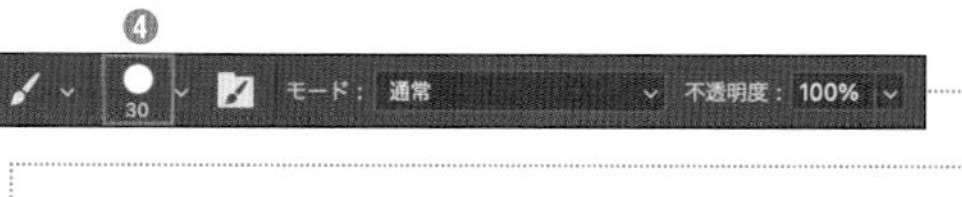

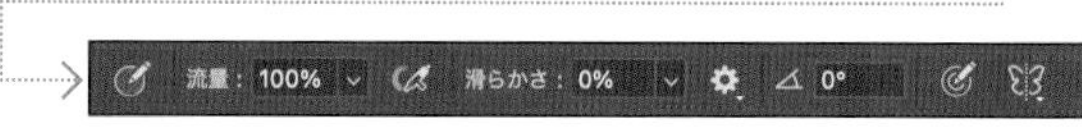

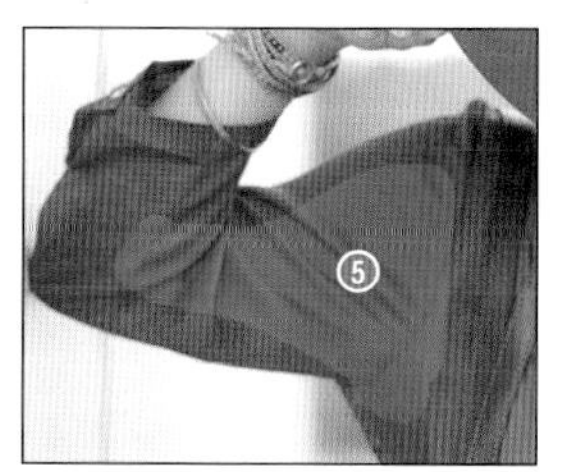

シャツ部分を塗っていく

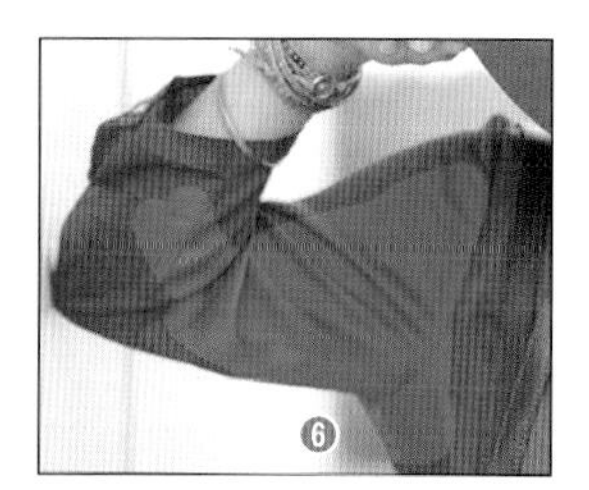

はみ出してしまった部分は[消しゴムツール]を使って消す

5 髪の毛と接している部分など、細かい箇所はブラシの[直径]を小さくしたり、[ソフト円ブラシ]に切り替えたりしながら、全体をていねいに塗っていきます。

6 すべてを塗り終わったら完成です。塗り漏れや違和感がないか確認しましょう。

服の色をさらに変更する

1 [色調補正]パネルで❶[色相・彩度]ボタンをクリックします。[レイヤー]パネルで option (Windows版は alt)キーを押しながら❷のレイヤーとレイヤーの境界をクリックします。[色相・彩度]調整レイヤーに❸が表示され、直下のレイヤーのみに影響を与える状態になります。

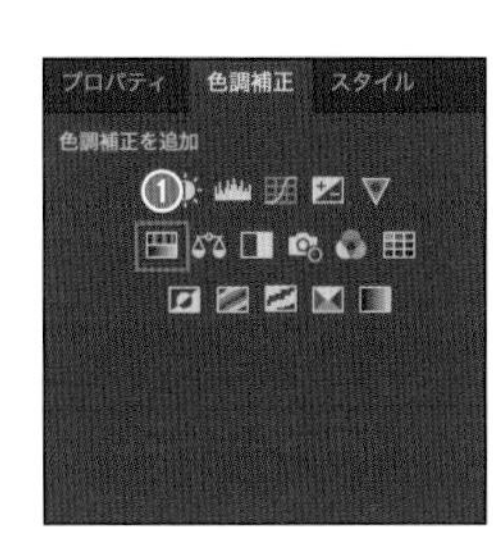

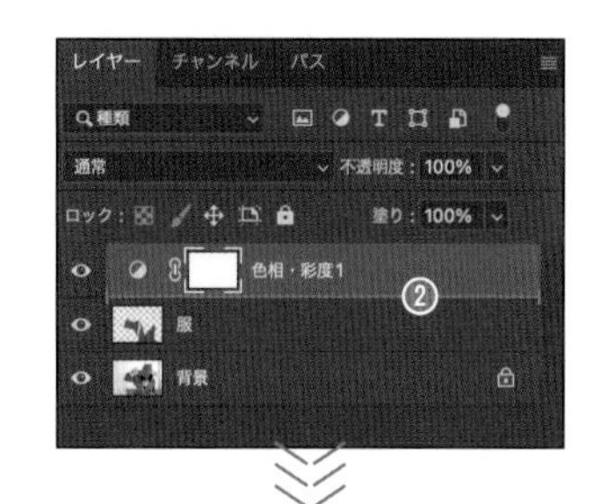

2 [プロパティ]パネルで❹[色相]のスライダーを動かすと、さまざまな色に服の色を変更することができます。

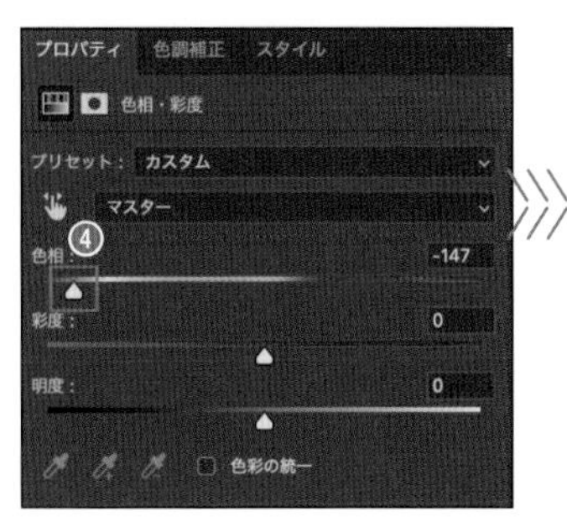

LESSON 12/06

【描画モードを活用した色調補正】

力強くメリハリのある色味にする

Sample Data / 12-06

メリハリのある色味にする

サンプルデータ「12-06-01」はかっこいい蒸気機関車の写真ですが、全体的に色が浅く、少し迫力に欠けます。彩度やコントラストを調整する方法もありますが、ここでは[描画モード]を活用して、力強くメリハリのある1枚に仕上げてみます。比較的かんたんなので、覚えておくと便利な技です。

背景レイヤーをコピーして描画モードを変更する

1 サンプルデータ「12-06-01」を開きます。❶背景レイヤーを複製します。複製したレイヤーの❷[描画モード]を[オーバーレイ]に変更します。

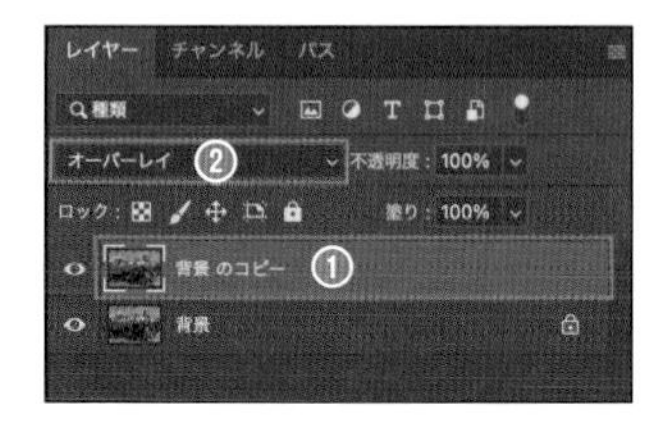

2 このままだとややギラつきすぎているので[不透明度]を「80」%に変更します。黒と赤の色味が強調されたことにより、機関車の重厚感がアップしました。写真としてもメリハリのある印象になっています。

[描画モード]を[オーバーレイ]、[不透明度]が「100」%の状態

ここも CHECK!

同じ画像を重ねて画像を補正する

レイヤーを複製して同じ画像を重ね、上のレイヤーの[描画モード]を設定すると色調補正できます。
メリハリを出したいときは[オーバーレイ]、色を明るくしたいときは［スクリーン]、色を濃くしたいときは［乗算]などにして重ね、補正量は[不透明度]で調整します。強めに補正したい場合は、もう1つレイヤーを複製して重ねると、より強い効果を得ることができます。

元画像(サンプルデータ「12-06-2」)

[描画モード]＝[スクリーン]、[不透明度]＝「100」%を重ねた例。全体的に明るくなる。

LESSON 12/07

【HDRトーン】

ダイナミックな印象に加工する

Sample Data / 12-07

HDR（ハイダイナミックレンジ）とは

最近はスマホカメラにも搭載されている「HDR」機能。HDRとは、High Dynamic Range（ハイダイナミックレンジ）の略で、明暗差の大きい場所で撮影するときに白飛びや黒つぶれなく美しく撮影できる機能です。Photoshopの[HDRトーン]を使うとHDR撮影したようなダイナミックな印象に仕上げることができます。

HDRトーンのプリセットを活用する

1 サンプルデータ「12-07」を開きます。[イメージ]メニューの[色調補正]→[HDRトーン]を選択します。

[HDRトーン]は背景レイヤーにしか適用できません（複数レイヤーのある画像に対して実行しようとすると、レイヤーが統合されて背景レイヤーに変換されます）。このため、元画像を別ファイルとして残しておきましょう。

2 [HDRトーン]ダイアログボックスが表示されます。❶この時点で自動的に補正されています。ここではもっとダイナミックに仕上げたいので、❷[プリセット]で[彩度をさらに上げる]を選択します。イルミネーションが強調され、一気に華やかになりました。[OK]をクリックして確定します。

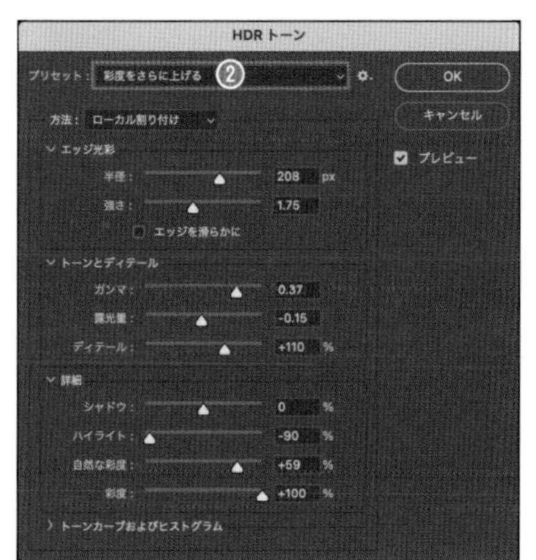

[プリセット]はほかにも用意されています。ほかのプリセットも試してみましょう。

LESSON 12/08

【フィルター：レンズ補正】

建物の歪みを補正する

Sample Data /12_00

水平・垂直が傾いていると不安感を抱く

インテリア雑誌で見かける室内写真は壁や柱が水平・垂直になっています。本来、水平・垂直であるものが傾いていると、見る人は不安感を抱き、部屋やインテリアの魅力が半減してしまうからです。そこで、傾いて写っている室内写真のパースを補正して、安定感のある1枚に仕上げてみます。

壁やパネルを水平・垂直にパース補正する

サンプルデータ「12-08」は手前の壁やパネルが傾いて写っています。これらを水平・垂直に補正します。

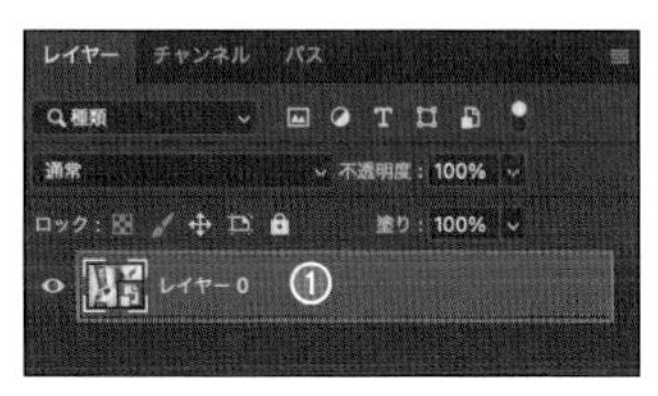

背景レイヤーをスマートオブジェクトに変換した

1 サンプルデータ「12-08」を開きます。［レイヤー］パネルで背景レイヤーを選択し、［レイヤー］メニューの［スマートオブジェクト］→［スマートオブジェクトに変換］をクリックします。❶背景レイヤーがスマートオブジェクトに変換されます。

編集前にスマートオブジェクトに変換しておくと、元画像に変更を加えることなく、さまざまな加工を行うことができます。また、作業後の修正も容易に行うことができます。

［レンズ補正］ダイアログボックス

2 ［フィルター］メニューの［レンズ補正］をクリックします。［レンズ補正］ダイアログボックスが表示されます。❷［グリッドを表示］にチェックを入れるとプレビューにグリッドが表示されるので、補正しやすくなります。

［レンズ補正］ダイアログボックスの下方にある［プレビュー］は、チェックを入れる・外すで修正前後を比較できます。［グリッドを表示］にチェックを入れるとプレビュー部分にグリッドが重なって表示されます。［カラー］はグリッドの色、［サイズ］はグリッド間隔を設定します。

3 ［レンズ補正］ダイアログボックス右側にある❸［カスタム］タブをクリックします。

4 この写真は左に傾いているので、まず角度を補正します。[変形]の❹[角度]にとりあえず「7」°と入力しました。

5 左側にあるパネルを見ると、この写真は下すぼまりになっていることがわかります。そこで❺[垂直方向の遠近補正]で正の値に補正します。スライダーを動かしてプレビューを確認しながら「+18」としました。画像全体が少し斜めになってしまったので、❻[角度]を「6」°に修正します。

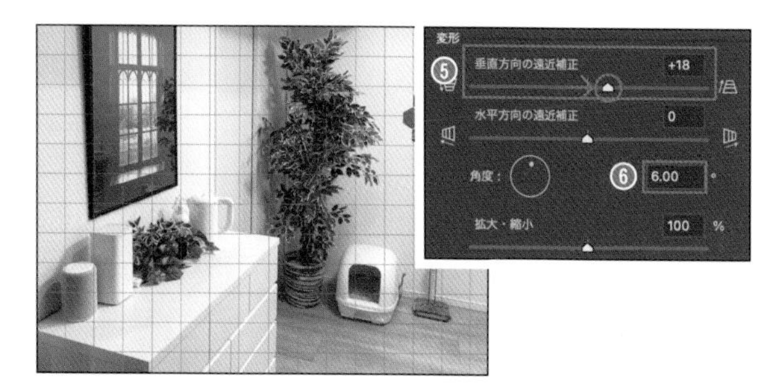

5 ❼[拡大・縮小]でプレビューを縮小してみると、どの程度補正されているのかを確認できます。[OK]をクリックして確定します。

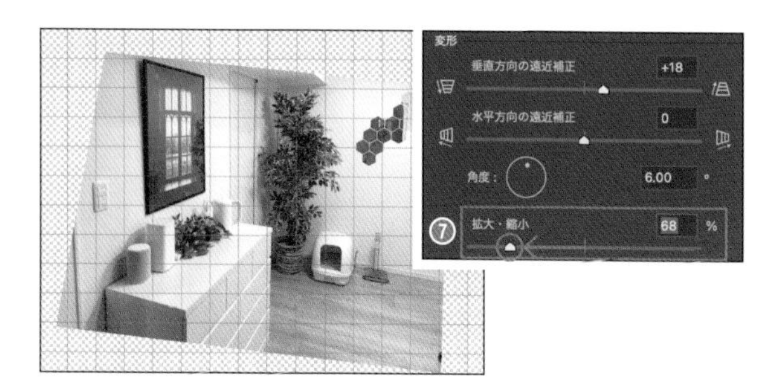

パース補正を行うと画像がトリミングされ、上下左右の一部が切り取られてしまいます。必要なものまで切り取られていないか、確認するようにしましょう。

再調整する

1 [レイヤー]パネルを見ると、レイヤーに[スマートフィルター]が追加されています。再調整したい場合は、❶[レンズ補正]の文字部分をダブルクリックします。ダイアログボックスが表示され、再び調整できます。

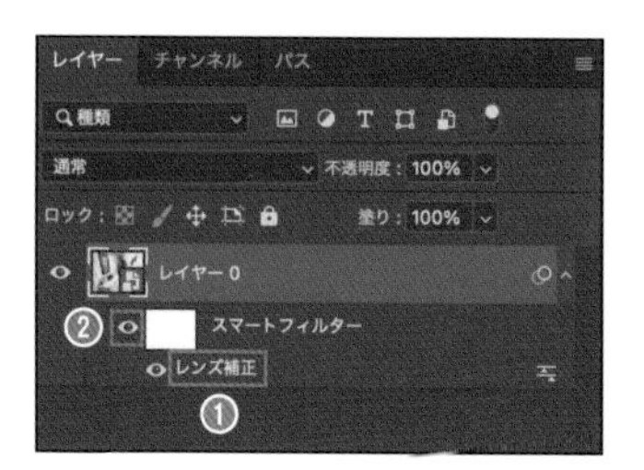

元の画像を確認したいときは[スマートフィルター]の❷目のアイコンをクリックして非表示にします(再度クリックすると表示されます)。また[スマートフィルター]を[レイヤー]パネルの削除アイコンまでドラッグすると、フィルターを削除できます。

LESSON 12/09

【ニューラルフィルター：深度ぼかし】

一眼レフ風に背景をぼかす

Sample Data /12-09

一眼レフカメラで撮影した写真とは

一眼レフで撮影した写真の特徴は、ピントが合った被写体と背景のボケ感です。このコントラストが独特の雰囲気を醸し出します。Photoshopを使えば、ふつうの写真を一眼レフ風に加工することができます。

ピントを合わせる被写体を決める

1 サンプルデータ「12-09」を開きます。[フィルター]メニューの[ニューラルフィルター]をクリックします。

2 [ニューラルフィルター]ワークスペースになります。❶[深度ぼかし]をオンにします。

初めて[深度ぼかし]を使用する場合はフィルターのダウンロードが必要です。[深度ぼかし]を選択後、❷[ダウンロード]をクリックして、ダウンロードを行ってください。

[ニューラルフィルター]ワークスペース

初めて[深度ぼかし]を使う場合

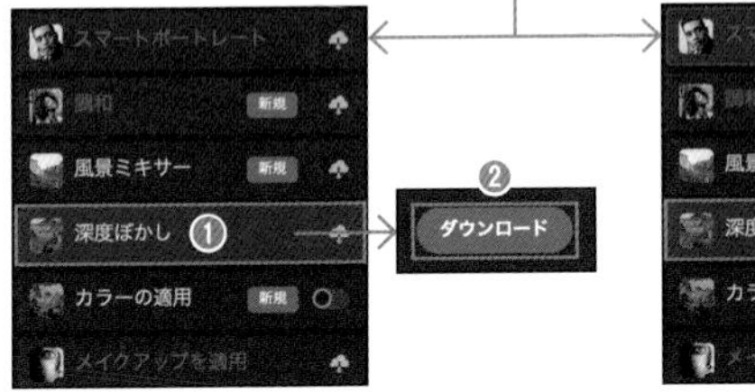

[深度ぼかし]をクリックして選択し、[ダウンロード]をクリックする

[深度ぼかし]を使ったことがある場合

[深度ぼかし]をクリックして選択し、❸をクリックしてオンにする

3 [焦点]に表示されている小さいプレビュー画像で❹焦点を当てたいところをクリックします。ここでは手前のワイングラスにしました。

4 プレビューを確認すると、手前のワイングラスにピントが合い、奥はぼけています。

5 ❺ワインボトルのラベルに焦点を変更してみます。ワインボトルにピントが合い、手前のワイングラスは「前ぼけ」になっています。いろいろ試して好みの1枚に仕上げましょう。

6 [出力]で❻[新規レイヤー]を選択します。[OK]をクリックして確定します。

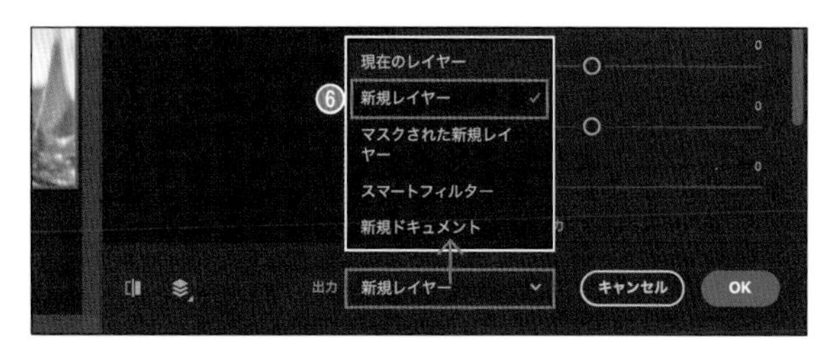

7 [レイヤー]パネルを見ると、❼補正後の画像が新規レイヤーに出力されています。

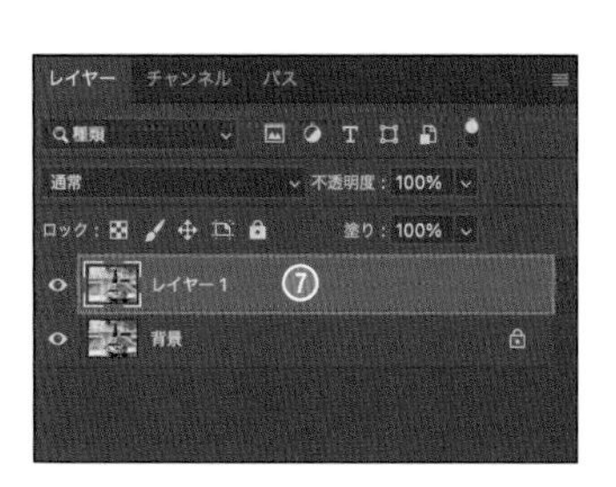

LESSON 12/10

【ニューラルフィルター：スマートポートレート】

人物の表情を変える

Sample Data / 12-10

スマートポートレートとは

[ニューラルフィルター]の[スマートポートレート]を使えば人物の表情を自由に変更することができます。笑わせたり怒らせたり、若返らせたり老けさせたり。さらに、顔の向きや視線も変えることができます。また、写真だけでなく、イラストの表情を変えることもできます。

表情や顔の向きを変える

1. サンプルデータ「12-10」を開きます。[フィルター]メニューの[ニューラルフィルター]をクリックします。

2. [ニューラルフィルター]ワークスペースになります。❶[スマートポートレート]をオンにします。

初めて[スマートポートレート]を使用する場合はフィルターのダウンロードが必要です。P.242と同様にダウンロードしてください。

3. プレビューを見ると人物の顔が自動で選択されています。

複数人が写っている写真でも自動で顔を選択してくれます。編集対象となるのは❷青枠で囲まれている人物です。プレビュー上で顔をクリックすることで、編集対象を切り替えることができます。

4 まずは左の人物を笑顔にします。[表情]の❸[笑顔]のスライダーを「+35」にしてみると、歯が見えるほどの笑顔になりました。

5 次に右の人物の顔の向きを変更します。プレビューで❹右の人物の顔をクリックして選択します。

6 [グローバル]の❺[顔の向き]を「-40」にすると、顔が左向きになりました。

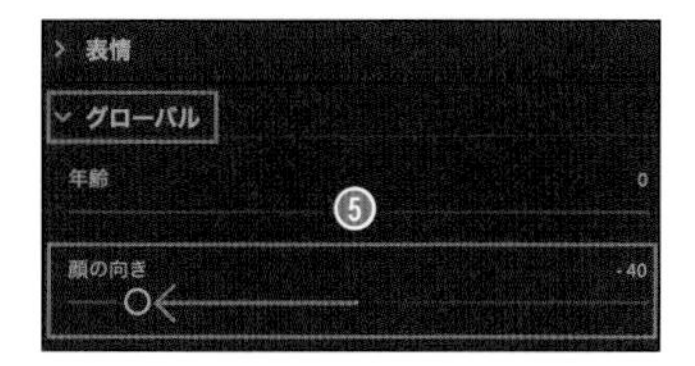

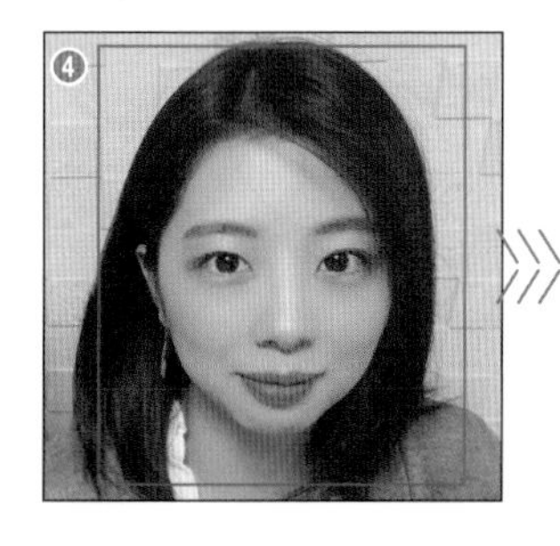

7 [出力]で❻[新規レイヤー]を選択します。[OK]をクリックして確定します。

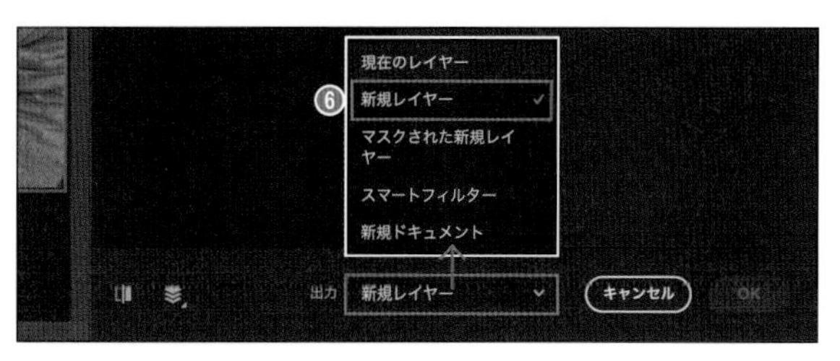

8 [レイヤー]パネルを見ると、❼補正後の画像が新規レイヤーに出力されています。

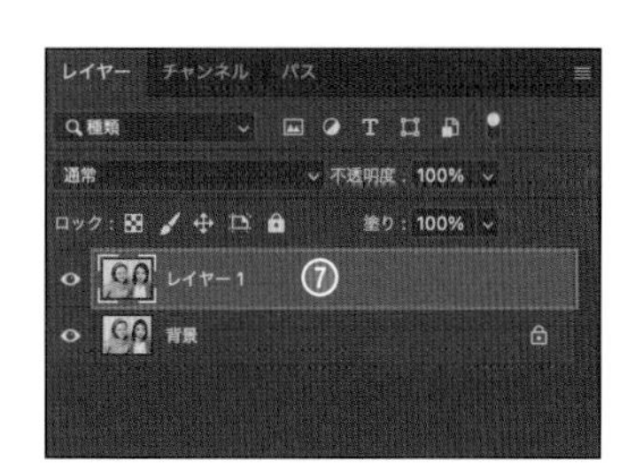

LESSON 12/11

【ニューラルフィルター：カラー化】

白黒写真をカラーにする

Sample Data / 12-11

カラー化とは

サンプルデータ「12-11」は古い時代に撮られた白黒写真をスマホで撮影したものです。もともと白黒の写真ですが「カラー化」の機能を使ってカラーにしてみます。

BEFORE

AFTER

カラー化を適用する

1 サンプルデータ「12-11」を開きます。カラーモードが[RGB]になっていることを確認します。

カラーモードが[グレースケール]になっていると[カラー化]が適用できないので、必ず[RGB]になっているか確認してください。

2 [フィルター]メニューの[ニューラルフィルター]をクリックします。[ニューラルフィルター]ワークスペースになります。❶[カラー化]をオンにします。

初めて[カラー化]を使用する場合はフィルターのダウンロードが必要です。P.242と同様にダウンロードしてください。

3 ❷[画像を自動でカラー化]にチェックを入れると、自動でカラーに補正してくれます。[出力]を設定し、[OK]をクリックして確定します。

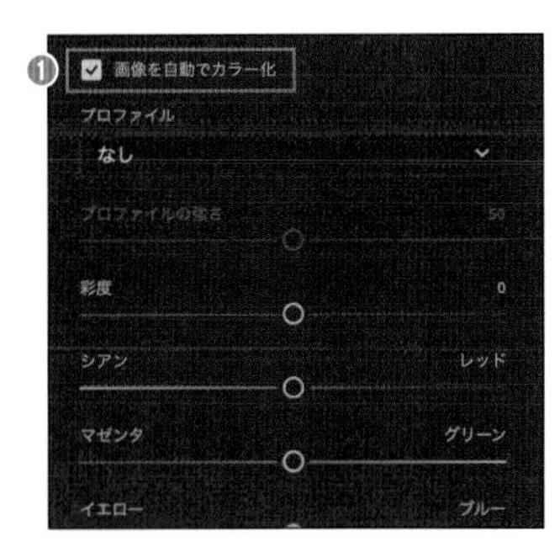

必要であればスライダーを使って色調補正等を行う

Ps

LESSON 13

グラフィック作品を作る

LESSON 13/01

【ニューラルフィルター：風景ミキサー】

風景をガラリと変える

Sample Data / 13-01

風景ミキサーとは

風景ミキサーは写真の印象（季節や環境）をガラリと変える機能です。都会の風景を緑が生い茂る古代遺跡のようにしたり、春の写真を真冬の雪景色のようにしたり…。ここでは風景を一瞬で別世界に変換する風景ミキサーの使い方を紹介します。

初夏の写真を雪景色に変える

1 サンプルデータ「13-01」を開きます。[フィルター]メニューの[ニューラルフィルター]を選択します。

2 [ニューラルフィルター]ワークスペースになります。❶[風景ミキサー]をオンにします。

初めて[風景ミキサー]を使用する場合はフィルターのダウンロードが必要です。[風景ミキサー]を選択後、P.242を参照に[ダウンロード]をクリックして、ダウンロードしてください。

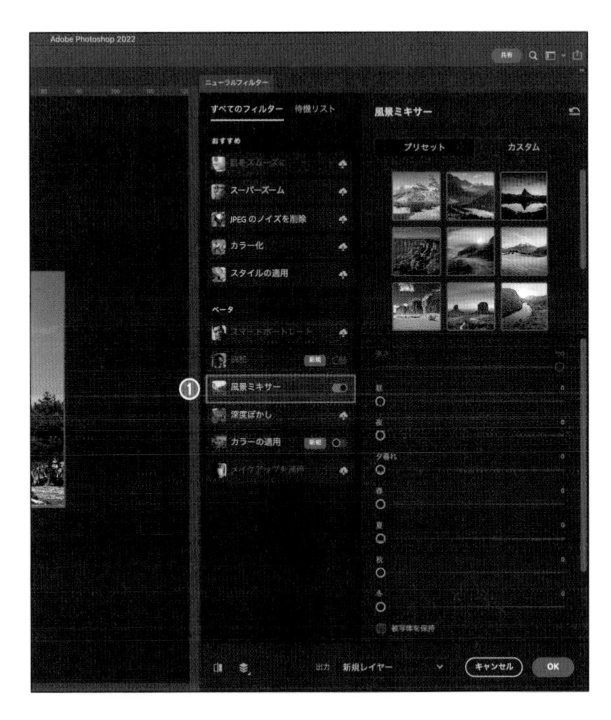

3 [プリセット]で❷雪景色の画像をクリックします。プレビューに表示されている写真が雪景色になりました。

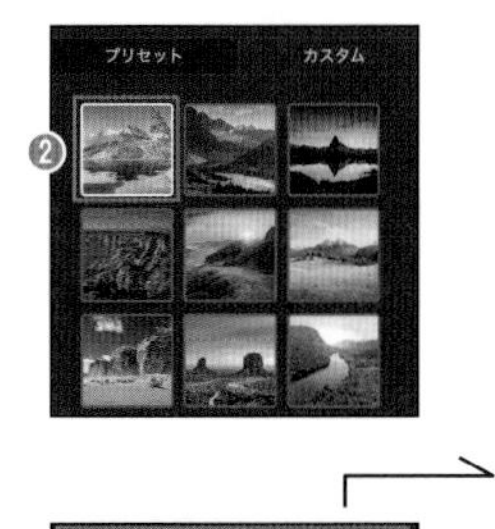

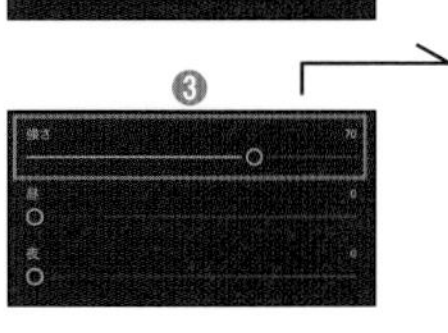

[強さ]:「100」の場合

4 ❸[強さ]のスライダーで適用度を調整することもできます。

[強さ]:「70」にした場合

5 ほかにもいろいろ試してみましょう。

[出力]を[新規レイヤー]にして[OK]をクリックすれば、結果を別レイヤーとして書き出すことができます(P.243参照)。

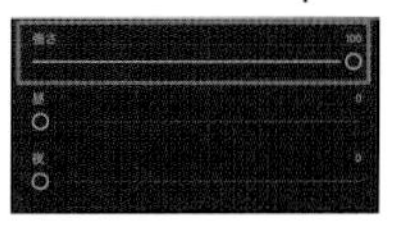

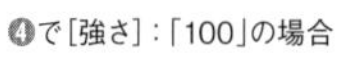

❹で[強さ]:「100」の場合

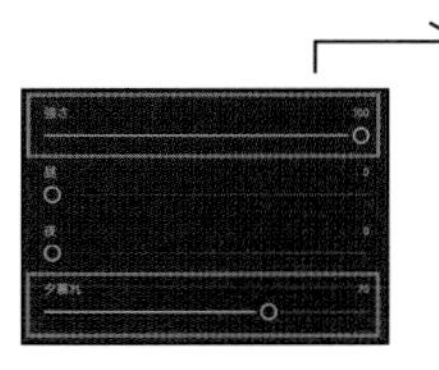

❹で[強さ]:「100」、[夕暮れ]:「70」の場合

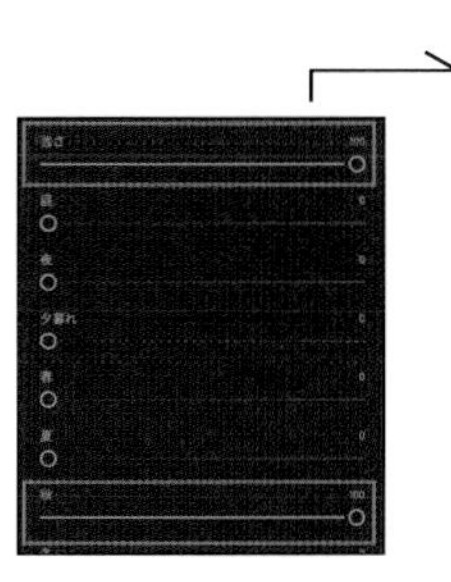

❹で[強さ]:「100」、[秋]:「100」の場合

LESSON 13 グラフィック作品を作る

LESSON 13/02

【フィルター：置き換え】

服の陰影に合わせてロゴを合成する

Sample Data /13-02

置き換えフィルターとは

[置き換え]フィルターは、主に、背景の陰影(凹凸やシワ)に合わせて画像を変形するのに使用します。ここでは服の陰影(シワ)に合わせてロゴを変形して合成するテクニックを紹介します。

BEFORE

+ WHO ARE YOU?

AFTER

置き換えフィルターでロゴをTシャツになじませる

1 サンプルデータ❶「13-02-1」(Tシャツの人物写真)と❷「13-02-2」(ロゴ画像)を開きます。

2 ❷ロゴ画像で、⌘＋Aキー(すべてを選択)、続けて⌘＋Cキー(コピー)を押します(Windows版はctrl＋Aキー続けてctrl＋Cキーを押します)。

3 ❶Tシャツの人物写真を表示して⌘＋V(Windows版はctrl＋V)キーでペーストします。❸ペーストしてできたロゴのレイヤー名を「ロゴ」としておきます。

4 [移動ツール]または[編集]メニューの[自由変形]で、❹ロゴの位置とサイズを調整します。

[移動ツール]で変形する場合は、[オプションバー]の[バウンディングボックスを表示]にチェックを入れておきます。[移動ツール]または[編集]メニューの[自由変形]では縦横比を保ったまま拡大縮小できます(初期設定の場合)。もし縦横比が変わってしまう場合は、shift キーを押しながらドラッグします。

5 [レイヤー]パネルで、❺「ロゴ」レイヤーの[描画モード]を[オーバーレイ]に変更します。Tシャツの陰影がロゴ画像に反映されます。

ここでは[描画モード]を[オーバーレイ]に設定していますが、Tシャツやロゴの色によっては、ほかのモードのほうがよい場合もあります。実際の作業の現場ではいろいろ試して最適なモードを選ぶようにしましょう。

6 「ロゴ」レイヤーを選択した状態で[フィルター]メニューの[変形]→[置き換え]をクリックします。[置き換え]ダイアログボックスが表示されます。❻[水平比率]、[垂直比率]をともに「3」、❼[同一サイズに拡大／縮小]と❽[端のピクセルを繰り返して埋める]にチェックを入れて[OK]をクリックします。

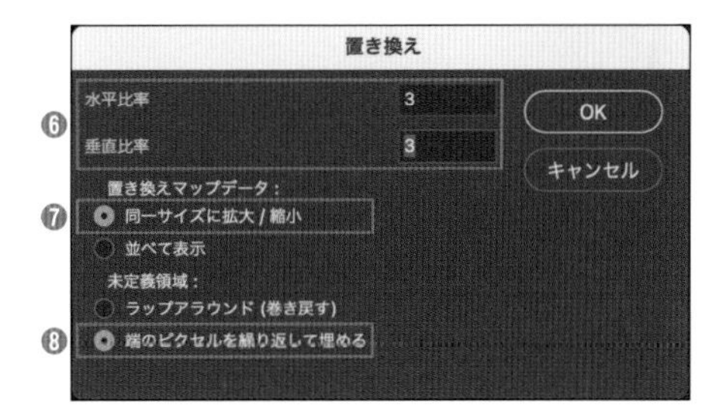

6 画像を選択するダイアログボックスが表示されます。❾現在作業中のファイル(ここでは「13-02-1」)を選択して[開く]をクリックします。

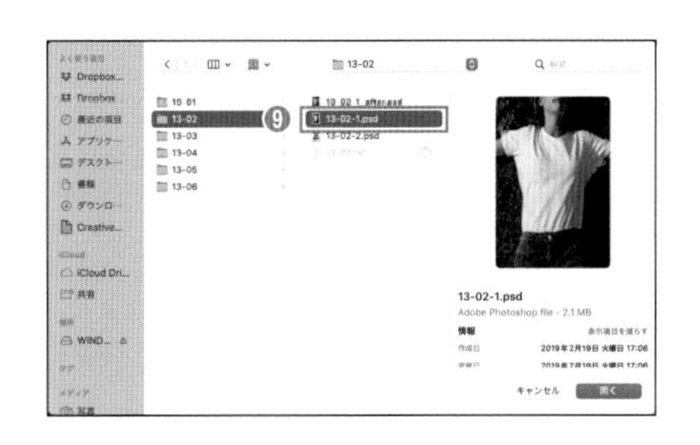

7 フィルターが適用され、ロゴがTシャツのシワになじむように変形しました。

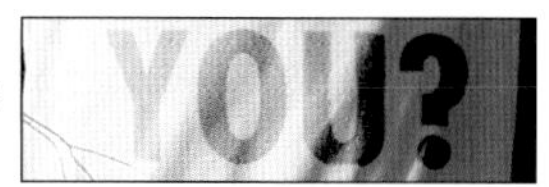

[置き換え]フィルター適用前(左)と適用後(右)の比較。シワや体に合わせて(画像の陰影に合わせて)、ロゴが変形しTシャツに馴染んでいることがわかる

ロゴの色を濃くする

1 ロゴの色がやや薄いので色を濃くします。「ロゴ」レイヤーを選択した状態で、[レイヤー]パネルメニューの[レイヤーを複製]をクリックして、レイヤーを複製します。

2 「ロゴ」レイヤーが2枚重ねになり、ロゴの色が濃くなりました。

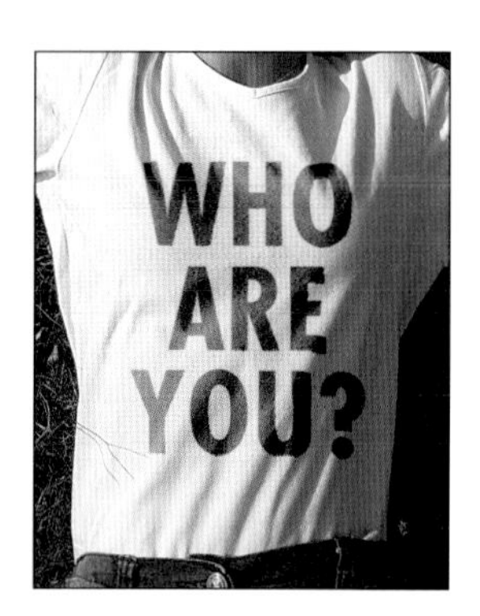

ここも CHECK!

フィルター[置き換え]の効果

[置き換え]フィルターは、置き換えデータマップとして使用する画像を利用して変形する機能です。置き換えデータマップのチャンネル画像の濃淡で移動(変形)量を判断します。水平方向は1枚日のチャンネル(RGB画像はR)の濃淡、垂直は2枚目のチャンネル(RGB画像はB)の濃淡を利用します(1枚しかチャンネルがない画像は斜め方向)。50%グレーを基準に濃さに応じて正方向(右と下)または負方向(左と上)に移動させて変形します。作例のようにRGBモードの画像でも色に偏りが少ない場合は、そのまま置き換えデータマップとして利用してかまいません。

[水平比率]や[垂直比率]を大きくすると、変形後に位置がずれると思われることがあります。この場合は[置き換え]フィルターを実行する前に少し移動させておきます。どの程度移動させておくかはその都度判断してください。

【変形：ワープ】

マグカップの丸みに合わせてロゴを合成する

ワープ変形とは

[ワープ]変形は、コントロールポイント(ハンドル)を操作して、画像を変形する機能で、主に波形やねじり状への変形、円柱や円錐、球面に合わせた変形などに使用します。ここでは、缶やビンなど、丸みのある立体物にロゴを合成するテクニックを紹介します。

ワープ変形でロゴを合成する

1 サンプルデータ❶「13-03-1」(マグカップ写真)と❷「13-03-2」(ロゴ画像)を開きます。

2 ❷ロゴ画像で、⌘＋Aキー(すべてを選択)、続けて⌘＋Cキー(コピー)を押します(Windows版はctrl＋Aキー続けてctrl＋Cキーを押します)。

3 マグカップ写真を表示して、⌘＋V(Windows版はctrl＋V)キーでペーストします。❸ペーストしてできたロゴのレイヤー名を「ロゴ」としておきます。

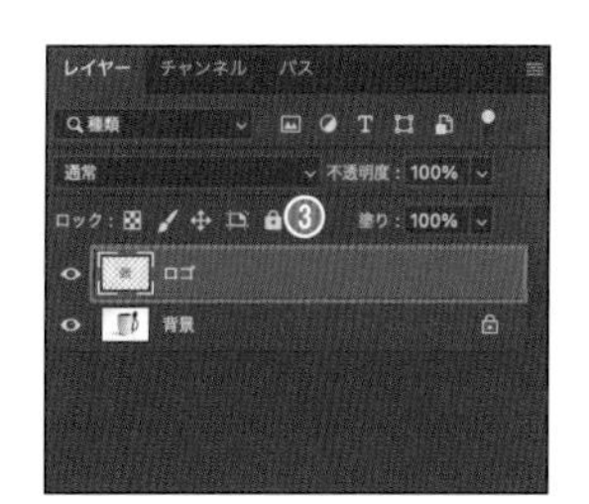

4 [移動ツール]または[編集]メニューの[自由変形]で、❹ロゴの位置とサイズを調整します。

[移動ツール]または[編集]メニューの「自由変形」では縦横比を保ったまま拡大縮小できます(初期設定の場合)。もし縦横比が変わってしまう場合は、shiftキーを押しながらドラッグします。

5 [レイヤー]パネルで、❺「ロゴ」レイヤーの[描画モード]を[ビビッドライト]に変更します。マグカップの陰影がロゴ画像に反映されます。

ここでは[描画モード]を[ビビッドライト]に設定していますが、合成する画像やロゴの色によって、ほかのモードのほうがよい場合があります。最適なモードを選ぶようにしましょう。

6 「ロゴ」レイヤーを選択した状態で[編集]メニューの[変形]→[ワープ]をクリックします。「オプションバー」の❻[ワープ]で[アーチ]を選択します。ロゴがアーチ型に変形します。

7 ❼ロゴの上部中央にあるコントロールポイントをドラッグして、❽アーチの向きと角度を調整します。

8 [オプションバー]の❾[○]をクリックして確定します。

ロゴの上部中央にあるコントロールポイントをドラッグすると、[オプションバー]の[カーブ]の値も変化します。[オプションバー]にある[H]は水平方向、[V]は垂直方向の変形に使用します。たとえば[V]に正の値を入力すると上すぼまりに変形します。

[ワープ]の[オプションバー]にある❻[ワープ]では、さまざまな変形ができ、それぞれコントロールポイントがあるので、変形量を調整できます。[カスタム]は角4カ所のコントロールポイントとそこから伸びる方向線先端のハンドルを使った変形、さらにその枠内をドラッグして自由に変形できます。

[編集]メニューの[自由変形]、[編集]メニューの[変形]のサブメニューにある機能はすべて関連性のある機能で、[オプションバー]の[○]のクリックや enter キーを押して確定しない限り、1つの操作として実行されます。
作例では必要ありませんが、カップにパースがついている場合、[ワープ]で変形後、確定せずに[編集]メニューの[変形]→[遠近法]をメニューから選択してパースを修正できます。すべての変形が終わってから確定します。これにより変形を繰り返すことで生じる画像の劣化を最小限に抑えられます。ただし確定前は[取り消し]《⌘+Z》で1つ1つの変形操作をさかのぼれますが、確定後は、すべての変形前までさかのぼってしまうことに注意してください。

【レイヤースタイルの組み合わせ】
輝く金の文字ロゴを作る

Sample Data / 13-04

レイヤースタイルを組み合わせる

P.126で紹介した[レイヤースタイル]は組み合わせて使うこともできます。色や数値をうまく設定すれば、文字を立体的な金色のロゴのように見せることもできます。

文字を入力する

1 サンプルデータ「13-04」を開きます。この上に金色の文字ロゴを作成します。[横書き文字ツール]を選択し、❶次の設定で「Photoshop LessonBook」の文字を入力します。

フォント	：Adobe Garamond Pro
スタイル	：Bold
サイズ	：36 pt
行送り	：36 pt
カラー	：白
文字揃え	：中央揃え

2 [移動ツール]を選択して、❷文字を画像の中央に配置します。

❷ Photoshop LessonBook

3 [レイヤー]パネルで❸[レイヤースタイルを追加]ボタンをクリックし、❹[レイヤー効果]をクリックします。[レイヤースタイル]ダイアログボックスで、まずは[ベベルとエンボス]を設定します。❺[スタイル]欄の[ベベルとエンボス]をクリックし、❻右図のように設定します。

❼[光沢輪郭]は、[∨]をクリックして表示されるウィンドウで、[リング]をクリックして選択しています。

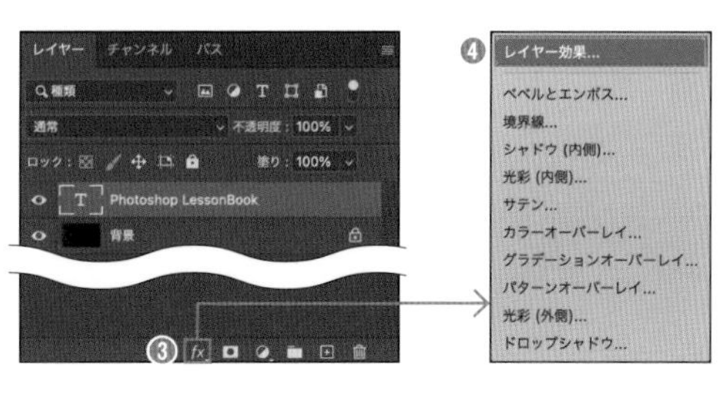

4 [スタイル]欄の❽[輪郭]をクリックし、❾右図のように設定します。❿[輪郭]は[∨]をクリックして表示されるウィンドウで、「くぼみ - 深く」をクリックして選択しています。

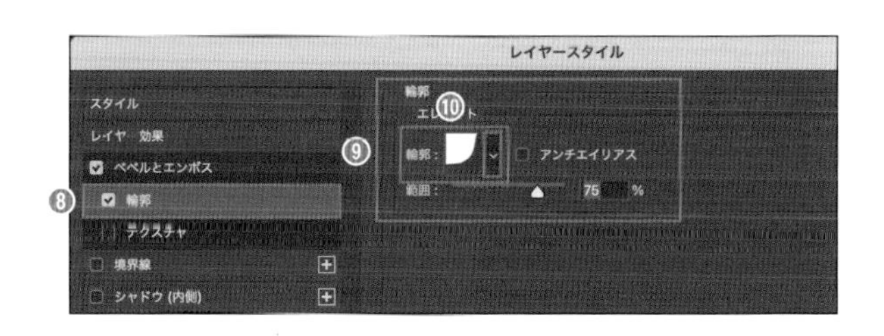

5 [スタイル]欄の⓫[グラデーションオーバーレイ]をクリックし、⓬右図のように設定します。⓭グラデーションサンプル部分をクリックします。

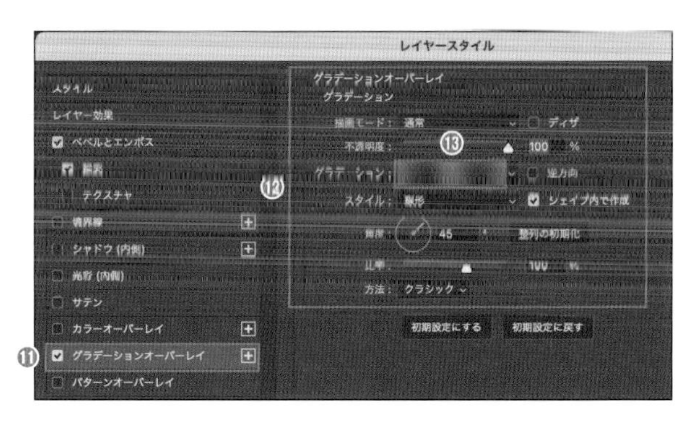

6 ⓮[グラデーションエディター]が表示されるので、次の設定でグラデーションを作成します。

[位置]：0% ➡[カラー]：R 150、G 140、B 40
[位置]：25% ➡[カラー]：R 100、G 90、B 40
[位置]：50% ➡[カラー]：R 150、G 140、B 40
[位置]：75% ➡[カラー]：R 100、G 90、B 40
[位置]：100%➡[カラー]：R 150、G 140、B 40

設定したら[グラデーションエディター]の[OK]をクリックし、[レイヤースタイル]ダイアログボックスに戻ります。

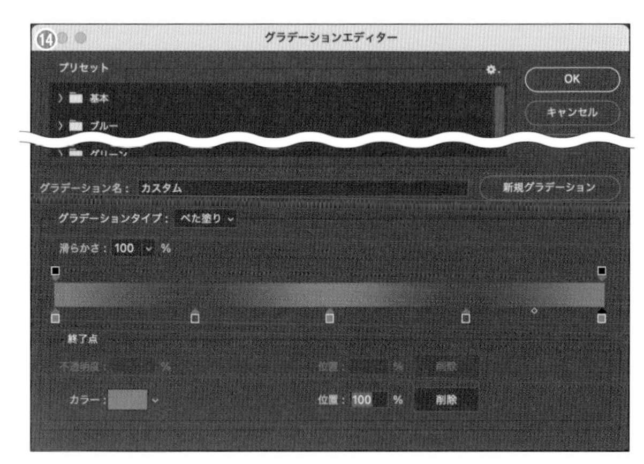

[グラデーションエディター]でグラデーションを作成する(作成方法はP.197参照)

7 [スタイル]欄の⓯[光彩(外側)]をクリックし、⓰右図のように設定します。⓱[カラー]は、クリックすると表示される[カラーピッカー]で「R 230、G 230、B 170」に設定しています。

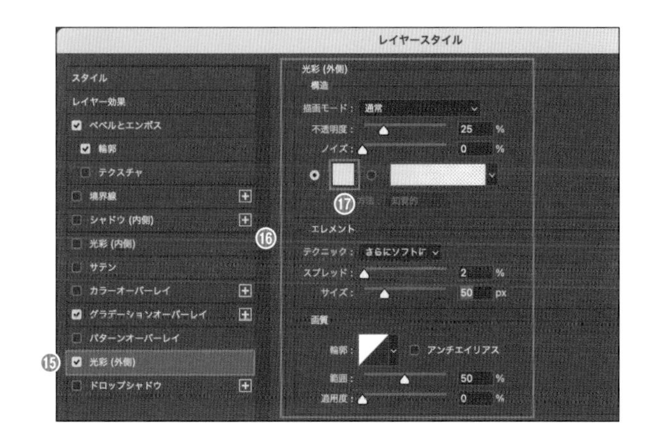

8 すべての設定が終わったら[レイヤースタイル]ダイアログボックスの[OK]をクリックします。

ここで紹介した[レイヤースタイル]の設定はあくまで一例です。文字のサイズやフォントが異なる場合は思うような結果にならない場合もありますので、設定を調整してください。

9 立体的な金の文字ロゴになりました。文字情報を保持したままなので、文字内容やフォントなどの設定を変更することもできます。

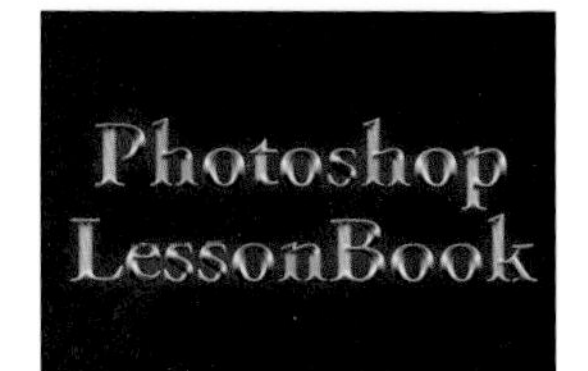

完成（左）とテキストレイヤーの文字内容を変更した例（右）

金ロゴをPNG 形式に書き出す

PNG形式に書き出しておくと、ほかの画像と合成する際やコラージュ作品を作る場合に、素材として便利に使えます。

1 ［レイヤー］パネルで❶背景レイヤーを非表示にします。［ファイル］メニューの［書き出し］→［PNGとしてクイック書き出し］をクリックします。

2 ［保存］（名前を付けて保存）ダイアログボックスが表示されます。［保存先］と［ファイル名］を指定して保存します。指定した保存先にPNG形式で保存されます。

PNG形式に書き出しておくと、ほかの画像と合成する際に素材として便利に使える

ここも CHECK!

［PNG 形式で書き出す］と［クイック書き出し］

PhotoshopでPNG形式で保存する方法は、［コピーを保存］、［PNGとしてクイック書き出し］、［書き出し形式］、［Web用に保存］、［レイヤーからファイル］の5種類あります。透明の扱いなどのオプションを指定したい場合は、［書き出し形式］で保存してください。
［コピーを保存］を実行すると「コンピューターに保存するかクラウドに保存するか」を確認するダイアログボックスが表示されることがあります。この場合は［コンピューターに保存］をクリックして進めます。
［PNGとしてクイック書き出し］は、設定によっては［JPGとしてクイック書き出し］などとなっている場合があります。［ファイル］メニューの［書き出し］→［書き出しの環境設定］をクリックすると［環境設定］ダイアログボックスが表示され、ここで［クイック書き出し］に関する設定ができます。［クイック書き出し形式］で選択している形式がメニューに表示されます。
なお、［別名で保存］は2021年6月のアップデート以降、画像のレイヤー構成などにより、初期設定のままではPNG形式を指定できなくなりました（背景レイヤーだけなどの画像では書き出せます）。この場合は［別名で保存］ダイアログボックスの［コピーを保存］をクリックしてください。

LESSON 13/05

【レイヤーマスク、画像のレイアウト】

SNS用画像を作る

Sample Data / 13-05

正方形のSNS画像を作る

Photoshopに搭載されているさまざまな機能を使って、正方形のSNS用画像を作成します。一連の手順を覚えておけば、さまざまな作品制作ができるようになりますので、ぜひ覚えておきましょう。

新規ドキュメントを作成して2色の背景を作る

1 次の設定で新規ドキュメントを作成します。

[幅]	: 1080 ピクセル
[高さ]	: 1080 ピクセル
[解像度]	: 72 ピクセル/インチ
[カラーモード]	: RGBカラー
[カンバスカラー]	: 白

2 ❶新規レイヤーを作成します。レイヤー名は「背景色」としておきます。

3 ❷[描画色]をクリックして好みの色を設定します。ここでは淡いグリーンにしました。

4 ❸[塗りつぶしツール]を選択します。❶「背景色」レイヤーを選択した状態で、❹画面上をクリックすると、全体が描画色で塗りつぶされます。

5 [移動ツール]または[編集]メニューの[自由変形]で、❺ shift キーを押しながらドラッグして、画像の左半分がグリーンになるように変形します。❻[オプションバー]の[○]を押して確定します。

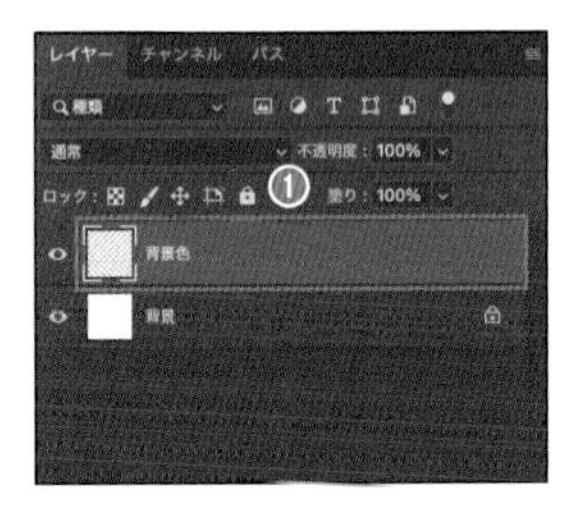

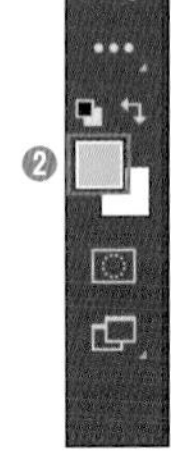

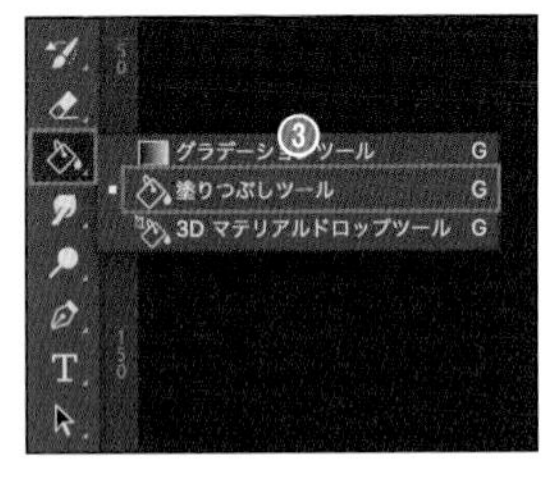

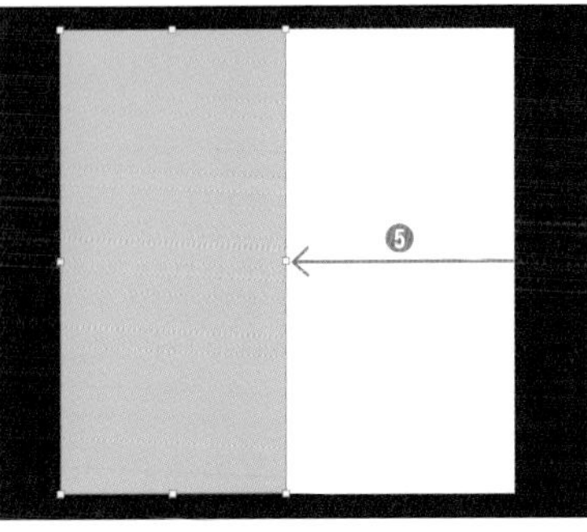

ハンドルを shift キーを押してドラッグすると、縦横比を変更する変形ができる。もし縦横比が固定る場合は shift キーを押さずにドラッグする

レイヤーをロックする

1 ❶「背景色」レイヤーを選択し、❷[すべてをロック]をクリックします。

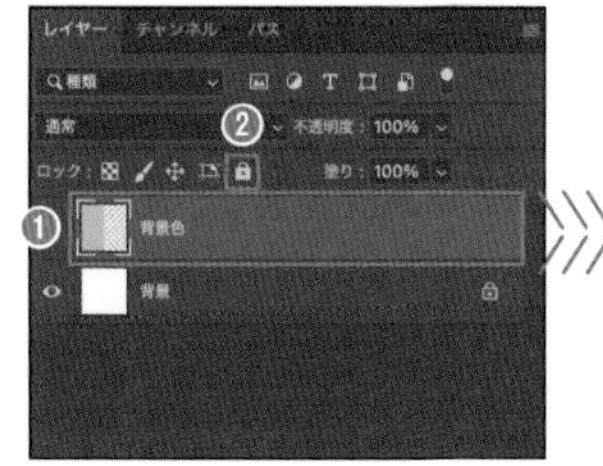
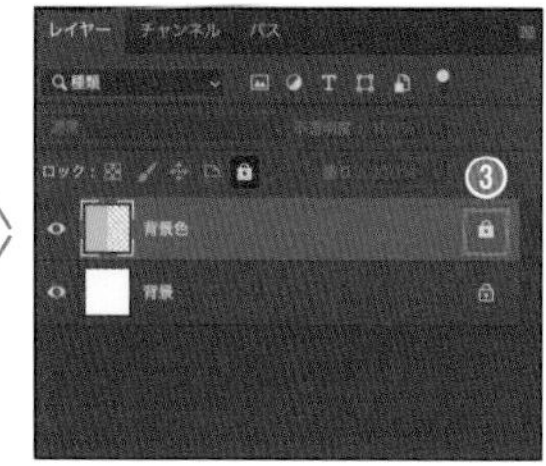

2 ❸レイヤーに鍵マークが表示されてロックされました。

写真を読み込んでトリミングする

1 サンプルデータ「13-05」を開きます。⌘＋Aキー(すべてを選択)、続けて⌘＋Cキー(コピー)を押します(Windows版はctrl＋Aキー続けてctrl＋Cキーを押します)。

2 ❶画面を正方形画像に切り替えて⌘＋V(Windows版はctrl＋V)キーでペーストします。

3 [移動ツール]または[編集]メニューの[自由変形]で、❷サイズと位置を調整します。

4 写真をトリミングします。[長方形選択ツール]で、❸写真の上をドラッグして長方形の選択範囲を作成します。

4 [レイヤー]パネルの❹[レイヤーマスクを追加]をクリックすると、写真がトリミングされます。

思うようにトリミングできなかった場合は⌘＋Zキーを押してやり直してください。

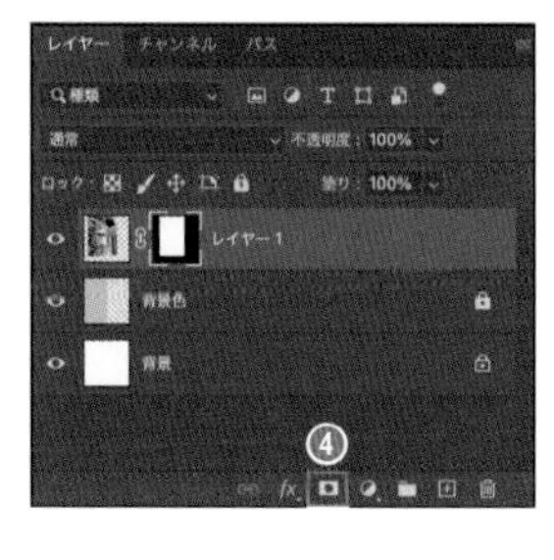

文字を配置する

1 [横書き文字ツール]を選択し、次の設定で❶「Let it be.」と入力します。

フォント	：Futura PT Cond
スタイル	：Bold
サイズ	：120 pt
カラ	：黒

サンプルデータで使用しているフォント「Futura PT Cond Bold」は、Adobe Fontsでアクティベートできます。

2 同様の手順で❷ほかの文字も入力します。

3 [移動ツール]で文字の位置を調整します。

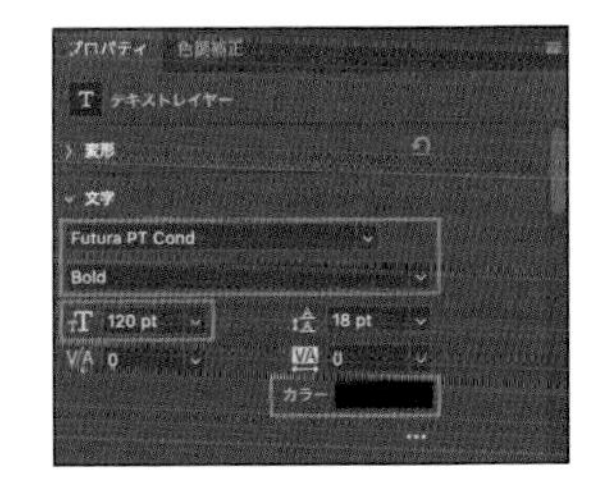

「What do you~」の文字は、[フォント]：[Futura PT Cond Book]、[フォントサイズ]：「60 pt」、[カラー]：黒に設定している

手書きの線を描く

1 ❶新規レイヤーを作成し、レイヤー名を「線」とします。

2 [ブラシツール]を選択します。ブラシの種類は[KYLEの究極の鉛筆(木炭) 25px 中2]を選択します。

3 描画色を黒にします。❸画面上をドラッグして線を描きます。線の位置を調整して完成です。

思うような線が描けなかった場合は⌘+Zキーを押してやり直してください。

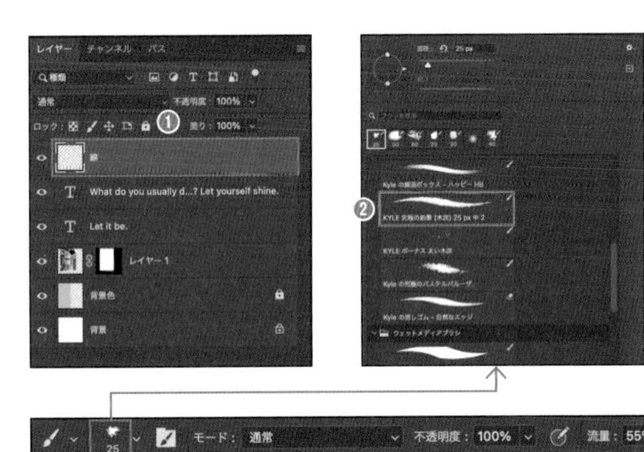

ブラシの種類で[KYLEの究極の鉛筆(木炭) 25px 中2]を選択すると、ほかの[オプションバー]の設定は自動的に変更される。ここではそのままとしているが、必要であれば適宜変更する

LESSON 13/06 【フレームツール、画像のレイアウト】写真入りの年賀状を作る

Sample Data / 13-06

年賀状作成の準備をする

複数の写真を使ってオリジナルの年賀状を作ります。ここでは色調補正済みのサンプルデータを使用しますが、実際の作業の場合は、レイアウトする前に使用予定の写真の色を補正しておきましょう。

はがきサイズのドキュメントを作成しガイドを配置する

1 次の設定で新規ドキュメントを作成します。

幅	：148ミリメートル
高さ	：100ミリメートル
画像解像度	：300ピクセル／インチ
カラーモード	：RGBカラー
カンバスカラー	：白

2 画像の周囲から10mm内側にガイドを作成します。

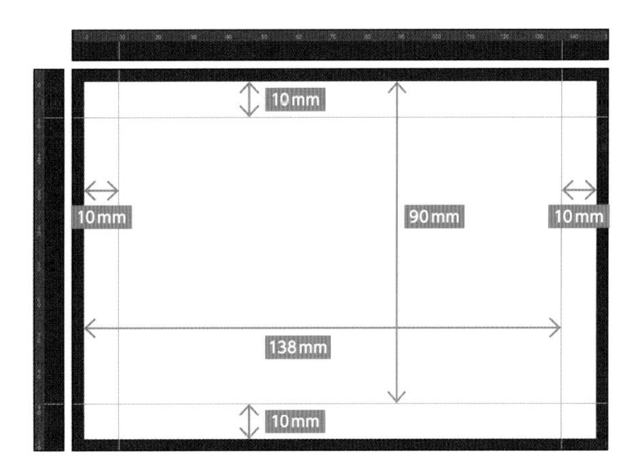

ここも CHECK!

ガイドを正確な位置に作成する

ガイドを正確な位置に作成する方法は2つあります。まず定規が示されていない場合は、[表示]メニューの[定規]をクリックして定規を表示しましょう。作例では定規の単位は[mm]に設定します。
定規から作成する場合は、shift キーを押しながらドラッグします。ガイドは定規のメモリにスナップしますので、目的の位置までドラッグします。
[表示]メニューの[新規ガイド]で作成する場合は、画像左上角からの距離を入力して作成します。
ガイドについてはP.062を参照してください。

背景テクスチャとシェイプを配置する

1 [ファイル]メニューの[埋め込みを配置]をクリックします。[埋め込みを配置]ダイアログボックスでサンプルデータ「texture.psd」を選択し、[配置]をクリックします。

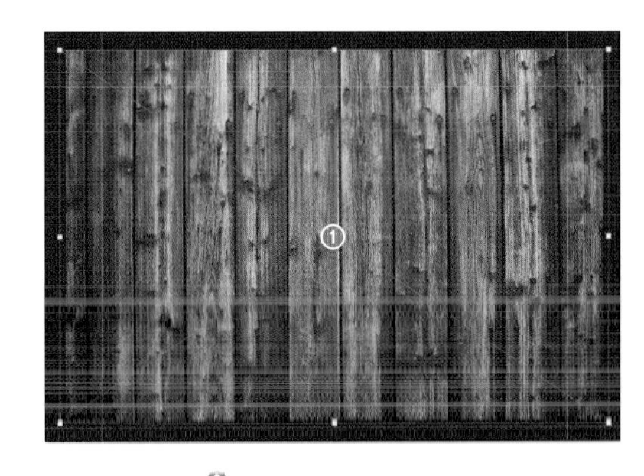

2 ❶「texture」が読み込まれます。周囲のハンドルをドラッグして位置とサイズを調整します。調整し終わったら[オプション]バーの[○]ボタンをクリックして確定します。

3 ❷[長方形ツール]を選択します。[オプションバー]で、❸を[シェイプ]、[塗り]を白、[線]を[なし]にし、❹ガイドにスナップさせて長方形シェイプを作成します。

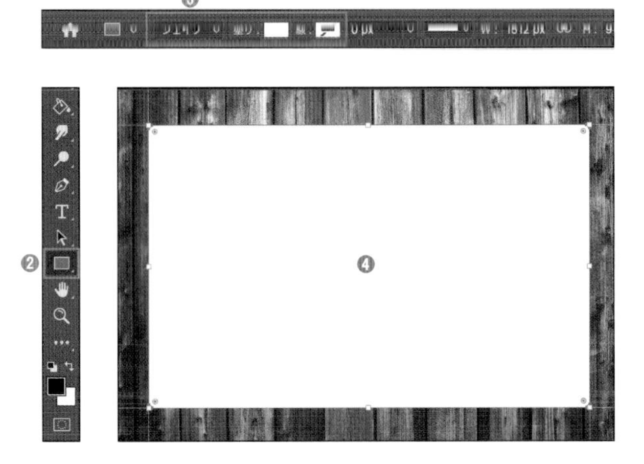

4 [レイヤー]パネルで❺「長方形1」レイヤーと「texture」レイヤーを選択してから、❻[新規グループを作成]ボタンをクリックします。❼作成されたグループの名前を「テクスチャ」とします。「テクスチャ」グループに、「長方形1」レイヤーと「texture」レイヤーが含まれていることを確認し、❽[すべてをロック]をクリックしてロックします。

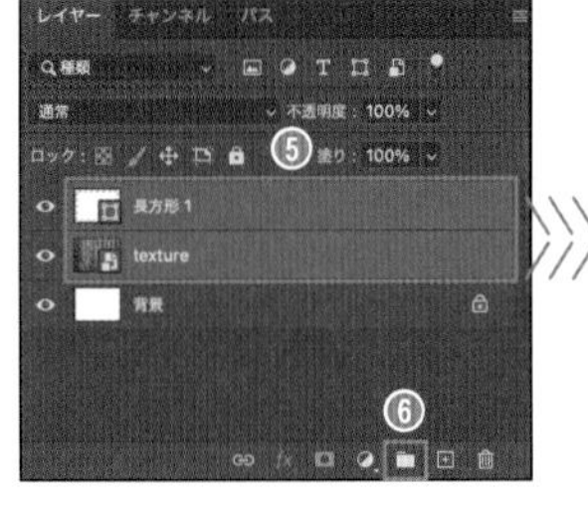

[フレームツール]を使って写真を配置する

1 ❶[フレームツール]を選択します。❷画面をドラッグしてフレームを作成します。サイズは後で調整するのでこの時点では適当でかまいません。

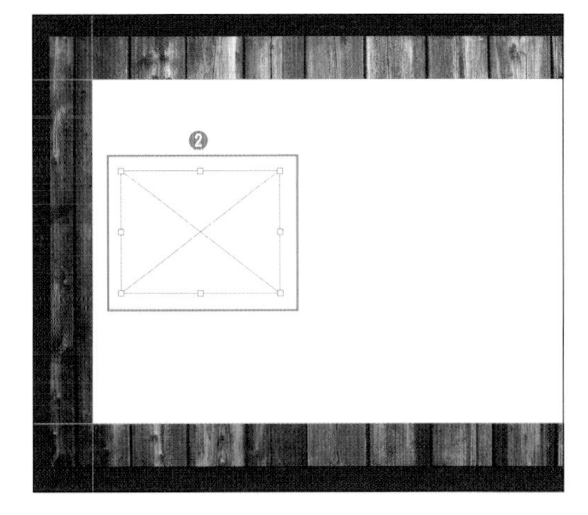

[フレームツール]でフレームを作成すると、[レイヤー]パネルに「フレーム ○」(○は数字)というフレームレイヤーが自動で作成されます。

2 [レイヤー]パネルで❸フレームレイヤーを選択します。[プロパティ]パネルの❹[差し込み画像]で[ローカルディスクから配置-埋め込み]をクリックします。画像を選択するダイアログボックスで「photo1」を選択して[配置]をクリックします。❺フレーム内に「photo1」が配置されます。

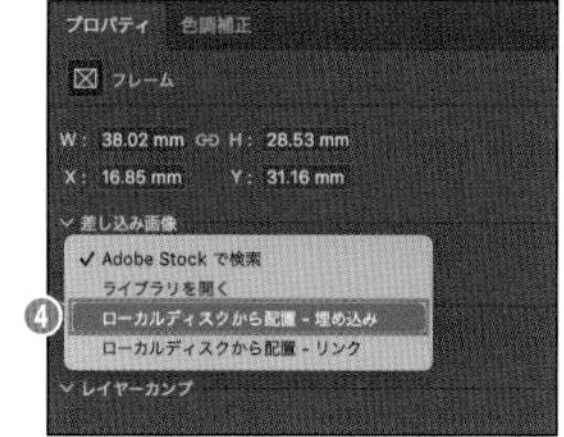

フレームレイヤーに画像を埋め込み配置すると、「○○ フレーム」(○○は画像名)というレイヤー名になります。

フレームの位置とサイズを調整し写真を配置する

1 [レイヤー]パネルで「photo1 フレーム」レイヤーを選択し、⌘+C、⌘+V(Windows版はctrl+C、ctrl+V)キーを押してコピー・ペーストします。これを繰り返し❶フレームレイヤーが4つになるようにします。

1ではフレームと画像の両方を選択した状態でコピー・ペーストしてください。「ここもCHECK」参照

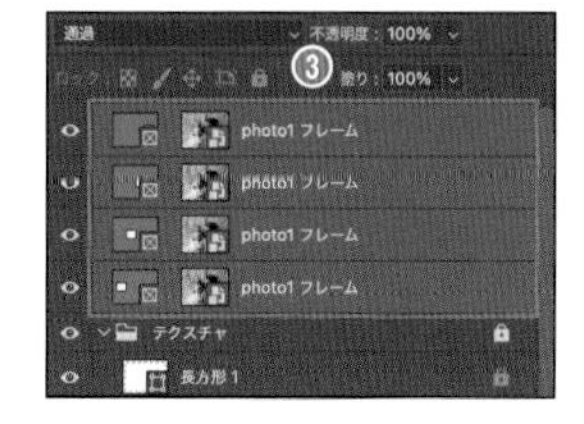

2 ❷[移動ツール]で4つのフレームレイヤーを横1列に並べます。

3 [レイヤー]パネルで❸4つの[フレームレイヤー]を選択します。❹4つの画像まとめて[移動ツール]または[編集]メニューの[自由変形]で位置とサイズを調整します。

複数のレイヤーを選択して移動、拡大・縮小すると、まとめて実行できます。

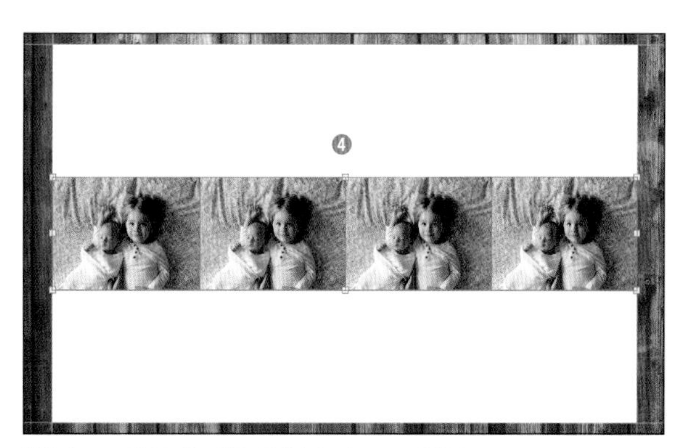

横幅がシェイプと同じ幅、位置は画像中央になるように調整する

ここもCHECK!

フレームのサイズを調整する

フレームレイヤーに画像を配置した後でも、「フレームだけ」、「画像だけ」、または「フレームと画像をまとめて」変形やコピーができます。たとえばフレームだけ変形したい場合は、[レイヤー]パネルでフレームのサムネールをクリックして選択してから作業します。同様に写真だけ変形したい場合は写真のサムネールをクリックして選択します。フレームと写真をまとめて変形したい場合は両方を選択した状態で作業します。

フレームを選択した状態

画像を選択した状態

フレームと画像を選択した状態

4 [レイヤー]パネルで左から2番目の[フレームレイヤー]を選択し、[プロパティ]パネルの[差し込み画像]で「photo2」を配置します。同様の手順で「photo3」、「photo4」も配置します。

写真をトリミングする

1 「移動ツール」で[オプションバー]の[バウンディングボックスを表示]にチェックを入れます。[レイヤー]パネルで「photo1 フレーム」レイヤーの❶[コンテンツサムネール]をクリックします。「photo1 フレーム」に配置されている画像のバウンディングボックスが表示されます。❷ハンドルをドラッグして画像の位置とサイズを調整します。

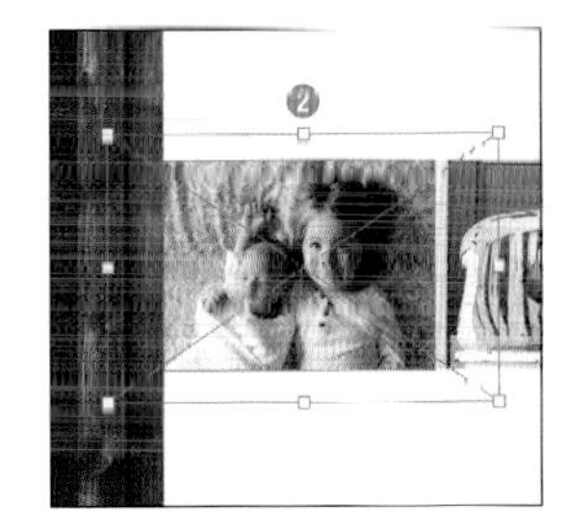

2 同様の操作で、❸その他の3枚の写真もトリミングを調整します。

3 トリミングが終わったら、❹[レイヤー]パネルで4つの[フレームのレイヤー]をグループにまとめておきましょう。グループ名は[写真]とします。

文字を配置する

1 [横書き文字ツール]で文字を入力していきます。各文字の設定は下記のとおりです。

❶ **Happy New Year**
フォント　：Trailmade
サイズ　　：48 pt
カラー　　：R 50、G 80、B 40

❷ **本年もよろしくお願いいたします**
フォント　：小塚ゴシックPr6N
スタイル：R
サイズ　　：8 pt
カラー　　：R 80、G 80、B 80

❸ **住所など**
フォント　：小塚ゴシックPr6N
スタイル：R
サイズ　　：8 pt(年齢部分は6 pt)
カラー　　：R 80、G 80、B 80
行送り　　：12pt／右揃え

Ps

LESSON 14

iPad版 Photoshopの使い方

14 LESSON 01

【iPad版Photoshop】

iPad版Photoshopとは

iPad版Photoshopとは

iPad版Photoshopとは、その名の通り、iPadアプリとして提供されているPhotoshopです。パソコン用Photoshopと同じPSDデータを扱うことができ、レイヤー・レタッチ・合成などの作業ができます。iPad版Photoshopで編集したデータはクラウドドキュメントとして保存できるため、パソコン・iPad間でのデータのやりとりもスムーズに行うことができます。

iPad版Photoshopの操作画面

iPad版Photoshopの入手方法

iPad版Photoshopは、Photoshopを含むCCプランをお持ちの場合、追加料金なしで利用できます。iPadアプリのPhotoshopを入手して、Adobe IDでログインすれば、すぐに利用することができます。

iPad版Photoshopでできること

iPad版Photoshopはパソコン版Photoshopと比べると機能は限定されていますが、基本的な画像編集を行うことは可能です。レイヤーを作成して画像を重ねたり、色調補正を行ったり、スポット修復を行ったり…。レイヤーマスクも使えるので、部分的な補正や切り抜きも可能です。

【新規作成、開く、公開と書き出し】

ドキュメントの作成・表示・書き出し

Sample Data / No Data

画像を新規作成／開く

1 iPad版Photoshopを起動するとホーム画面が表示されます。画像を新規作成する場合は❶[新規作成]を、既存画像を読み込む場合は❷[読み込み／開く]をタップします。

2 [新規作成]をタップすると[新規ドキュメント]画面が表示されます。ドキュメント名やキャンバスサイズを設定して[作成]をタップします。

3 [読み込み／開く]をタップした場合は、❸[写真][ファイル][カメラ]のなかから読み込む場所を選び、画像を指定して開きます。

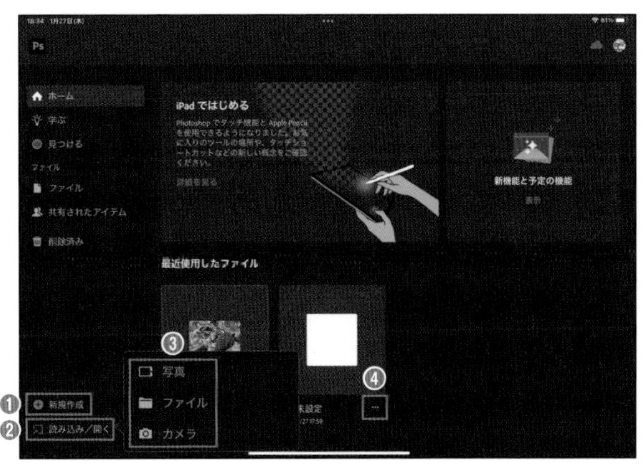

iPad版Photoshopのホーム画面

[写真]を選ぶと[写真]アプリに保存されている画像から、[ファイル]を選ぶとファイルを検索して画像を選ぶことができます。[カメラ]を選ぶとiPadのカメラで写真を撮り、キャンバスで直接開くことができます。

画像のファイル名を変更したい場合はホーム画面で行います。[最近使用したファイル]に表示されている画像のファイル名の右にある❹[…]をタップするとメニューが表示されますので、[名前を変更]をタップして名前を変更します。

画像を保存する

iPad版Photoshopで作成または開いた画像はクラウドドキュメント(P.046)として自動保存されます。このため、作業を終了したい場合はアプリを閉じる、または画面左上の[戻る]をタップするだけでOKです。

画像の公開と書き出し

編集画面で❶[書き出し]をタップすると、画像をクラウドドキュメント以外の形式で書き出すことができます。

1 ❷[公開と書き出し]をタップして[形式]を選択し、[書き出し]をタップします。

2 書き出し先を選択する画面が表示されます。[画像を保存]を選択するとiPadのカメラロールに保存されます。また、SNS等を選択すると直接投稿することができます。

❸[クイック書き出し]を選択するとJPEG形式が選択されます。

❹[共有]をタップすると、ほかのユーザーを招待して、ドキュメントを共有することができます。

LESSON 14/03

【サンプルデータの読み込み方】

サンプルデータを読み込む

Sample Data /All Data

ダウンロードデータの読み込み方法

本書のダウンロードデータをiPadのPhotoshopで読み込むには、あらかじめiPadからアクセス可能なところにデータを置いておく必要があります。ここではその方法を紹介します。

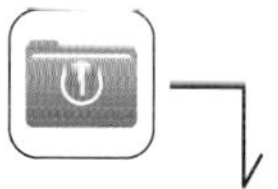

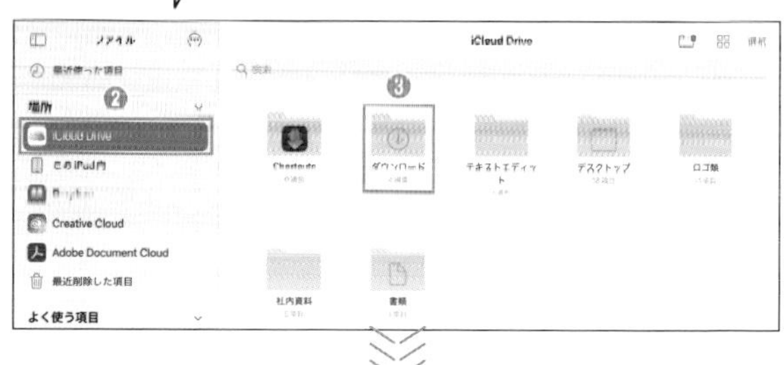

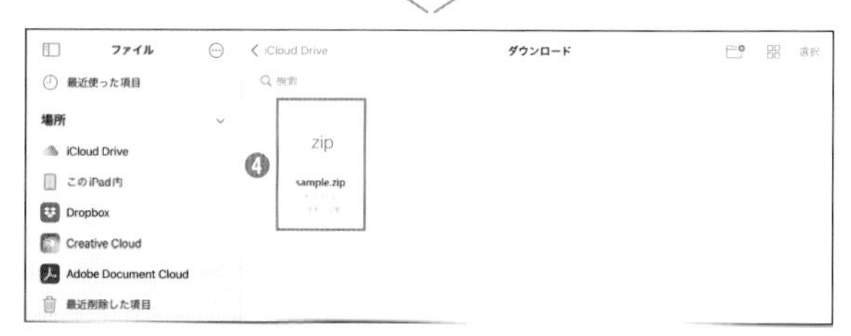

iPadでデータをダウンロードした場合

1 iPadでデータをダウンロードした場合は、❶[ファイル]→❷[iCloud Drive]→❸[ダウンロード]に保存されます。

2 本書のサンプルデータはZip形式に圧縮された状態でダウンロードされます。❹アイコンをタップすると展開されます(展開には時間がかかる場合があります)。

3 iPad版Photoshopを起動し、❺[読み込み/開く]→[ファイル]をタップします。[ブラウズ]をタップして❻[場所]で[iCloud Drive]を選択します。[ダウンロード]フォルダーから読み込みたい画像を選びます。

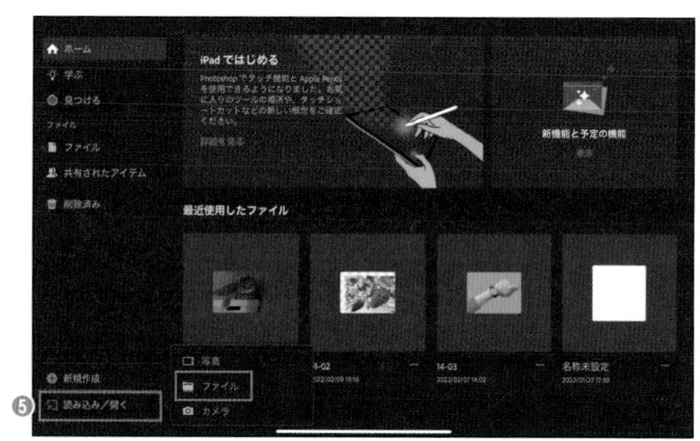

[読み込み/開く]→[ファイル]をタップする

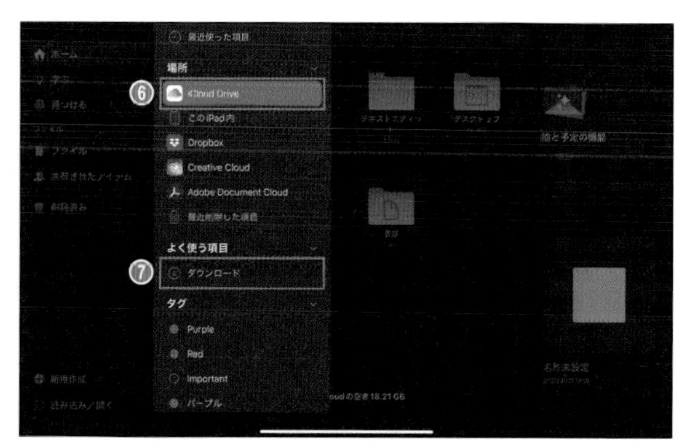

[ブラウズ]をタップしたところ。❻[iCloud Drive]→[ダウンロード]と順に開く。[よく使う項目]に❼[ダウンロード]があれば、直接[ダウンロード]フォルダーを開ける

PCでダウンロードしたデータをクラウドにアップしておく

PCでダウンロードしたデータをクラウドにアップすれば、iPadで読み込むことができます。ここではPCで[Creative Cloud Files]にデータをアップし、iPad版Photoshopで読み込む方法を紹介します。

1 PCの[CC]アイコンをクリックしてCCアプリを起動します。

2 ❷[ファイル]タブ→❸[同期フォルダーを開く]をクリックします。

3 ❹[Creative Cloud Files]にサンプルデータをアップします。

4 iPad版Photoshopで画像を開く手順は、前項の「iPadでデータをダウンロードした場合」と同様ですが、[場所]は[Creative Cloud]を選択します。

「Creative Cloud Files」にアップされたデータは、P.048で紹介している「同期ファイル」になります。

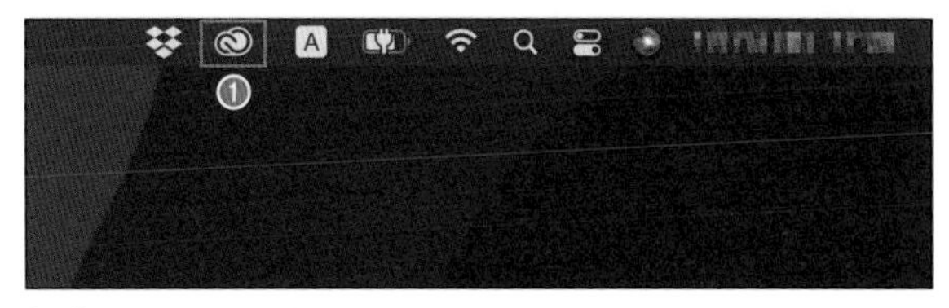

[CC]アイコンをクリックする

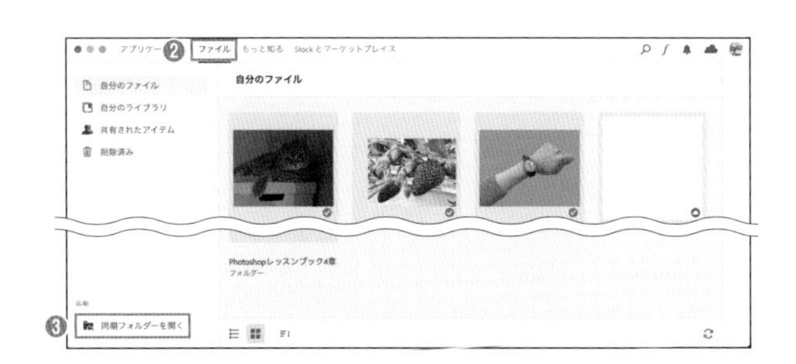

iPad版Photoshopを起動し、[読み込み/開く]→[ファイル]をタップ、[ブラウズ]をタップしたところ。❹[場所]で[Creative Cloud]を選択し、読み込みたい画像を指定する

PCでダウンロードしたデータをクラウドドキュメントとして保存しておく

PCでダウンロードしたデータをクラウドドキュメントとして保存しておけば、iPadから直接アクセスして読み込むことができます。

1 PCでサンプルの画像データをCCアプリの❶[ファイル]タブの[自分のファイル]内にドラッグ・アンド・ドロップします。

2 [ファイルをクラウドドキュメントに変換]を警告するウィンドウが表示されたら、[続行]をクリックします。

3 iPad版Photoshopを起動し、❷[ファイル]をタップしてデータを開きます。

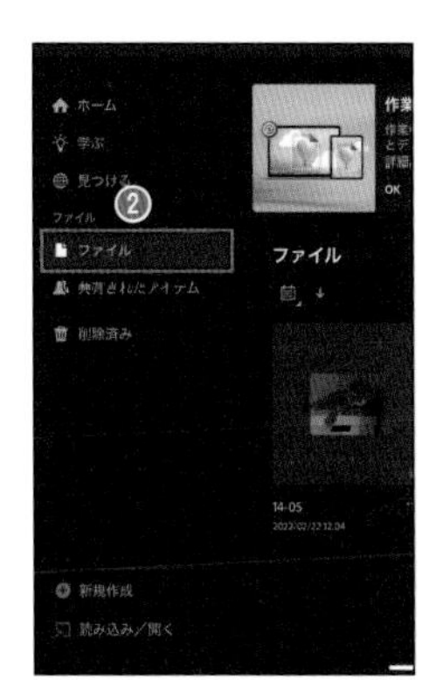

フォルダーに重ねてドロップすると、そのフォルダー内にアップされる

PSD形式以外の画像データはドラッグ・アンド・ドロップでアップできません。この場合は、画像をPC版Photoshopで開き、クラウドドキュメントとして別名で保存してください(P.056)。

【ジェスチャー、タッチショートカット】

LESSON 14/04 ジェスチャーとタッチショートカット

Sample Data / No Data

ジェスチャーとは

iPad版Photoshopは、スマートフォンと同じように画面を指でタップしてさまざまな操作を行います。ジェスチャーとは指の使い方のことで、ジェスチャー操作を覚えておけば、さまざまな作業を素早く行うことができます。

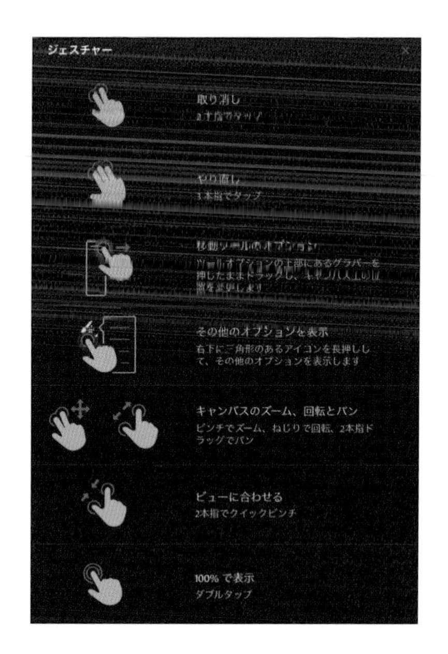

タッチショートカットとは

タッチショートカットとは、PC版Photoshopにおいて、option キーや shift キーを併用することでツールなどの機能が制御・変化するのと同様の効果を再現する方法です。
ツールの使用時にタッチショートカットを押したままにすると、一時的にツールのアクションを変更することができます。

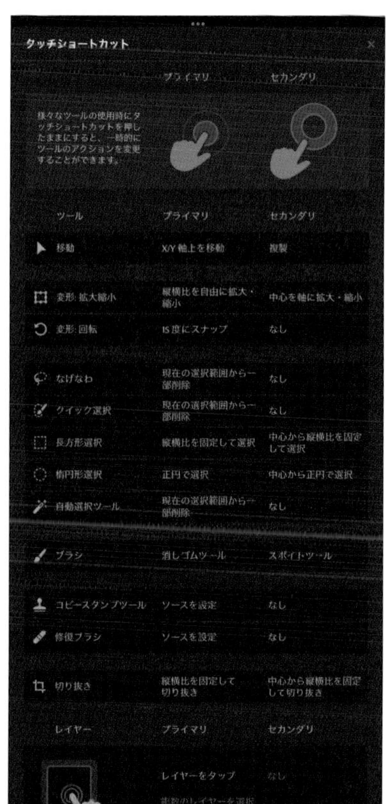

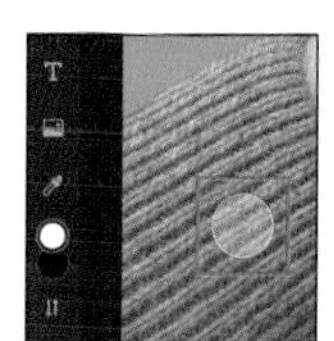
タッチショートカット

ツールの使用時に指でタッチショートカットにタッチしたままにするとブルーのインジケーターが表示されるので、そのままにすると右図のプライマリの機能になります。ブルーのインジケーターが表示されたら、インジケーターの外側のブルーの円に指を動かすとセカンダリの機能になります。たとえば[移動]ツールの状態でタッチショートカットを押したまま(プライマリ)にすると、移動方向が水平・垂直に限定されます。

LESSON 14/05 【レイヤー】レイヤーの基本操作

Sample Data / No Data

レイヤーの表示

レイヤー(PC版Photoshopの[レイヤー]パネル相当)の表示方法は、右のタスクバーで選択できます。

1 ❶をタップするとレイヤーサムネールのみが表示される簡易表示になります。

2 ❷をタップするとPC版Photoshopと同じような詳細表示になります。

3 簡易表示、詳細表示のどちらも解除すると、レイヤー表示が非表示になります。

4 ❸をタップするとレイヤーのプロパティが表示されます。[不透明度]や[描画モード]、調整レイヤー、効果などを付加することができます。

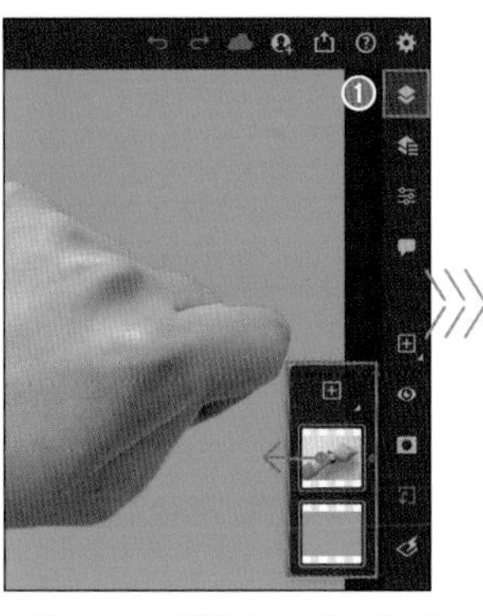

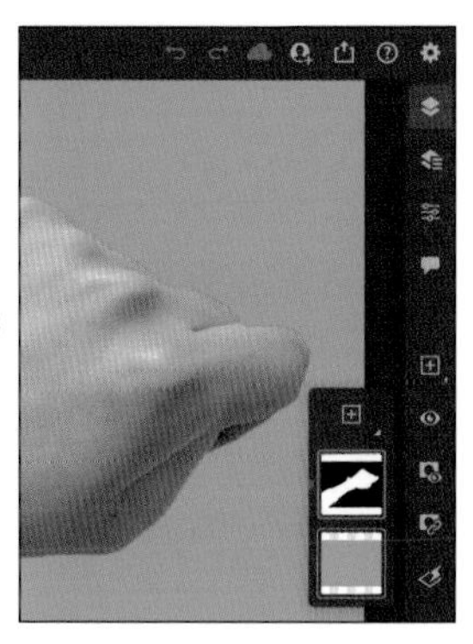

レイヤーマスクが設定されているレイヤーは、スワイプでレイヤーサムネールとレイヤーマスクサムネールを切り替えられる

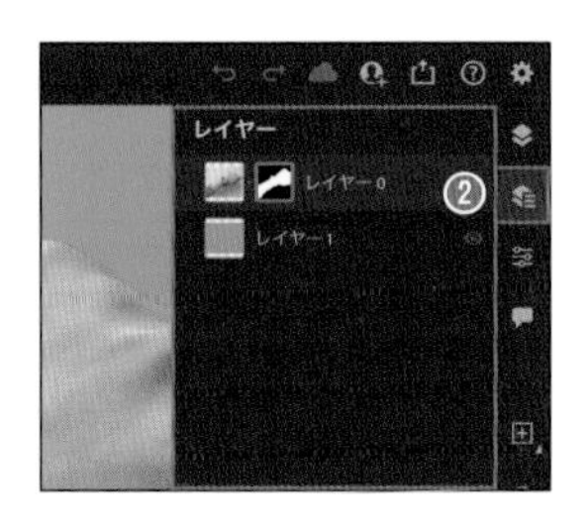

レイヤーの追加・削除と表示・非表示

1 ❶をタップすると、新規レイヤーや調整レイヤーを追加することができます。❷[新規レイヤー]をタップすると、現在選択されているレイヤーの上に新しいレイヤーが挿入されます。

2 レイヤー名を変更したい場合は、❸レイヤー名をダブルタップすると❹[レイヤー名を変更]ダイアログが表示され、変更することができます。

3 レイヤーを削除したい場合は、削除したいレイヤーを選択した状態で❺をタップします。表示されたメニューの❻[削除]をタップするとレイヤーを削除できます。

4 ❼をタップするとレイヤーを非表示にすることができます。再度タップすると表示されます。

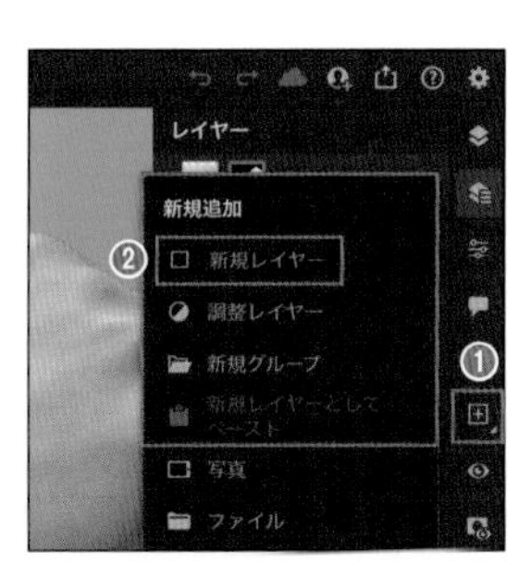

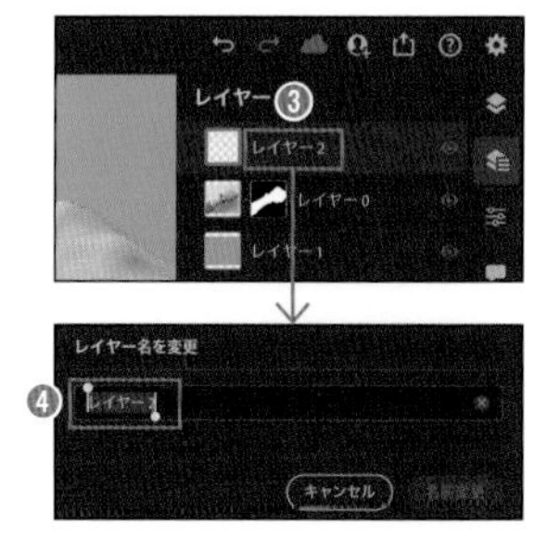

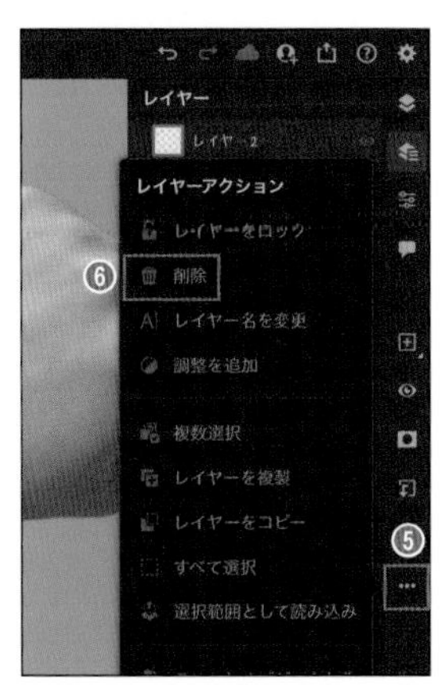

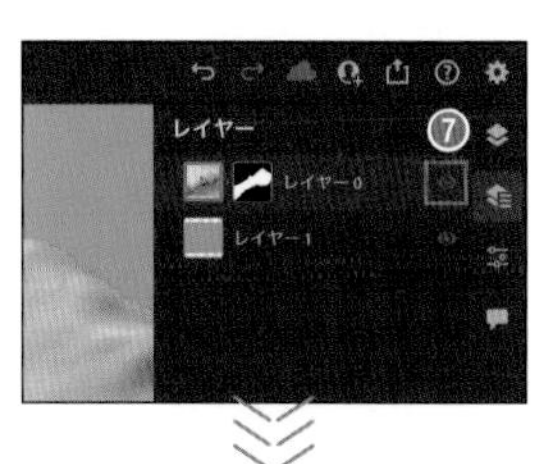

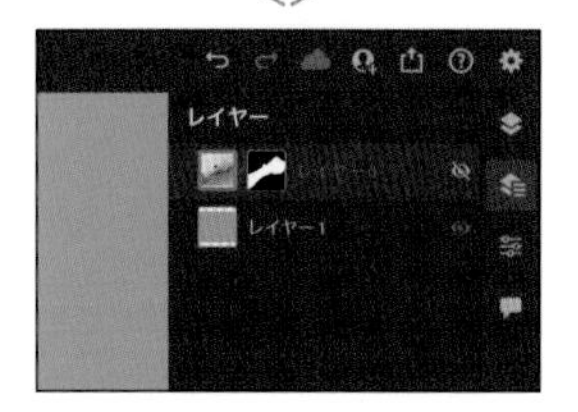

LESSON 14/06

【調整レイヤー】

暗い写真を明るくする

Sample Data / 14-06

色調補正とは

「色調補正」とは、画像の色を補正することです。iPad版Photoshopでも、明るさ・コントラスト・彩度などを調整して、画像を好みの色に変えることができます。ここでは[明るさ・明暗比]調整レイヤーを使って、暗い写真を明るく補正します。

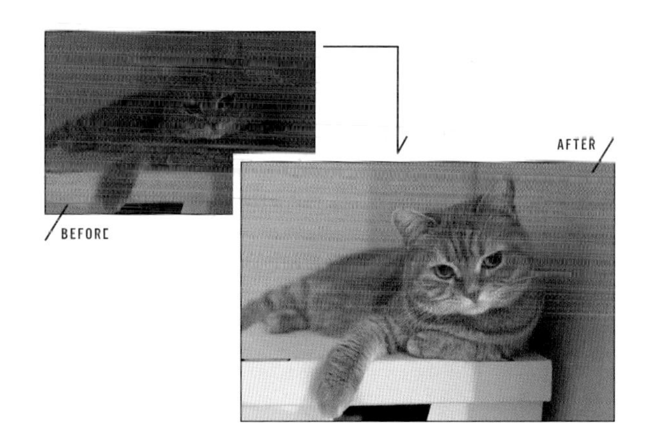

明るさ・明暗比で補正する

1 サンプルデータ「14-06」を開きます。❶[レイヤー]アイコンをタップし、❷[調整を追加]→[明るさ・明暗比]をタップします。

2 ❸[明るさ・明暗比]調整レイヤーが追加されます。❹[明るさ][コントラスト]それぞれのスライダーで調整します。ここでは図のように設定しました。

「明暗比」とはコントラストのことです。[明るさ・明暗比]調整レイヤーは、PC版Photoshopの[明るさ・コントラスト]調整レイヤーと同じ機能です。

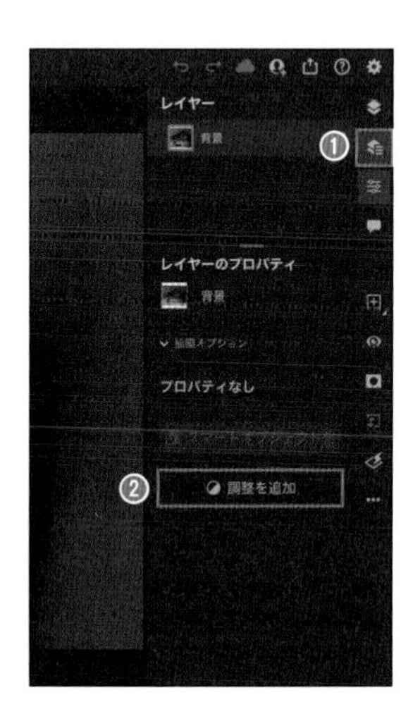

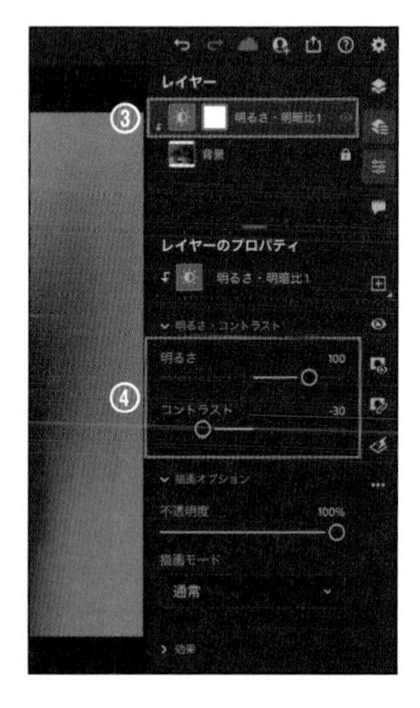

クラウドドキュメントは自動保存されるため、作業が終了したら❺[戻る]をタップします。クラウドドキュメント(PSDC)以外の形式に書き出したい場合は、❻[書き出し]をタップして書き出します。

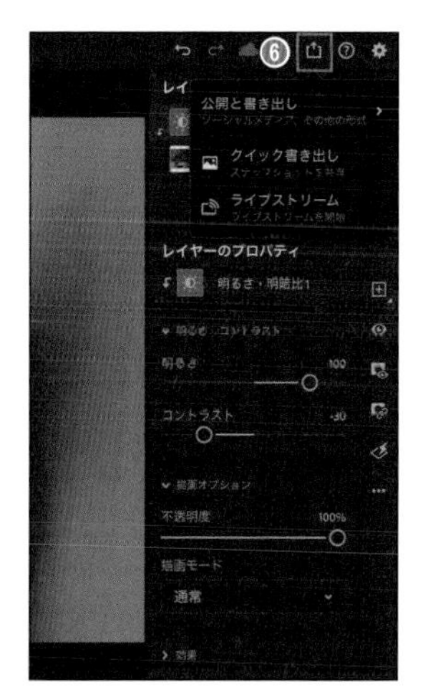

【被写体を選択、クイック選択、オブジェクト選択】

被写体を切り抜く

Sample Data / 14-07

被写体を切り抜き、背景を透明にする

被写体を切り抜き背景を透明にする、いわゆる「キリヌキ」。キリヌキはさまざまなデザインワークで必要とされる作業です。ここでは、iPad版Photoshopでキリヌキ作業を行う方法を3種類紹介します。どの方法が向いているかは画像によって異なりますので、3つとも覚えておくとよいでしょう。

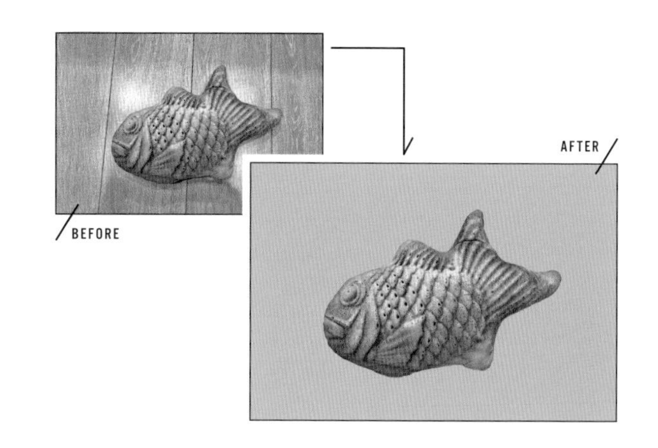

被写体を選択で切り抜く

1 サンプルデータ「14-07」を開きます。ツールバーの❶[選択]を長押ししてメニューを表示し、❷[被写体を選択]をタップします。

2 被写体に合わせて自動で選択範囲が作成されます。画面下にある❸[マスク]をタップします。

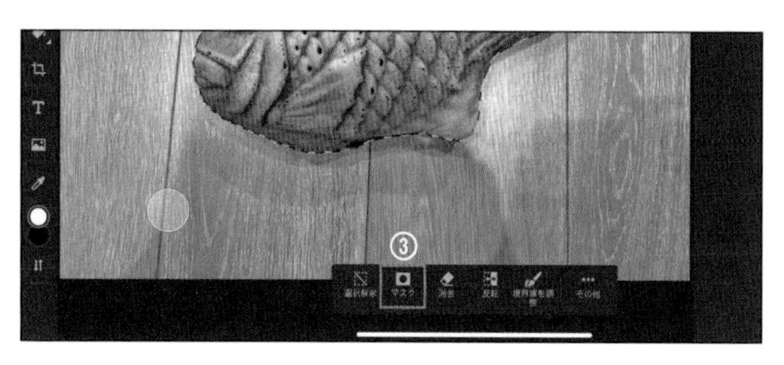

3 マスクが適用され、❹背景が透明になりました。

背景に色を敷く

1 タスクバーの❶[レイヤーを追加]→❷[新規レイヤー]をタップしてレイヤーを追加します。❸新規レイヤーを写真の下に移動します。

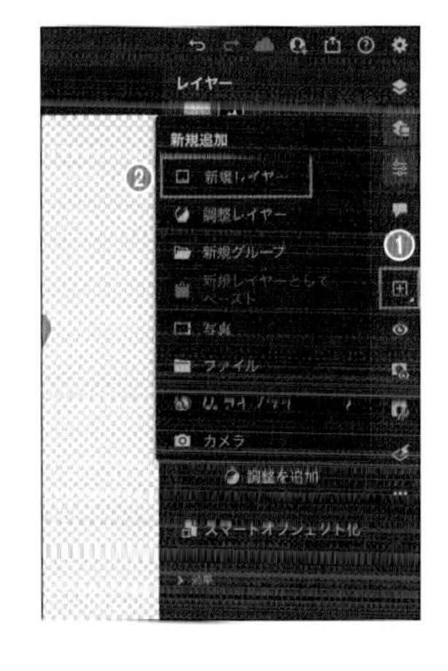
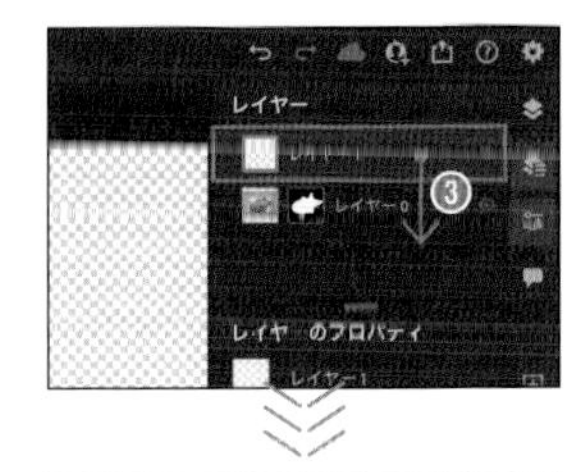
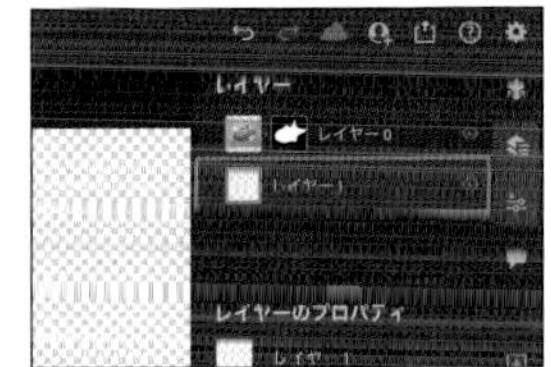

2 ❹[描画色]をタップして❺好みの色を選びます。

3 ツールバーの❻[塗りつぶし]をタップし、❼背景部分をタップします。❽背景が塗りつぶされます。

❻[塗りつぶし]をタップして[グラデーション]になった場合は、[塗りつぶし]を長押しして[塗りつぶし]をタップします。

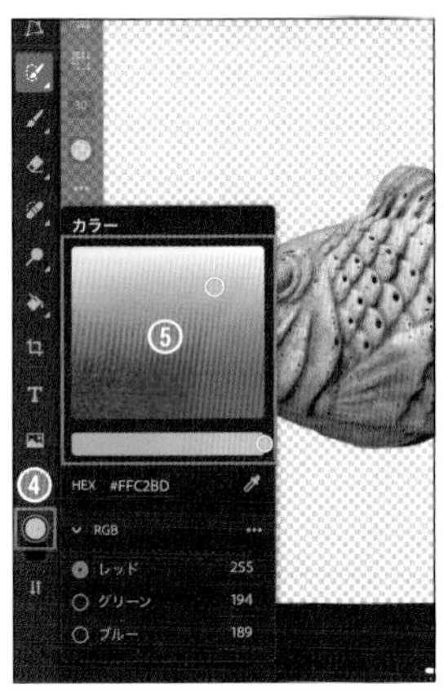
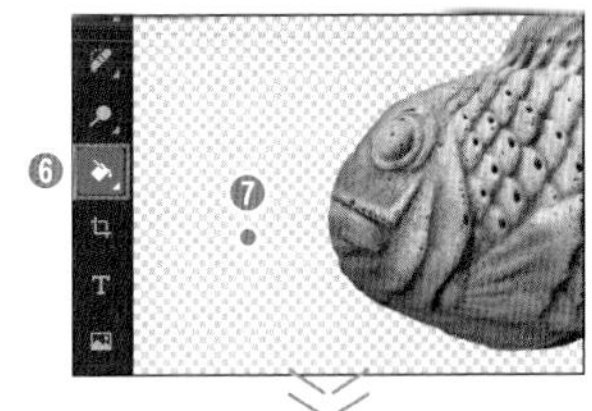
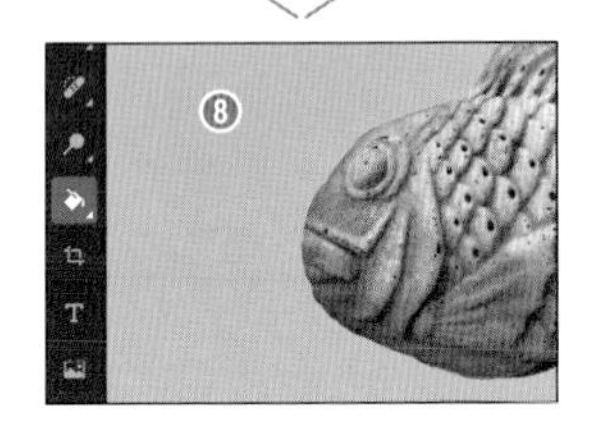

マスクを調整する

1 拡大して見ると、うまく切り抜けていない部分があるのでマスクを調整します。❶[レイヤーマスク]をタップして選択します。

2 ツールバーの❷[ブラシ]を長押ししてブラシの設定をします。ここでは[ハード円ブラシ]を選択しました。

3 ❸キリヌキが甘い境界部分を塗りつぶしていきます。ブラシサイズを適宜変更しながら、丁寧に塗りつぶします。塗りすぎてしまった場合は[消しゴム]で消してください。

4 境界がきれいになったら完成です。

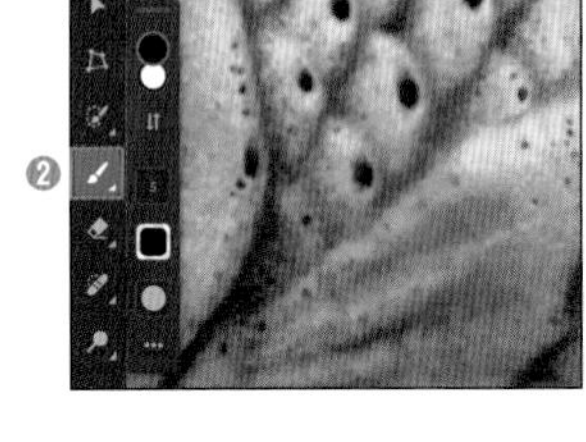
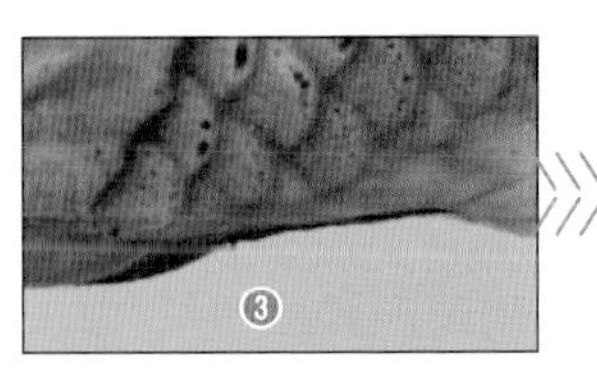
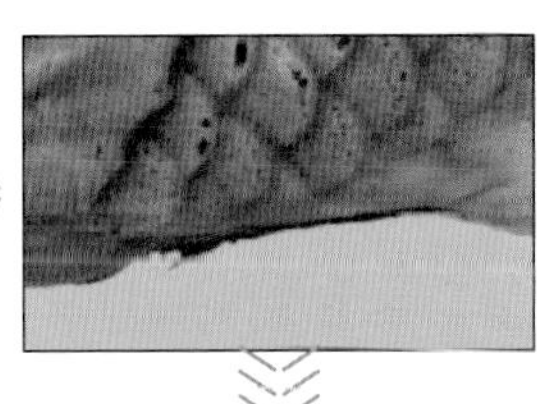
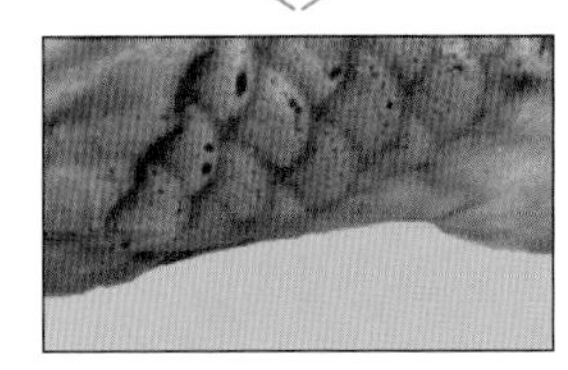

[ブラシ]を選択中にタッチショートカットを押すと、一時的に[消しゴムツール]に切り替わります。操作をやり直したい場合は❹[取り消し]をタップすると1つ前の状態に戻ります。

クイック選択で切り抜く

1 サンプルデータ「14-07」を開きます。ツールバーの❶[選択]を長押ししてメニューを表示し、❷[クイック選択]をタップします。

2 ❸被写体の上をなぞっていくと自動で選択範囲が作成されます。

3 ❹不要な部分まで選択してしまった場合は、タッチショートカットを押しながら削除したい部分をなぞって削除します。

4 選択範囲が作成できたら画面下にある❺[マスク]をタップします。マスクが適用され、背景が透明になりました。

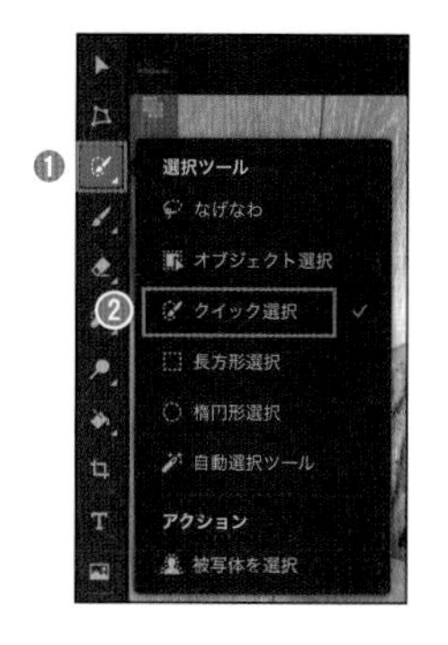

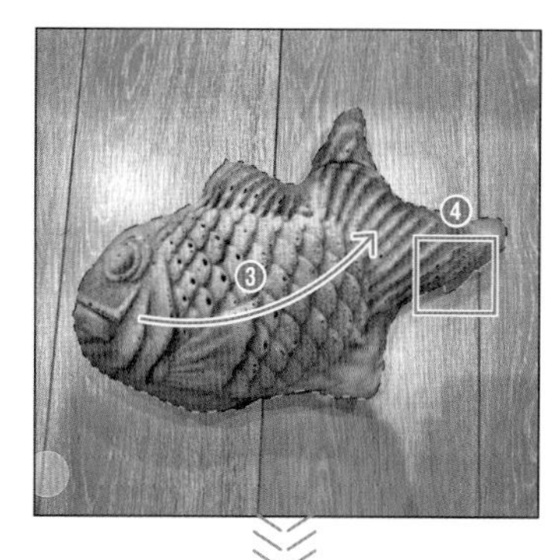

「背景に色を敷く」「マスクを調整する」はP.274と同様の操作で行うことができます。

オブジェクト選択で切り抜く

1 サンプルデータ「14-07」を開きます。ツールバーの❶[選択]を長押ししてメニューを表示し、❷[オブジェクト選択]をタップします。

2 ❸被写体の周囲をざっくりと囲みます。指を放すと自動的に選択範囲が作成されています。

オブジェクト選択の方法はデフォルトでは[長方形]になっていますが、[なげなわ]に変更することもできます。[なげなわ]にした場合は被写体の周囲をフリーハンドでざっくり囲んで選択範囲を作成することができます。

3 選択範囲が作成できたら画面下にある❹[マスク]をタップします。マスクが適用され、背景が透明になりました。

「背景に色を敷く」「マスクを調整する」はP.274と同様の操作で行うことができます。

LESSON 14/08

【スポット修復ブラシ】

不要物を消す

Sample Data / 14-08

写り込んだ不要物を違和感なく消す

被写体に汚れやキズがついていたり、写真に不要物が写り込んでいたりすることがあります。そんなときは[スポット修復ブラシ]を使うと簡単に消すことができます。果物の傷や汚れ、空の写真に写り込んだ電線、人物写真の小さなシミ・しわの除去など、活用範囲の広い便利なツールです。

スポット修復ブラシで汚れやキズを消す

1 サンプルデータ「14-08」を開きます。[新規追加]をタップして新規レイヤーを作成し、❶レイヤー名を「修正」とします。この「修正」レイヤー上でレタッチ作業を行います。

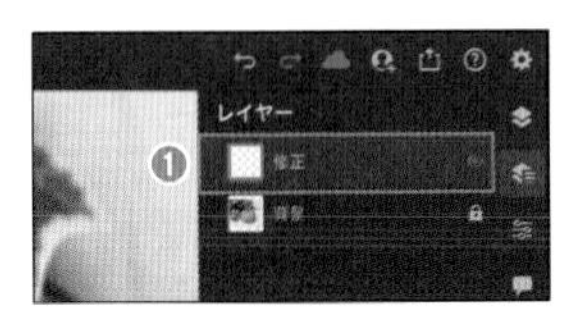

「詳細レイヤー表示」が作業の邪魔になる場合は、[簡易表示]にするか、レイヤー表示を解除して非表示にしておきましょう。

2 ツールバーで❷[修正]の[スポット修復ブラシ]をタップします。

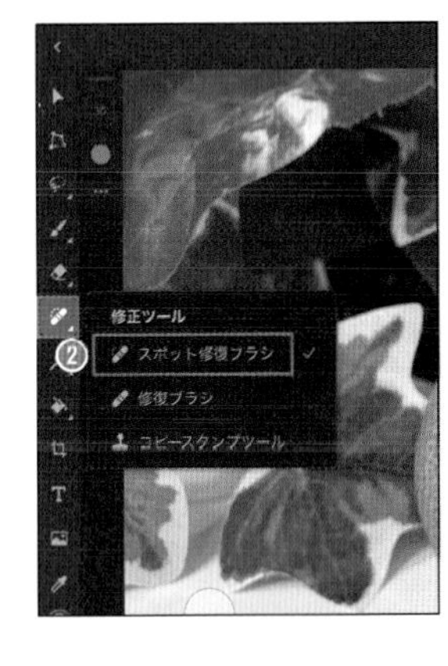

3 ブラシの設定をします。[…]をタップして❸[全レイヤーを対象]を有効にします。❹[ブラシサイズ]は「30」程度にしておきます。

❹[ブラシサイズ]をタップすると、❺ブラシサイズを変更するスライダーが表示されます。❹を長押しすると数値入力できます。なお、ブラシの直径は消したい部分より一回り大きいサイズにすると、きれいに消すことができます。

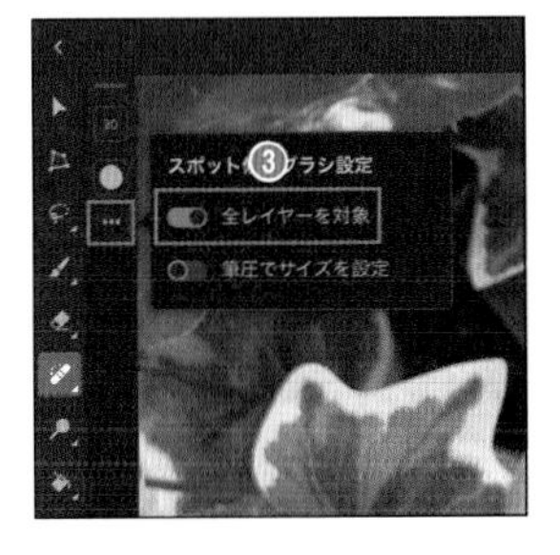

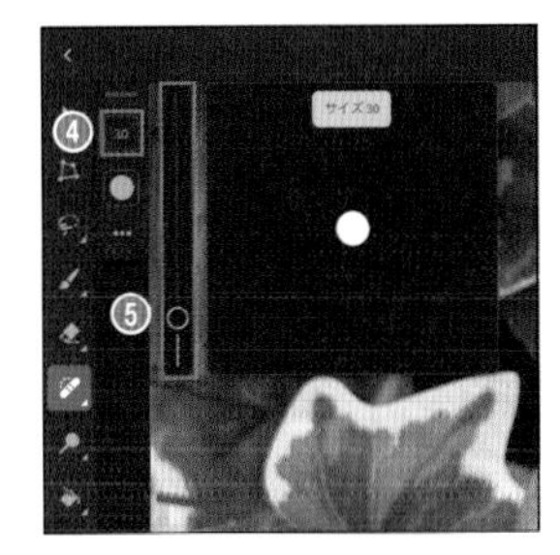

4 みかんのキズの上をなぞります。指を放すとキズが消えています。ほかのキズや汚れも同様の操作で消します。細かい部分は拡大表示して、ていねいに作業しましょう。

14/09 LESSON 【切り抜きツール】写真をトリミングする

Sample Data / 14-09

横長の写真を正方形にトリミングする

1 サンプルデータ「14-09」を開きます。この写真を正方形にリサイズします。

BEFORE

AFTER

2 ツールバーの❶[切り抜き]をタップすると、❷[切り抜きと回転]の画面になります。❸ハンドルを動かして正方形にリサイズします。サイズが決まったら❹[完了]をタップします。

画面上に❺切り抜き後のサイズが表示されているので、数値を確認しながらトリミングを行ってください。

3 写真が正方形になりました。

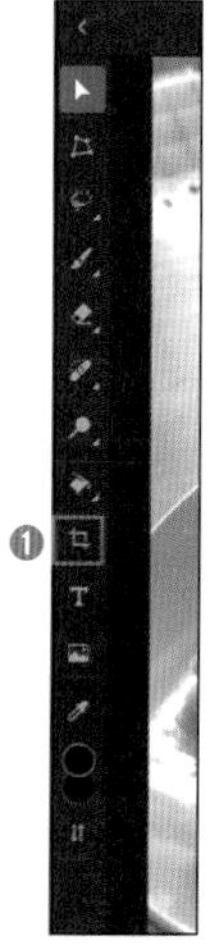

ここも CHECK!

過去のデータに戻す

iPad版Photoshopで編集した画像はクラウドドキュメントとして自動保存されます。PC版のように編集後に「別名で保存」して元データを残すことはできません(編集前であれば複製を作成できます)。このため、過去のデータに戻したいときはバージョン履歴を表示して戻したい日時を選択します。バージョン履歴を表示するには、ホーム画面の[最近使用したファイル]の❶[…]→[履歴を表示]とタップします。表示された画面で❷戻りたい日時をタップし、[このバージョンを復帰]とタップすると戻ることができます。なお、バージョン履歴は60日後に消えてしまうので、残しておきたい履歴は❸[…]→[このバージョンに名前をつける]とタップして名前をつけて保護しておきましょう。

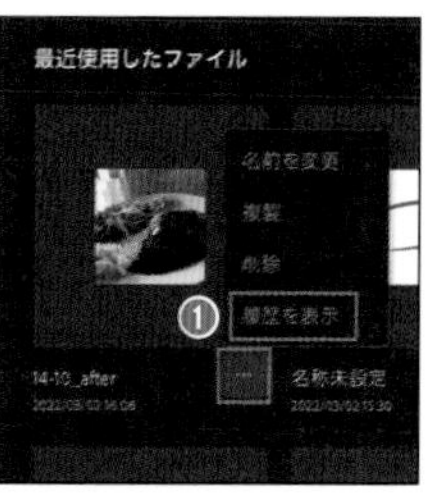

ホーム画面の[最近使用したファイル]

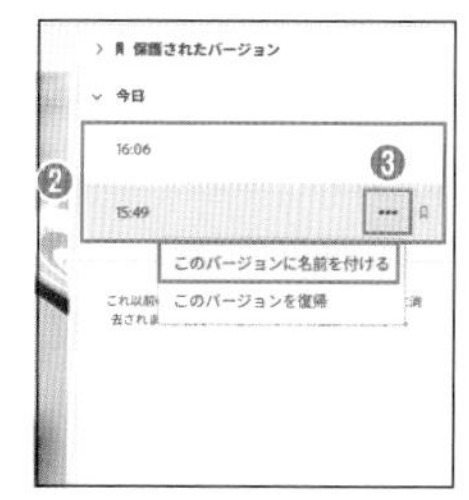

戻りたい日時をタップすると戻ることができる。必要に応じ名前をつけて保護しておこう

LESSON 14/10

【ブラシ、Apple Pencil、筆圧感知】
筆圧を感知してブラシで描く

Sample Data / No Data

筆圧を感知させてApple Pencilで描く

iPadとApple Pencilを連携させれば、筆圧を感知させてアナログのように描くことができます。

筆圧を感知させたブラシで描くと、筆圧で「ブライサイズ」と［不透明度］をそれぞれ、または同時に変化させて描ける。左図の上は［ブライサイズ］、左図の下は［ブライサイズ］と［不透明度］を同時に変化させて描いている

ブラシの設定方法

1 ホーム画面の❶［新規作成］をタップして新規ドキュメントを作成します。

ドキュメントのサイズは任意でかまいませんが、❷ここでは［単位］を［pxel］、［幅］を「1080」、［高さ］を「1080」、［解像度］を「72ppi」で作成しています。

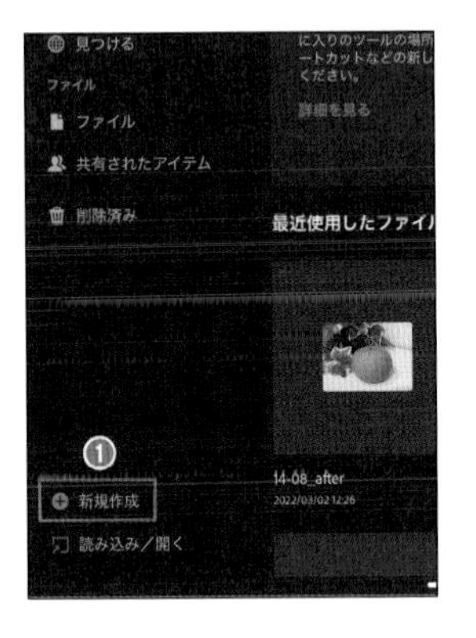

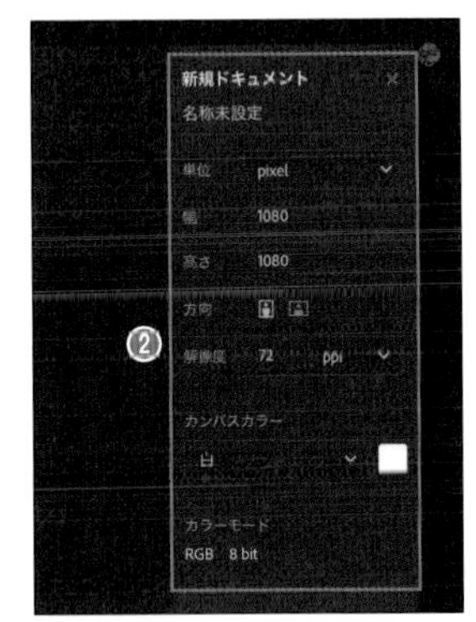

2 ツールバーの❸［ブラシ］を長押しするとブラシパネルが表示され、ブラシの種類を選択することができます。ここでは［ハード円ブラシ］を選択します。

3 ツールオプションでブラシの設定をします。ここでは❹［描画色］を緑、❺［ブラシサイズ］を「30」、❻［不透明度］を「100」、❼［硬さ］を「100」にしています。

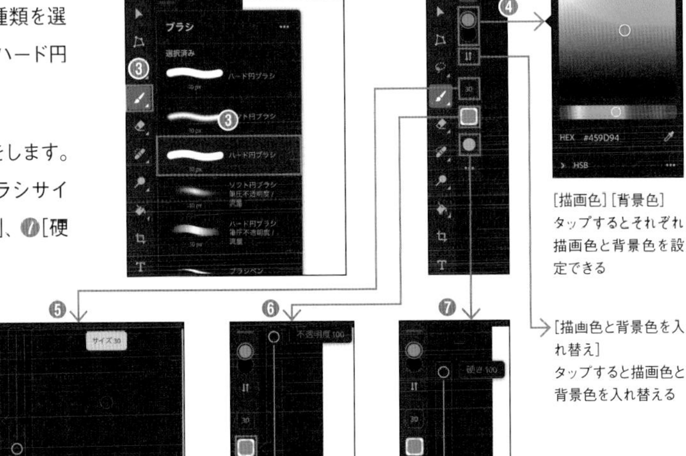

［描画色］［背景色］
タップするとそれぞれ描画色と背景色を設定できる

［描画色と背景色を入れ替え］
タップすると描画色と背景色を入れ替える

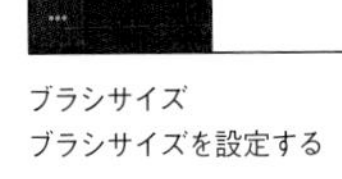

ブラシサイズ
ブラシサイズを設定する

［不透明度］
ブラシで描く色の不透明度を設定する

［硬さ］
ブラシの硬さを設定する

4 ツールオプション下部の❽[…]をタップすると[ブラシ設定]が表示されます。❾[筆圧でサイズを設定]をオンにして、❿Apple Pencilで描いてみます。

筆圧により[ブライサイズ]で設定したサイズを最大としてブラシサイズが変化します。

5 ⓫[筆圧で不透明度を設定]もオンにして、⓬描いてみます。

筆圧によりブラシサイズに加えて、[不透明度]で設定した値を最大値として不透明度も変化します。

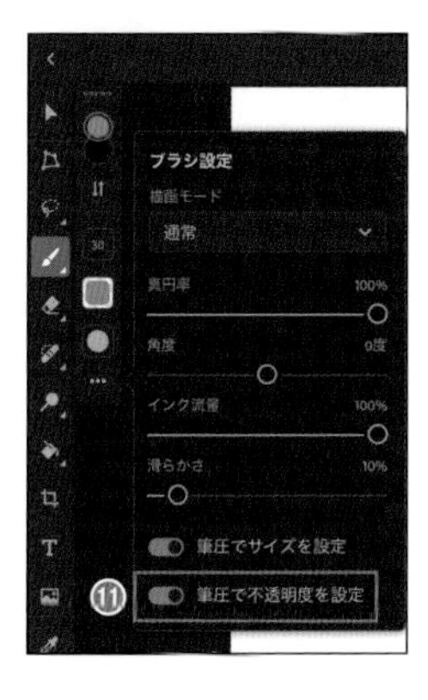

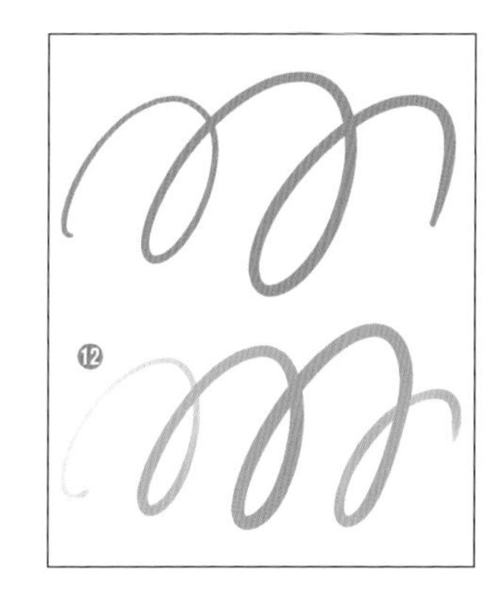

Apple Pencilの筆圧を調整する

1 ホーム画面右上に表示されている❶自分のアイコンをタップします。

2 [アプリケーション設定]の❷[入力]タブをタップします。❸Apple Pencilの[筆圧感度]を調整するスライダーを左右に動かすことで、筆圧の感度を調整することができます。

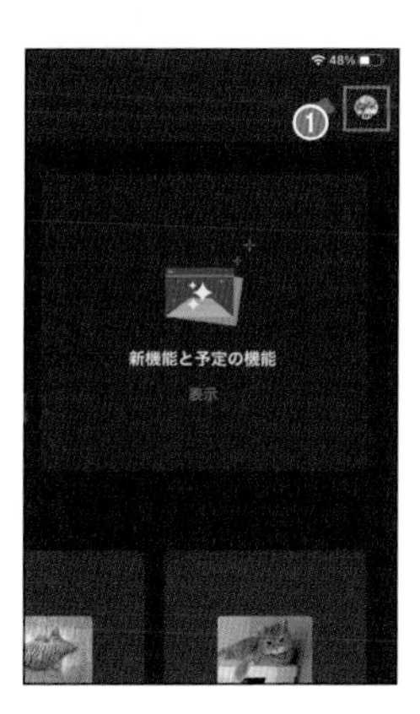

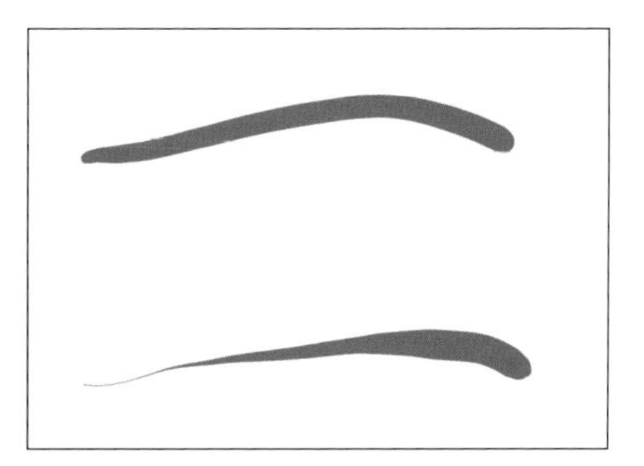

上：[筆圧感度] 3
下：[筆圧感度] 100

LESSON 14/11

【レイヤーマスク、画像のレイアウト】

SNS用画像を作る

Sample Data /14-11

正方形のSNS画像を作る

iPad版Photoshopに搭載されているさまざまな機能を使って、正方形のSNS用画像を作成します。一連の手順を覚えておけば、さまざまな作品制作ができるようになりますので、ぜひ覚えておきましょう。

BEFORE

AFTER

新規ドキュメントを作成して2色の背景を作る

1 ホーム画面の❶[新規作成]をタップし、❷設定画面で[単位]を[pixel]、[幅]を「1080」、[高さ]を「1080」、[解像度]を「72ppi」として新規ドキュメントを作成します。

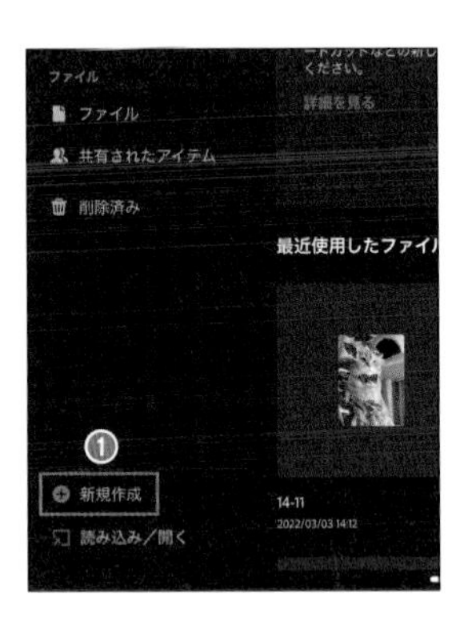

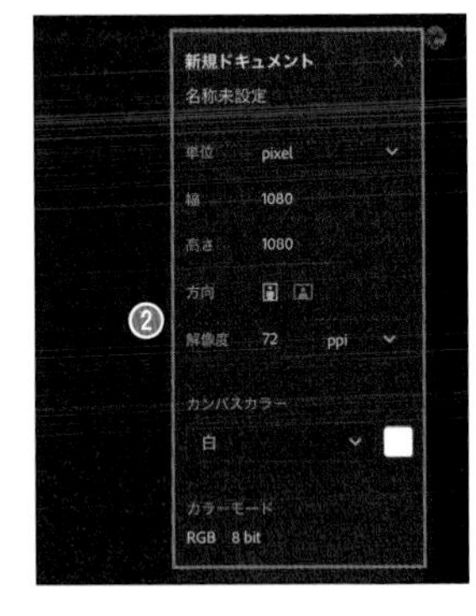

2 ❸新規レイヤーを作成します。レイヤー名は「背景色」としておきます。

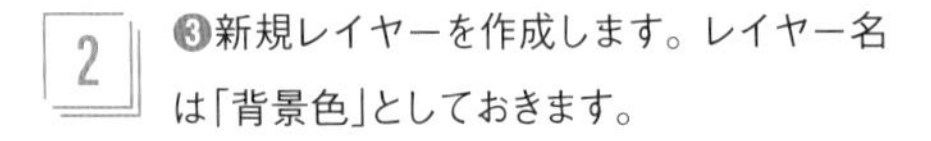

3 ツールバーの❹[描画色]をタップして好みの色を設定します。ここでは淡いグリーンにしました。

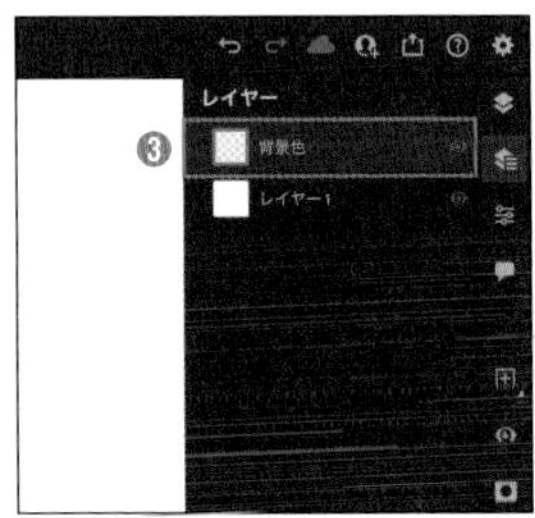

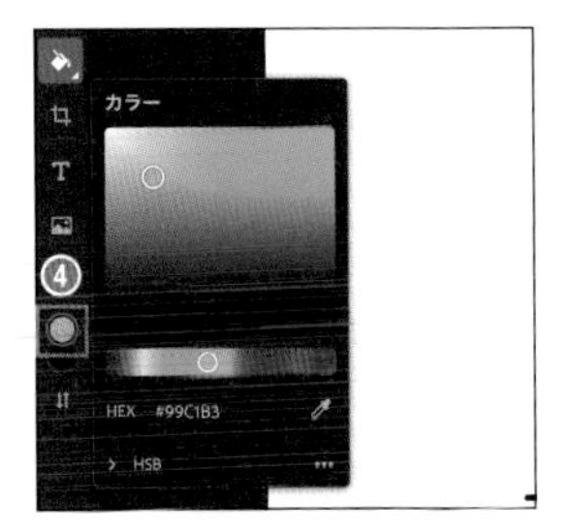

4 ツールバーの❺[塗りつぶし]をタップし、[塗りつぶし]を選択します。❻画面上をタップすると、全体が描画色で塗りつぶされます。

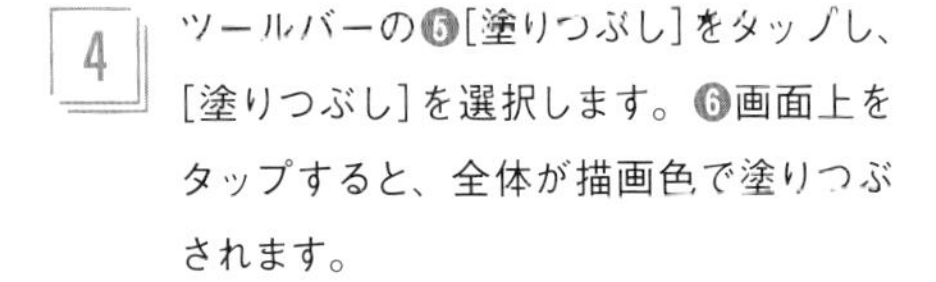

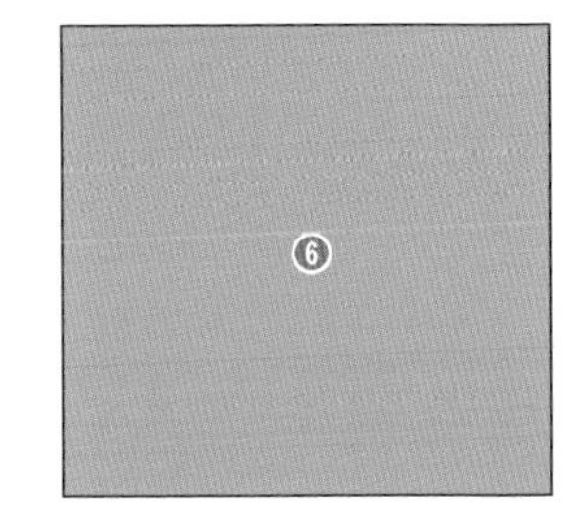

5 ツールバーの❼[変形]をタップします。❽[拡大・縮小して回転]をタップして選択します。

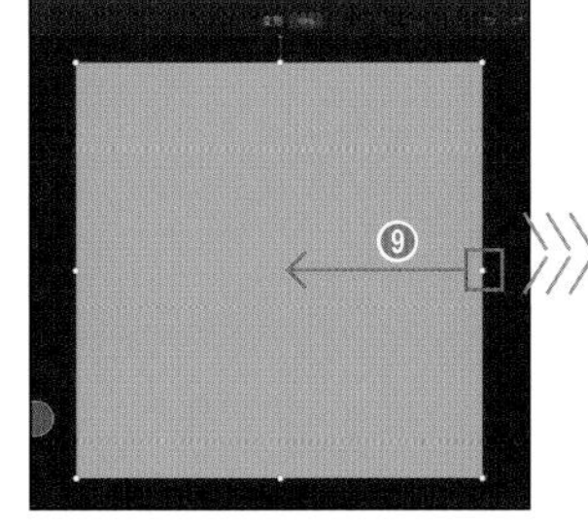

6 ❾左半分がグリーンになるようにハンドルを操作します。画面右上の[完了]をタップします。

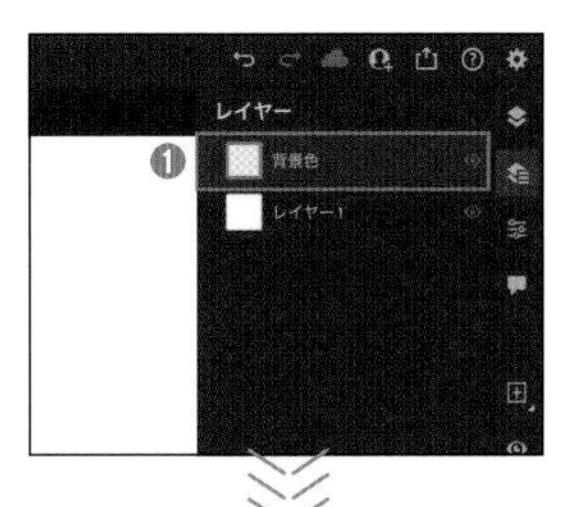

レイヤーをロックする

1 背景になる2つのレイヤーをロックしておきます。❶「背景色」レイヤーを選択した状態でタスクバーの❷[…]をタップし、❸[レイヤーをロック]をタップします。

2 レイヤーに❹鍵マークが表示されてロックされました。❺「レイヤー1」も同様の手順でロックしておきます。

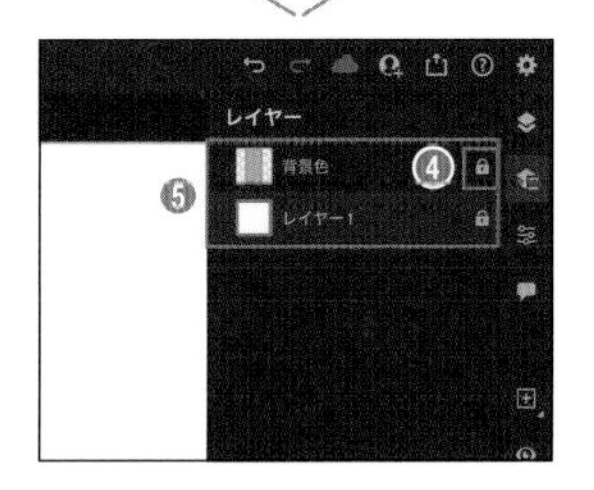

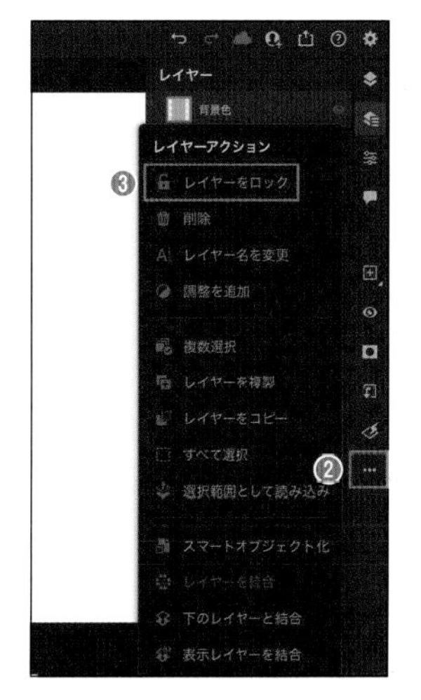

写真を読み込んでトリミングする

1 ツールバーの❶[読み込み]をタップして、❷サンプルデータ「14-11」を読み込みます。

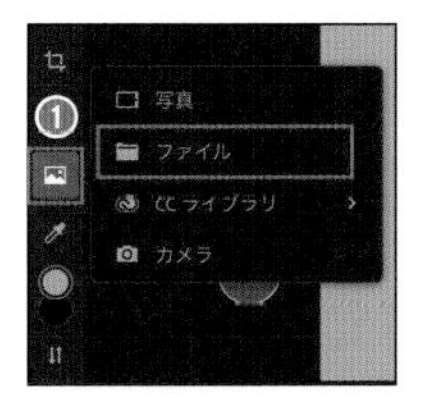

2 写真が読み込まれたら❷サイズと位置を調整します。画面右上の[完了]をタップします。

四隅のハンドルをドラッグすると、縦横比を保ったまま拡大縮小することができます。

3 写真をトリミングします。ツールバーの[選択]を長押しして❸[長方形選択]をタップします。

4 ❹写真の上をドラッグして長方形の選択範囲を作成します。

5 ❺[マスク]をタップすると、写真がトリミングされます。

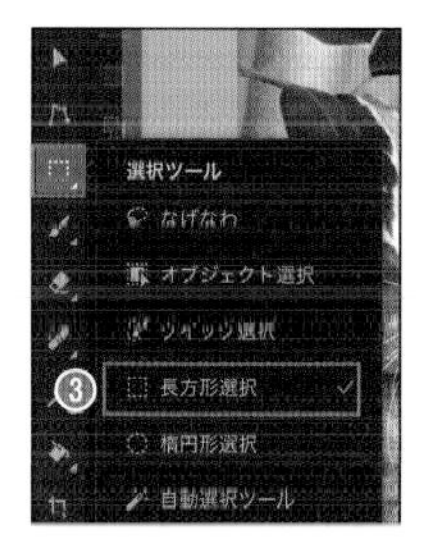

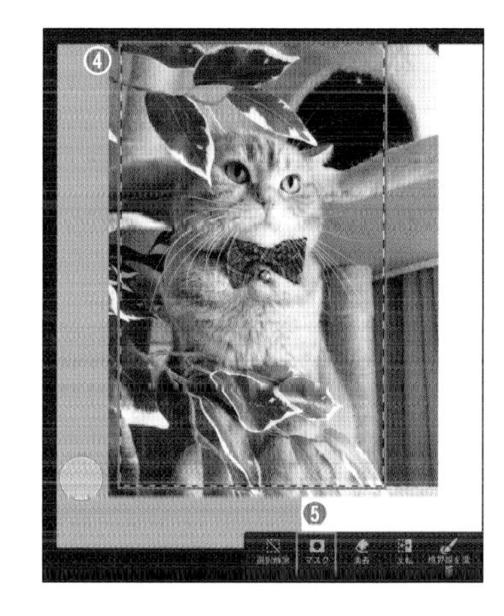

思うようにトリミングできなかった場合は[取り消し]をタップしてやり直してください。

文字を配置する

1 ツールバーの❶[テキスト]を選択します。画面上をタップするとキーボードが表示されるので、❷「Let it be.」と入力します。❸[レイヤーのプロパティ]でフォントやフォントサイズ、文字色などを設定することができます。ここでは次のように設定しています。
[フォント]:「Futura PT Cond Bold」
[フォントサイズ]:「120」
[カラー](文字色):黒

2 文字の設定が終わったら画面右上の[完了]をタップします。

サンプルデータで使用しているフォント「Futura PT Cond Bold」は、Adobe Fontsでアクティベートできます。

キーボードが邪魔で[レイヤーのプロパティ]が見づらい場合はキーボード右下の❹をタップしてキーボードを非表示にしてください。再びキーボードを表示する場合はテキストエリアをタップします。

3 同様の手順で❺ほかの文字も入力します。

「What do you～」の文字は、［フォント］：「Futura PT Cond Book」、［フォントサイズ］：「60」、［カラー］：黒に設定しています。

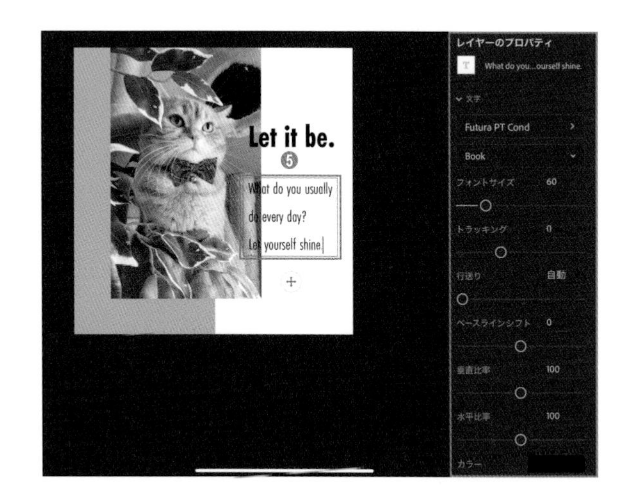

4 ツールバーの❻［移動］を選択します。移動したい文字のレイヤーを選択し、文字の位置を調整します。

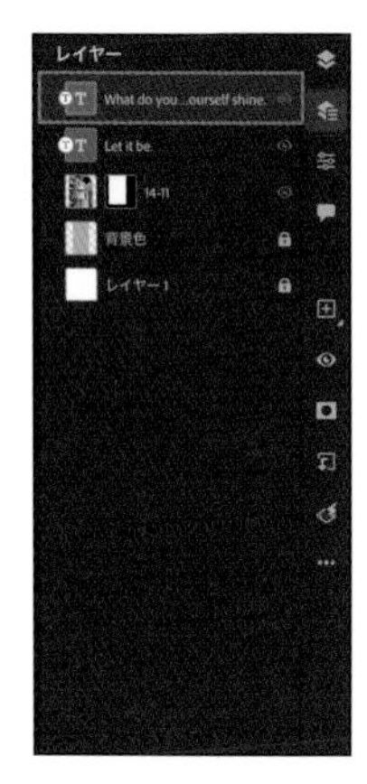

手書きの線を描く

1 ❶新規レイヤーを作成し、レイヤー名を「線」とします。

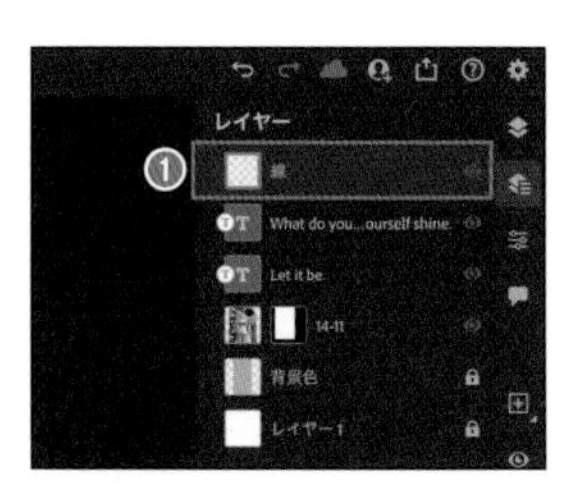

2 ツールバーの❷［ブラシ］を長押ししてブラシの種類を表示し、❸［ブラシペン］を選択します。

3 ツールオプションで、❹描画色を黒、❺［ブラシサイズ］は「40」程度、❻［筆圧でサイズを設定］を有効にします。

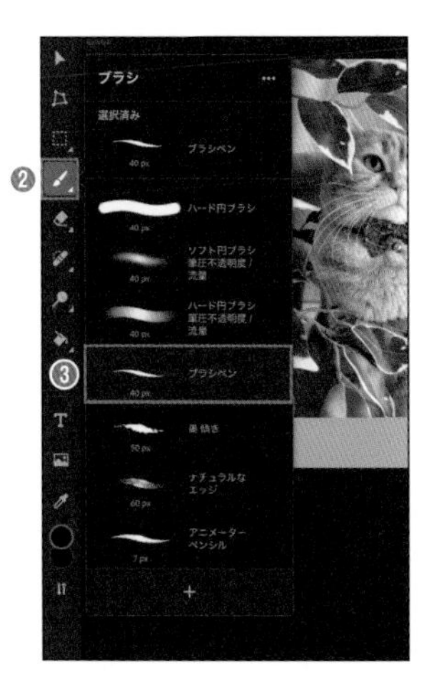

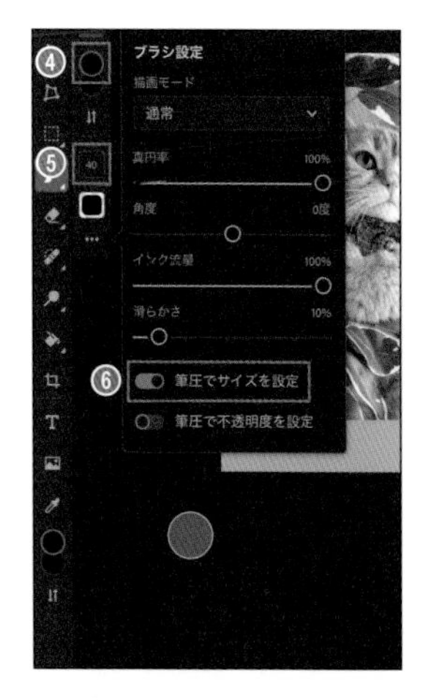

4 ❼線を描きます。これで完成です。

思うように描けなかった場合は［取り消し］をタップしてやり直してください。

クラウドドキュメントのファイル名を変更する

1 作品が完成したら画面左上の❶［<］をタップしてホーム画面に戻ります。

2 ❷［最近使用したファイル］に先ほど作成した作品が表示されています。❸［…］をタップして❹［名前を変更］をタップします。

3 ❺［名前を変更］画面で好みの名前を入力して［保存］をタップします。❻ファイル名が変更されました。

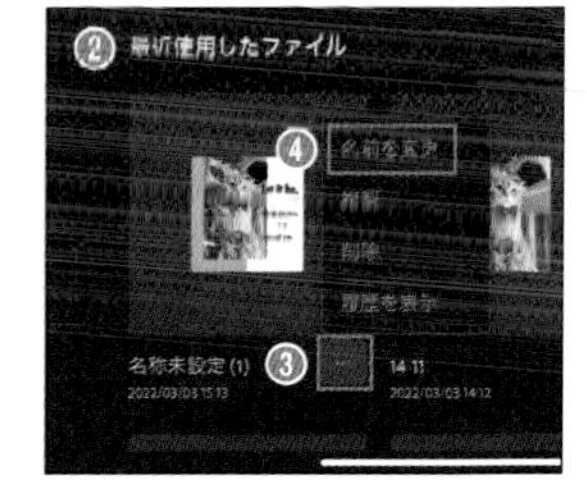

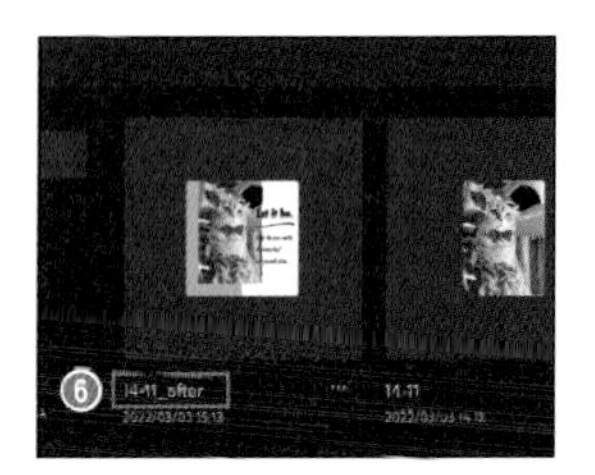

作品をSNS等に書き出す

1 完成した作品をクラウドドキュメント以外の形式に書き出します。作品を開き、画面右上の❶［書き出し］をタップします。❷［公開と書き出し］をタップします。

2 ❸［形式］を選択して［書き出し］をタップします。

SNSに投稿したい場合、［形式］は［JPEG］を選択してください。レイヤー情報等を保持したまま保存しておきたい場合は［PSD］を選択してください。

3 ❹書き出し先を選択します。

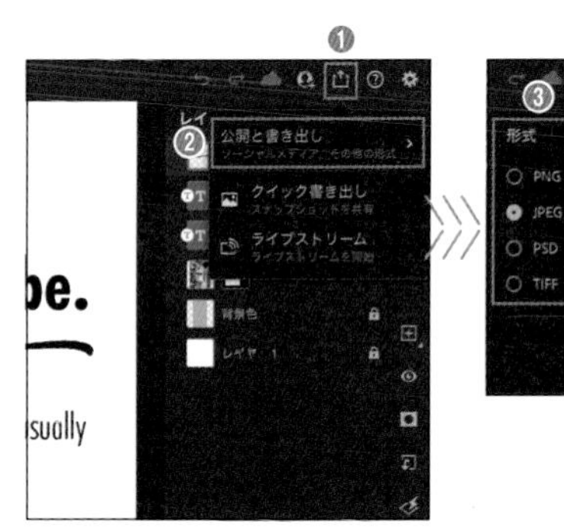

INDEX

英字

あ行

か行

さ行

た行

な行

は行

ま行

や行

ら行

装丁・本文デザイン　ingectar-e
編集・制作　中嶋 孝徳
編集・企画　平松 裕子

Photoshop レッスンブック for PC & iPad

2022年5月10日　初版第1刷発行

著者　ソシムデザイン編集部
発行人　片柳 秀夫
編集人　平松 裕子
発行所　ソシム株式会社
https://www.socym.co.jp/
〒101-0064
東京都千代田区神田猿楽町1-5-15
猿楽町SSビル
TEL03-5217-2400（代表）
FAX03-5217-2420
印刷・製本　シナノ印刷株式会社
定価はカバーに表示してあります。
落丁・乱丁は弊社編集部までお送りください。
送料弊社負担にてお取り替えいたします。
ISBN978-4-8026-1367-5　Printed in Japan

ソフトウェアの不具合や技術的なサポート等につきましては、アドビ株式会社のWebサイトをご参照ください。
アドビ株式会社
Adobe Help Center
https://helpx.adobe.com/jp/support.html